35

ANOS

ANDRÉA DORÉ
JUNIA FERREIRA FURTADO
(Orgs.)

História do Brasil em 25 mapas

COMPANHIA DAS LETRAS

Grafia atualizada segundo o Acordo Ortográfico da Língua Portuguesa de 1990, que entrou em vigor no Brasil em 2009.

Capa e caderno de imagens
Victor Burton

Imagens de capa
À esq.: *Nieuwe caerte van het Wonderbaer ende Goudrjcke Landt Guiana...*, 1598, de Jodocus Hondius (detalhe). Amsterdam. Acervo Fundação Biblioteca Nacional — Brasil; ao centro: *Brasil, c.* 1556, de Giacomo Gastaldi (detalhe). In: Giovanni Battista Ramusio, *Delle navigationi et viaggi*, 1556. IEB-USP; À dir.: *Croqui nº 1 do Plano Piloto de Brasília*, 1957, de Lucio Costa (detalhe). Acervo Lucio Costa — Casa da Arquitectura.

Imagens de quarta capa
À esq.: *Nova carta chorographica do Imperio do Brazil*, 1867, de Pedro Torquato Xavier de Brito (detalhe). Acervo Fundação Biblioteca Nacional — Brasil; ao centro: *El gran rio Marañon, o Amazonas con la Mission de la Compañia de Jesus geograficamente delineado por el Pe. Samuel Fritz missionero continuo en este Rio*, 1707, de Samuel Fritz (detalhe). Biblioteca Nacional da França, DCP, GED 7855.; à dir.: *Mappa da viação ferrea dos Estados Unidos do Brasil e da República do Uruguay* (detalhe). In: *Guia Levi*. São Paulo: Impressão de Sarcinelli, 1954. Museu Paulista da Universidade de São Paulo, Coleção João Baptista de Campos Aguirra.

Preparação
Ariadne Martins

Checagem
Érico Melo

Índice remissivo
Luciano Marchiori

Revisão
Ana Maria Barbosa
Carmen T. S. Costa

Dados Internacionais de Catalogação na Publicação (CIP)
(Câmara Brasileira do Livro, SP, Brasil)

História do Brasil em 25 mapas / Andréa Doré, Junia Ferreira Furtado, (Orgs.). — 1ª ed. — São Paulo : Companhia das Letras, 2022.

Vários autores.
Bibliografia.
ISBN 978-65-5921-111-1

1. Brasil - História 2. Brasil - Mapas 3. Cartografia I. Doré, Andréa. II. Furtado, Junia Ferreira.

22-117678 CDD-912.81

Índice para catálogo sistemático:
1. Brasil : Mapas : Geografia 912.81

Eliete Marques da Silva - Bibliotecária - CRB-8/9380

EDITORA SCHWARCZ S.A.
Rua Bandeira Paulista, 702, cj. 32
04532-002 — São Paulo — SP
Telefone: (11) 3707-3500
www.companhiadasletras.com.br
www.blogdacompanhia.com.br
facebook.com/companhiadasletras
instagram.com/companhiadasletras
twitter.com/cialetras

Sumário

Introdução

Uma cartografia da história do Brasil em 25 mapas

Andréa Doré e Junia Ferreira Furtado

I.1. Grupo de homens diante de um mapa do Brasil, *1822-5, de Johann Moritz Rugendas.*

Grupo de homens diante de um mapa do Brasil (Fig. I.1),[1] um desenho a lápis sobre papel, de autoria de Johann Moritz Rugendas, sugere uma instigante relação entre a cartografia e a Independência do Brasil. A imagem não corresponde necessariamente a um acontecimento real, podendo se tratar de uma alegoria, e seus significados serão examinados adiante. À primeira vista, o esboço, desenhado entre 1822 e 1824, apresenta apenas um grupo de homens reunidos em torno de um mapa do Brasil pendurado na parede direita, mas o exame detido de seus elementos revela a relação entre eles e o que agitava o panorama político brasileiro nesse período.

A presença de um mapa numa cena que evoca a Independência do Brasil não poderia ser mais propícia à abertura deste livro, uma vez que, neste ano de 2022, comemora-se a efeméride da data histórica de Sete de Setembro de 1822 que fez nascer nos trópicos uma nova nação de dimensões continentais. Ainda que não seja um mapa em si, a ilustração de Rugendas tem um mapa como personagem central e permite apontar e explorar as principais questões que norteiam as análises presentes neste livro. *História do Brasil em 25 mapas* é, ao mesmo tempo, uma celebração e um convite à reflexão.

Comecemos pelo autor. Afinal, a autoria é um dos elementos centrais que moldam a forma como um espaço é desenhado no mapa, permitindo uma análise social da cartografia.[2] Não só as características individuais dos cartógrafos são relevantes, mas principalmente eles são produto de seu tempo e do lugar a que pertencem. Rugendas era um artista prussiano contratado para integrar, como desenhista, a expedição do barão de Langsdorff, que percorreu o Brasil entre 1822 e 1829, organizada pelo tsar Alexandre I, com o intuito de aproximar as relações políticas e econômicas com a nova nação independente, que haviam sido embargadas por d. João VI.

Rugendas não participou da viagem toda. Chegou ao Brasil em 1822 e permaneceu no Rio de Janeiro excursionando pelos arredores com a expedição até maio de 1824, quando viajou para Minas Gerais, desvinculando-se de Langsdorff na barra do Jequitibá, depois de muitos desentendimentos. No Rio de Janeiro, estabeleceu contato com d. Pedro I e demais membros da Corte e conviveu com vários artistas, especialmente os integrantes da missão francesa, como Jean-Baptiste Debret e Nicolas-Antoine Taunay, que ali se encontravam para fundar a Academia Real de Belas-Artes.[3] Os desenhos de Rugendas retratam, assim, o poder e são feitos para o poder, seja a casa imperial russa ou a brasileira, que buscavam se aproximar. Sua formação artística e seus desenhos se alinham com as iniciativas que pretendiam apresentar à Europa a jovem nação com feições civilizadas, ainda que inserida em uma paisagem tropical exuberante.

O segundo aspecto é o conteúdo da imagem. Em alguns quadros a óleo, Rugendas retratou a família real com toda a pompa. Já suas gravuras se centram nos tipos sociais, registrando o cotidiano das elites, dos populares, dos africanos escravizados e dos indígenas. Apesar de ter permanecido todo o ano de 1822 no Rio de Janeiro e assistido aos principais eventos que levaram à Independência, ao contrário de Debret, Rugendas não produziu desenhos desses acontecimentos ou das cerimônias que se seguiram. Seu olhar permaneceu no cotidiano das ruas e na natureza tropical, interesses típicos de um viajante naturalista estrangeiro, concentrado no registro das curiosidades locais. A única cena que desenhou relacionada à Independência se passa num ambiente quase doméstico, sem conflitos e sem a presença de mulheres, como um conchavo entre amigos, pois para o olhar estrangeiro a sociabilidade política dos luso-brasileiros se operava somente no âmbito privado. É o mapa do Brasil pendurado na parede que traz para o interior do ambiente o que se vivia do lado de fora, e seu território continental uno e indivisível ali estampado revela o projeto de Independência urdido pela elite luso-brasileira em torno do jovem imperador, único capaz de manter sua integridade.

A cena se passa em uma sala cujos janelões abertos, ao fundo, descortinam uma paisagem tropical, coberta de palmeiras. Apesar do ambiente informal, sugerido pela postura dos personagens retratados — três deles estão displicentemente sentados em cima de uma mesa —, os móveis do cômodo — duas estantes de livros, uma mesa esboçada à direita com um livro aberto e o mapa — revelam um espaço de fruição intelectual. Isso é reforçado pelo padre sentado à esquerda, que, com o queixo apoiado sobre uma das mãos, parece refletir sobre o que acontece à sua volta. O clima é também festivo. Um personagem à esquerda da mesa ergue uma das mãos, outro levanta a cartola, mostrando-se entusiasmados com os rumos do que andam tramando em torno do mapa. Há intimidade entre os participantes, o que é acentuado pelos dois personagens à direita, um amistosamente pousando a mão sobre o ombro do outro.

As vestimentas desses homens não são retratadas aleatoriamente, mas indicam seu lugar de origem ou a atividade que desempenham. Os tipos numerados como 1 (Fig. 1.2), pelas roupas elegantes — cartolas, chapéus de copa alta, casacas, coletes, pescocinhos e sapatos finos —, referem-se à fina flor da elite da Corte. Em uma gravura, que intitulou *Uma tarde na praça do Palácio*, Debret lança um "rápido olhar sobre a existência deliciosa do rico negociante

I.2. *Tipologia do* Grupo de homens diante de um mapa do Brasil, *1822-5.*

brasileiro no Rio de Janeiro",[4] e os que retrata nessa imagem se vestem com a mesma elegância dos homens reunidos na sala. Eles podem ser oriundos do próprio Rio de Janeiro ou apenas moradores dali, tendo vindo das mais diferentes províncias do Brasil. Pelo menos um deles cumpre essa função. Trata-se do tipo 1a, que está vestido como um mineiro, como se observa no retrato que Debret fez de quatro deles circulando pelo Rio de Janeiro. Seu traje típico era constituído de "enormes chapéus, cujas abas imensas podiam ser ajustadas com cordões"[5] e enormes capas de couro ou tecido. O apoio dos mineiros era essencial e estratégico, visto que Minas Gerais era, então, a província mais populosa e rica do Império, graças à extração de ouro e diamantes. Mais do que revelar a moda em voga na época da Independência, essas roupas possuem sentido alegórico e apontam para a união das elites regionais urbanas e rurais em torno do movimento que era saudado pelos presentes. Destaca-se o 1b, que aponta para o mapa do Brasil pendurado na parede, saudando a ele e, dessa forma, ao novo país que a carta representa.

Os tipos com o número 2 pertencem aos corpos militares, e seus diferentes chapéus, faixas e galardões sugerem que são de altas patentes. A adesão da tropa ao movimento de Independência, que prestou fidelidade a d. Pedro I e não a d. João VI e à Coroa portuguesa, foi fundamental para o seu sucesso e, por essa razão, eles não poderiam deixar de estar presentes na cena. Seu apoio é mais significativo quando se leva em consideração que a maioria dos homens mais graduados do Exército era portuguesa de nascimento. Os dois militares sentados à direita vestem uniformes que os relacionam ao "destacamento real e militar dos arqueiros, de origem portuguesa". Eles estão com o "uniforme dos suíços da porta da casa de Bragança", sendo que seus integrantes prestavam um "serviço de honra no interior do palácio".[6] Já os de número 3, um sentado e o outro em pé, fazem parte do clero, cujo apoio foi fundamental não só por fazerem parte da elite instruída, mas porque podiam se valer dos púlpitos das igrejas para conclamar os fiéis a apoiar o movimento.

A relação da representação com o contexto histórico de sua produção é outra dimensão da análise, e a cena de Rugendas sugere várias informações. Mais do que retratar indivíduos específicos, que poderiam ganhar identidade com a finalização do desenho, os três tipos de homens representam o poder econômico e/ou político das elites das províncias, dos militares e do clero que, reunidos, sustentaram a ruptura dos laços coloniais com Portugal. Foram eles que, a partir da Corte, urdiram o projeto de Independência, que mantinha a unidade territorial do Brasil sob a liderança do imperador. O mapa mural desenhado por Rugendas representa justamente a primeira parte desse projeto, o geopolítico, em oposição à fragmentação territorial experimentada pelas ex-colônias espanholas na América. Ele parece ser o ponto focal da cena para onde todos olham ou apontam, mas um personagem que passa quase desapercebido é de fato a figura central da trama e revela a segunda parte do projeto de Independência, o da liderança do imperador e a continuidade do poder monárquico da casa de Bragança. Trata-se da figura sentada, à direita, de costas (4), cujo amigo militar repousa o braço em seu ombro, a inspirar cumplicidade, intimidade e proteção. Correndo riscos ao identificá-lo com d. Pedro, confere-se à cena novos significados. A sala se transforma num dos cômodos do palácio, provavelmente a biblioteca, os homens representam a elite que lhe dava sustentação política e, juntamente com a datação do desenho, realizado entre 1822 e 1825, a flora nativa e os gestos de comemoração dos que apontam para o mapa permitem inequivocamente associar a cena à Independência do Brasil, que eles tramam na intimidade e, ao mesmo tempo, festejam. O fato de d. Pedro ser desenhado de costas permite que o protagonismo do ato da Independência se desloque dele para recair sobre a elite que conspira em seu entorno. Ela saúda não a ele — o vetor do movimento e da unificação territorial —, mas o mapa, que sintetiza seu projeto político acabado de um país unificado.

Mas os mapas não falam só sobre o que eles representam. Por vezes, dizem mais sobre o que calam, e seus silêncios se tornam eloquentes. Este é outro aspecto da análise do mapa inserido na cena desenhada por Rugendas cujos detalhes são imperceptíveis. A nação se construía na imposição da unidade, da homogeneidade, no apagamento das diferenças regionais, dos dilaceramentos de uma sociedade escravocrata, da resistência das populações indígenas... O ambiente de cumplicidade apaga as dissensões políticas que, em algumas províncias, levaram a embates armados. O grande mapa mural tem a escala de um projeto e aponta um momento fundamental da passagem de um espaço para a condição de território nacional coeso.

A reunião aqui esboçada apresenta elementos em comum com muitas outras ilustrações de momentos históricos: homens reunidos em torno de um mapa decidindo um futuro que não pertencia somente a eles. Pode-se dizer o mesmo do globo terrestre que aparece discretamente no quadro a óleo *Os embaixadores*, de Hans Holbein, o Jovem, produzido em 1533; e do mapa da África, pendurado no salão principal da Conferência de Berlim, resultando na partilha do continente entre as potências europeias, e que aparece em uma imagem da reunião publicada em 1884.[7] Há apagamentos não só no mapa exposto na parede por Rugendas, mas entre os que o observam. A ausência de mulheres na cena tem muito a dizer sobre o papel que a versão oficial dos acontecimentos em torno da Independência imortalizou: a política era assunto dos homens. No entanto, isso não era bem verdade. Foi Leopoldina de Bragança, na condição de princesa do Brasil e chefe interina do governo, na ausência de d. Pedro, que estava em viagem a São Paulo, quem reuniu o Conselho de Estado, a 2 de setembro de 1822. Nessa reunião, decidiu-se pela Independência e foi emitido o decreto, por ela assinado, que declarou o Brasil oficialmente separado de Portugal.[8] Coube a d. Pedro, às margens do Ipiranga, proclamar o que já era fato político consumado.

As diferentes conexões entre fenômenos ou situações históricas e mapas apontadas no desenho de Rugendas serviram de guia para a composição dos capítulos deste livro. A leitura que aqui se faz dos mapas se alinha a métodos de análise desenvolvidos desde 1980, mas, apesar da importância e do impulso dos estudos de história da cartografia nos últimos anos no Brasil, este é o primeiro livro que apresenta de forma crítica um panorama geral da relação entre os mapas e a sua história. Ele se inspira em iniciativas semelhantes de outros países da América Latina que buscaram reconhecer os mapas como fontes históricas, e agradecemos aos seus idealizadores pela instigante proposta. Nessas iniciativas, os duzentos anos dos processos de Independência foram a oportunidade — ou o pretexto — para unir pesquisadores e pesquisadoras de várias áreas ao redor dos mapas. *Colombia en mapas: Una historia del territorio* e *La historia del Perú en 18 mapas* realizam a reflexão historiográfica e a leitura crítica de mapas que este livro também percorreu.[9]

A ordem dos capítulos é cronológica, começando pelo que é considerado o primeiro registro das terras do Brasil em um mapa, o *Planisfério de Cantino*, até os mapas de satélites que apontam o crescente desmatamento no país. Os capítulos não constroem, porém, uma narrativa e podem ser lidos de forma autônoma. Não acreditamos em uma história do Brasil lida de maneira linear, tal qual uma sucessão de etapas que se encadeiam como causas e efeitos. Nesse sentido, outros momentos e outros mapas poderiam ter sido selecionados. Se os mapas não são objetos neutros, afirmação que se poderá ler em vários momentos do livro, explica-se também assim a presença de textos que exploram perspectivas projetadas de fora do Brasil, como a visão dos europeus de forma geral, ou dos holandeses e dos norte-americanos. As articulações entre os temas podem ser feitas de várias maneiras, mas ao longo dos capítulos fazemos referência aos demais que a ele se conectam, sugerindo percursos de leitura.

Nosso objetivo central é contar, por meio de mapas, uma outra história do Brasil. Para tanto, cada capítulo se centra em um mapa principal, e outros mapas, imagens ou fotografias surgem para completar ou se contrapor à imagem nele analisada. Esse diálogo ilumina, de forma instigante, os períodos ou temas em pauta. Parte-se da materialidade do mapa para em seguida explorar sua autoria, sua importância, seu contexto de produção, as intenções e os interesses envolvidos no seu desenho.

A articulação entre mapas e história pode se dar, metodologicamente, de duas formas, e os capítulos procuram se nortear por ambas. A primeira se dá na relação direta que se estabelece entre os mapas e o tema ou período da história do Brasil (os quilombos, os povos nativos, a ditadura militar, a construção de cidades, por exemplo), identificados pelo título que nós, organizadoras, demos a cada capítulo. É o mapa-título que permite acessar o contexto histórico a ele relacionado, funcionando como uma porta de entrada.

A segunda interação diz respeito à forma como o mapa principal aborda o próprio tema ou momento histórico em questão. Trata-se da leitura crítica, própria da metodologia da história da cartografia, que investiga quem o produziu, por quê, para quê, o que queria mostrar (ou esconder), seja de forma consciente ou não e, na medida do possível, quem era seu público leitor. Essa postura metodológica permite lançar nosso olhar crítico sobre os mapas, que deixam de ser uma mera ilustração ou um espelho da realidade para se tornarem fontes históricas que devem ser problematizadas.

Nenhum dos elementos dos mapas está ali por acaso. Todos são alvo de inquirição cuidadosa dos autores para desvelar seus significados, por vezes bem claros; outras, quase ocultos. Essa inquirição pode começar com o próprio título e incluir os nomes de lugares — os topônimos —; o traçado das fronteiras e das unidades políticas; as instituições religiosas ou estatais presentes; os símbolos geográficos indicando rios e montanhas, entre outros elementos naturais; as mudanças do espaço ao longo do tempo; a decoração artística etc.

História do Brasil em 25 mapas foi escrito levando em consideração as demandas tanto de um leitor especializado quanto do público mais amplo, buscando ser atrativo para ambos. Nossos intuitos com este livro são vários. Que ele desperte os historiadores a empreender análises de outros milhares de mapas, tanto os preservados na sua materialidade física quanto os que existem apenas no mundo virtual. Que frutifiquem as dissertações e teses em história da cartografia e que ele possa também introduzir a análise de mapas nos cursos de graduação, especialmente de história e geografia. Que, nele, os professores de ensino médio encontrem material para apresentar em sala de aula uma leitura crítica de mapas. E que descortine aos estudiosos interessados as inúmeras coleções de mapas sobre o Brasil existentes nos arquivos e nas bibliotecas, no país e no exterior, que urgem ser descobertos e analisados. Cabe parabenizar o Projeto Resgate, do Ministério das Relações Exteriores, que identificou e catalogou muitos desses exemplares em instituições estrangeiras, e o trabalho de digitalização de acervos em expansão em todo o mundo.

Nossa proposta surgiu da articulação de duas redes de pesquisa das quais participamos, bem como muitos dos autores e autoras dos capítulos: a Rede Geopam (Geopolítica Americana dos Séculos XVI-XIX) e a h_moderna (Rede Brasileira de Estudos em História Moderna). Essas redes permitiram reunir historiadores, geógrafos e arquitetos, do Brasil e do exterior, assim como leitores atentos que realizaram pareceres críticos sobre cada um dos capítulos. Agradecemos muito a esse vasto, heterogêneo e qualificado grupo que aceitou com entusiasmo o desafio que propusemos e nele se engajou, tornando possível a obra que agora oferecemos ao público leitor.

Outono de 2022
Andréa Doré e Junia Ferreira Furtado

NOTAS

1. Pablo Diener e Maria de Fátima Costa, *Rugendas e o Brasil: Obra completa*. Rio de Janeiro: Capivara, 2012, p. 169. O esboço pertenceu à coleção da marquesa de Santos e hoje está desaparecido. Agradecemos aos dois autores a reprodução e a seção da imagem nesse volume.

2. John B. Harley, *The New Nature of Maps: Essays in the History of Cartography*. Baltimore: The John Hopkins University Press, 2001, pp. 33-44.

3. Pablo Diener e Maria de Fátima Costa, op. cit., pp. 15-7.

4. Júlio Bandeira e Pedro Corrêa do Lago, *Debret e o Brasil: Obra completa — 1816-1831*. Rio de Janeiro: Capivara, 2008, p. 173.

5. Ibid., p. 247.

6. Ibid., p. 254.

7. Sobre o globo terrestre no quadro de Hans Holbein, ver Junia F. Furtado, *Oráculos da Geografia iluminista: Dom Luís da Cunha e Jean Baptiste Bourguignon D'Anville na construção da cartografia do Brasil*. Belo Horizonte: Ed. UFMG, 2012, pp. 20-1, 36. Sobre o mapa da partilha da África, ver Junia F. Furtado, *Quebra-cabeça africano: Como um embaixador português, um geógrafo francês, um escritor inglês e um pirata imaginário transformaram a cartografia da África e abriram as portas para o imperialismo*. Belo Horizonte: Miguilim/ Odisseia, 2021, pp. 472-3. A ilustração da Conferência de Berlim está em *Illustrierte Zeitung*, 1884, p. 318.

8. Paulo Rezzutti, *D. Leopoldina: A história não contada*. Rio de Janeiro: Leya, 2017.

9. Lucía Duque, Anthony Picón, Sebastián Díaz Ángel e Santiago Muñoz (orgs.), *Colombia en mapas: Una historia del territorio*. Bogotá: Universidad de Los Andes, 2022 (no prelo); Chet Van Duzer e Elizabeth Montañez-Sanabria (orgs.), *La historia del Perú en 18 mapas*. Lima (no prelo).

1. Antes de existir o Brasil

Planisfério de Cantino, *1502*

Andréa Doré

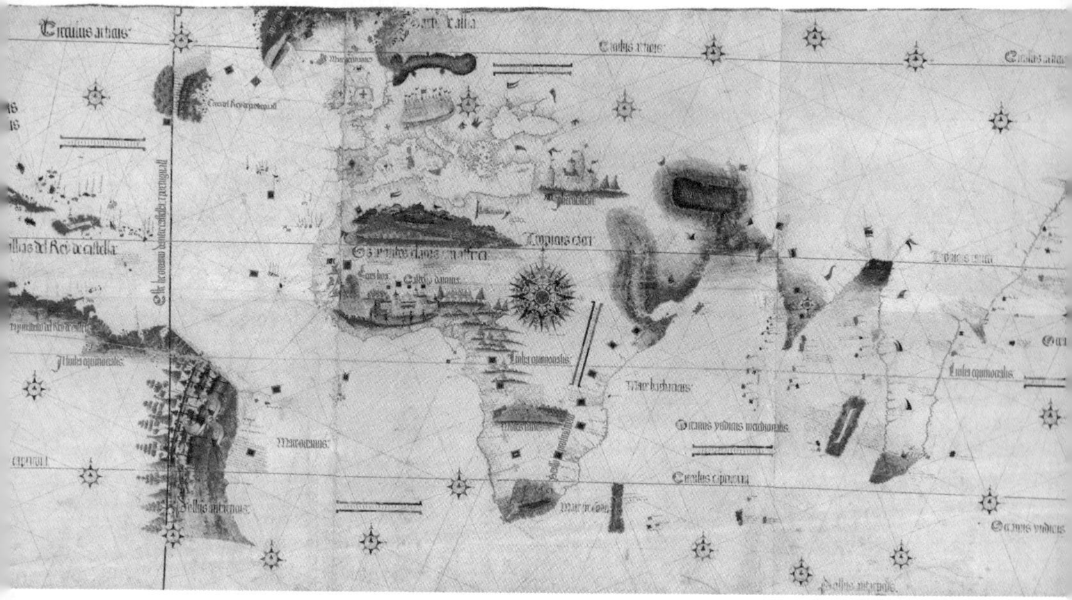

1.1. Planisfério de Cantino, *1502, anônimo.*

O *Planisfério de Cantino* (Fig. 1.1) é apontado como o primeiro mapa conhecido a representar o Brasil. É preciso, porém, ter cuidado ao fazer essa afirmação e lembrar que nada parecido com "o Brasil" existia naquele momento, nem de forma concreta, nem em projeto. Um equívoco semelhante seria considerar o mapa de Martin Waldseemüller, de 1507, onde o cartógrafo inseriu pela primeira vez o nome "América" sobre uma massa de contornos indefinidos, a certidão de nascimento da América.[1] Ou, como escreveu Capistrano de Abreu, chamar a carta de Pero Vaz de Caminha de "diploma natalício [...] de uma nacionalidade futura".[2] Iniciar um livro sobre a história do Brasil com *La Carta del Cantino* não significa admitir que quando ele foi desenhado existiam ideias claras sobre os desdobramentos históricos que se seguiriam. O *Planisfério* é uma evidência histórica de um momento em que muitos futuros eram possíveis.

Confeccionado em seis folhas de pergaminho, o *Planisfério de Cantino*, sem assinatura e sem data, é preservado na Biblioteca Estense, em Modena, na Itália, e mede 1,05 × 2,20 m. No verso do mapa, no canto inferior esquerdo está escrito em italiano: "Carta da nauigar per le Isole nouam[te]. tr... in le parte de l'India: dono Alberto Cantino Al S. Duca Hercole",[3] que pode ser traduzido por: "Mapa para navegação pelas ilhas recentemente encontradas nas partes da Índia: ofertado por Alberto Cantino ao senhor duque Hércules". Cantino estava a serviço de Hércules d'Este, duque de Ferrara, e foi mandado a Lisboa para obter informações sobre as viagens dos portugueses. Sabe-se, por meio de uma carta de Cantino ao duque, que o mapa lhe foi enviado em novembro de 1502, e que por ele tinha pagado doze ducados de ouro venezianos. Devido a essa carta e às informações contidas no mapa, concluiu-se que foi realizado entre setembro e outubro daquele ano.

O mapa de Cantino representa com toda a clareza a passagem de um documento (um mapa) a monumento. Esse percurso é fundamental no estudo da história, e há várias formas de entendê-lo. Afirmar que o mapa aqui analisado sofreu essa passagem se aproxima das considerações de Paul Zumthor quando explica que o que transforma o documento em monumento é a sua utilização pelo poder. Assim, esse mapa e tantos outros puderam ser lidos — pelas instâncias que detêm o poder ou estão a seu serviço — como certidões de nascimento de nações inteiras. Mas pode-se ir além e dizer, junto com Jacques Le Goff, que "o documento é monumento". Ele é o resultado do empenho das sociedades em "impor ao futuro — voluntária ou involuntariamente — determinada imagem de si próprias", e o papel dos historiadores é o de desmontar essa "construção e analisar as condições de produção dos documentos-monumentos".[4] Esse é o caminho seguido na análise dos mapas deste capítulo, que adquirem o estatuto de monumento para ser em seguida desmontados.

O *Planisfério de Cantino* já foi e continua sendo muito estudado. Sobre a parte oriental do globo, que não será aqui explorada, identifica-se a contribuição dos conhecimentos árabes resultante da presença de pilotos[5] muçulmanos nas viagens de Vasco da Gama e de Pedro Álvares Cabral pelo Índico. O idioma da imensa maioria dos topônimos e de várias legendas em que o cartógrafo indica Portugal como sua terra natal permite afirmar que se trata de uma produção portuguesa.

A *Carta del Cantino* foi identificada como uma cópia do *padrão*, mapa oficial produzido pelos cartógrafos da Casa da Guiné e da Mina, depois Casa da Índia, em Lisboa, de caráter sigiloso, que condensava as informações mais atualizadas sobre as descobertas marítimas dos portugueses e da qual eram tiradas outras cópias entregues aos pilotos. Em estudo recente, porém, Joaquim Alves Gaspar verificou uma série de inconsistências na localização dos trópicos, do círculo Ártico e da linha de demarcação de Tordesilhas, o que seria incompatível com uma cópia de um documento oficial.[6] A análise de Alida Metcalf, por sua vez, propõe, com base na comparação de diferentes mapas do período e nas semelhanças das ilustrações — visando identificar uma "*design signature*", uma assinatura por meio dos desenhos —, que seu autor foi o cartógrafo português Pedro Reinel.[7] Moreno Madrid partiu do valor pago pelo documento para investigar, junto com mapas comprados pelo cartógrafo Juan de la Cosa, em Lisboa, e outros adquiridos para a expedição de circum-navegação de Magalhães-Elcano, o preço dos mapas produzidos nesse momento dinâmico das viagens de exploração marítima. Os doze ducados de ouro venezianos pagos pelo Planisfério eram uma soma elevada, o equivalente a 5040 reais, ou a 2870 litros de trigo. Não destoava, no entanto, do montante que as Coroas ibéricas ou indivíduos de grande interesse e capital estavam dispostos a pagar por informações cruciais sobre novas rotas de navegação.[8]

O ponto alto do mapa, a "frase mais citada", fruto de sua desconcertante novidade, é a figuração de uma pequena parte do que se tornaria o Nordeste do Brasil. Após a feitura do mapa, ali foi colado um pedaço de pergaminho, deslocando a linha da costa do desenho original mais para leste. Essa correção do traçado do litoral resultou das informações obtidas durante a terceira viagem à Índia, capitaneada por João da Nova, com uma escala nas terras recém-vistas por Cabral, e que retornou a Lisboa na primeira quinzena de setembro de 1502. Outras pequenas adições, alguns topônimos, resultaram da viagem de André (ou Afonso) Gonçalves, pouco documentada, que se concluiu, em Lisboa, em julho daquele ano. Nessa viagem, foi dado o nome ao rio São Francisco e à baía de Todos os Santos. O ano de 1502 foi um período agitado nessa rota atlântica. Américo Vespúcio também fez sua viagem, retornando a Lisboa em 7 de setembro, mas não há, segundo Roukema, informações dessa expedição no mapa de Cantino.[9]

As duas bandeiras vermelhas e azuis representadas trazem o brasão da dinastia de Avis, à qual pertencia o rei d. Manuel. A localização das duas indicaria o início, ao norte, da parte das terras que caberiam a Portugal. Mais à esquerda, no limite da representação das terras conhecidas pelos europeus, há outras três bandeiras, com o brasão do reino de Castela. É esse também o primeiro mapa conhecido em que aparece o traçado do meridiano definido pelo Tratado de Tordesilhas, assinado em 1494. Ao longo de uma linha azul, está escrito em vermelho e letras góticas: "Este é o marco entre Castela e Portugal".

O mapa contém muitas legendas e, junto à pequena porção de terra que se tornaria o Brasil, lê-se o seguinte texto, aqui de forma atualizada:

> A Vera Cruz chamada pelo nome a qual achou Pedro Álvares Cabral, fidalgo da casa do Rei de Portugal e ele a descobriu indo por capitão-mor de catorze naus que o dito Rei mandava a Calicute e no caminho indo topou com esta terra, a qual terra se crê ser terra firme na qual há muita gente de descrição andam nus homens e mulheres como suas mães os pariram; são mais brancos que baços e têm os cabelos muito corredios; foi descoberta esta dita terra na era de quinhentos.[10]

Esse conteúdo da legenda foi repetido em um grande número de documentos produzidos na sequência. Descrições geográficas circulavam pela Europa na forma de relatos de viagem, de cosmografias — obras que tratavam do céu, dos planetas e dos continentes —, em cartas destinadas a uma pessoa específica e depois publicadas, e em mapas. Da mesma forma, pode-se dizer que as breves informações da legenda resultavam de relatos escritos e orais obtidos de participantes das primeiras viagens. A partir do *Planisfério de Cantino*, este capítulo se centra nos dois principais elementos por meio dos quais as terras da América, especialmente o Brasil, novas para os europeus, foram apresentadas nos mapas, ou seja, nas formas como o novo foi lido, descrito, assimilado e explorado cartograficamente. Esses dois elementos são a natureza, representada pelas aves coloridas, e os indígenas.

A pequena massa de terra do Novo Mundo é toda ocupada, no mapa, por uma fileira de árvores e por um elemento de grande destaque nas descrições: as aves coloridas. São três araras pintadas com penas vermelhas, amarelas e azuis. Elas podem ser identificadas como sendo araracangas, frequentes na Amazônia e na América Central e familiares aos europeus desde as viagens de Colombo, e não a arara-vermelha, característica do litoral da Bahia.[11] Erros como esse faziam parte da prática figurativa da época, quando o normal era copiar e adaptar imagens que já existiam.

Apesar de ser uma imagem, pode ser entendida também como um topônimo, como uma forma de batizar o lugar. A terra onde aportou a frota de Cabral, em abril de 1500, foi inicialmente chamada de Terra dos Papagaios. Há várias cartas italianas que remetem a esse nome. Giovanni Matteo Cretico foi o primeiro a nomeá-la assim, em carta ao doge Agostino Barbarigo, de 27 de junho de 1501. Bartolomeo Marchionni, um rico mercador florentino residente em Lisboa e armador de uma das naus da frota de Cabral, a *Anunciada*, escreveu a Florença em 1501: "Eles trouxeram muitas espécies de aves e animais, que nos são desconhecidos". No final de julho, Domenico Pisani escreveu de Lisboa para Veneza: "Acima do Cabo da Boa Esperança, para as bandas do Sudoeste, descobriram uma terra nova. Chamam-na a terra dos papagaios, por serem do tamanho de um braço, dos quais viram dois".[12] Já o piloto anônimo da viagem de Cabral disse que eram "grandes como galinhas".[13] Duas dessas aves foram levadas a Lisboa na mesma nau em que seguiu a carta de Pero Vaz de Caminha, em julho de 1500, dando notícia do achamento das terras ao rei d. Manuel. No ano seguinte, André Gonçalves foi enviado para "descobrir a terra dos Papagaios ou de Santa Cruz".[14] Terra dos Papagaios foi também o nome adotado no globo de Schöner, de 1520, e na *Geographia* de Ptolomeu, de 1522.[15]

Por que o cartógrafo cobriu praticamente toda a porção de terra com três grandes araras à frente de um conjunto de árvores? Ele não inseriu, como se sabe, uma ilustração qualquer, mas já tinha conhecimento da existência de pássaros "do tamanho de um braço", de cores vivas. A primeira razão poderia ser porque assim agradaria à visão. As cores e os animais deixariam seu mapa mais bonito. Outra explicação está em uma prática então bastante comum de preencher o mapa para não deixar espaços em branco. Os cartógrafos, assim como Aristóteles dizia da natureza, tinham horror ao vazio, o *horror vacui*.[16] Em muitos mapas se observam grandes ilustrações, legendas, caixas de textos, cartuchos, que ocupam áreas sobre as quais os autores dos mapas não tinham informações.

As araras — ou "papagaios" — do mapa de Cantino representam também o primeiro contato com a natureza e o que ela poderia oferecer. A busca de riquezas minerais era, como se sabe, uma das principais motivações das viagens marítimas. Uma passagem da Carta de Caminha contém indícios do que os portugueses procuravam e como tentavam obter informações por meio do diálogo com os nativos, que cada parte compreendia a seu modo. Com esse intuito, dois jovens habitantes das terras foram levados à nau de Pedro Álvares Cabral. Caminha conta que um deles "pôs olho no colar do capitão" e depois em um castiçal de prata e nos dois casos começou a acenar com a mão para a terra "como que nos dizendo" que havia ouro e prata. "Mostraram-lhes um papagaio pardo que o capitão traz consigo; tomaram-no logo na mão e acenaram para a terra, como quem diz que os havia ali."[17] Para além dos possíveis equívocos na interpretação dos sinais, estavam presentes nesse encontro os elementos que compunham as expectativas dos portugueses — ouro e prata — e o que efetivamente encontraram na primeira viagem — aves coloridas. As terras do Brasil só proporcionaram ouro em abundância com a descoberta das minas na região de Minas Gerais no final do século XVII, que gerou a corrida para o Oeste, como será examinado no capítulo 8. Durante duzentos anos, as aves de penas coloridas, produto secundário ao qual se somaram o pau-brasil e o cultivo da cana-de-açúcar, estiveram presentes nas descrições.

OS HABITANTES

Em uma primeira observação do mapa, as terras parecem despovoadas, uma vez que os habitantes estão presentes somente na legenda. Em mapas posteriores, como nos roteiros da costa do Brasil feitos por Luís Teixeira, o *Roteiro de todos os sinais* (1586-90), e por seu filho, João Teixeira Albernaz I, *Descrição de toda a costa da província de Santa Cruz a que vulgarmente chamam Brasil* (1640), também não há imagens que representem os indígenas. Mas nos textos que acompanham os mapas encontram-se menções a eles. Nesses mapas dos Teixeira, porém, pode-se reconhecer a presença nativa em muitos topônimos. Nomes de rios e montes, principalmente, como Ytanhaem, Picuipe ou Agasuype, no litoral da Bahia, nos mapas de Teixeira Albernaz, revelam que havia alguém, talvez povos inteiros escondidos nessas representações de terras aparentemente vazias.

No mapa de Cantino, na porção referente ao Brasil, há poucos topônimos, e são todos de origem europeia. Na sua maioria, são nomes de santos, forma tradicional de nomear os lugares encontrados durante as viagens de exploração. Com frequência se batizavam rios, enseadas e ilhas com o nome do santo do dia da descoberta ou outra data importante do calendário religioso. Do Norte para o Sul, estão "cabo de São Jorge", "San Miguel", "rio de São Francisco", "baía de Todos-os-Santos", "Porto Seguro", "Rio do Brasil" e "cabo de Santa Marta".

A ausência de nomes indígenas no *Planisfério de Cantino* se explicaria pelo pouco contato feito até então, tendo havido somente alguns encontros na costa, onde, como escreveu o piloto anônimo da viagem de Cabral, "não havia ninguém que compreendesse a sua língua"[18] na armada portuguesa. Há uma diferença marcante entre os efeitos dos topônimos indígenas e dos nomes que os portugueses davam aos lugares que os roteiros dos Teixeira permitem destacar. Os nomes indígenas, em geral, contêm elementos que ajudam a identificar o lugar, são descritivos, como "batu-cabaru", montanha que serve de cavalo para as nuvens, ou "Ytapoã", que significa pedra levantada. A nomeação portuguesa, por sua vez, associa-se a formas de tomada de posse, tanto a posse política, pela Coroa portuguesa, quanto religiosa, pela Igreja de Roma.[19]

Pode-se observar o *Planisfério de Cantino* em diálogo com o que Jaime Cortesão definiu como outros dois principais "monumentos cartográficos"[20] referentes ao primeiro momento de exploração da costa do Brasil, imprimindo-lhes um caráter que difere da análise crítica da cartografia, sem destacar suas relações com as esferas de poder que influíram na sua produção. São eles o planisfério Hamy,[21] com apenas uma breve linha da costa da América do Sul, e o de Nicolau Caverio, datado de 1506.[22] No mapa de Caverio há também árvores e araras (ou papagaios) e a legenda repete, em grande medida, o que se lê no *Planisfério de Cantino.*

Com base nos mapas produzidos nas décadas seguintes ao de Cantino, há duas maneiras de analisar o que as terras do Brasil foram se tornando. A primeira se concentra no estudo do acréscimo de novas informações, imagens e traçados da geografia. Essa abordagem é adotada por muitos trabalhos de história dos primeiros mapas do Brasil e possui vasta bibliografia, da qual se destacam as obras de Jaime Cortesão, Max Justo Guedes e Fernando Lourenço Fernandes. A segunda permite ver, na cartografia produzida ao longo do século XVI, as propostas então existentes sobre o que fazer e o que obter com a exploração das novas terras. São mapas bem conhecidos, presença quase obrigatória nos livros didáticos, mas aqui observados como projetos em disputa.[23] Três mapas são representativos de três diferentes motivações.

O primeiro é a *Carta do Brasil*,[24] de Lopo Homem, datado de 1519, parte da obra conhecida como *Atlas Miller*, que pode ser considerado um mapa ambíguo (Fig. 1.2). Observa-se um grande salto no conhecimento geográfico da costa entre os três "monumentos" citados e este, onde já aparecem as entradas dos rios Amazonas e da Prata e um total de 146 topônimos ao longo da costa.[25] Esse mapa apresenta duas maneiras opostas de apreender a terra e seus habitantes, que comporão uma síntese das relações que os portugueses — e outros europeus — estabeleceram no primeiro século de exploração.

O espaço atlântico é pontilhado de caravelas, rosas dos ventos e bandeiras com o brasão dos Avis. Todo o oceano parece pertencer à Coroa portuguesa. As ilustrações sobre a massa de terra compõem um cenário exuberante e dinâmico, com destaque para a extração de pau-brasil. Os indígenas parecem dispostos ao trabalho e a fornecer aos recém-chegados uma matéria-prima atraente, mesmo que bastante inferior às expectativas de riquezas minerais. Há também aves e macacos. Os obstáculos para a exploração surgem na caixa de texto acima do mapa, que funciona ao mesmo tempo como título e legenda. Comparada com as legendas anteriores, de Cantino e Caverio, essa inclui novas informações:

> Esta carta é da região do grande Brasil e do lado ocidental alcança as Antilhas do rei de Castela. Quanto à sua gente, é de COR UM TANTO ESCURO. SELVAGEM E CRUDELÍSSIMA, ALIMENTA-SE DE CARNE HUMANA. Este mesmo povo emprega, de

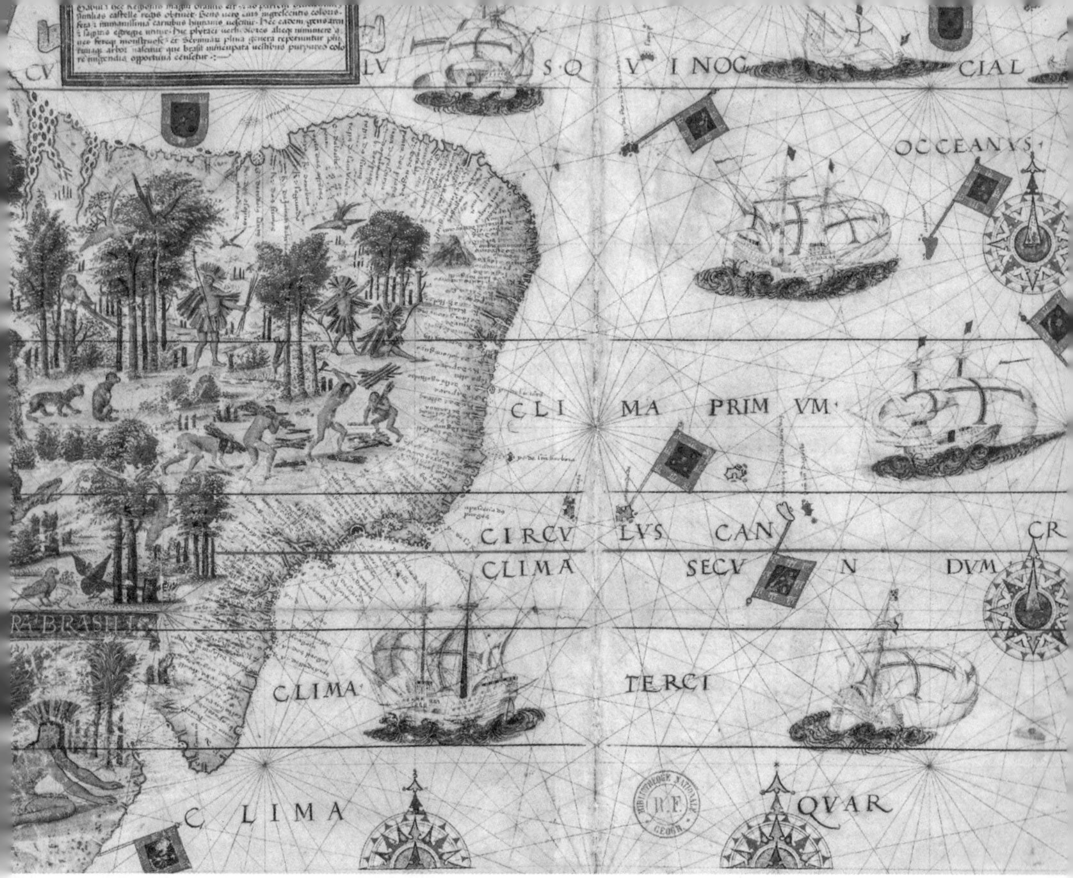

1.2. Carta do Brasil, *1519, de Lopo Homem.*

> modo notável, o arco e as setas. Aqui [há] papagaios multicores e outras inúmeras aves e FERAS MONSTRUOSAS. E encontram-se muitos gêneros de macacos e nasce em grande quantidade a árvore que, chamada brasil, é considerada conveniente para tingir o vestuário com a cor púrpura.[26]

Diferente das figuras do mapa, os habitantes são gente "selvagem e crudelíssima". No conjunto das tópicas que descrevem os indígenas, o fato de andarem nus, característico da inocência do Paraíso, é substituído pela prática da antropofagia. Às luminosas aves coloridas que povoam a ilustração se soma uma referência imprecisa a "feras monstruosas", representadas talvez por uma espécie de lagarto com asas no extremo esquerdo do mapa. Em síntese, os habitantes das terras são aliados e, ao mesmo tempo, uma ameaça aos europeus. Se a imagem pode dar a ideia de um espaço aberto e receptivo, a legenda chama atenção para os perigos e a barbárie dos indígenas, que faz pensar que a convivência seria impossível.

O segundo mapa, intitulado *Brasil* (Fig. 1.3), foi produzido fora do circuito português e indiretamente questionava o direito de posse dos ibéricos sobre as terras da América. De autoria de Giacomo Gastaldi, foi inserido na coleção de relatos de viagem do veneziano Giovanni Battista Ramusio, *Delle navigationi et viaggi*, publicada pela primeira vez em 1556, uma das mais célebres do Renascimento. Direcionado com o Norte à direita, o mapa acompanha um relato anônimo, depois atribuído a Pierre Crignon, de 1535, sobre uma viagem feita à costa do Brasil em 1529. O texto defende o direito dos franceses de fazer comércio, principalmente de pau-brasil, com os habitantes. O cartógrafo, assim como fez Lopo Homem, apresenta a docilidade dos indígenas, dispostos ao trabalho na extração de madeira em troca de objetos, como se vê no canto inferior direito do mapa, em que dois europeus parecem negociar com os indígenas. As bandeiras nos navios, com a flor de lis da monarquia francesa, indicam que as águas não eram frequentadas apenas por portugueses.[27] Ainda que bem mais discretos, não faltam também pássaros coloridos.

O terceiro é o bastante reproduzido *Mapa das capitanias hereditárias. Carta geral do Brasil* (Fig. 1.4), desenhado por Luís Teixeira, que integra o *Roteiro de todos os sinais*, datado entre 1586 e 1590.[28] A obra contém textos que orientam a viagem e inclui doze mapas topográficos, em grande escala, de partes da costa. O mapa em questão é o único em pequena escala, figurando toda a parte oriental da América do Sul, e o primeiro em que está desenhada a divisão das capitanias hereditárias promovida durante o reinado de d. João III (1521-57). A escolha dessa escala não é sem consequências. O mapa não é uma representação do que é, mas do que se planeja. Seguindo a proposição de Frank Lestringant, "a pequena escala de representação global [...] abre-se, idealmente, em direção ao futuro, em audaciosas antecipações estratégicas".[29] Poucos donatários efetivamente exploraram as terras, com destaque para a capitania de Pernambuco, e mesmo as capitanias "del Rey" não ultrapassaram algumas léguas além do litoral. A política das capitanias hereditárias, porém, já almejava uma interferência mais sistemática sobre as terras e os indígenas. As informações contidas no mapa precisam ser confrontadas com outras fontes, como cartas de doação do rei aos donatários, que tratam dos limites e das léguas de cada capitania, e cartas forais, emitidas posteriormente, que indicam o total de

1.3. Brasil, c. *1556, de Giacomo Gastaldi.*

léguas doadas e definem os direitos e os deveres sobre as terras. Esse vasto conjunto de documentos serve de substrato para um mapa que contém poucos traços da complexidade jurídica do sistema das capitanias e da sua efetiva aplicação.[30] Dito de outra forma, a experiência das capitanias não corresponde e não pode ser reduzida ao projeto que o mapa expressa.

Onde estão nesse mapa a natureza, que era representada por meio das aves coloridas, e os habitantes? A longa legenda/título que ocupa boa parte do mapa — o mesmo artifício de cobrir áreas pouco conhecidas e evitar o vazio — cita várias capitanias e as condições de sua doação. A frase final diz que "é muito povoada do gentio da terra/ tem muitos mantimentos/ em partes dela há Ouro assim de minas como de lavagens".[31] O estranhamento do contato com os habitantes, seus adornos, cor da pele, sua nudez e práticas antropofágicas se dissolvem na expressão "gentio da terra". Não há menção aos pássaros, e da natureza se espera o ouro, ainda de localização imprecisa "em partes dela".

1.4. Mapa das capitanias hereditárias. Carta geral do Brasil, c. *1586-90, de Luís Teixeira.*

O que aconteceu entre o *Planisfério de Cantino* e o *Mapa das capitanias hereditárias*? No primeiro, de 1502, o pouco conhecimento sobre as terras forçou o cartógrafo a usar o efeito de uma lupa e colocar em primeiro plano um elemento local — as aves coloridas. Mesmo ali, a visão estava corrompida pelas concepções anteriores do cartógrafo; ele retrata uma ave da região amazônica ou da América Central que seus contemporâneos confundiam com um papagaio. No mapa de Luís Teixeira, de *c.* 1586, boa parte do continente da América do Sul é retratado, a linha de demarcação de Tordesilhas é posicionada mais a oeste, e tudo o que é representado remete aos anseios e planos dos europeus, com um total — ou quase total, se considerarmos os topônimos indígenas — apagamento de traços das populações existentes. Sobre uma geografia ainda a ser explorada, seu autor propõe que seria possível implantar um projeto forjado em Portugal e ignorar, ao menos no papel, uma realidade muito mais complexa que incluía resistências, alianças, adaptações e violências.

Esses mapas dos primeiros cem anos da chegada dos europeus às terras do Brasil são evidências de uma acirrada disputa de interesses e representações em que cada cartógrafo, assim como a sociedade e o poder político e econômico a que pertencia, se esforçou em "impor ao futuro" determinada imagem.[32] Observar o mapa de Cantino é como se ver diante da ponta de um gigantesco iceberg. Há uma indiscutível expansão de informações geográficas conforme as explorações avançam. Não se pode, porém, falar de um aumento linear do conhecimento, porque a cada instante são inseridos ou suprimidos aspectos que parecem atender melhor às expectativas que se projetam sobre a terra, constituindo-se essa cartografia numa linguagem de poder.

NOTAS

1. Assim se lê no Boletim da Biblioteca do Congresso dos Estados Unidos, onde o mapa é preservado: <https://www.loc.gov/loc/lcib/0706/map.html>. O mapa está disponível em: <http://hdl.loc.gov/loc.gmd/g3200.ct000725>. Acesso em: 31 maio 2022.

2. João Capistrano de Abreu, *O descobrimento do Brasil*. Rio de Janeiro: Civilização Brasileira, 1976, p. 159.

3. Disponível em: <https://edl.beniculturali.it/beu/850013655>. Acesso em: 31 maio 2022. Armando Cortesão e Avelino Teixeira da Mota, "Anonimo, o Planisfério Cantino, de 1502". In: ______. *Portugaliae monumenta cartographica*. Lisboa: Imprensa Nacional/ Casa da Moeda, 1986, I, p. 7.

4. Jacques Le Goff, *História e memória*. Campinas: Ed. da Unicamp, 1990, pp. 547-8. Sobre Zumthor, ver pp. 545, 547-8.

5. Na época da expansão marítima, o piloto era quem melhor conhecia as rotas e as técnicas de navegação, na embarcação, superando o saber do próprio capitão. O piloto era responsável pelos cálculos de navegação, por meio de instrumentos como astrolábios e bússolas.

6. Joaquim Alves Gaspar, "Blunders, Errors and Entanglements: Scrutinizing the Cantino Planisphere with a Cartometric Eye". *Imago Mundi*, Londres, v. 64, n. 2, pp. 181-200, 2012.

7. Alida C. Metcalf, "Who Cares Who Made the map? La Carta del Cantino and its Anonymous Maker". *e-Perimetron*, v. 12, n. 1, pp. 1-23, 2017.

8. José María Moreno Madrid, "El valor económico de la cartografía en la Época de los Descubrimientos: un estudio comparativo a partir del Planisferio de Cantino (1502)". *Tiempos Modernos*, Madri, v. 39, n. 2, pp. 105 e 109, 2019.

9. Edzer Roukema, "Brazil in the Cantino Map". *Imago Mundi*, Londres, v. 17, p. 19, 1963, e *Portugaliae monumenta cartographica*, op. cit., I, p. 10.

10. Todas as legendas foram transcritas por Armando Cortesão e Avelino Teixeira da Mota, op. cit., I, pp. 11-3.

11. Dante Martins Teixeira, *A arte nos mapas na Casa Fiat de Cultura: Uma viagem pelos quatro cantos do mundo*. Catálogo da Exposição 12 ago. a 5 out. 2008, p. 38.

12. Jaime Cortesão, *História do Brasil nos velhos mapas*. Rio de Janeiro: Instituto Rio Branco, t. I, 1957, p. 223.

13. "Relação do Piloto Anônimo". In: Paulo Roberto Pereira (org.), *Os três únicos testemunhos do descobrimento do Brasil*. Rio de Janeiro: Lacerda Editores, 1999, cap. IV, p. 77.

14. Edzer Roukema, op. cit., p. 19.

15. Laura de Mello e Souza, "O nome do Brasil". *Revista de História*, São Paulo, n. 145, pp. 61-87, 2001.

16. Carla Lois, *Terrae incognitae: Modos de pensar y mapear geografias desconocidas*. Buenos Aires: Eudeba, 2019.

17. Pero Vaz de Caminha, *Carta de achamento do Brasil*. Edição comentada por Sheila Hue. Campinas: Ed. da Unicamp, 2021, p. 70.

18. "Relação do piloto anônimo", op. cit., cap. II, p. 75.

19. Ver Andréa Doré, "Cartógrafos portugueses representan ríos y montañas: Señales de riquezas y puntos de referencia en las tierras de Brasil". *Nuevo Mundo. Mundos Nuevos*, pp. 16-8, 2020.

20. Jaime Cortesão, op. cit., p. 200.

21. Huntington Library, San Marino. Disponível em: <https://cdm16003.contentdm.oclc.org/digital/collection/p15150coll7/id/48627>. Acesso em: 31 maio 2022.

22. Biblioteca Nacional da França. Disponível em: <https://gallica.bnf.fr/ark:/12148/btv1b550070757/f3.item.r=caverio>. Acesso em: 31 maio 2022. A legenda é transcrita por Jaime Cortesão, op. cit., p. 240.

23. Ver Fabiano Arndt Araújo Pykosz de Oliveira, *Os mapas contam histórias: Reflexões, análises e perspectivas da utilização da cartografia histórica no ensino de história*. Dissertação de Mestrado. Programa de Mestrado Profissional em Ensino de História, UFPR, 2020.

24. O mapa, preservado na Biblioteca Nacional da França, mede 42 × 59 cm.

25. Jaime Cortesão, op. cit., p. 287.

26. Em latim, a legenda é traduzida em *Portugaliae monumenta cartographica*, op. cit., t. I, pp. 57-8. Grifo meu.

27. Olga Okuneva, "Ensaio sobre o mapa 'Brasil' de G. Gastaldi pertencente ao *Delle navigationi e viaggi* de G. B. Ramusio (1556; 1565; 1606)". *Terra Brasilis* (*Nova Série*), Niterói, v. 2, pp. 1-17, 2013. Mapa on-line disponível em: <http://www.cartografiahistorica.usp.br/index.php?option=com_jumi&fileid=14&Itemid=99&idMapa=579>. Acesso em: 31 maio 2022.

28. Luís Teixeira, *Roteiro de todos os sinais na costa do Brasil* (*1585-1590*). [Fac-símile do ms. 51-IV-38 da Biblioteca da Ajuda. Edição de Max Justo Guedes]. Rio de Janeiro: INL, 1968. O mapa mede 29,8 × 39,2 cm.

29. Frank Lestringant, *A oficina do cosmógrafo ou A imagem do mundo no Renascimento*. Rio de Janeiro: Civilização Brasileira, 2009, p. 20.

30. Ver Jorge Pimentel Cintra, "Reconstruindo o mapa das capitanias hereditárias". *Anais do Museu Paulista*, São Paulo, v. 21, n. 2, pp. 11-45, jul.-dez. 2013.

31. Jorge Pimentel Cintra, "As capitanias hereditárias no mapa de Luís Teixeira". *Anais do Museu Paulista*, São Paulo, v. 23, n. 2, p. 18, 2015. O autor analisa todas as informações contidas na legenda e aponta os equívocos do cartógrafo. As dimensões deste mapa são 33,7 × 50,3 cm.

32. Jacques Le Goff, op. cit.

LEITURAS COMPLEMENTARES

CHICANGANA-BAYONA, Yobenj Aucardo. *Imagens de canibais e selvagens do Novo Mundo: Do maravilhoso medieval ao exótico colonial* (*séculos XV-XVII*). Trad. Marcia Aguiar Coelho. Campinas: Ed. da Unicamp, 2017.

FERNANDES, Fernando Lourenço. *O Planisfério de Cantino e o Brasil: Uma introdução à cartologia política dos descobrimentos e o Atlântico Sul*. Lisboa: Academia de Marinha, 2003.

KNAUSS, Paulo; RICCI, Claudia; CHIAVARI, Maria Pace. *Brasil: Uma cartografia*. Rio de Janeiro: Casa da Palavra, 2010.

TATSCH, Flavia Galli; GOMES, René Lommez. "De selvagens canibais a pacíficos comerciantes: A invenção da iconografia dos ameríndios na Europa renascente, 1492-1555". In: CAÑIZARES-ESGUERRA, Jorge; FERNANDES, Luiz Estevam de Oliveira; MARTINS, Maria Cristina Bohn (orgs.). *As Américas na Primeira Modernidade* (*1492-1750*). Vitória: Milfontes, 2020, pp. 313-400. v. 3.

2. Contiguidade e insularidade

Descrição de todo o Estado do Brasil, *João Teixeira Albernaz I*, c. *1626*

Andréa Doré

2.1. Descrição de todo o Estado do Brasil, c. *1626, de João Teixeira Albernaz I.*

A América do Sul, a Quarta Parte do Mundo (*Quarta pars mundi*), continente também chamado de América Peruana, aparece nos mapas dos dois primeiros séculos da colonização de formas muito diferentes. A análise dessas representações nos permite compreender as expectativas e os usos que se projetaram sobre essas terras. Nelas, duas concepções geográficas se destacam. Uma valorizava a contiguidade da imensa massa de terra continental e a conexão entre territórios arbitrariamente atribuídos a Portugal e à Espanha pelo Tratado de Tordesilhas. A outra destacava os rios e lagos do interior e dava ao Brasil uma aparência de ilha, separada do restante do continente. Em diálogo com essas duas figurações geográficas, em certa medida imaginadas e contraditórias, verifica-se a circulação de pessoas, de mercadorias e de confissões religiosas, assim como as interpretações dos historiadores.[1]

A CONTIGUIDADE E SEUS SIGNIFICADOS

O mapa *Descrição de todo o Estado do Brasil* (Fig. 2.1), de autoria do cartógrafo português João Teixeira Albernaz I, é um exemplar emblemático da concepção de que as terras da parte espanhola e da parte portuguesa da América do Sul eram contíguas. É o primeiro de um conjunto de 22 mapas que integra o *Livro que dá razão do Estado do Brasil*, cujo texto foi escrito pelo sargento-mor Diogo de Campos Moreno, em resposta a uma ordem do rei Felipe III ao então governador, d. Diogo de Meneses e Sequeira (1608-12).[2] Os demais mapas do *Livro* são topográficos e representam partes da costa nordeste e leste do Brasil, começando com a descrição da costa do Rio de Janeiro a São Vicente e terminando com o Maranhão. O mapa aqui analisado representa quase todo o continente da América do Sul. A omissão da costa ocidental se justifica pelo conteúdo da legenda, onde também se destaca a contiguidade das terras: "Descrição de todo o Estado do Brasil, que para o norte começa no Grão-Pará [...] e para o sul termina na entrada do rio da Prata [...]. E juntamente mostra-se, neste mapa, a confrontação que tem este Estado com as terras do Peru e Novo mundo, e com os estreitos de Magalhães e São Vicente". A obra é preservada no Instituto Histórico e Geográfico Brasileiro, no Rio de Janeiro, mas há outro códice na Biblioteca Pública Municipal do Porto, em Portugal, que contém apenas dezoito mapas.[3] O relato que os acompanha foi escrito entre 1612 e 1614 e se considera que os mapas foram produzidos entre 1612 e 1627, o que os insere no contexto da União Ibérica (1580-1640), quando o poder soberano de Portugal e Espanha era um só, concentrado sob o monarca da dinastia dos Habsburgo, mas havia diferenças entre os súditos dos diferentes reinos. Na *Patente das mercês, graças e privilégios*, que reúne as concessões do rei Felipe II aos reinos de Portugal, resultado das cortes de Tomar, de abril de 1581, não há nenhuma menção às terras de Portugal na América, mas se depreende que os territórios deveriam ser administrados separadamente: as Índias de Castela e as terras do Brasil.[4]

João Teixeira Albernaz I, que assina o mapa como "cosmógrafo de Sua Majestade", era filho de Luís Teixeira e foi um dos mais produtivos cartógrafos das costas do Brasil. Possivelmente por influência de seu pai, ele representa em destaque nesse mapa a montanha de Potosí, a mais importante jazida de prata da América, encontrada pelos espanhóis em 1545 no então vice-reino do Peru, na atual Bolívia, com a povoação ao seu pé. Ligada a Potosí, uma cadeia de montanhas colorida de marrom atravessa o continente de oeste a leste. É seguida em paralelo por outra cadeia, azul-acinzentada. Entre as duas corre um rio, e ao norte das montanhas azuis segue o rio Amazonas. Essas montanhas terminam próximas ao litoral norte do continente. A contiguidade dos territórios luso-castelhanos é, assim, fortalecida por uma cordilheira imaginária.[5]

Em outros mapas em que se verifica a contiguidade das terras, a América do Sul é representada como uma massa de terra sólida e indiferenciada. Pode-se interpretar essa configuração como uma demonstração de indiferenciação política, uma vez que não encontramos a linha de demarcação de Tordesilhas e em alguns mapas não há brasões das dinastias ibéricas. Essa contiguidade é figurada nos mapas da família Homem, atribuídos a Diogo Homem, de 1558 e 1565 (Fig. 2.2) e,[6] principalmente, nos mapas da família Teixeira, o que abre este capítulo e o de 1627, pertencente ao *Livro em que se mostra a descrição de toda a costa do Estado do Brasil e seus portos barras e sondas delas*, datado e assinado pelo mesmo João Teixeira Albernaz, "moço da câmara de Sua Majestade e seu cosmógrafo".[7]

A ligação das terras por meio de uma cadeia de montanhas também se encontra no mapa da América do Sul de Gerardus Mercator, de 1569 (Biblioteca Nacional da França), no *Planisfério* de Petrus Plancius, de 1594 (John Carter Brown Library) e em um mapa inserido na obra de Jan Huygen van Linschoten, de 1596 (Fig. 2.3).

2.2. *Detalhe de* Atlas universal, *1565, anônimo/ Diogo Homem.*

2.3. *Detalhe de* Orbis terrae compendiosa descriptio, *de Arnold e Henricus Florent van Langren, feito a partir do* Planisfério *de Petrus Plancius, 1596.*

A valorização da contiguidade das terras do vice-reino do Peru e do Brasil expressa nesses mapas contém vários significados. Alguns aspectos dessas representações podem ter seu fundamento nas teorias sobre a origem dos metais ou na clássica associação entre as nascentes dos rios e as montanhas. Essas teorias vinculavam a produção de minerais à influência dos astros e indicavam que as regiões de maior incidência do sol, como a linha do Equador, seriam mais ricas em ouro.[8] Por meio da filosofia natural também se explicaria o desenho do grande rio Amazonas sendo alimentado pelas montanhas dispostas em paralelo à linha equinocial.

Nos mapas portugueses, a contiguidade das terras adquire um caráter bastante singular, expressando expectativas em relação ao continente. As terras contíguas seriam um indício da existência de metais na parte oriental — o Brasil —, como os espanhóis encontraram no Peru, a parte ocidental, principalmente na mina de Potosí; daí a importância de a cordilheira desenhada nesses mapas começar exatamente na montanha de prata que é representada com destaque. Vários autores, antes da descoberta das minas na região do atual estado de Minas Gerais no final do século XVII, afirmaram essa contiguidade como o mais forte indício da existência de metais no Brasil. Nos *Diálogos das grandezas do Brasil*, de 1618, o autor afirma, por meio do personagem de Alviano, que se surpreende, "porque, habitando [...] os portugueses a mesma terra", não encontravam as riquezas que os espanhóis descobriam todos os dias no lado oeste.[9] Segundo frei Vicente do Salvador, em 1627, a contiguidade deveria ser a força motriz das explorações, "sendo contígua esta terra com a do Peru, que a não divide mais que uma linha imaginária indivisível, tendo lá os castelhanos descobertas tantas e tão ricas minas".[10]

Para os espanhóis, a contiguidade permitiria às terras do Brasil proteger as minas do Peru, como escreveu ao rei Felipe II, em 1583, Diego Flores de Valdés, comandante da fracassada expedição organizada para colonizar o estreito de Magalhães. As terras contíguas também indicavam a possibilidade de transportar a prata de Potosí pelos rios da bacia amazônica, proposição defendida tanto pelo autor dos *Diálogos das grandezas* quanto pelo colonizador Simão Estácio da Silveira, no Maranhão, em 1624. E, por fim, de maneira mais fluida, a contiguidade encorajava os aventureiros portugueses, ingleses ou franceses que acreditavam na proximidade das minas espanholas em relação ao litoral do Brasil.[11]

Todos esses efeitos estavam vinculados ao Peru e às riquezas minerais. Uma vez que os mapas e outras fontes que defendem a contiguidade foram produzidos durante a União Ibérica, a valorização das ligações das terras do

Brasil e do Peru atendia, em certa medida, à necessidade de destacar os usos geopolíticos da parte portuguesa. Comparado com as riquezas do lado ocidental, o Brasil não tinha muito a oferecer à monarquia espanhola, mas sua geografia exercia um papel coadjuvante na exploração da prata peruana.

O MITO DA ILHA-BRASIL

A configuração cartográfica e geopolítica expressa no mapa de João Teixeira Albernaz I conviveu com outra forma de representação, de autoria das mesmas famílias de cartógrafos, também presente em mapas europeus e que foi muito explorada pelos historiadores. Trata-se da insularidade do Brasil, da separação das terras americanas dos portugueses e dos espanhóis, e que ficou conhecida como o mito da Ilha-Brasil. Essa concepção geográfica resultava do fato de que, durante o século XVI e até meados do XVIII, o centro da América do Sul era um espaço em que o conhecimento concreto por parte dos europeus se misturava com o fabuloso e o desejado. As conquistas espanholas avançavam do Norte, do Pacífico e pelo rio da Prata, enquanto as portuguesas "arranhavam" as margens do Atlântico. Do lado castelhano, no espaço desconhecido no interior se desenhou a mítica *Laguna de los Xarayes*. Para os luso-brasileiros, as regiões periodicamente alagadas eram chamadas de Pantanal.

O mito cartográfico da Ilha-Brasil se vinculou, assim, a outras concepções mais ou menos fantasiosas do interior. Com as primeiras expedições de conquista espanholas, em 1535, começaram a circular notícias sobre os indígenas denominados xarayes, que habitavam as planícies ao redor do alto rio Paraguai, no centro do continente. Por extensão, o nome associado a esses povos passou a designar um lugar, a região Xarayes. A primeira referência documental surgiu em 1542, na *Relación*, de Domingo de Irala.[12] O povo e o lugar Xarayes apareceram em seguida nos textos do soldado alemão Ulrich Schmidl, escritos nos anos 1560, e nos relatos das expedições de Álvar Núñez Cabeza de Vaca, assim como na obra *Historia argentina*, de Ruy Díaz de Guzmán, neto de Domingo de Irala, concluída em 1612 e publicada somente no século XIX. Com Antonio de Herrera, na *Historia general de los hechos de los castellanos en las islas y tierra firme del mar oceano*, produzida entre 1601 e 1615, Xarayes se transformou na Laguna de los Xarayes. Na cartografia, um lago com o nome de Xarayes fez sua aparição no mapa *Paraguay, Ó Prov. de Rio de La Plata cum regionibus adiacentibus*, feito por Jodocus Hondius II em 1625 e reimpresso várias vezes.[13]

A região central do continente, chamada de Pantanal pelos luso-brasileiros, foi pouco explorada, uma vez que as riquezas que se esperava encontrar — o ouro e a prata dos xarayes — não se confirmaram. Assim permaneceu até as expedições realizadas para delimitar as terras de Portugal e da Espanha na segunda metade do século XVIII. Ainda no século XVI, os espanhóis fundaram a cidade de Santiago de Jerez, e em 1593 os jesuítas fundaram reduções indígenas, mas os habitantes se mantiveram predominantemente os mbayá-guaykurús emigrados do Chaco, região a oeste que hoje compreende o Sul da Bolívia e Norte do Paraguai.

Como a Laguna de los Xarayes ou o Pantanal se relaciona com a insularidade do Brasil? Há vários mapas que representam uma grande lagoa no interior e, entre esses, alguns trazem ainda a união de traçados de rios no centro do continente. Os portugueses não a chamavam de Xarayes, mas Eupana ou Lago Dourado. Alguns mapas, mais explicitamente, indicam a união das bacias do Amazonas e do Prata — os rios Amazonas (também chamado de Maranhão) e Paraguai — separando as terras a leste e dando ao Brasil um caráter insular. Essa configuração é perceptível no mapa de André Homem, de 1559 (Fig. 2.4), no de Luís Teixeira, feito em 1600, e mesmo em um mapa menos conhecido do mesmo cartógrafo, datado entre 1590 e 1599. Está presente também no mapa de Domingos Sanches, de 1618, e no mapa atribuído a João Teixeira Albernaz I, de *c.* 1640 (Fig. 2.5).[14] Logo, foram integrantes das mesmas famílias que produziram as figurações da contiguidade das terras do Brasil e do Peru.

A representação da insularidade está também presente em mapas europeus de outras origens. Alguns exemplos são o mapa *America*, de Jodocus Hondius, de 1606 — tema do capítulo 3 deste livro —, o *America nova tabula*, de Willem Blaeu, em várias edições a partir de 1608, e o *Americae nova descriptio*, de Pieter van den Keere, de 1614. Também aparece em mapas franceses, como o de Nicolas Sanson, de 1650, e ingleses, particularmente no que retrata a viagem do corsário Bartholomew Sharp, publicado na obra *Bucaniers of America*, de 1684, onde a figuração da insularidade se assemelha muito à forma como os portugueses a representaram.[15]

2.4. Universa ac navigabilis totius terrarum orbis descriptio, *1559, de André Homem.*

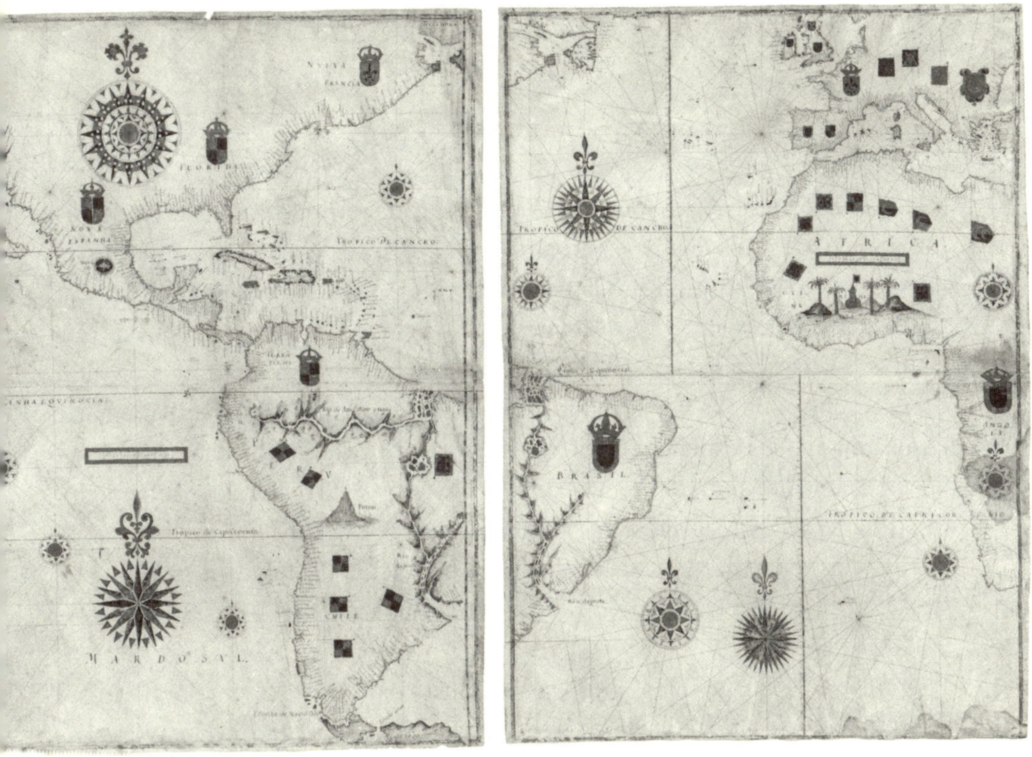

2.5. Primeira e segunda carta, *1640, anônimo/ João Teixeira Albernaz I.*

Em textos contemporâneos, como os de Pero de Magalhães Gândavo (1576), nos *Diálogos das grandezas do Brasil* (1618) e na *Relação* de Simão Estácio da Silveira (1624), encontramos referências a essa hidrografia mítica. A descrição mais espetacular, porém, deve-se ao padre jesuíta Simão de Vasconcelos, escrita em 1668:

> Estes dois rios, o das Amazonas, & o da Prata, princípio, & fim desta costa, são dois portentos da natureza [...]. São como duas chaves de prata, ou de ouro, que fecham a terra do Brasil. Ou são como duas colunas de líquido cristal, que a demarcam entre nós, & Castella, não só por parte do marítimo, mas também do terreno. Podem também chamar-se dois gigantes, que a defendem & demarcam em comprimento, & circuito, como veremos. Porque é cousa averiguada, & praticada entre os naturais do interior do sertão, que estes dois rios, não somente presidem ao mar com a vastidão de seus corpos, & bocas; mas também com a extensão de seus braços abarcam a circunferência toda da terra do Brasil.[16]

Foi com base nessas fontes cartográficas e em relatos de cronistas sugerindo a união dos rios que, nos anos 1940, o historiador português Jaime Cortesão (1884-1960) atribuiu um papel histórico a esse mito cartográfico. Ele defendeu que existia entre os portugueses dos séculos XVI e XVII a crença de que as terras que pertenciam a Portugal e à Espanha estavam separadas por um imenso corredor fluvial formado pela união das águas dos rios Paraguai e Amazonas e seus afluentes. Construída a partir de relatos indígenas, essa crença foi chamada por Cortesão de "mito da Ilha-Brasil". O historiador foi, porém, mais longe ao afirmar que o mito não era apenas uma imagem fabulosa do interior, mas era o motor da expansão das explorações portuguesas para o Oeste. O processo de ocupação do Brasil — pelos portugueses — teria sido motivado por esse mito.[17]

A tese de Cortesão foi muito criticada, já nos anos 1950, por Sérgio Buarque de Holanda e por Vitorino Magalhães Godinho. Buarque de Holanda condenou a consideração de que o avanço para o interior das terras obedecia a um "plano deliberado".[18] As evidências históricas indicavam, ao contrário, que a exploração costeira era privilegiada e defendida pelas ordens régias. Além disso, os mapas que Cortesão citava como evidências não eram decisivos para comprovar sua tese, como o atribuído a Lopo Homem, de 1519 (Fig. 1.2), famoso pela representação de indígenas extraindo pau-brasil, ou o de Bartolomeu Velho, de 1561.[19] Finalmente, o mito não seria propriamente uma criação portuguesa, uma vez que um dos primeiros a mencioná-lo, o piloto João Afonso, o Francês, seria realmente francês, e não português.[20]

Cortesão chamou de "processo" o que teria começado com o mapa de Lopo Homem, de 1519, continuou nos mapas de Diogo Ribeiro, de 1525 e 1527, e se consolidou com a ligação dos rios no mapa de André Homem, de 1559 (Fig. 2.4). E concluiu: "O mito, pois, evolui".[21] A interpretação dessa cartografia mítica do interior do Brasil se tornou, assim, um mito historiográfico pela proposição de Cortesão.

Ao destacar a insularidade, o limite dos interesses luso-brasileiros seria marcado por uma fronteira ainda muito fluida com as Índias de Castela. A ênfase na contiguidade, por sua vez, colocava o objetivo mais além, nas minas do Alto Peru, e o que se encontrava no continente não era uma barreira hidrográfica à qual era necessário chegar para construir o espaço português, mas uma abertura, onde a ausência de limites permitiria chegar à parte mais rica. As terras contíguas apontavam ainda uma conexão, por meio da qual as riquezas do Peru poderiam se estender até o Atlântico brasileiro.

Esses espaços do centro do continente, considerados regiões-limite ou de passagem, não eram desabitados. Partindo de uma análise antigeopolítica, aquela que desafia "a hegemonia cultural, econômica, política e militar do Estado" e investiga as "lutas de contra-hegemonia",[22] encontra-se o processo de reconquista da região pelos indígenas guaykurús. Eles emigraram do Chaco e ocuparam a área da antiga província jesuíta de Itatim, destruída pelos paulistas e abandonada por volta de 1648. Os guaykurús aprenderam a domesticar os cavalos, introduzidos na região pelos espanhóis quando da expedição de Pedro de Mendoza, de 1536, e se impuseram frente a outras nações indígenas e aos espanhóis e portugueses. Como indicação de uma apropriação do espaço, renomearam a geografia, os rios e os montes.[23] Quando os luso-brasileiros passaram a investir na ocupação efetiva dessas regiões, na esteira das negociações dos tratados de limites com a Espanha, na segunda metade do século XVIII, discutidas no capítulo 10, as alianças com os guaykurús foram de grande importância. O Tratado de Paz e Amizade assinado entre os guaykurús e a Coroa portuguesa em 1791, na cidade de Vila Bela, então capital da província de Mato Grosso, permitiu a criação de fortes e povoações nos territórios indígenas e tornou possível aos portugueses derrotar os payaguás e avançar a colonização mineradora na região. Os brasileiros só incorporaram definitivamente as terras dos guaykurús em 1870, no fim da Guerra da Tríplice Aliança (1864-70).[24]

CONTIGUIDADE E INSULARIDADE

A Ilha-Brasil é um mito cartográfico, como os do Eldorado e das amazonas que circularam por mapas e textos. A retomada neste capítulo da tese historiográfica de Jaime Cortesão não tem o objetivo de refutá-la, uma vez que a historiografia já o fez logo de seu lançamento e segue fazendo com intensas pesquisas. Interessa, no entanto, retraçar o uso que o autor fez da cartografia para sustentá-la. Considerar que as representações do interior, onde os traçados dos dois rios ainda são tentativas de descrição do espaço, seguem um processo "que evolui" diz muito sobre uma forma de entendimento dos mapas como fontes históricas. Essa abordagem atribui um uso aos mapas pelos cartógrafos do período moderno que mais serve ao uso que a historiografia que os lê quer atribuir aos mapas. Além disso, tem como critério de análise a evolução dos mapas. Ela não contempla e não sugere nenhuma interpretação para a flexibilidade das representações. Por meio dessa abordagem, não se entende por que o mapa de André Homem, de 1559, citado como um protótipo do mito da Ilha-Brasil, conviveu com vários outros, produzidos por integrantes da mesma família, como Lopo e Diogo Homem, onde os rios do interior não se encontram. Da mesma forma, por essa concepção linear não se compreende os mapas da família Teixeira, principalmente os realizados por João Teixeira Albernaz I: os de *c.* 1626 (Fig. 2.1) e o de 1627, que se caracterizam pela contiguidade das terras, e o de 1640 (Fig. 2.5), que representa a ligação das bacias, figuração acabada da "Ilha-Brasil".

Como o interior de um continente pôde abrigar conformações geográficas tão contraditórias? Se a geografia é uma só, como se explicam as diferentes maneiras de ver e cartografar o espaço?

Em primeiro lugar, cabe perguntar em que medida os cartógrafos consideravam seus mapas produto do conhecimento geográfico ou como expressão de diferentes geografias possíveis. O desconhecimento geográfico permitia aos cartógrafos dos séculos XVI e XVII produzir diversas propostas para um mesmo espaço. Mas se um texto pode expressar uma possibilidade por meio de um verbo condicional, não há esse artifício em um mapa. No entanto, a incerteza sobre a geografia, responsável por essas diferentes formas de representação, causou nos indivíduos desse período muito mais ação do que imobilidade e despertou, entre os luso-brasileiros, mais esperança do que medo. A leitura dos mapas a partir dessas premissas nos leva a considerar, em segundo lugar, que as duas propostas cartográficas — contiguidade e insularidade — não são contraditórias, e sim complementares. Elas incorporam possibilidades geográficas a partir de informações obtidas de povos indígenas e de exploradores e, portanto, são em grande medida especulativas.[25] São resultado de uma síntese dessas informações com conhecimentos clássicos, lendas, mitos, desejos e interesses políticos.

Insularidade e contiguidade, proposições então complementares, seriam acionadas durante o processo de negociação dos limites entre Portugal e Espanha, a partir da segunda metade do século XVIII. A concepção de uma Ilha-Brasil foi utilizada pelos diplomatas portugueses que insistiam que a Providência Divina, responsável pela hidrografia já expressa por Simão de Vasconcelos, estava na origem da demarcação dos limites. As dúvidas quanto à demarcação seriam respondidas por "inalteráveis divisões do poder divino, cortando e dividindo as terras da contenda com o notável Lago Dourado ou Xarais, que como coração da América, situado quase no centro dela a cinge com dois braços, ou rega com dois rios [...]; e é mais que maravilhoso acaso, um mistério da Providência, [...] da repartição lançada de norte a sul".[26] A descoberta dos rios, como escreveu Junia F. Furtado, "simplesmente confirmaria a profecia já manifesta no Tratado de Tordesilhas".[27]

Os efeitos da contiguidade das terras estiveram nos debates sobre os limites quase um século depois. Em 1802, o naturalista luso-brasileiro Alexandre Rodrigues Ferreira escreveu uma carta ao Conselho Ultramarino propondo a transferência da capital da província do Mato Grosso de Vila Bela para Vila de Cuiabá, e se referia ao "sacratíssimo, e secretíssimo mistério político, de ajuntar-se ao ouro de Mato Grosso, a prata do Peru; recuperando nós por meio de Vila Bela o que perdemos pelo da Colônia do Sacramento".[28]

Nessas duas citações está presente a palavra "mistério", que de *providencial* torna-se *político* e se refere às duas configurações possíveis para o interior da América. No plano prático, a perda da Colônia do Sacramento, pelo Tratado de Santo Ildefonso (1777) e depois pelo Tratado de Badajoz (1801), privou os portugueses de uma via de acesso importante às terras espanholas. A presença dos portugueses na região central do continente, em Vila Bela, mais a oeste, ou Cuiabá, mais a leste, representava um espaço de conexão onde ouro, prata e mercadorias poderiam circular. A travessia do interior da América do Sul guardava ainda segredos e continuava acalentando o sagrado anseio de riquezas.

NOTAS

1. O tema discutido neste capítulo é também explorado em Andréa Doré, "La Traversée de l'intérieur de l'Amérique du Sud: Insularité, contiguïté et circulation". In: *Lectures géopolitiques de la transversalité américaine: Rôles et problématiques des passages aux XVIe et XVIIe siècles.* Editado por Louise Bénat-Tachot, Clotilde Jacquelard, Mauricio Onetto. Paris: Sorbonne Lettres, Le Manuscrit, 2022 (no prelo).

2. Ver Andréa Doré, "O deslocamento de interesses da Índia para o Brasil durante a União Ibérica: Mapas e relatos". *Colonial Latin American Review*, Albuquerque, v. 23, n. 2, pp. 172-97, 2014.

3. Diogo de Campos Moreno, *Livro que dá razão do Estado do Brasil. 1612*. Edição crítica, com introdução e notas de Helio Vianna. Recife: Arquivo Público Estadual, 1955; Armando Cortesão e Avelino Teixeira da Mota (dir.), *Portugaliae monumenta cartographica* (*PMC*). Lisboa: Imprensa Nacional/ Casa da Moeda, 1987, v. IV, pp. 93-101.

4. *Patente das merces, graças e privilegios, de que el rei Dom Philippe nosso senhor fez merce a estes seus Regnos*. Lisboa: per Antonio Ribeiro Impressor del Rey, 1583, cap. III e IV.

5. Este capítulo retoma e desenvolve várias das questões analisadas em Andréa Doré, *Cartografia da promessa: Potosi e o Brasil em um continente chamado Peruana*. São Paulo: Intermeios, 2020.

6. Disponível em: <https://gallica.bnf.fr/ark:/12148/btv1b53074825v/f13.item.r=diogo%20homem#>. Acesso em: 31 maio 2022.

7. Disponível em: <https://gallica.bnf.fr/ark:/12148/btv1b55002487b/f18.item.r=albernaz%201627>. Acesso em: 17 jun. 2022.

8. Andréa Doré, op. cit., cap. IV e V.

9. *Diálogos das grandezas do Brasil*. [1618]. Atribuído a Ambrósio Fernandes Brandão. Introdução de Capistrano de Abreu. Notas de Rodolfo Garcia. São Paulo: Melhoramentos, 1977, Diálogo Primeiro, p. 29.

10. Frei Vicente do Salvador, *História do Brasil 1500-1627*. [1627]. Belo Horizonte: Itatiaia; São Paulo: Edusp, 1982, Liv. I, cap. 5, pp. 62-3.

11. Andréa Doré, op. cit., pp. 174-88. Sobre Valdés e sua passagem pelo Brasil, ver José Carlos Vilardaga, *São Paulo no império dos Felipes: Conexões na América Meridional* (*1580-1640*). São Paulo: Intermeios, 2014, pp. 62-95.

12. Maria de Fátima Costa, *História de um país inexistente: O Pantanal entre os séculos XVI e XVII*. São Paulo: Estação Liberdade; Kosmos, 1999, p. 135 e sobre os primeiros relatos, ver pp. 66-78.

13. John Carter Brown Library, disponível em: <https://jcb.lunaimaging.com/luna/servlet/s/pgyvr3>. Acesso em: 31 maio 2022. Sobre esse mapa, ver Protasio Paulo Langer, "Representações e apropriações dos topônimos/etnônimos indígenas numa carta do século XVII". *História Unisinos*, São Leopoldo, v. 1, n. 49, pp. 43-58, 2015.

14. O mapa de Luís Teixeira de 1590-9 e o de Domingos Sanches podem ser visualizados no site da Biblioteca Nacional da França. O de 1600 pertence à Biblioteca Nacional de Florença.

15. Em linha: <https://jcb.lunaimaging.com/luna/servlet/s/ym2q86>. Sobre esse mapa último, ver Guadalupe Pinzón Ríos, "La expedición del capitán Bartholomew Sharp a partir de un mapa (1680-1681)". *Antropología. Nueva Época*, Cidade do México, n. 100, pp. 105-12, 2015. Os mapas de Blaeu, na versão de 1662, e o de Sanson podem ser vistos no site da John Carter Brown Library.

16. Simão de Vasconcelos, *Noticias curiosas, e necessarias das cousas do Brasil*. Lisboa: Na Officina de Ioam da Costa, 1668, pp. 29-30. Ver Jaime Cortesão, "A reacção ao Tratado de Tordesilhas e o mito da Ilha-Brasil". In: ______. *Raposo Tavares e a formação territorial do Brasil*. Lisboa: Portugalia, 1966, pp. 53-9. v. I.

17. Ver Francisco Roque de Oliveira, "A 'Ilha Brasil' de Jaime Cortesão: Ideias geográficas e expressão cartográfica de um conceito geopolítico". *Biblos 3W*, Barcelona, v. XXII, n. 1191, pp. 2-4, 2017.

18. Sérgio Buarque de Holanda, "Um mito geopolítico: a Ilha Brasil". In: ______ *Tentativas de mitologia*. São Paulo: Perspectiva, 1979, p. 79. Sobre as críticas de Magalhães Godinho, ver Francisco Roque de Oliveira, op. cit., pp. 22-3 e 26.

19. Museu Naval de La Spezia. Disponível em: <https://www.researchgate.net/figure/Figura-7-Mapa-de-Bartolomeu-Velho-1561-original-pertencente-ao-Museu-Naval-de-La_fig2_269919211>. Acesso em: 31 maio 2022.

20. Sérgio Buarque de Holanda, op. cit., p. 82.

21. Jaime Cortesão, op. cit., p. 49.

22. A definição é de Paul Routledge, citada por Ivaldo Lima, "A geografia e o resgate da antigeopolítica". *Espaço Aberto*, Rio de Janeiro, v. 3, n. 2, p. 157, 2013.

23. Maria de Fátima Costa, op. cit., pp. 33 e 50-1, baseada na obra de Félix de Azara, *Viajes por la América Meridional*. Madri: Espasa-Calpe, 1969, p. 219.

24. Ver Andrey Cordeiro Ferreira, "Conquista colonial, resistência indígena e formação do Estado-Nacional: Os índios guaicuru e guana no Mato Grosso dos séculos XVIII-XIX". *Revista de Antropologia*, São Paulo, USP, v. 52, n. 1, pp. 98-136, 2009. Sobre os guaykurús, ver também João Antônio Botelho Lucídio, *A ocidente do imenso Brasil: As conquistas dos rios Paraguai e Guaporé (1680-1750)*. Universidade Nova de Lisboa, 2013, pp. 71-123. Tese (Doutorado em História da Expansão e dos Descobrimentos Portugueses).

25. Sobre a cartografia especulativa, ver Felipe Fernández-Armesto, "Maps and Exploration in the Sixteenth and Early Seventeenth Centuries". In: David Woodward (org.), *The History of Cartography. Volume Three. Part I. Cartography in the European Renaissance*. Chicago: The Chicago University Press, 2007, p. 741.

26. AI. 343-1-1. Colônia do Sacramento. Tratado Provisional 1680-1725, pp. 128-9 apud Junia F. Furtado, "O Paraíso e seus mitos: O Xarais, a serra das Esmeraldas, as amazonas e o Parima". In: *O mapa que inventou o Brasil*. Rio de Janeiro: Versal; São Paulo: Odebrecht, 2014, p. 250.

27. Ibid.

28. *Anais da Biblioteca Nacional do Rio de Janeiro*, n. 3, p. 327, 1877.

LEITURAS COMPLEMENTARES

COSTA, Maria de Fátima. "De Xarayes ao Pantanal: A cartografia de um mito geográfico". *Revista do IEB*, n. 45, São Paulo, pp. 21-36, 2007.

DORÉ, Andréa. "*America Peruana* e *Oceanus Peruvianus:* Uma outra cartografia para o Novo Mundo". *Tempo*, Niterói, v. 20, n. 36, pp. 1-22, 2014.

KANTOR, Iris. "Usos diplomáticos da Ilha-Brasil: Polêmicas cartográficas e historiográficas". *Varia Historia*, Belo Horizonte, v. 23, n. 37, pp. 70-80, jan.-jun. 2007.

3. O Brasil para os europeus

America, *Jodocus Hondius, 1606*

Carolina Martínez

3.1. America, *1606, de Jodocus Hondius.*

A EUROPA FABRICA UMA IMAGEM DO MUNDO: RELATOS DE VIAGENS, IMPRESSÕES E MAPAS

Ao examinar o mapa da América feito pelo cartógrafo holandês Jodocus Hondius por volta de 1606 (Fig. 3.1), torna-se evidente que uma das consequências mais profundas do processo de expansão ultramarina iniciado pelas Coroas ibéricas, no final do século XV, foi o nascimento de uma imagem totalmente inédita do orbe terrestre. No mapa de Hondius, tanto a representação de uma massa continental desconhecida pela geografia clássica e apenas recentemente explorada pelas potências marítimas europeias quanto a presença em sua iconografia de imagens da flora, fauna e populações americanas evidenciam a multiplicidade de elementos envolvidos na criação de uma nova imagem do mundo. Porém o mapa não apresenta uma combinação aleatória das imagens disponíveis sobre o continente. Os elementos iconográficos incorporados por Hondius foram resultado de escolhas complexas e deliberadas.

Na primeira modernidade, a elaboração de uma imagem do mundo — ampliado pelas viagens de exploração — foi marcada por transformações de ordem epistemológica, experiencial e cultural. Além de incorporar novas descobertas e projetar o avanço dos impérios europeus, a cartografia dos primeiros tempos modernos substituiu, no decorrer dos séculos XVI a XVIII, as imagens da Terra herdadas da Antiguidade clássica e da Idade Média. Nesse processo, a experiência dos viajantes foi tão importante quanto as decisões epistemológicas dos cosmógrafos. Por sua vez, os editores também exerceram um papel de destaque na divulgação e circulação de relatos, gravuras e imagens cartográficas sobre regiões jamais descritas pelos antigos. Se o interesse em publicar as experiências dos viajantes por meio de relatos individuais foi uma constante ao longo dos três séculos de expansão marítima europeia, no final do século XVI foram os editores ingleses e holandeses que entenderam que a divulgação em grandes compilações das navegações além-mar era um negócio lucrativo. Num contexto de crescente competição transoceânica e conflitos religiosos, produzidos pela Reforma, a publicação de relatos de viagens pelos editores da Inglaterra e Países Baixos permitia ainda promover a colonização protestante no Novo Mundo. Na vertente inversa, as monarquias católicas também buscaram algum protagonismo nesse empreendimento editorial, ainda que mais tímido, visto que temiam o impacto que as informações de que dispunham poderiam colocar em risco as terras por elas conquistadas.

Na Inglaterra, destacou-se a coletânea de viagens *The Principal Navigations* (1589-1600), de Richard Hakluyt, e a sequência feita por Samuel Purchas, em 1625, enquanto nas recém-independentes Províncias Unidas dos Países Baixos as publicações de Cornelis Claesz e Levinus Hulsius foram as mais relevantes. Em 1598, Hulsius publicou sua *Coleção de 26 viagens para as Índias Orientais e Ocidentais*, uma compilação que alcançaria 69 volumes em 1663. A edição de compilações continuaria até meados do século XVII, momento em que Johannes Jansonius publicou a primeira compilação de viagens exclusivamente holandesas.[1] A essas obras se soma a coleção de relatos de viagens que o gravador Theodore de Bry editou desde 1590 e foi continuada por seus sucessores, até 1634. Embora publicada em Frankfurt, devido à riqueza de suas gravuras, ao alcance geográfico das viagens e por ter sido escrita em latim e alemão, a compilação se tornaria uma das obras mais influentes do período em Amsterdam, que havia se convertido no epicentro do comércio mundial. Apresentada em duas séries de treze e doze volumes, respectivamente, a chamada *Americae* (ou *India Occidentalis*) e a *India Orientalis* ofereceram ao leitor os relatos da maioria das viagens que foram feitas à América e à Ásia desde o final do século XV, além de um olhar etnográfico sobre os costumes de seus habitantes.

No mesmo período, a cartografia impressa também se tornou uma forma eficaz e atraente de descrever visualmente o "teatro do mundo".[2] A partir de 1576, a indústria do livro gravitaria em torno de Amsterdam. Foi nessa cidade que editores e cartógrafos renomados trabalharam cada vez mais na gravação, impressão e comercialização de cartas geográficas.[3] A visão empreendedora dos editores holandeses, sua ligação com gravadores e cartógrafos na realização de grandes projetos e o desenvolvimento de uma verdadeira indústria do livro explicam em grande medida a circulação das imagens do Novo Mundo, sua disponibilidade em diversos contextos de produção e sua consequente presença em diferentes suportes visuais.

Nesse sentido, além do fato de que a imagem de um mundo "fabricado" tenha sido cristalizada por Gerardus Mercator em relação à função do cosmógrafo, nesse ato de fabricação ou de construção também intervieram imagens textuais e visuais produzidas pelos relatos de viagens, a partir de experiências in situ, ou de repertórios iconográficos à disposição dos gravadores.[4] Na criação de mapas sobre territórios recém-descobertos, e no caso particular da América e suas regiões, além da expertise do cartógrafo, a inclusão de elementos pertencentes a outros gêneros textuais foi igualmente necessária para a elaboração de sua identidade cartográfica específica.

No início do século XVII, a confecção e a venda de mapas na cidade de Amsterdam haviam se tornado um negócio auspicioso. Foi nesse contexto que, em 1606, o cartógrafo Jodocus Hondius (1563-1612) decidiu republicar, em parceria com o prestigioso impressor Cornelis Claesz, o *Atlas sive Cosmographicæ Meditationes de fabrica mundi et fabricati figura* (*Atlas ou meditações cosmográficas da criação do mundo e a forma da criação*), de Gerardus Mercator. Tratava-se, no entanto, de uma versão ampliada da primeira edição inacabada do atlas, publicada por seu filho, Rumoldus Mercator, em 1595, um ano após a morte do cosmógrafo.[5]

Em 1584, a família de Hondius, de origem protestante, tinha deixado a cidade de Ghent (hoje na Bélgica), para se instalar em Londres. No contexto da Guerra dos Oitenta Anos ou Revolta Holandesa, a partir da qual as Províncias Unidas dos Países Baixos se tornariam independentes da Espanha, a tensão entre a monarquia católica e os seguidores da fé reformada fez com que muitos protestantes fugissem dos territórios sob domínio espanhol em busca de tolerância religiosa. Durante a permanência na Inglaterra, Hondius aperfeiçoou sua arte como gravador e entrou em contato com viajantes e editores, tais como Thomas Cavendish, Francis Drake e Richard Hakluyt. Quando, em 1593, Hondius emigrou de Londres para Amsterdam, rapidamente fez contato com Claesz. Em 1604, Claesz comprou do neto de Mercator as 28 pranchas da *Geographia* de Ptolomeu feitas pelo cosmógrafo, juntamente com as 107 correspondentes a seu atlas.[6] Dois anos depois, Claesz e Hondius publicaram a nova versão da obra, com um agregado de 37 mapas gravados pelo próprio Hondius, dentro dos quais quatro eram novos mapas continentais da Europa, Ásia, África e América; onze correspondiam a diferentes regiões da Ásia; quatro da África e cinco da América.[7] No título da nova versão, que ficou conhecida como *Atlas Mercator-Hondius*, Hondius reconheceu a autoria de Mercator, mas também não hesitou em destacar suas próprias contribuições como cartógrafo.[8]

Dessa novidade editorial, interessa o mapa do continente americano que inaugura a última seção do atlas (Fig. 3.1) e, em particular, o papel que a história do Brasil desempenha nele. Dedicada à quarta parte do mundo, além do mapa introdutório da América, a última seção inclui os mapas da Nova Espanha, Virgínia e Flórida, Cuba, América do Sul e estreito de Magalhães. O mapa inaugural, medindo 37,4 × 49,8 cm, apresenta as Américas setentrional e meridional cercadas por embarcações indígenas e europeias, além de animais marinhos, característica da cartografia holandesa do início do século XVII. Nos contornos dela, podem ser vistas, a leste, parte da Inglaterra e das costas da África Ocidental; ao sul, a Terra Austral Incógnita, com a Terra do Fogo como promontório; a oeste, as Ilhas Salomão, Nova Guiné e parte da Ásia; e ao norte os confins ainda indefinidos da América do Norte.[9] Por sua vez, "Brasilia" se apresenta como uma região que pertence à América do Sul, mas, na medida em que os rios Paraguai e Amazonas são representados como parte de um único sistema hidrográfico, distingue-se visualmente do continente.[10]

O mapa de Hondius inclui as informações mais recentes das viagens de circum-navegação da Inglaterra e das Províncias Unidas, ao mesmo tempo que incorpora notícias adquiridas pelo cartógrafo durante sua residência em Londres. Hondius teve contato pessoal com Francis Drake e Thomas Cavendish, além de outros viajantes, editores e informantes, durante sua estada naquela cidade. Assim, por exemplo, Hondius localiza o lago Parimé [Parima], na Guiana, baseando-se no mapa, cujo título em português é *Nova carta da terra maravilhosa e rica em ouro da Guiana* (36,5 × 52 cm), que ele e Claesz haviam publicado em 1598, a partir dos relatos de Walter Raleigh e Lawrence Keymis (Fig. 3.2).[11] Embora não tenha sido a única fonte utilizada por Hondius, muitos dos motivos iconográficos presentes no mapa tiveram origem nas gravuras do *Americae*, da família De Bry, que por sua vez adaptou os motivos presentes em relatos de viagens publicados individualmente, bem como nos mapas produzidos para acompanhá-los.

A circulação de imagens de uma obra para outra era prática comum entre gravadores, editores e cartógrafos holandeses. Profissionais como Hondius recorreram à iconografia do gravador de Frankfurt para ilustrar seus mapas e, em particular, seus cartuchos.[12] De fato, embora ele possivelmente tenha se inspirado nas ilustrações do relato do frade capuchinho André Thevet, a imagem escolhida por Hondius para ilustrar o mapa da América retoma uma das gravuras do terceiro volume do *Americae*, da família De Bry, que continha os relatos das viagens ao Brasil de Hans Staden, Jean de Léry e Nicolas Barré (Fig. 3.3).[13] Localizado na margem inferior esquerda da carta (Fig. 3.1), o cartucho não só é adornado com frutas e pássaros nativos ilustrados em vários relatos sobre o Novo Mundo,[14] mas também apresenta uma prática comum entre as

3.2. Nieuwe caerte van het Wonderbaer ende Goudrjcke Landt Guiana…, *1598, de Jodocus Hondius.*

mulheres tupinambás do litoral brasileiro: a preparação de uma bebida fermentada de uso ritualístico denominada cauim. Seu processo de elaboração chamou a atenção de viajantes que, no contexto do comércio de pau-brasil com as populações costeiras, ou de projetos de colonização franceses e portugueses, mantinham contato próximo com as comunidades tupi-guaranis desde meados do século XVI. Nos termos de João Azevedo Fernandes, "as cervejas do tipo cauim estavam amplamente espalhadas pelos vários povos que designamos pelo termo comum 'tupinambá', e constituíam um dos traços marcantes de sua cultura, ao lado do canibalismo ritual".[15]

O papel do cauim como marcador de diferenças de status e gênero, além de seu valor simbólico na visão de mundo tupi, nem sempre foi percebido pelos viajantes europeus, que forneceram descrições detalhadas da materialidade das práticas culturais ligadas ao cauim devido à surpresa causada por seu

Das dritte Theil. 75

XII. Capittel.

Wie sie jhre Getrenck machen daran sie sich truncken trincken/vnd wie sie sich halten mit dem trincken.

DAs Weibßvolck machet die Geträncke/sie nemen die Wurtzel Mandioka/vnd sieden grosse Döppen voll/weñ es Gesotten ist/nemen sie es auß den Döppen/giessens in ein ander Döppen oder Gefeß/lassens ein wenig kalt werden/denn setzen sich die junge Mägde darbey/vnd kewen es mit dem Munde/vnd das gekewete thun sie in ein sonderlich Gefäß. Wenn die gesottenen Wurtzeln alle gekewet seyn/thun sie das gekewete wider in das Döppen/vnnd giessen es widerumb voll Wassers/vermengens mit den gekeweten Wurtzeln/ Tranck.

L ij vnd

3.3. *"Mulheres tupinambás preparando o cauim", na versão alemã do terceiro volume do* Americae.

processo de produção. Thevet, aliás, o qualificou como "o mais estranho possível".[16] A fim de obter essa bebida alcoólica, as mulheres mastigavam pedaços de mandioca ou milho cozidos e depois os cuspiam em uma panela, que reaqueciam e enterravam por dois dias, iniciando assim o processo de fermentação, induzido pelas enzimas presentes na saliva.[17] O processo foi descrito por Hans Staden em sua *História verídica e descrição de uma terra de selvagens, nus e cruéis comedores de seres humanos, situada no Novo Mundo da América*, relato em que o viajante alemão narra seus nove meses de cativeiro entre os tupinambás, além de seus costumes. Na segunda de suas duas viagens à América, embarcado em um navio espanhol com destino ao rio da Prata, Staden naufragou na ilha de Santa Catarina. Dos quase cinco anos em que permaneceu no Brasil (i.e. desde 1549 até seu retorno à Europa, em 1555), o viajante passou os últimos nove meses como prisioneiro dos tupinambás nas proximidades do forte português de Bertioga. Foi nesse contexto que ele possivelmente presenciou o processo de fabricação do cauim:

> As mulheres fazem as bebidas. Tomam as raízes da mandioca que fazem ferver em grandes potes. Quando estão bem fervidas, tiram-nas dos potes, passam para outras vasilhas ou potes, e deixam esfriar um pouco. Então as moças assentam-se ao pé e mastigam as raízes e o que fica mastigado é posto numa vasilha à parte. Quando as raízes fervidas estão todas mastigadas, tornam a pôr esta massa mascada nos potes, que enchem com água e misturam muito bem, deixando tudo ferver de novo.[18]

Impresso quatro vezes em alemão em 1557, o relato de Staden foi traduzido para o holandês por Christophe Plantin no ano seguinte.[19] Em 1558, Plantin também publicou *Singularitez de la France Antarctique* (*Singularidades da França Antártica*), de André Thevet. Em 1555, o frade capuchinho e futuro cosmógrafo do rei da França havia permanecido brevemente na colônia francesa fundada na baía da Guanabara por Nicolas Durand de Villegagnon, onde recolhera informações sobre os hábitos e a cultura tupinambás. Assim como Staden, Thevet descreveu em detalhes o processo de fabricação do cauim: "Na fabricação, usam os indígenas estranha prática supersticiosa, que consiste em mastigar algumas moças virgens o milho, cozido em grandes vasilhas de barro [...], o qual, depois transportam para outro recipiente apropriado à operação".[20] A ação foi ilustrada por uma gravura, que se repetiria na *Cosmographie universelle*, publicada pelo capuchinho em 1575.

As gravuras sobre a elaboração do cauim feitas por Plantin para ilustrar os dois relatos foram baseadas nos desenhos que acompanharam suas primeiras edições. No caso do relato de Staden, a cena que Plantin repete até cinco vezes foi adaptada posteriormente pela família De Bry e repetida duas vezes no terceiro volume de sua compilação (Fig. 3.3). Nele, a mesma imagem é utilizada para ilustrar tanto o relato de Staden quanto aquele do pastor huguenote Jean de Léry, que também descreve a produção do cauim.[21] Léry, que no final de 1557, após sua expulsão da colônia francesa fundada na baía da Guanabara (1555-8), havia vivido entre os tupinambás, publicaria a *Histoire d'un voyage faict en la terre du Brésil* (*História de uma viagem feita à Terra do Brasil*), em 1578. Ambos os relatos seriam traduzidos e incorporados ao terceiro volume do *Americae*, em 1592.[22]

Na cartela do mapa da América feito por Hondius em 1606 (Fig. 3.1), o cartógrafo transforma em duas ações segmentadas por gênero as cenas que coexistem num mesmo plano na gravura original de De Bry. Nela, Hondius representa linearmente, em uma única sequência, o consumo do cauim pelos homens, à esquerda, e sua preparação pelas mulheres, à direita. A inscrição em latim, na margem superior da imagem, atua como uma *ekphrasis*, ou descrição vívida e detalhada da ação representada. Hondius explica: "Modo de fazer e de tomar a bebida entre os americanos no Brasil, onde as virgens, depois de mastigarem algumas raízes de mandioca, as cospem novamente e em seguida as cozinham em vasilhas e apresentam aos homens para eles beberem".[23] Interessa, aqui, que a referência às virgens não é de Staden ou Léry, mas de Thevet.[24] Assim como a presença do pássaro, à esquerda (ilustrado no relato do capuchinho, mas não no *Americae*), a referência às virgens evidencia que Hondius utilizou fontes múltiplas para criar o cartucho. Se o terceiro volume da coleção de viagens de De Bry foi central à confecção do mapa de Hondius, o relato de Thevet foi igualmente importante.

Resta notar que os motivos escolhidos por Hondius para o mapa da América tiveram impacto em futuras realizações cartográficas. No mapa do continente americano feito pelo gravador alemão Matthäus Seutter por volta de 1720, medindo 49,9 × 58,1 cm (Fig. 3.4), a cartela localizada na margem inferior esquerda apresenta, entre outros personagens, uma mulher deitada no

3.4. *Detalhe do* Novus orbis sive America Meridionalis et Septentrionalis per sua regna, provincias et insulas iuxta observationes et descriptiones recentiss. divisa et adornata, c. *1720, de Matthäus Seutter.*

chão segurando uma vasilha, na qual cospe aquilo que está mastigando.[25] O tópos da elaboração do cauim, inaugurado pelos viajantes em meados do século XVI, sobrevive assim na iconografia da carta de Seutter.

UMA EXPERIÊNCIA NAS MARGENS DO MUNDO IBÉRICO SE TORNA DESTAQUE NO OBJETO CARTOGRÁFICO

Por que uma experiência marginal, como uma cena vivida por Hans Staden durante seu cativeiro entre os tupinambás, ou por Jean de Léry, no contexto de sua expulsão do Forte Coligny, acabou ocupando um lugar relevante no mapa da América de Hondius? A pergunta é válida, principalmente se levarmos em conta que, na Europa do início do século XVII, a produção de imagens etnográficas do continente americano, feita a partir das experiências de colonização espanholas, portuguesas, francesas e inglesas, era variada. Em princípio, pode-se dizer que Hondius, como protestante, preferiu eliminar do mapa qualquer alusão à presença da monarquia hispânica na América. De fato, a presença no mapa de navios ingleses e holandeses em águas nominalmente sob domínio espanhol também pode ser lida como uma forma de contestar visualmente o poder da monarquia católica nesses mares. Vale a pena recordar que, entre 1580 e 1640, Portugal e, consequentemente, suas conquistas no Novo Mundo estiveram sob o domínio da Casa de Áustria, reinante na Espanha. Nesse mesmo período da União Ibérica ocorreu a chamada rebelião de Flandres ou Revolta Holandesa, que acabaria com o domínio espanhol sobre as Sete Províncias do Norte dos Países Baixos, o que ocorreu após a assinatura da União de Utrecht, em 1579.[26]

Sob o ponto de vista artístico ou técnico, a presença de mulheres produtoras de cauim ilustrando o mapa também poderia ter respondido à circulação de imagens e empréstimos que ocorria entre editores, gravadores e cartógrafos. Sabe-se do impacto que as imagens do relato de Staden exerceram no mundo da cartografia. A alegoria do continente americano, desenhada no frontispício do *Theatrum orbis terrarum*, de Abraham Ortelius, publicado em Antuérpia por volta de 1570, apresentava elementos iconográficos semelhantes aos incluídos nas gravuras com as quais foram ilustradas as primeiras edições da obra desse viajante alemão.[27] Ortelius, que tinha uma cópia da edição do relato de Staden feita por Christophe Plantin em 1558, não hesitaria em citar essa fonte como texto de referência, na seção correspondente ao mapa da América, no seu *Theatrum*.[28] A recorrência a Staden é explicada tanto pela atração das imagens exóticas que seu livro continha quanto pelo "impulso etnográfico", experimentado no início da Europa moderna.[29] Aliás, sua presença no mapa de Hondius também poderia ser explicada como uma forma de emular produções cartográficas de alto impacto como aquela de Ortelius, nas quais a iconografia da viagem de Staden foi diretamente associada à América.

Nenhuma dessas respostas é excludente, mas a presença das mulheres tupinambás na cartela do mapa poderia ainda ser explicada pela superposição dos significantes "Brasil" e "América" no relato de Staden. No título original da obra, o viajante situa a ação "no Novo Mundo da América". Embora sua experiência de cativeiro tenha ocorrido nas proximidades do Forte de São João da Bertioga, a referência não é ao Brasil, mas à América. A associação entre Brasil e América se repetiria nos relatos de viagens de André Thevet e de Jean de Léry. Se Thevet se refere à "nossa chegada à França Antártica, também conhecida pelo nome de América",[30] Léry usa os topônimos "Brasil" e "América" como sinônimos na sua "história de uma viagem feita à Terra do Brasil, chamada também de América". Assim como no caso de Staden, nessa sinédoque toponímica, o Brasil representa o continente inteiro. Por sua vez, Hondius também parece adscrever ao uso indistinto desses termos. Na medida em que uma prática típica das regiões costeiras de Terra Brasilis é usada para representar a América como um todo, a cena que ilustra o mapa de 1606 não só explica como reforça essa sobreposição de identidades.

NOTAS

1. O título original da obra de Hulsius é *Sammlung von 26 Schiff der Holländer und Zeelander fahrten nach Ost un West-Indien*. No caso de Jansonius, a obra se intitula *Begin ende Voortgangh vande Vereenigde Neederlandtsche geoctyroyeerde Oost-Indische Compagnie* (*Início e progresso da Companhia Holandesa das Índias Orientais*), publicada em 1646.

2. Jean-Marc Besse, *Face au Monde: Atlas, jardins, géoramas*. Paris: Desclée de Brouwer, 2003, pp. 25-6.

3. Günter Schilder, *Early Dutch Maritime Cartography. The North Holland School of Cartography* (c. *1580-1620*). Leiden e Boston: Brill, Hes & De Graf, 2017, p. 147. Cornelis Koeman, Günter Schilder, Marco van Egmond e Peter van der Krogt, "Commercial Cartography and Map Production in the Low Countries, 1500 — *c*. 1672". In: David Woodward (org.), *History of Cartography*, v. 3, n. 2, cap. 44. Chicago: The University of Chicago Press, 2007, pp. 1305-9.

4. A ideia de um mundo fabricado é explicitada por Mercator no título de seu atlas: *Atlas sive Cosmographicæ meditationes de fabrica mundi et fabricati figura* (*Atlas ou meditações cosmográficas da criação do mundo e a forma da criação*). Ayesha Ramachandran, *The Worldmakers: Global Imagining in Early Modern Europe*. Chicago e Londres: The University of Chicago Press, 2015, pp. 22-68.

5. Cornelis Koeman, Günter Schilder, Marco van Egmond e Peter van der Krogt, op. cit., p. 1323.

6. Ibid., p. 1312. Günter Schilder, op. cit., p. 143.

7. O atlas foi publicado no ano seguinte e em 1611. Teve uma edição francesa em 1609 e, após a morte de Hondius, em 1612, foi publicado por sua viúva e filhos naquele ano e em 1619.

A partir de sua *editio princeps*, foram feitas cinquenta edições em línguas diferentes e adicionados vários mapas e textos.

8. "*Iam tandem ad finem perductus, quamplurimis aeneis tabulis Hispaniae, Africae, Asiae & Americae auctus ac illustratus a Iudoco Hondio.*" [*Lit.* E agora finalmente levado até o fim], ampliado e ilustrado com muitas gravuras da Espanha, África, Ásia e América, [obra] de Jodocus Hondius]. Gerardus Mercator, *Atlas sive Cosmographicæ Meditationes de fabrica mundi et fabricati figura*. Amsterdam: Jodocus Hondius, 1606.

9. Em vez de estar delimitada como uma ilha, a Terra do Fogo é apresentada como parte de um desconhecido continente austral (*Terra Australis*), pois foi somente em 1616 que os holandeses Jacob Le Maire e Cornelius Wilhelm Schouten circum-navegaram a grande ilha.

10. Emir Reitano, "El Río de la Plata y la cartografía portuguesa de los siglos XVI y XVII". *Anuario del Instituto de Historia Argentina*, La Plata, n. 3, p. 160, 2003. Alfredo Pinheiro Marques, "A cartografia do Brasil no século XVI". *Revista da Universidade*, Coimbra, v. 34, p. 457, 1988.

11. Benjamin Schmidt, *Innocence Abroad: The Dutch Imagination and the New World, 1570-1670*. Nova York: Cambridge University Press, 2001. Günter Schilder, op. cit., p. 339. O mapa da Guiana de Hondius foi publicado no ano seguinte por Matthaeus Becker e a viúva e filhos de Theodore de Bry como parte do oitavo volume do *Americae*, que continha os relatos de Drake, Cavendish, Raleigh e Francisco de Orellana. Sobre a iconografia e outros detalhes no mapa de Hondius, ver: Dante Martins Teixeira, "A 'America' de Jodocus Hondius (1563-1612): Um estudo das fontes iconográficas". *Revista do Instituto de Estudos Brasileiros*, São Paulo, n. 46, pp. 81-122, 2008.

12. Michiel van Groesen, *The Representations of the Overseas World in the De Bry Collection of Voyages (1590-1634)*. Leiden e Boston: Brill, 2012, pp. 345 e 357.

13. Hans Staden, Jean de Léry e Nicolas Barré, *Americae tertia pars Memorabile provinciae Brasiliae Historiam contine[n]s. [...] Addita est narratio profectionis Ioannis Lerij in eamdem Provinciam, qua ille initio gallicè conscripsit, postea verò Latinam fecit. His accessit Descriptio Morum & Ferocitatis incolarum illius Regionis, atque Colloquim ipsroum idiomate conscriptum*. Frankfurt: Theodore de Bry, 1592. No ano seguinte, os De Bry publicariam a versão alemã. Michiel van Groesen, op. cit., p. 293. Para uma análise detalhada das gravuras do terceiro volume, ver: Yobenj Aucardo Chicangana, "El festín antropofágico de los indios tupinambás en los grabados de Theodoro de Bry, 1592". *Fronteras de la Historia*, Bogotá, n. 10, pp. 25-8, 2005.

14. O pássaro à esquerda da cartela é uma cópia do tucano gravado no relato de André Thevet, *Les Singularitez de la France Antarctique, autrement nommée Amerique, & de plusieurs terres & isles découvertes de nostre temps*. Antuérpia: Plantin, 1558, p. 89. O pássaro à direita aparece em: Jean de Léry, *Histoire d'un voyage fait en la terre du Brésil*. La Rochelle: Antoine Chuppin, [1578] 1580, p. 246.

15. João Azevedo Fernandes, *Selvagens bebedeiras: Álcool, embriaguez e contatos culturais no Brasil colonial*. São Paulo: Alameda, 2011, p. 70. Azevedo Fernandes explica: "Os cauins eram fundamentais para as cerimônias que marcavam alguns dos momentos mais importantes do ciclo de vida dos tupinambás, como os casamentos e funerais". Ibid., p. 97.

16. André Thevet, op. cit., p. 46.

17. João Azevedo Fernandes, op. cit., p. 67.

18. Hans Staden, *Hans Staden: Suas viagens e captiveiro entre os selvagens do Brasil*. São Paulo: Typ. da Casa Eclectica, 1900, pp. 134-5.

19. Lisa Voigt, "Illustrating Brazil in Sixteenth-Century Antwerp". *Le Verger*, Levallois-Perret, n. 8, p. 1, set. 2015.

20. André Thevet, *Singularidades da França Antarctica, a que outros chamam de América*. Prefácio, tradução e notas do prof. Estevão Pinto. São Paulo: Companhia Editora Nacional, 1944, p. 154.

21. Jean de Léry, op. cit., pp. 246-8.

22. As edições publicadas por Chuppin, em 1578 e 1580, bem como a dos herdeiros de Eustache Vignon, de 1594, não contêm gravura ilustrando a produção de cauim.

23. "*Modus conficiendi et bibendi potum apud Americanos in Brasilia, ubi virgines poſtquam radices quaſdam manducarunt, rurſus expuunt, deinde ollis coquŭt et viris bibendum prabent. Atque hæe potatio præcipuſ ſunt apud cos diliciæ*."

24. De fato, Léry contradiz Thevet quando indica que a produção de cauim não se restringe às virgens. Hans Staden, Jean de Léry e Nicolas Barré, op. cit., p. 175.

25. Chet van Duzer, "Colonialism in the Cartouche: Imagery and Power in Early Modern Maps". *Figura: Studies on the Classical Tradition*, Campinas, v. 2, n. 9, pp. 90-130, 2021.

26. Em 1581, se estabeleceu a República dos Sete Países Baixos Unidos. Com a Paz de Münster, assinada em 1648, a independência da República Holandesa foi reconhecida definitivamente.

27. Carolina Martínez, "'Salvajes desnudos, feroces y caníbales': Textos fundacionales e imágenes cartográficas en la construcción de América como *Pars Quarta*". In. Silvia Tieffemberg (org.), *Pensar América desde sus colonias: Textos e imágenes de América colonial*. Buenos Aires: Biblos, 2019, pp. 37-58.

28. Werner Waterschoot, "The Title-Page of Ortelius's Theatrum Orbis Terrarum: A Comment". *Quaerendo*, Leiden, v. 9, n. 1, p. 53, 1979.

29. Lisa Voigt, op. cit., p. 6.

30. André Thevet, *Les Singularitez...*, op. cit., p. 45.

LEITURAS COMPLEMENTARES

BERBARA, Maria; MENEZES, Renato; HUE, Sheila (orgs.). *França Antártica: Ensaios interdisciplinares*. São Paulo: Ed. da Unicamp, 2020.

FERNANDES, João Azevedo. *Selvagens bebedeiras: Álcool, embriaguez e contatos culturais no Brasil colonial*. São Paulo: Alameda, 2011.

GROESEN, Michiel van. *The Representations of the Overseas World in the De Bry Collection of Voyages (1590-1634)*. Leiden e Boston: Brill, 2012.

METCALF, Alida C. *Os papéis dos intermediários na colonização do Brasil, 1500-1600*. São Paulo: Ed. da Unicamp, 2019.

THOMAS, Werner; STOLS, Eddy; KANTOR, Iris; FURTADO, Junia (orgs.). *Um mundo sobre papel: Livros, gravuras e impressos flamengos nos impérios português e espanhol (séculos XVI-XVIII)*. São Paulo: Edusp; Belo Horizonte: Ed. UFMG, 2014.

4. Caminhos, conexões e contrabando

Mapa del río Ayembí y del Paraná, con sus afluentes..., *Luis de Céspedes Xeria, 1628*

Tiago Bonato

Que o continente americano estava repleto de caminhos, conhecidos e percorridos durante os séculos XVI e XVII, não soa como novidade. A ideia de um continente desconhecido e impenetrável foi matizada nas últimas décadas, principalmente a partir de dois movimentos na historiografia. De um lado, a ênfase na invasão, por parte dos europeus, de um território amplamente habitado, onde a vida, a história, os deslocamentos cotidianos e sazonais das populações nativas seguiam seu curso, desde muito antes do desembarque de Colombo nas praias caribenhas. Isso fez com que diminuísse a ênfase na ideia de um punhado de aventureiros europeus cruzando florestas inabitadas e abrindo caminhos nunca trilhados no continente. Por outro lado, a partir de novos estudos sobre o espaço, a geografia, a cartografia e a geopolítica na primeira modernidade, os historiadores foram motivados a lançar novos olhares às fontes, buscando compreender tanto as formas de conceber, conhecer e ocupar o espaço quanto a circulação de pessoas e mercadorias que conectavam diferentes territórios. O estudo do intitulado *Mapa del río Ayembí* (*actual Tieté*) *y del Paraná, con sus afluentes...*, feito pelo fidalgo espanhol Luis de Céspedes Xeria, em 1628, durante sua viagem de São Paulo ao Paraguai para assumir o cargo de governador daquela província, pode render bons frutos, se analisado a partir dessas chaves interpretativas (Fig. 4.1).

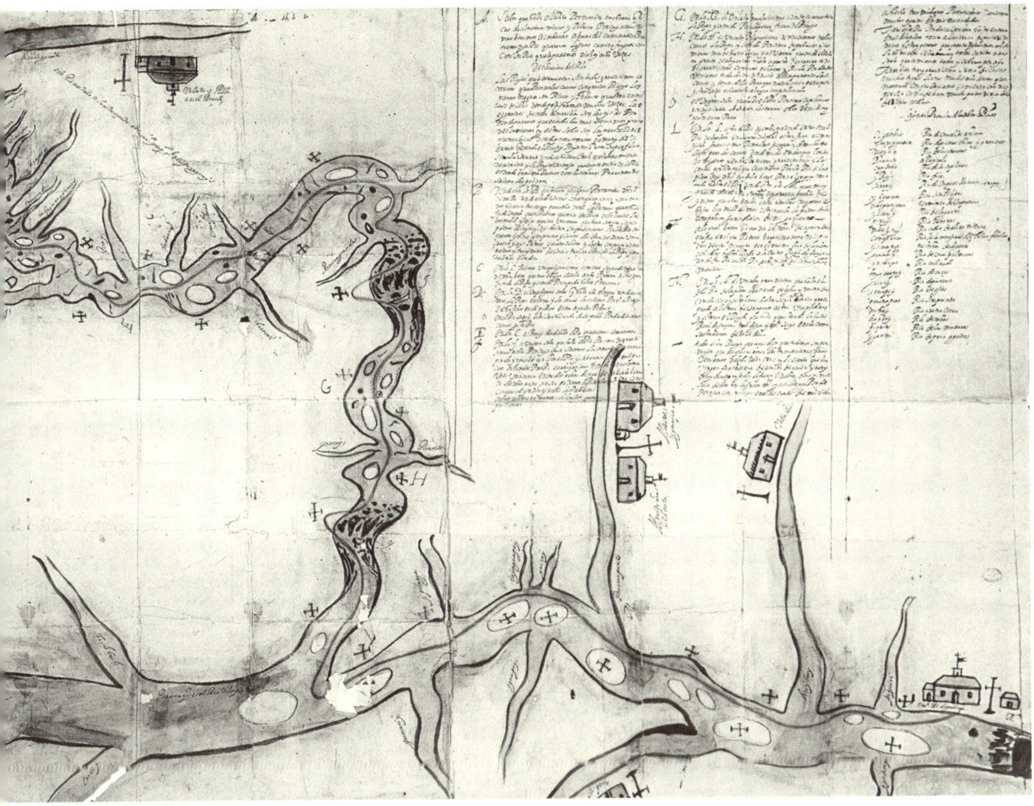

4.1. Mapa del río Ayembí (actual Tieté) y del Paraná, con sus afluentes, que recorrió Luis de Céspedes Jeria, gobernador del Paraguay, al entrar en su jurisdiccíon desde Brasil, *1628, de Luis de Céspedes Xeria.*

Ainda em trânsito, a 8 de novembro de 1628, Céspedes escreveu uma carta ao rei Felipe IV, na qual relatou seus passos desde que saíra de Salvador, na Bahia, no início daquele ano, até o último trecho percorrido, entre a vila de São Paulo, no planalto da capitania de São Vicente, e a Ciudad Real del Guairá, às margens do rio Paraná. A travessia foi feita ora caminhando por terra, ora descendo o rio Ayembí — Anhembi, atual Tietê — e o rio Paraná. Junto com a carta, Céspedes enviou ao rei um mapa que, segundo ele, mostrava "todo aquele rio que andei e o que tenho andado deste até chegar a esse Guairá". O mapa seria um "borrão que vim fazendo, com tintas de ervas".[1] No *Archivo General de Indias*, em Sevilha, encontram-se preservadas duas cópias desse mapa. São bastante similares, com tamanhos quase idênticos (77,5 × 117 cm e 78 × 116 cm). Além da diferença da tonalidade geral das cores, vários pequenos detalhes diferenciam uma cópia de outra, sendo o principal deles a inversão do signo da vila de São Paulo (Fig. 4.2).

Em carta de 29 de maio de 1629, já em Assunção, Céspedes mencionou ter enviado cinco cópias da missiva anterior, onde cita o mapa. É provável, portanto, que outras três cópias do mapa, que foram encaminhadas com as cartas, tenham se perdido. A comparação de elementos entre as cópias preservadas mostra que ambas foram feitas a partir de um original comum.[2]

O MAPA DE UM PERCURSO FLUVIAL

O foco central do mapa é o caminho fluvial percorrido pela comitiva do governador. Os rios Ayembí e Paraná estruturam o documento. Nas suas margens, estão representadas as vilas de São Paulo, na América portuguesa; Cida-

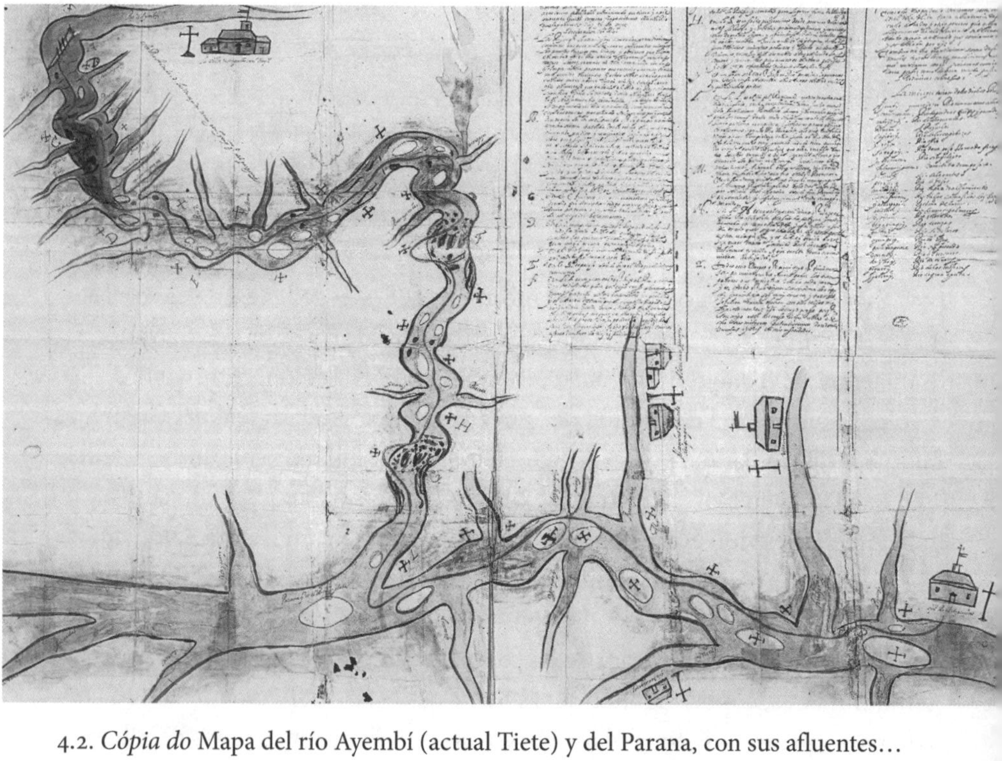

4.2. *Cópia do* Mapa del río Ayembí (actual Tiete) y del Parana, con sus afluentes...

de Real, Vila Rica do Espírito Santo e Jerez, nos domínios espanhóis. Com o mesmo signo das vilas aparecem as duas reduções jesuíticas mais antigas da região, Santo Inácio e Nossa Senhora de Loreto.

Baseando-se aqui na primeira cópia, verifica-se que o mapa não apresenta escala-padrão e os rios estão superdimensionados em relação ao espaço cartografado, principalmente o Ayembí. De qualquer maneira, é um dos poucos documentos cartográficos que representa, no período, em escala tão grande, o interior da América meridional. Há uma pequena rosa dos ventos inserida próxima à vila de São Paulo, de oito pontas, uma delas em cruz e outra com a flor de lis, que não corresponde ao Norte geográfico.

O mapa apresenta uma extensa legenda, que cobre um quarto do documento. A partir dela, temos uma referência para a posição de leitura, já que os topônimos e os signos cartográficos podem ser lidos em todas as direções. Na legenda, são listados os nomes de 24 rios, todos grafados em língua indígena, bem como seu significado em português. Toda a metade esquerda do mapa é dedicada ao rio Anhembi. Nele, deságuam dezenove cursos d'água nomeados, dos quais apenas os trechos finais são cartografados, indicando sua foz no Anhembi. Na metade inferior, figura o rio Paraná, nomeado como "Paraná que é o Rio de la Plata" — confusão muito comum na cartografia do período. Nele, por sua vez, deságuam outros catorze rios; entre eles, um situado na margem direita, nomeado Miney, onde é representada a vila de Jerez; o Paranapane (atual Paranapanema) e o Huybay (Ivaí), na margem esquerda, onde aparecem as reduções de Santo Inácio e Loreto e a Vila Rica do Espírito Santo, respectivamente. No canto inferior direito aparece representada a Cidade Real do Guairá. Ao seu lado, no leito do rio, traços indicam uma corredeira ou salto. Mesmo não nomeado, trata-se do Salto del Guairá, bem conhecido e descrito nas fontes coevas.

O objetivo principal de Céspedes ao fazer o mapa foi mostrar ao rei seu percurso, que é evidente e aparece bem demarcado no mapa. Depois de passar ao lado da vila de São Paulo, o rio Anhembi dá uma guinada na direção oeste. Esse local seria o porto de embarque da expedição. Céspedes conta que depois de sair da vila de São Paulo caminhou

> [...] quarenta léguas por terra e a pé por ser caminho que não se pode andar de outra maneira. Com infinitos trabalhos, de chuvas e rios que passamos, cheguei a um [rio] onde estive um mês fazendo embarcações de troncos grandíssimos [...] que [tinham] oito braças de circunferência.[3]

No mapa, o autor marcou o início do deslocamento pelo rio, com o desenho de uma canoa e de uma linha vermelha que percorre todo o trajeto até Cidade Real do Guairá. A legenda explica que "a linha vermelha que vai pelo meio do rio é por onde caminhávamos com as canoas procurando salvar os perigos". Em dois pontos, a linha sai do leito do rio. Na legenda, o autor indica que nesses locais foram encontrados grandes saltos, nos quais as canoas tiveram que ser esvaziadas e varadas por terra, até um ponto mais abaixo no rio (Fig. 4.3).

O primeiro dos saltos é nomeado Abayandaua — Avanhandava. Nesse local, Céspedes conta que, quando foi recolocada no rio, uma das canoas ficou

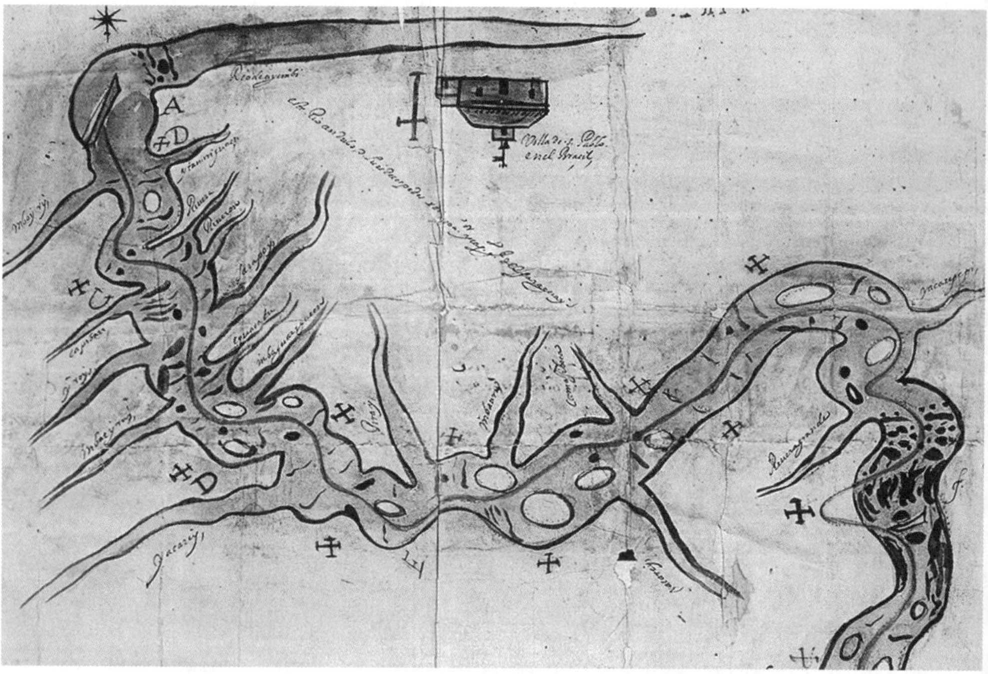

4.3. *Detalhe do* Mapa del río Ayembí (actual Tieté) y del Paraná, con sus afluentes...

atravessada entre as pedras, não sendo possível desprendê-la, mesmo com a ajuda de cinquenta indígenas.[4] No desenho, o autor representou a canoa presa entre as pedras do salto. Nas margens do rio, aparecem pontos importantes marcados por letras, em ordem alfabética de A a N, descritos na legenda. Além disso, figuram nas proximidades dos rios três dezenas de cruzes, marcando os locais de pouso da expedição.

Essas características fazem com que o documento cartográfico possa ser interpretado como um mapa do tipo roteiro. Os elementos que marcam o caminho — linha, canoa, cruzes nos locais de pernoite — e a extensa legenda que descreve a viagem dão movimento ao documento e revelam a série de operações realizadas para o deslocamento dos viajantes e para a produção do mapa. São os bastidores da produção, condição mesma da possibilidade de existência da representação. Foi a partir do deslocamento, da viagem por esse caminho, que Céspedes elaborou o mapa. Sua produção como um roteiro ecoa formas específicas de conceber e de representar o espaço. A primeira modernidade é um momento de mudança na forma de concepção do espaço na sociedade ocidental. O modo de representar o espaço medieval tinha duas características marcantes: a forma — apresentação do território como um itinerário, com localidades ligadas umas às outras por um caminho, uma rota; e a concepção — uma maneira mais de simbolizar o espaço do que representá-lo.[5] Esse modo de pensar o espaço, uma *metageografia*, mudou no período moderno. Recuperada e traduzida no início do século XVI, a obra de Ptolomeu lançou as bases para uma nova concepção: o espaço representado como geométrico, abstrato e homogêneo. Aos poucos, formou-se a ideia de um espaço que, apesar de desconhecido, existia e poderia ser preenchido nos mapas. O discurso científico moderno distanciou duas formas básicas de representação do espaço: a forma *percurso* e a forma *mapa*. Na primeira, estariam incluídos as operações discursivas, o caminho realizado, o relato do percurso. Na segunda, um quadro totalizante e redutor das observações. Esse distanciamento fez com que se ocultassem no mapa as figuras narrativas e os itinerários que o tornaram possível.[6] Nessa perspectiva, o mapa moderno se transforma num quadro sincrônico estático da diacronia necessária para sua elaboração. Essas reflexões são importantes para a análise do mapa de Céspedes. Pela sua forma, o documento evidencia um roteiro, a viagem do governador: o rio, o caminho a ser seguido, configura sua estrutura básica e os outros elementos — pousos, vilas — são representados como paradas, realizadas ao longo da rota. Dessa forma, configura-se como resquício de uma dada concepção de espaço que estava em transformação profunda no período.

CAMINHOS ANTIGOS

Se o itinerário do governador representado no mapa sugere mudanças e permanências de formas de se conceber o espaço, mostra também algo mais prosaico: os caminhos que ligavam diferentes regiões, no início do século XVII abundantemente referidos nas fontes do primeiro século de colonização. Em 1515, o autor da *Nova Gazeta da Terra do Brasil* escreveu que seria bem crível que os indígenas da América portuguesa lembrassem de são Tomé, "pois é sabido que [ele] realmente está por trás de Malaca na costa de Simaratl no golfo de Ceilão".[7] Como na gazeta, as supostas andanças do santo, tanto pelas partes orientais como ocidentais do Império português, são citadas também em outras obras coevas,[8] nas quais o mito se confundia com uma das concepções geográficas correntes, a de que a América seria uma península da Ásia. Os vestígios de são Tomé engenheiro, para usar a expressão de Sérgio Buarque de Holanda, se multiplicam nas fontes do período. Além das pegadas e outras marcas em pedras do litoral, Tomé teria construído alguns caminhos terra adentro. Foi no espaço meridional da América portuguesa, no território percorrido por Céspedes décadas mais tarde, que o santo teria feito seu caminho mais famoso, que perfazia duzentas léguas pelo interior, com oito palmos de largura, rodeado por uma pequena erva que nunca pararia de nascer. O "caminho de Santo Tomé" chegaria, desde a barra de São Vicente, no Brasil, até o Paraguai.[9] A descrição mais conhecida do caminho, feita pelo jesuíta Antonio Ruiz de Montoya, une o mito do santo às misteriosas origens do caminho do Peabiru. Hoje se sabe que se trata de uma rede de caminhos indígenas que cortavam a região, anterior à invasão europeia, e que ligava a costa atlântica com o interior do mundo paraguaio e dali, utilizando rios ou outros ramais e caminhos, com o alto Peru.[10] A ligação entre esses dois espaços também é explorada no capítulo 2.

A multiplicidade desses caminhos, bem como a circulação de indígenas pelo sertão da América, aparece registrada em outras fontes. Em 1553, Antônio Rodrigues escreveu uma carta de São Vicente a seus irmãos de Coimbra. Nela, o recém-convertido jesuíta, ex-soldado da armada de Pedro de Mendoza, conta que deixou a terra do Paraguai e foi a São Vicente. O caminho que percorreu tinha "360 léguas, por uns gentios, chamados Topinaquinas". Rodrigues se mostra bastante otimista quanto à conversão das populações indígenas do seu entorno e afirma que "o caminho está feito daqui ao Peru, e a gente [é] muito aparelhada para receber a nossa santa fé". Cita ainda, como exemplo bem-sucedido, a empreitada levada a cabo por dois freis franciscanos que, anos antes, "entraram cerca de cinquenta léguas daqui desta Capitania pela terra adentro, [pelo] caminho dos Carijós", onde fizeram "admirável fruto" com a conversão.[11]

Ainda em meados do século XVI, outro personagem, Diogo Nunes, escreveu uma carta ao rei contando sobre sua viagem do Peru à região do rio Amazonas. Dali, seria possível "ir [a] São Vicente atravessando pelas cabeceiras do Brasil, tudo por terra firme". O autor trata dos povos que encontrou, da abundância de peixes que obtinham no rio e que "levam a vender pelo sertão" em "contratações com outros índios". Conclui que "vão os caminhos muito abertos de muito seguidos porque corre muita gente por eles".[12]

Não parecem restar dúvidas sobre a grande circulação de povos indígenas pelos caminhos no interior do continente. Além disso, é bastante intensa a circulação de europeus por esses espaços durante os séculos XVI e XVII. Enquanto os deslocamentos dos primeiros são, no mais das vezes, registrados de forma quase oculta nas fontes, os registros das expedições do segundo grupo são mais detalhados, sendo alguns deles bastante conhecidos. Nos primeiros anos da década de 1520, o português Aleixo Garcia teria partido da ilha de Santa Catarina, atual Florianópolis, com outros quatro europeus em busca do Rei Branco e de suas riquezas tão comentadas. Garcia e seus companheiros eram náufragos da expedição de Juan Díaz de Solís ao rio da Prata, ocorrida na década anterior. Com uma grande comitiva de indígenas guaranis, teriam chegado até o mundo andino e suas riquezas. No retorno, alguns integrantes foram mortos por indígenas, mas os sobreviventes levaram adiante a fama da serra da Prata, que batizaria anos depois o próprio rio, chamado até então de rio de Solís.[13] As referências a essa expedição se misturam nas fontes com outra, composta de quatro portugueses, que a mando do capitão Martin Afonso de Sousa partiu do Rio de Janeiro rumo ao sertão, em 1531.[14] Em setembro do mesmo ano, o capitão mandaria outra expedição terra adentro, a partir de São Vicente. Pero Lobo foi enviado com oitenta homens — quarenta besteiros e quarenta espingardeiros —, com a obrigação de voltar ao porto em dez meses.[15] Ruiz Díaz de Guzmán também trata da expedição, tendo cometido algumas confusões em relação à entrada de Aleixo Garcia. De qualquer modo, conta que Pero Lobo saiu de São Vicente com índios amigos, indo até São Paulo. A partir daí, "baixando em canoas pelo rio Anhembi, saíram no Paraná e desceram por ele, chegaram no Salto, onde tomaram porto, deixaram suas canoas, atravessando até o poente, levando sua derrota para o rio Paraguai, onde Aleixo Garcia havia ficado".[16] A dar crédito ao cronista, o caminho percorrido por Pero Lobo foi exatamente o mesmo que Céspedes faria um século depois. O fim da expedição parece ter sido trágico. Guzmán conta que, ao retornar ao passo do rio Paraná, alguns indígenas ofereceram suas canoas para a travessia. No meio do rio, os portugueses perceberam a armadilha: vários furos feitos no fundo das embarcações e tapados com terra agora se abriam. Os portugueses afundaram com o peso de suas roupas e armas, enquanto os indígenas escaparam com facilidade por andar desnudos e ser grandes nadadores.[17]

Além dessas expedições, são bastante conhecidas as travessias do adelantado Álvar Núñez Cabeza de Vaca, que, em 1540, partiu do litoral catarinense até Assunção, tomando um caminho mais ao sul do que o seguido por Céspedes; e a travessia no sentido inverso do soldado bávaro Ulrich Schmidl, que partiu de Assunção rumo ao litoral paulista, em 1553. Ambos deixaram relatos, e suas trajetórias já foram bastante estudadas.[18] Todos esses episódios são bem conhecidos, mas, se vistos sob outro prisma, podem deixar de ser apenas indícios de um triunfo aventureiro europeu, tornando-se indicativos dos caminhos já existentes, da circulação e da importância das populações indígenas na ocupação e mesmo na condução de portugueses e espanhóis pelos sertões da América.

O CAMINHO PROIBIDO

O caminho percorrido e mapeado por Céspedes não era, portanto, desconhecido. Ao contrário, as fontes indicam que era muito frequentado, muito mais do que gostariam as autoridades da região. Tomé de Sousa, quando esteve na capitania de São Paulo, teria ordenado o fechamento do caminho e a fundação de uma vila no campo, que seria a "porta do sertão", um posto de vigilância permanente.[19] Em 1556, o capitão-mor Brás Cubas reforçou a proibição nos seus regimentos. Nenhum português ou castelhano deveria ter consentimento para "ir pelo campo para o Paraguai, e nem outra alguma povoação de castelhanos".[20]

Do lado paraguaio, o governador Hernando Arias de Saavedra chegou a enviar soldados a São Paulo com o intuito de manter relações comerciais. Em carta ao rei, de 1604, informa que explorou o caminho do Guairá a São Paulo, com o objetivo de estabelecer comércio por aquela via, devido à pobreza em que se encontravam os habitantes do Guairá. Entretanto, "considerando que os portugueses são gente proibida, não consentirei que se percorra aquele caminho até ver o que Vossa Majestade é servido".[21] As proibições diziam respeito ao comércio de mercadorias e de pessoas, em um momento em que a ação dos paulistas em território guairenho já era intensa. Claro está que, se existem normativas regulando determinada prática, a prática já existia. A circulação de pessoas pelo caminho proibido — como muitas vezes é chamado nas fontes — era bem numerosa. Grande parte dos vestígios dessa circulação de gentes e de mercadorias aparece nas fontes a partir da contravenção: processos contra personagens presos por estarem percorrendo o caminho. A partir deles é possível saber que se negociavam erva, tecidos, vinhos e pessoas — escravizados indígenas e negros.[22] Mais do que ligar apenas São Paulo ao Guairá, o caminho era uma das principais portas de acesso ao mundo paraguaio e, dali, às minas de prata do Peru.

Vale lembrar que era considerado contrabando todo comércio feito fora das vias oficiais estabelecidas entre as Coroas europeias e seus domínios na América. No caso espanhol, as mercadorias que oficialmente abasteciam as províncias do rio da Prata e do Paraguai chegavam da Europa por meio do porto de Nombre de Dios e de Portobelo, ambos situados no atual Panamá. Dali, as mercadorias eram transportadas para o outro lado do istmo, na região do estreito de Darién. Na costa do Pacífico, as mercadorias eram levadas por navio até o porto de Callao; depois a Lima, capital do vice-reino do Peru, seguindo para Arica e dali, cordilheira acima, até chegar à vila de Potosí. A partir dessa vila, eram levadas até as planícies platinas.[23] Dada a dificuldade flagrante desse percurso, grande parte do comércio realizado em terras americanas era fruto do contrabando, praticado a partir de outras rotas, sobretudo a que seguia pela costa atlântica e adentrava o continente pelo rio da Prata. Esse trajeto era bem frequentado e, pelo seu alcance, de difícil controle por parte das duas Coroas.

CIRCULAÇÕES NA FRONTEIRA

O *Mapa del río Ayembí* (*actual Tieté*) *y del Paraná* se torna ainda mais interessante quando inserido no contexto da união das Coroas ibéricas, época em que foi produzido. Durante o período que se estendeu entre 1580 e 1640, os territórios portugueses foram anexados à Coroa espanhola, sob domínio da dinastia Habsburgo.[24] O mapa de Céspedes não apresenta menção a nenhum tipo de fronteira no território, apesar de sua comitiva ter saído de uma vila portuguesa, São Paulo, e chegado ao território espanhol, mais precisamente à Cidade Real do Guairá. Desde a assinatura do Tratado de Tordesilhas, a linha de limites entre os impérios ibéricos na América, inclusive na porção meridional, nunca esteve bem definida. Analisado por um viés que privilegiava a separação da fronteira, o território guairenho foi interpretado durante muito tempo como uma região incrustada entre dois espaços vistos como isolados. De um lado, São Paulo, com seu caráter de vila situada às portas do sertão, a primeira vila portuguesa no planalto; de outro lado, Assunção, a primeira cidade fundada na bacia platina espanhola, ainda em 1537, também considerada desconectada do mundo hispânico.

A concepção de fronteira enquanto categoria analítica sofreu muitas mudanças nas últimas décadas, revisando interpretações e vieses anacrônicos em relação ao uso do termo no início do período moderno.[25] Reformulada, a fronteira passou a ser vista como algo que conecta mais do que separa — e o mapa de Céspedes pode ser interpretado dessa forma, pois revela o território do Guairá como chave para entender os processos de ocupação tanto de portugueses como de espanhóis na região e a relação entre o mundo paulista e paraguaio. A própria trajetória do governador é exemplar nesse sentido. Fidalgo espanhol, contraíra matrimônio durante sua passagem pelo Rio de Janeiro com d. Vitória de Sá, irmã do governador daquela capitania, Martim de Sá. A família, um potentado local, tinha redes de contato influentes, com aliados e privilégios em espaços tão dispersos quanto Angola, Buenos Aires e São Paulo.[26] A união com o novo governador do Paraguai colocaria a família em outro grande espaço de contrabando, trocas e comércio, conectando seus empreendimentos familiares com as redes — e a prata — do mundo peruano. Na viagem ao Paraguai, Céspedes foi acompanhado de Manuel Preto, um dos principais atores das entradas dos paulistas no Guairá iniciadas naquele ano. Dois anos depois, a esposa do governador seguiu o mesmo caminho do marido, acompanhada de seu sobrinho, Salvador Correia de Sá e Benevides, que se tornou mestre de campo do governo no Paraguai.[27] O espaço aparece conectado não apenas no mapa, mas por meio da circulação e do comércio de pessoas e de mercadorias.

MAPAS REVELAM, MAPAS OCULTAM

Já se passaram décadas desde que John Brian Harley escreveu sobre a importância não apenas do que os mapas mostram, mas também do seu contexto de produção e, principalmente, do que eles ocultam e silenciam. Suas posições já foram matizadas pela historiografia da cartografia mais recente, mas suas reflexões permanecem importantes.[28] O mapa elaborado pelo governador Luis de Céspedes Xeria pode ser analisado a partir de muitas chaves interpretativas, que revelam e/ou ocultam seus elementos. Do ponto de vista do conhecimento geográfico, o mapa mostra não apenas a transição entre duas formas de representar o espaço, mas também conecta o conhecimento geográfico, elaborado ao rés do chão pelas expedições, com a ideia do saber geográfico imperial, representado pelos mapas que mostram o Império, em pequena escala. Se analisado sob a óptica da fronteira, apresenta, ao contrário do que se poderia esperar, a conexão profunda entre os espaços portugueses e espanhóis na América meridional. Mais do que conectar dois espaços separados, o mapa enfatiza o Guairá como elemento de ligação, como um espaço único, a despeito de suas jurisdições estarem separadas administrativamente. Nem mesmo a união das Coroas atenuou essa questão. A escolha do governador Luis de Céspedes Xeria de chegar à sua área de governança, na América espanhola, através do caminho proibido, que partia da porção portuguesa, trouxe muitos problemas à sua atuação. Multiplica-se nas fontes a desconfiança dos jesuítas espanhóis em relação a ele, acusado até mesmo de chegar ao Paraguai acompanhado de uma bandeira paulista.[29] Mas nem só de revelações são feitos os mapas. O documento oculta o elemento mais importante para os rumos da ocupação ainda incipiente na região: as populações indígenas. As diferentes etnias que habitavam aquele espaço, notadamente grupos guaranis e tupis, têm papel fundamental nas áreas de influência de portugueses e de espanhóis, tornando-se decisivas para a conformação das fronteiras na região. A fundação de Assunção, em 1537, e a posterior colonização do Guairá só foram possíveis graças às alianças feitas pelos espanhóis com os povos guaranis. Seja a partir do que mostra, seja a partir do que oculta e invisibiliza, o *Mapa del río Ayembí (actual Tieté) y del Paraná, con sus afluentes...*, de Céspedes, é um documento essencial para entendermos a ocupação e a formação territorial dessa zona limítrofe da América meridional no século XVII.

NOTAS

1. *Annaes do Museu Paulista*, t. I. São Paulo: Officina do Diário Oficial, 1922. Grande parte da documentação relativa ao governador preservada no *Archivo General de Indias* foi compilada e transcrita no primeiro e segundo tomo (1925) dos *Anais do Museu*. Os originais se encontram em AGI, CHARCAS 30.

2. Para uma comparação minuciosa das cópias, ver Jorge Pimentel Cintra, José Rogério Beier, Lucas Montalvão Rabelo, "Affonso de Taunay e as duas versões do mapa de D. Luis de Céspedes Xeria (1628)" (*Anais do Museu Paulista*, São Paulo, v. 26, pp. 1-53, 2018). A confusão entre as duas cópias do mapa preservadas gerou uma acusação de suposta alteração documental em um fac-símile encomendado por Affonso de Taunay em 1917. Ver Airton José Cavenaghi, "A construção da memória historiográfica paulista. Dom Luiz de Céspedes Xeria e o mapa de sua expedição de 1628". *Anais do Museu Paulista*, v. 19, n. 1, pp. 81-109, 2011. A questão foi esclarecida em Tiago Bonato, *Articulando escalas: Cartografia e conhecimento geográfico da bacia platina (1515-1628)*. Curitiba: PPGHIS-UFPR, 2018. Tese (Doutorado em História); e Jorge Pimentel Cintra; José Rogério Beier; Lucas Montalvão Rabelo, op. cit.

3. *Annaes do Museu Paulista*, t. I, op. cit., p. 183.

4. Ibid.

5. Ricardo Padrón, "Mapping Plus Ultra: Cartography, Space, and Hispanic Modernity", *Representations*, Berkeley, v. 79, n. 1, pp. 28-60, 2002.

6. Michel de Certeau, *A invenção do cotidiano: Artes de fazer*. Petrópolis: Vozes, 1994, p. 204.

7. Rodolpho Schuller, "A nova gazeta da terra do Brasil (Newen Zeytung auss Presillg Landt) e sua origem mais provável". *Annaes da Bibliotheca Nacional do Rio de Janeiro*. Rio de Janeiro, v. XXXIII, p. 118, 1911. No documento original, não constam a data e o autor. Trata-se da descrição

de uma expedição à porção sul do continente americano. Segundo Sérgio Buarque de Holanda, o documento se refere à viagem de um dos navios armados por d. Nuno Manuel, Cristovão de Haro e outros, que em 1514 já se encontrava ancorado na ilha da Madeira, retornando da viagem ao Novo Mundo. Sérgio Buarque de Holanda, *Visão do Paraíso: Os motivos edênicos no descobrimento e colonização do Brasil*. São Paulo: Companhia das Letras, 2010, p. 175.

8. Segundo Sérgio Buarque de Holanda, trata-se do único mito da conquista americana de gênese luso-brasileira. Ibid., pp. 172-201.

9. Antonio Ruiz de Montoya, *Conquista espiritual hecha por los religiosos de la Compañia de Jesús en las provincias del Paraguay, Paraná, Uruguay, y Tape*. Madri: Imprensa del Reyno, 1639, p. 30.

10. Sobre o caminho, ver Igor Chmyz, Zulmara Clara Sauner, "Nota prévia sobre as pesquisas arqueológicas no vale do rio Piquiri" (*Dédalo*, São Paulo, ano VII, n. 13, pp. 7-31, 1971).

11. "Antonio Rodrigues, soldado, viajante e jesuíta portuguez na América do Sul, no século XVI." *Annaes da Bibliotheca Nacional do Rio de Janeiro*, v. XLIX, p. 70, 1927. Os freis franciscanos provavelmente são Bernardo de Armenta e Alfonso Lebrón, os mesmos que acompanharam o governador Cabeza de Vaca em sua expedição até Assunção.

12. "Carta de Diogo Nunes escripta a D. João III acerca do descobrimento de sertões aonde podia chegar atravessando a terra de S. Vicente (Província de S. Paulo)". *Revista do Instituto Histórico e Geográfico Brasileiro*, Rio de Janeiro, t. II, p. 377, 1840.

13. Charles E. Nowell, "Aleixo Garcia and the White King". *The Hispanic American Historical Review*, Durham, v. 26, n. 4, pp. 450-66, 1946; Luis Ramírez, "Carta de Luis Ramirez a su padre desde el Brasil (1528): Orígenes de lo 'real maravilloso' en el Cono Sur". Introdução e notas de Juan Francisco Maura. Coleção de Textos de la revista *Lemir*, 2007. Edición electrónica: <http://parnaseo.uv.es/Lemir/Textos/Ramirez.pdf>; Ruiz Díaz de Guzmán, *Historia argentina del descubrimiento, población y conquista de las provincias del Río de la Plata (1612)*, Buenos Aires: Claridad, 2010.

14. Francisco Adolfo de Varnhagen (org.), *Diário da navegação da armada que foi à Terra do Brasil, em 1530, sob a capitania-mor de Martin Affonso de Souza, escripto por seu irmão Pero Lopes de Souza*. Lisboa: Typographia da Sociedade Propagadora dos Conhecimentos Uteis, 1839, p. 26.

15. Ibid., p. 29.

16. Ruiz Díaz de Guzmán, op. cit., p. 34.

17. Ibid., p. 35.

18. Para os relatos, ver: *Relación de los naufragios y comentarios de Álvar Núñez Cabeza de Vaca, adelantado y governador del Río de la Plata: Ilustrado con varios documentos inéditos*, tomos I e II, Madri: Librería General de Victoriano Suárez, 1906; Ulderico Schmidel, *Viage al Rio de La Plata y Paraguay*. Introdução de Pedro de Angelis. Buenos Aires: Imprenta del Estado, 1836.

19. Sérgio Buarque de Holanda, "Expansão paulista em fins do século XVI e princípio do século XVII", *Publicações do Instituto de Administração*, São Paulo, n. 29, pp. 3-23, 1948.

20. Apud José Carlos Vilardaga, *São Paulo no Império dos Felipes: Conexões na América meridional (1580-1640)*. São Paulo: Intermeios, 2014, p. 222.

21. "Cartas y memoriales de Hernandarias de Saavedra". *Revista de la Biblioteca Nacional de Buenos Aires*, t. I, n. 1. Citado por Ramón Cardozo, *El Guairá: História de la antigua província. 1554-1676*. Buenos Aires: Librería y Casa Editora de Jesus Menéndez, 1938, p. 100.

22. Alguns desses processos foram compilados e transcritos em *Bandeirantes no Paraguai: Século XVII. (Documentos inéditos)*. São Paulo: Divisão do Arquivo Histórico/ Prefeitura do Município de São Paulo, 1949. Para uma análise desse material, ver José Carlos Vilardaga, "Fronteiras instáveis e alianças cambiantes: A ocupação colonial do Guairá e as relações entre Villa Rica del Espiritu Santo e São Paulo de Piratininga entre os séculos XVI e XVII" (*Revista de Indias*, Madri, v. LXXIX, n. 277, pp. 659-95, 2019).

23. Alice Piffer Canabrava, *O comércio português no rio da Prata: 1580-1640*. Belo Horizonte: Editora Itatiaia; São Paulo: Edusp, 1984, p. 43.

24. Para um balanço atual sobre a temática, ver José Manuel Santos Pérez, Ana Paula Megiani e José Luis Ruiz-Peinado Alonso (orgs.), *Redes y circulación en Brasil durante la Monarquia Hispânica (1580-1640)*. Madri: Sílex, 2020.

25. Hal Langfur, "Frontier/Fronteira: A Transnacional Reframing of Brazil's Inland Colonization", *History Compass*, Londres, v. 12, n. 11, pp. 843-52, 2014.

26. José Carlos Vilardaga, op. cit., p. 114.

27. Tiago Bonato, op. cit., p. 226.

28. John Brian Harley, *La nueva naturaleza de los mapas. Ensayos sobre la história de la cartografia*. Cidade do México: Fondo de Cultura Económica, 2005. Um olhar crítico à obra de Harley pode ser lido na introdução do volume citado, escrita por J. H. Andrews.

29. É farta a documentação sobre as querelas do governador com os padres jesuítas da região. Uma compilação de muitas dessas fontes pode ser vista em Jaime Cortesão, *Jesuítas e bandeirantes no Guairá (1549-1640)*. Rio de Janeiro: Biblioteca Nacional, Divisão de Obras Raras e Publicações, 1951.

LEITURAS COMPLEMENTARES

BONATO, Tiago. "Mapas manuscritos, práticas de espaço e conhecimento geográfico na bacia platina (sécs. XVI e XVII)", *Nuevo Mundo Mundos Nuevos*, Paris, 2021. Disponível em: <http://journals.openedition.org/nuevomundo/81647>. Acesso em: 31 maio 2022.

DORÉ, Andréa. *Cartografia da promessa: Potosi e o Brasil em um continente chamado Peruana*. São Paulo: Intermeios, 2020.

HERZOG, Tamar. *Fronteras de posesión. España y Portugal en Europa y las Américas*. Madri: FCE, 2018.

KEATING, Vallandro; MARANHÃO, Ricardo. *Caminhos da conquista: A formação do espaço brasileiro*. São Paulo: Editora Terceiro Nome, 2008.

SANTOS, Márcio Roberto Alves dos. *Rios e fronteiras: Conquista e ocupação do sertão baiano*. São Paulo: Edusp, 2017.

5. O Brasil holandês

BRASILIA qua parte paret BELGIS, *Georg Marcgraf, 1647*

Daniel de Souza Leão Vieira

5.1. BRASILIA qua parte paret BELGIS, Brasiliae geographica & hydrographica tabula nova... delineabat Georgius Marggraphius Germanus anno Christi 1643, *1647, de Georg Marcgraf.*

Desde 1580, com a união das Coroas ibéricas de Portugal e Espanha, os Habsburgo, que reinavam sobre os dois países e outras regiões da Europa, fecharam o acesso dos holandeses ao açúcar brasileiro, pois estavam em guerra contra eles.

Por questões religiosas, vários grupos confessionais ligados à Reforma Protestante se insurgiram contra a autoridade espanhola e católica nos Países Baixos em 1568. Alguns anos depois, em 1581, a União de Utrecht definiu a República dos Países Baixos Unidos [Vereenighde Nederlanden] em sete províncias: Holanda, Zelândia, Frísia, Groningen, Overijssel, Géldria e Utrecht. As demais províncias dos Países Baixos, sobretudo ao sul do delta combinado dos rios Reno, Mosa e Escalda, permaneceram fiéis à Espanha e posteriormente se transformaram no que é hoje a Bélgica. O reconhecimento formal da independência da Holanda[1] por parte da Espanha só veio, entretanto, em 1648, quando da assinatura do Tratado da Vestfália e da Paz de Münster, dando fim ao período da Guerra dos Trinta Anos na Europa.

Durante a Guerra dos Oitenta Anos, como ficou conhecido o período de luta holandesa pela independência da Espanha, essa última barrou o acesso dos holandeses ao açúcar brasileiro, ao reconquistar o porto de Antuérpia, em 1585.[2] Assim, em 1621, os holandeses tiveram que criar a Companhia das Índias Ocidentais (WIC)[3] para financiar o acesso aos mercados produtores nas Américas. Em 1630, a capitania de Pernambuco foi invadida, e sua conquista foi concluída em 1637, com a chegada de Maurício de Nassau (1604-79), que permaneceu como governador-general até 1644. No ano seguinte, irrompeu a Insurreição Pernambucana, que finalmente expulsou os holandeses do Brasil em 1654.

Maurício de Nassau construiu a Cidade Maurícia e, nela, os palácios da Boa Vista e de Vriburgo, onde instalou sua corte. Lá, ele reuniu cientistas e artistas para produzir registros sobre a flora, a fauna e as gentes do Brasil, como o médico Willem Pies (1611-78), o botânico e astrônomo Georg Marcgraf (1610-44), e os pintores Frans Post (1612-80) e Albert Eckhout (*c.* 1610-*c.* 1666). Quando de sua volta à Holanda, Nassau encomendou ao escritor Caspar Barlaeus (1584-1648) que escrevesse sobre os anos de seu governo no Brasil (1637-44), resultando na publicação do *Rerum per octennium in Brasilia*, em 1647.[4] O livro é uma das edições mais luxuosas do século XVII, chamado de "século de ouro" da Holanda, contando com gravuras feitas a partir das vistas de Frans Post e de mapas atribuídos ao próprio Marcgraf.

BRASILIA qua parte paret BELGIS ou *Brasil cuja parte pertence aos Países Baixos* (Fig. 5.1), de Georg Marcgraf, é um mapa mural, de 124,6 × 169 cm, que constitui uma fonte visual de grande relevância histórica, uma vez que sintetiza elementos iconográficos e textuais em uma única imagem. Desenhado em água-forte, aquarela, buril e tipografia sobre papel, foi gravado por Joan Blaeu, em Amsterdam, em 1647. O mapa foi publicado por Joan Blaeu em 1647, a partir do levantamento cartográfico que Georg Marcgraf realizara em 1643, quando ainda estava no Brasil, a serviço de Maurício de Nassau. O mapa conta ainda com quatro vinhetas atribuídas a Frans Post.[5]

A feitura do mapa de Marcgraf se deu no fim do governo do príncipe Frederico Henrique na Holanda (1625-47) e em meio a um crescente aumento das divergências entre grupos sociais ligados a diferentes ideologias de Estado e interesses econômicos: de um lado, os orangistas do Partido da Guerra, fiéis ao príncipe de Orange; de outro, os partidários da Paz, mais interessados no livre-comércio e no republicanismo civil.[6] Essas divergências levaram as Sete Províncias dos Países Baixos a se afastar cada vez mais da pauta orangista, saindo vencedora nas negociações que levaram à Paz de Münster com a Espanha, em 1648, e, finalmente, ao estabelecimento do regime civil dos regentes, em 1650.[7]

As tensões sociais oriundas desse embate deixaram seus vestígios na imagem final do mapa de Marcgraf. Assim, por meio de sua investigação é possível retomar o estudo do imaginário holandês sobre a terra e as gentes do Brasil.

EXPLORANDO A CARTOGRAFIA NO MAPA DE MARCGRAF

O mapa de Marcgraf foi considerado durante muitos séculos a mais precisa das representações cartográficas do Nordeste brasileiro. Numa época em que o cálculo das longitudes não era exato,[8] o cabo de Santo Agostinho era considerado pelos pilotos, navegadores e cartógrafos do século XVII o ponto mais oriental do Brasil, conforme aparece no mapa de Hessel Gerritsz, *T Landt van Brasil met de aengelegene Provincien* [*Terra do Brasil com as respectivas províncias*] (Fig. 5.2). Marcgraf foi contra esse conhecimento estabelecido e demonstrou que o cabo de Santo Agostinho não correspondia ao ponto mais oriental das Américas.

Como muitos dos mapas holandeses produzidos no século XVII, o mapa mural de Marcgraf orienta o Oeste para a parte superior. No topo, há três festões que funcionam como molduras. O do meio, sobreposto ao título, é composto do entrelaçamento de objetos etnográficos que podem ser remetidos aos quadros de Albert Eckhout. Dele, pendem três escudos: à esquerda, o primeiro ostenta o leão belga, que empunha uma espada e segura sete setas, representando os Países Baixos Unidos; o do meio, os símbolos das quatro capitanias que compunham o Brasil holandês sob o navio da WIC; e, à direita, o brasão da família Orange-Nassau. No canto inferior esquerdo há a reprodução de outro

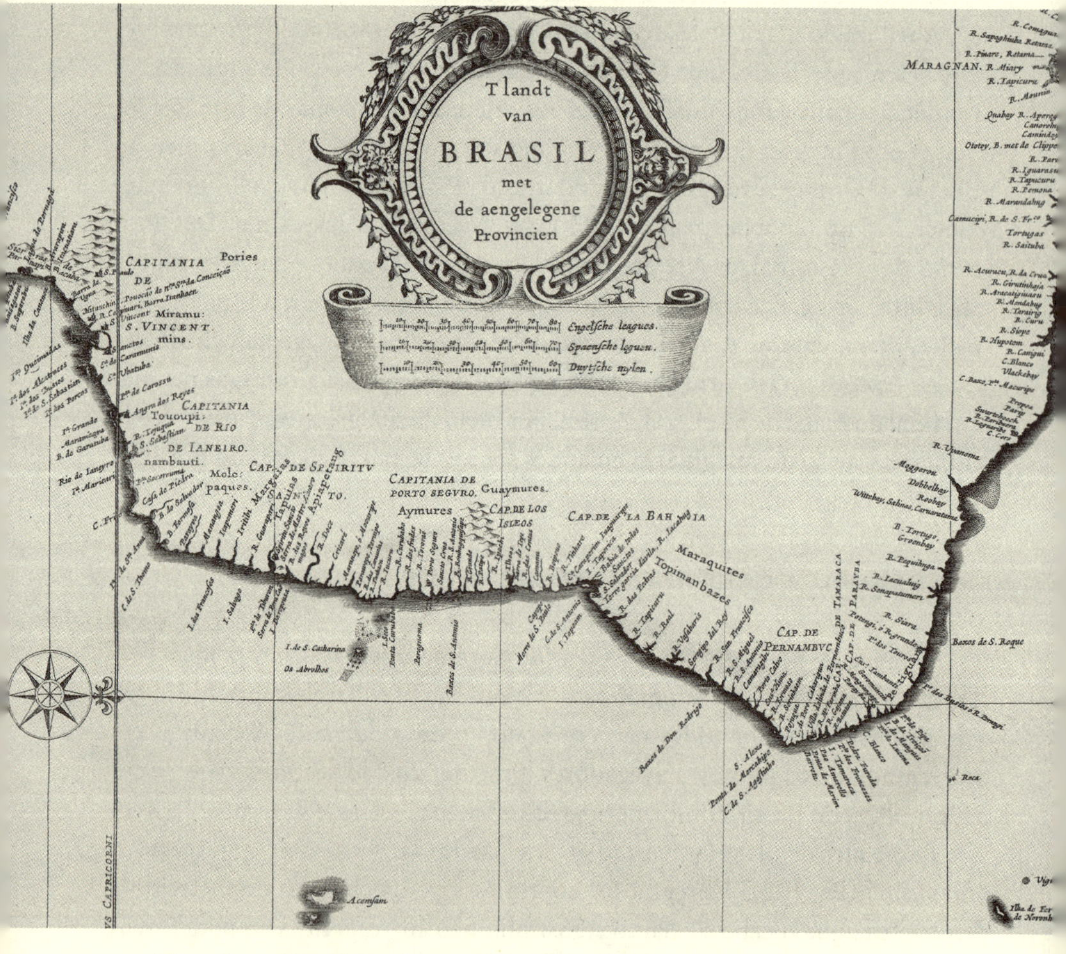

5.2. T Landt van Brasil met de aengelegene Provincien, *1625, de Hessel Gerritsz.*

mapa, em escala menor, que serve como referência geográfica maior para o trecho que é o objeto central, demonstrando o caráter corográfico da representação do Brasil holandês no mapa principal.[9] Toda essa simbologia é reveladora da posse reivindicada pelos holandeses sobre o território conquistado.

A linha da costa do Brasil holandês no mapa, correspondendo ao extremo sul do território ocupado, se inicia pela capitania de Sergipe, evacuada pelos portugueses quando da chegada dos invasores, mas apenas intermitentemente ocupada pelos holandeses. Seu limite norte é a foz do rio São Francisco, a partir da qual começa a porção sul do território da capitania de Pernambuco, atualmente estado de Alagoas. Mais adiante, a costa norte de Pernambuco, ladeada pelo brasão que o representa simbolicamente: a dama de Olinda segurando nas mãos uma cana-de-açúcar e um espelho.

Na direção norte, chega-se à capitania de Itamaracá, com seu brasão: três cachos de uvas. Segue-lhe a capitania da Paraíba, representada por seis pães de açúcar — forma como o açúcar era cozido e colocado para secar — em seu brasão, e já no lado direito do mapa, a capitania do Rio Grande, com seu escudo: a ema por sobre as águas. Ao longo de todo o litoral cartografado aparecem registrados os mais importantes acidentes geográficos.

Porém, na direção do interior, a superfície do território cartografado começa a apresentar espaços em branco. Aí foram colocadas as vinhetas. Assim, acima dos escudos de Pernambuco, Itamaracá e Paraíba, há a cena com o complexo açucareiro: o engenho de açúcar, com moenda de três cilindros e movido à roda-d'água embaixo; à esquerda, a casa-grande e a senzala. Um pouco mais à direita, e já acima de ambos, o brasão e o território cartografado do Rio Grande, há um complexo arquitetônico que remete a um aldeamento indígena, da forma como era organizado pelos missionários. A indicação se torna mais clara pela presença da capela em meio ao casario. Desse assentamento, os índios saem em marcha de guerra, a seu modo de "rancho, numa só fileira", carregando mulheres, filhos e utensílios do cotidiano.[10] Note-se que um índio, na coluna de guerreiros, carrega a bandeira tricolor com as insígnias da WIC no canto superior.

Enquanto o espectador percorre o olhar pelo canto superior do mapa, adentrando na direção oeste, uma casa de farinha pode ser vista por entre plantações. Esse tema foi relacionado às descrições do cultivo da mandioca e do fabrico da farinha na *História natural do Brasil*.[11] A cena se completa com o acréscimo, mais para a esquerda e pouco mais acima, com a representação de um extenso corpo d'água onde se pratica a pesca. À direita, há um acampamento de indígenas por entre a mata. Além, as altas colinas.

Ainda subindo o olhar pela superfície do mapa, sertão adentro, veem-se várias cenas em meio à vegetação arbustiva, não obstante a presença de palmeiras. Essas cenas parecem se ocupar de paisagens selvagens: onde a vegetação predomina e a arquitetura desaparece, os únicos sinais de presença humana sugerem cenas de guerra entre diferentes grupos indígenas, a caça a emas e o festim canibalesco. Para analisar o significado dessas imagens no mapa e o que procuravam comunicar a seu leitor, é necessário um pequeno mergulho na linguagem visual dos Países Baixos à época.

A CONSTRUÇÃO DO MAPA PELA CULTURA

Se o mapa mural de Marcgraf é relevante pela sua precisão cartográfica, o é também como fonte para o estudo da geografia cultural do Brasil holandês.

A relação entre cartografia e paisagística na cultura visual holandesa do século XVII era múltipla.[12] Ao que parece, várias técnicas de composição foram usadas, tomando emprestados muitos elementos de um tipo de imagem ou de outro, de forma a usá-los de modo diferente para cada estratégia visual específica e de acordo com propósitos variados.[13] A questão é entender como essa relação entrecruzada aparece no mapa de Marcgraf.

Era comum que as elites holandesas exibissem mapas murais com propósitos que iam da simples decoração de interiores a interesses científicos. A depender de onde estivessem exibidos, os mapas murais adquiriam sentidos variados. E isso traz evidentemente implicações para a própria feitura das composições. Na maioria dos casos, esses aspectos terminavam por se confundir com um uso político do conhecimento geográfico.[14]

As vistas topográficas já tinham, quando de sua inserção numa cultura visual holandesa do século XVII, toda uma relação com uma iconografia de figuras políticas.[15] As vistas podiam ser arranjadas em pequenas imagens, dispostas em torno de um retrato, na maioria das vezes, de um nobre com funções políticas de liderança e/ou de destaque. No entanto, no caso do sistema holandês, a relação entre a soberania e o corpo político se definia por um sistema político que estava sujeito à influência de particularismos municipais e provinciais, que, no contexto da revolta contra os reis espanhóis da dinastia Habsburgo, fizeram com que fosse necessário remover a imagem de soberania estrangeira, numa refutação da metáfora do corpo político, característica do Antigo Regime, que o identificava com o corpo físico do nobre soberano.[16] A fórmula para conceber uma imagem que relacionasse a identidade dos Países Baixos em construção ao corpo político consistiu em usar a base municipal do sentimento de pertença, incorporada nas vistas topográficas, dispondo-as, no entanto, em volta não do retrato de um nobre, mas em torno de uma representação cartográfica. Assim ocorre em *Belgium, sive Inferior Germania* [Bélgica ou Germânia Inferior], de Abraham Goos, publicado em 1621 (Fig. 5.3).

5.3. Belgium, sive Inferior Germania, *1621, de Abraham Goos.*

Nesse sentido, é importante destacar a relevância do discurso geográfico como fonte de um repertório de imagens a serviço da imaginação de uma soberania política. A relação entre a parte e o todo no corpo político passou a ser visualizada a partir da relação corográfica entre as vistas topográficas e sua inserção no todo de uma entidade geográfica. Daí ser comum e recorrente a relação entre cartografia e paisagística nos mapas murais representando o território formado pelos Países Baixos Unidos.[17]

Como isso se traduz no caso do mapa de Marcgraf? Como as vistas de paisagens, atribuídas a Frans Post, se relacionam com a cartografia no mapa? As vinhetas de Frans Post (o engenho perto da área açucareira) sugerem que a representação de paisagem funcionou como a inclusão de marcos visuais na construção do espaço geográfico, numa versão espacial da classificação étnica dos "retratos etnográficos" de Albert Eckhout.

O "ciclo de pinturas" que Albert Eckhout executou para o palácio de Vriburgo organiza a imaginação social que os holandeses faziam dos habitantes do Brasil em tipos. Essas imagens criavam uma hierarquização dos grupos étnicos que compunham a sociedade colonial no Brasil holandês, de forma a evidenciar uma visão holandesa a partir de um ranking, indo da "civilização" à "selvageria", passando pela "barbárie".[18] Essa classificação era baseada na indumentária ou na sua falta e nos artefatos associados a cada figura.

No topo desse sistema classificatório, vinham primeiro os mestiços, considerados mais próximos dos europeus; em segundo lugar, os africanos, associados à civilização, embora tida como inferior. Em seguida estavam os índios tupi, que apesar da origem selvagem já tinham travado contato com os europeus, integrando, portanto, a sociedade colonial; e, finalmente, os índios tapuias, que, vivendo no vasto interior brasileiro, haviam tido pouco ou nenhum contato com os europeus, constituindo-se de acordo com essa classificação em povos que viviam num estado natural de selvageria.

A especificidade do tratamento que Post deu a essa etnografia nas vinhetas que executou para o mapa mural de Marcgraf (Fig. 5.1) foi, no entanto, a de aliar o aspecto étnico desse ranking classificatório à organização do espaço geográfico. Ele estabeleceu uma relação entre os tipos étnicos em seu (não) vestir-se e suas atividades de labor e a sua distribuição na geografia do território colonial. Assim, orientou a construção imagético-discursiva da geografia do Brasil holandês a partir de Pernambuco. Nessa capitania, a plantação da cana sacarina e a produção de açúcar assinalava o zênite da civilização.

Porque o mapa está orientado para o oeste, é em sua borda inferior que se encontra a área de maior desenvolvimento da colônia. O ponto considerado mais oriental das Américas é o mais próximo da Europa. E, dele, tanto para o sul quanto para o norte, as longitudes observadas na costa se afastam radialmente rumo ao oeste. Quanto mais distante da costa (e, consequentemente, da Europa), mais as atividades de trabalho se apresentam de forma rudimentar e os habitantes se tornam selvagens. Na leitura colonialista, a montagem da visão dual da geografia do Brasil em, de um lado, terra fértil e abundante no litoral, e, de outro, terra estéril e deserta no interior é estrategicamente construída no mapa por meio da relação entre o ordenamento das cenas das vinhetas de Post e o espaço geográfico sugerido pela representação cartográfica de Marcgraf. Eis aí a sucessão dos estágios que vão da civilidade à selvageria, respectivamente dispostos do litoral ao sertão.

Nesse sentido, na vinheta do Rio Grande, não há casa-grande nem seu correspondente engenho de açúcar, mas apenas a capela do aldeamento, desaparecendo a plantação de cana enquanto aparecem plantações menos rentáveis e que exigiam menos "engenho". Nas bordas da economia, nessa margem do território, para o lado norte, a complexa articulação social, entre senhores europeus e escravos africanos, dá lugar à força de trabalho indígena. A mesma gradação de civilização pode ser constatada no rumo da borda sul, onde a produção de farinha de mandioca assinalava o último vestígio de atividade produtora. Depois dela, só o extrativismo, como a pesca na área das alagoas. Penetrando as vastas terras agrestes do interior, qualquer traço de agricultura desaparece. Somente a caça sobrevive como meio de subsistência. Contudo, essa não era capaz de sustentar assentamentos mais duradouros. Por isso, não há sinais de casas, mas apenas de grupos indígenas que dormiam e faziam as refeições em meio à vida selvagem. A julgar pelas cenas, só havia nesse ermo distante índios bárbaros que viviam se matando uns aos outros em guerras e se comendo em rituais de canibalismo. Atravessando o rio São Francisco, nem presença humana é assinalada. Há apenas as bestas selvagens, estranhas ao europeu: a onça, a anta e a capivara.

Assim, a imagem da fronteira associava a noção de terra deserta à prática do canibalismo. É nesse sentido que um dos temas da vinheta de Post, com a cena de membros de corpos humanos assando em jiraus, repete um motivo que as gravuras das *Grands Voyages* de Theodore de Bry (1593) ajudaram a disseminar pelo mundo editorial europeu, como se vê no frontispício do volume terceiro da série, dedicado ao Brasil: o estereótipo do "brasiliano" canibal, tema abordado no capítulo 3 deste livro.

ENTRE A CULTURA VISUAL E A CULTURA POLÍTICA

A feitura do mapa de Marcgraf teve toda uma implicação cultural para o imaginário do Brasil. Muito depois do eclipse da "Idade de Ouro" holandesa e do esquecimento do Brasil que a ele se seguiu, foi difícil considerar quão importante a colônia havia sido para a política externa, e mesmo para a sociedade holandesa, entre os anos de 1645 e 1669.

Com o príncipe Frederico Henrique adoentado e o príncipe Guilherme II ainda tentando ganhar o comando das tropas, em 1645-6, quem "dirigia efetivamente a República" eram os irmãos Bicker, de Amsterdam, líderes que eram do Partido da Paz e principais membros da plutocracia mercantil.[19] O mapa mural, baseado na cartografia de Marcgraf, tornou-se durante os anos de sua feitura (1645-7) uma arena de embate entre as duas posições em jogo: o republicanismo liberal dos regentes de Amsterdam e o orangismo, esse último cindido em três, uma vez que à posição conciliatória de Frederico Henrique se opunham os extremos de Guilherme II, mais a favor do Partido da Guerra, e de Amalia von Solms, mais adepta do Partido da Paz.

Os temas das vinhetas mostram muita similaridade com os das outras imagens de Frans Post, mas não quanto ao tratamento e à iconografia empregada.[20] As vinhetas de Post criaram um efeito corográfico à cartografia marcgravia do Brasil holandês mais pela cenografia do que pela topografia. Em verdade, a topografia no primeiro, tal como a vemos nas suas telas e nos seus desenhos, como a imagem de Itamaracá (Fig. 5.4), não aparece no mapa de Marcgraf.

As cenas contidas nas vinhetas do mapa não remontam a nenhuma localidade específica. Elas não são vistas topográficas, no sentido etimológico da palavra, pois não representam lugares, ainda que articulem temas da geografia do território, formando a contrapartida qualitativa da corografia marcgravia.

Enquanto uma mescla de soberania provincial com prerrogativas de linhagem principesca, a paisagem política proposta pelo discurso orangista-

5.4. Itamaraca, *1645, de Frans Post.*

-nassoviano para o Brasil implicava a construção de alegorias de prosperidade em termos de vista topográfica.

Por um lado, esse discurso operava em três níveis: 1) fazia do particularismo de origem municipal, tão típico da soberania neerlandesa ao século XVII, a base imaginária do corpo político; 2) removia a referência a uma cabeça desse corpo político, a fim de evitar a evocação ao governante como soberano, articulando então as topografias como partes de um todo político que era sugerido pela cartografia do país; e 3) ao propor a aplicação dessas categorias discursivas e imaginárias a fim de elaborar uma geografia do Brasil, incluindo para isso motivos tropicais, procedia a uma assimilação cultural da terra do Brasil ao corpo político holandês.

Por outro lado, enquanto proposta republicana pautada nas noções de livre-comércio, a paisagem política proposta para o Brasil holandês mantinha os motivos tropicais que aludiam e/ou conotavam a alegoria de prosperidade sem, no entanto, inseri-los numa iconografia de uma cidade ou região específica. Evitando as implicações de inclusão política dessa última, a imagem do Brasil holandês se simplificou em estereotipia que exotizou o Outro, fazendo da paisagem não especificamente um corpo político, a Nova Holanda. Em outras palavras, não constituía um projeto de colonização, mas uma visão que propunha imaginar a terra do Brasil em termos de conquista a uma colônia portuguesa. O que se propunha era a manutenção de uma mínima infraestrutura local de relevância geopolítica para todo o Atlântico, permitindo a continuidade da produção açucareira por portugueses e seu comércio pelos holandeses.

Ora, essa proposta republicana e liberal para a paisagem política do Brasil holandês emergiu pela primeira vez na obra de Frans Post, na tela *O carro de bois*, de 1638, coincidindo com a promulgação da abertura do comércio do açúcar à livre-iniciativa.[21] O contexto histórico voltara a favorecer essa posição em 1647, e em ambas as margens do Atlântico.[22] Com o orangismo fragilizado, o republicanismo liberal de Amsterdam pôde imprimir nas vinhetas do *BRASILIA qua parte paret BELGIS* ou *Brasil cuja parte pertence aos Países Baixos* (Fig. 5.1), de Georg Marcgraf, a paisagem política para o Brasil que lhe interessava.

NOTAS

1. Será adotada, a partir deste ponto, a maneira habitual no Brasil de se referir metonimicamente aos Países Baixos por meio do nome de sua mais rica e importante província, a Holanda.

2. Os portugueses tinham relações comerciais com Flandres desde o tempo da soberania do duque de Borgonha. Quando essa passou para os Habsburgo, em 1477, esses vínculos permaneceram, de forma que o açúcar brasileiro era levado pelos portugueses a Antuérpia, de onde era refinado e redistribuído para o restante da Europa. Ver Christopher Ebert, *Between Empires: Brazilian Sugar in the Early Atlantic Economy, 1550-1630*. Leiden: Brill, 2008.

3. A companhia era conhecida pela sigla WIC, tirada da expressão Geoctroyeerde West-Indische Compagnie.

4. Cf. Caspar Barlaeus, *História dos feitos recentemente praticados durante oito anos no Brasil*. Recife: Fundação Cultura Cidade do Recife, 1980.

5. Joaquim de Sousa-Leão, *Frans Post 1612-1680*. Amsterdam: A. L. van Gendt & Co.; Rio de Janeiro: Kosmos, 1973; P. J. P. Whitehead e M. Boeseman, *Um retrato do Brasil holandês do século XVII: Animais, plantas e gentes pelos artistas de Johan Maurits de Nassau*. Rio de Janeiro: Kosmos, 1989.

6. Frederico Henrique, príncipe de Orange-Nassau, foi regente [*stathouder*] da Holanda, Zelândia, Utrecht, Guéldria e Overijssel de 1625 a 1647, e de Groningen entre 1640 e 1647. Cf. Herbert H. Rowen, *The Princes of Orange: The Stadhouders in the Dutch Republic*. Cambridge: Cambridge University Press, 1988.

7. Jonathan I. Israel, *The Dutch Republic: Its Rise, Greatness and Fall, 1477-1806*. Oxford: Oxford University Press, 1995.

8. Mark S. Monmonier, *Rhumb Lines and Map Wars: A Social History of the Mercator Projection*. Chicago: The University of Chicago Press, 2004.

9. Os geógrafos holandeses do século XVII costumavam se amparar no texto de Ptolomeu, que dizia: "A cartografia do mundo [*Geographia*] é uma imitação, por meio do desenho, de toda a parte do mundo [...]. Ela difere da cartografia regional [*chorographia*], onde a cartografia regional, como disciplina independente, define as localidades individuais, cada um de forma independente e por si mesma [...]. O objetivo da cartografia regional é o registro de uma parte, como quando alguém faz uma imagem de apenas uma orelha ou um olho, mas [o objetivo] da cartografia do mundo é uma visão geral, análoga ao se fazer um retrato de toda a cabeça". Cf. J. Lennart Berggren e Alexander Jones, *Ptolemy's Geography: An Annotated Translation of the Theoretical Chapters*. Princeton: Princeton University Press, 2000, p. 57.

10. Barlaeus, op. cit., p. 24.

11. Willem Pies e Georg Marcgraf, *Historia naturalis Brasiliae*. Amsterdam/ Leiden, 1648. Para a edição brasileira, ver *História natural do Brasil* (Trad. de mons. dr. José Procópio de Magalhães. São Paulo: Imprensa Oficial do Estado, 1942).

12. Svetlana Alpers, *A arte de descrever: A arte holandesa no século XVII*. São Paulo: Edusp, 1999; e Simon Schama, *O desconforto da riqueza: A cultura holandesa na época de ouro, uma interpretação*. São Paulo: Companhia das Letras, 1992.

13. Kees Zandvliet, *Mapping for Money: Maps, Plans, and Topographic Paintings and their role in Dutch Overseas Expansion During the 16th and 17th Centuries*. Amsterdam: Batavian Lion International, 2002.

14. Andréa Doré, "Matrizes imagéticas". In: ______. *Cartografia da promessa: Potosi e o Brasil em um continente chamado Peruana*. São Paulo: Intermeios, 2020, pp. 99-136; Andréa Doré, "A América do Sul no mapa mural de Willem Blaeu, de 1608: Contribuições para a construção do continente". *Domínios da Imagem*, Londrina, v. 9, n. 17, pp. 26-42, 2015.

15. Catherine Levesque, "Landscape, Politics, and the Prosperous Peace". In: Reindert Falkenburg (org.), *Natuur en landschap in de nederlandse kunst, 1500-1850*. Zwolle: Waanders Uitgevers, 1998, pp. 223-47.

16. J. L. Price, *Holland and the Dutch Republic in the Seventeenth Century: The Politics of Particularism*. Oxford: Clarendon Press, 1994.

17. Ann Jensen Adams, "Competing Communities in the 'Great Bog of Europe': Identity and Seventeenth-Century Dutch Landscape Painting". In: W. J. T. Mitchell (org.), *Landscape and Power*. Chicago: The University of Chicago Press, 1994, pp. 35-76.

18. Rebecca Parker Brienen, *Albert Eckhout: Visões do paraíso selvagem: Obra completa*. Rio de Janeiro: Capivara, 2010.

19. Jonathan I. Israel, op. cit., p. 595.

20. Daniel de Souza Leão Vieira, *Frans Post e a paisagem da Nova Holanda*. Recife: Editora UFPE, 2019.

21. Cf. Hermann Wätjen, *O domínio colonial holandês no Brasil: Um capítulo da história colonial do século XVII*. Recife: Cepe, [1921] 2004; e Charles Ralph Boxer, *Os holandeses no Brasil*. Recife: Cepe, [1957] 2004.

22. Benjamin Schmidt, "The 'Dutch' Atlantic: From Provincialism to Globalism". In: Jack P. Greene e Philip D. Morgan (orgs.), *Atlantic History: A Critical Appraisal*. Oxford: Oxford University Press, 2009, pp. 337-55. Para outra visão sobre os holandeses e o Atlântico, ver Michiel van Groesen, *Amsterdam's Atlantic: Print Culture and the Making of Dutch Brazil*. Pennsylvania: University of Pennsylvania Press, 2017.

LEITURAS COMPLEMENTARES

BUENO, Beatriz Piccolotto Siqueira. "Mapa, texto e contexto num império em movimento: Exercício de interpretação epistemológica da *Brasiliae geographica tabula nova* de Georg Marcgraf (1643-1647)". In: OLIVEIRA, Francisco Roque de; VARGAS, Héctor Mendoza (coords.). *Mapas de metade do mundo: A cartografia e a construção territorial dos espaços americanos. Séculos XVI-XIX*. Lisboa: Universidade de Lisboa; Cidade do México: Universidad Nacional Autónoma de México, 2010, pp. 57-67.

COLEÇÃO LEVY PEREIRA. "Histórias do Brasil holandês". In: *Atlas digital da América Lusa*. Disponível em: <http://lhs.unb.br/atlas/Coleção_Levy_Pereira>. Acesso em: 31 maio 2022.

GOMES, René Lommez; TATSCH, Flavia Galli. "De selvagens canibais a pacíficos comerciantes: A invenção da iconografia dos ameríndios na Europa renascente, 1492-1555". In: CAÑIZARES-ESGUERRA, J. et al. *As Américas na primeira modernidade*. Vitória: Milfontes, 2020, v. 3, pp. 313-400.

VIEIRA, Daniel de Souza Leão. "A topografia ausente: A paisagem política da Nieuw Holland nas vinhetas de Frans Post para o mapa mural *BRASILIA qua parte paret BELGIS*, 1643-1647". *Clio. Série História do Nordeste*, Recife, v. 29, n. 1, 2011.

6. A geografia dos missionários

El gran rio Marañon, o Amazonas con la Mission de la Compañia de Jesus geograficamente delineado por el Pe. Samuel Fritz missionero continuo en este Rio, *Samuel Fritz, 1707*

Camila Loureiro Dias

Produzido no contexto de conflitos territoriais pela definição das fronteiras ibéricas no território amazônico, o mapa de Samuel Fritz é mais do que uma simples representação do curso do rio Amazonas; ele transmite uma mensagem. Também traz à tona o importante papel que as ordens religiosas, especialmente a jesuíta, tiveram no mapeamento das áreas onde atuavam na América portuguesa; algumas delas, como a região amazônica e o Paraguai, em disputa com os espanhóis. No entanto, dele existem várias versões, e as diferenças comunicam significados díspares e até mesmo contraditórios entre si. O ponto de partida da análise é o mapa gravado em Quito, em 1707, com o título de *El gran rio Marañon, o Amazonas con la Mission de la Compañia de Jesus geograficamente delineado por el Pe. Samuel Fritz missionero continuo en este Rio* [O grande rio Marañon ou Amazonas, com a Missão da Companhia de Jesus, geograficamente delineado pelo padre Samuel Fritz, missionário permanente neste rio] (Fig. 6.1). A segunda versão impressa, a título de comparação, é o mapa *Cours du Fleuve Maragnon autrement dit des Amazones par le P. Samuel Fritz missionaire de la Compagnie de Jesus* [Curso do rio Marañón, ou das Amazonas, pelo pe. Samuel Fritz, missionário da Companhia de Jesus], de 1717, que com modificações significativas saiu impresso nas *Lettres édifiantes et curieuses* (Fig. 6.3), divulgando o trabalho da Companhia de Jesus ao grande público. O que queria dizer o próprio Samuel Fritz com o seu mapa do rio Amazonas? E a que outro tipo de discurso a reprodutibilidade da sua gravura serviu posteriormente?

O RIO DAS AMAZONAS: INTERESSES E CONFLITOS

A região do encontro das águas dos rios Negro e Amazonas era considerada estratégica para os interesses dos impérios ibéricos. Mas foi somente no final do século XVII que portugueses e espanhóis começaram a se preocupar com o seu efetivo domínio. De um lado, Portugal empreendeu uma reformulação da sua política colonial, visando garantir o fornecimento de escravos indígenas, e investiu na formação de uma rede de aldeamentos, legitimando a prática de escravização dos indígenas por meio de guerras e tropas de resgates

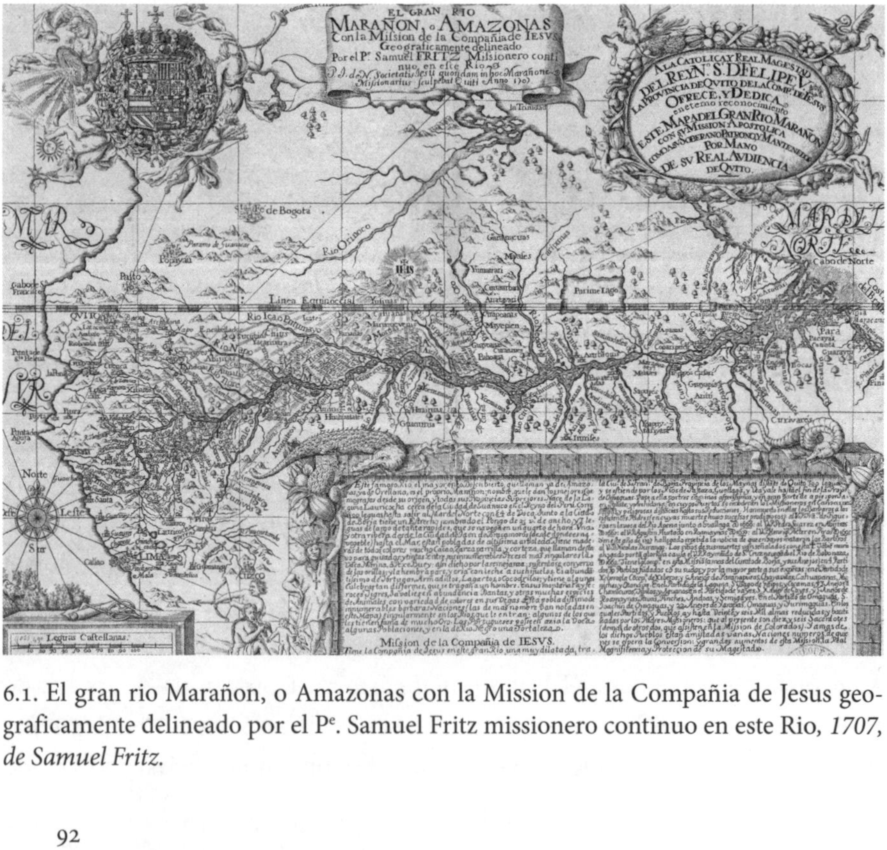

6.1. El gran rio Marañon, o Amazonas con la Mission de la Compañia de Jesus geograficamente delineado por el Pe. Samuel Fritz missionero continuo en este Rio, *1707, de Samuel Fritz.*

— expedições que tinham por objetivo trocar mercadorias diversas pelos prisioneiros das guerras interétnicas, e que depois eram vendidos como escravos aos portugueses do Pará.[1] Já do lado espanhol, as autoridades coloniais passaram a incentivar a expansão da missão de Maynas, em direção a leste, justamente com o propósito de conter o avanço das tropas portuguesas e, no ano de 1686, enviou o jesuíta Samuel Fritz a essa região.[2]

Nascido em Trutnov, na atual República Tcheca, em 1654, Samuel Fritz ingressou na Companhia de Jesus em 1673, onde provavelmente estudou cartografia.[3] Inaugurou sua carreira missionária em 1686, recebendo a tarefa de incorporar o território entre os rios Napo e Negro à missão de Maynas. Esse território se estendia por cerca de setecentos quilômetros e era habitado pela nação dos omáguas, descrita pelos europeus como a principal e a maior das várias nações indígenas que habitavam as margens do rio Amazonas. Surpreendiam por sua densidade populacional e seu nível de organização sociopolítica; eram sedentários, usavam roupas, possuíam autoridade política identificável e guerreavam contra os povos do interior, cujos prisioneiros incorporavam como servos domésticos ou vendiam aos portugueses.[4]

Para desenvolver sua tarefa, Fritz fixou residência na aldeia de São Joaquim, no rio Napo, e percorreu as inúmeras ilhas do rio Amazonas, instruindo seus habitantes na fé católica e batizando-os. Em três anos de missionação, havia conquistado toda a nação omágua e iniciara o mesmo trabalho entre os vizinhos yurimáguas, ibanomas e aisuares. Quando se encontrava na principal aldeia dos yurimáguas, caiu doente e decidiu buscar ajuda dos portugueses das proximidades, o que acelerou a corrida pela ocupação daquelas terras.[5]

Desconfiados de que Fritz fosse um "espião perdido", os portugueses o levaram a Belém, retendo-o no colégio da Companhia de Jesus durante um ano e meio, até receberem a ordem do rei de acompanhá-lo de volta, em 1692. Durante o período em que esteve detido, os portugueses instalaram uma residência jesuíta perto do forte no rio Negro. Já o padre Fritz, ao retornar, encaminhou-se diretamente para Lima com o intuito de solicitar apoio militar e financeiro ao seu projeto de expansão missionária. Entregou diversos documentos ao vice-rei: um memorial sobre seu trabalho, um recenseamento da população nativa, apontamentos sobre as demarcações do território[6] e um mapa manuscrito do rio das Amazonas, onde aparecem representadas de forma detalhada as comunidades indígenas englobadas em sua área de influência.[7] Em março de 1693, d. Pedro II (1648-1706), rei de Portugal, repartiu as aldeias jesuítas das margens do Amazonas entre as demais ordens religiosas. As missões do rio Negro foram entregues aos carmelitas, que assumiram a tarefa de reunir, fazer amizade e submeter as populações nativas, além de convencer Samuel Fritz a abandonar suas pretensões expansionistas. Manuel da Esperança foi o primeiro carmelita a ir à região, em 1696, para tomar posse dos territórios, acompanhado do governador e de vários outros interessados em ali fixar suas bases.[8]

Todos esses acontecimentos renderam a produção de documentos que testemunham tanto o discurso quanto a prática missionária de ocupação e domínio territorial. Jesuítas de um lado, carmelitas de outro debatiam seus respectivos direitos. Três questões estavam em discussão: em primeiro lugar, os privilégios de cada Coroa, definidos pelos tratados e bulas apostólicas, como o de Tordesilhas, de 1494, e o de Lisboa, de 1681; em segundo, a validade do marco que o capitão português, Pedro Teixeira, tinha assentado na foz do rio Japurá e que deveria indicar o fim da influência lusitana sobre a calha do Amazonas e seus habitantes. O mais importante não era quem havia chegado primeiro, mas quem tinha conquistado a amizade e a submissão dos indígenas.

Esse último ponto testemunha a importância da ocupação efetiva do território, pontuada nos debates entre Fritz e os carmelitas. Tanto a presença constante quanto a qualificação dos nativos como vassalos eram requisitos de uma doutrina comum aos dois lados da disputa para a qual o domínio efetivo de um território dependia, sobretudo, da ação humana.[9] Por isso, a melhor estratégia consistia em ocupar fisicamente aquelas terras, impedindo a presença do concorrente. Para uns e para outros, o controle das populações nativas era indispensável e, portanto, indispensável também o trabalho dos missionários.

Foi justamente nesse contexto que se inseriu a produção cartográfica de Fritz, cuja intenção era obter das autoridades espanholas apoio financeiro e militar para o desenvolvimento de suas missões. Foi ignorado pelas autoridades de Quito, que não lhe forneceram subsídios, tendo sua viagem a Lima rendido apenas a piedade do vice-rei e algumas esmolas, obrigando-o a continuar na luta contra os portugueses praticamente sozinho. Mas, em 1704, foi nomeado superior das Missões da Província de Quito, instalando-se no Colégio Máximo em 1707, quando teve a oportunidade de gravar seu mapa do rio Amazonas. A gravura foi feita pelo jesuíta Juan de Narváez (cujas iniciais se encontram no título), com o apoio das autoridades coloniais da província, expressa no elaborado cartucho do mapa. Fiel à versão manuscrita de 1691, com algumas atualizações, o mapa de 1707, intitulado *El gran rio Marañon, o Amazonas con la Mission de la Compañia de Jesus...*, representa o curso do rio Amazonas desde as suas cabeceiras, nas proximidades de Quito, até sua embocadura no Atlântico, abaixo da cidade de Belém (Fig. 6.1).

O MAPA COMO INSTRUMENTO DE AÇÃO

À primeira vista, *El gran rio Marañon, o Amazonas...* chama a atenção ao delinear, de maneira mais ou menos precisa, os contornos e as proporções das costas leste e oeste do trecho amazônico, sendo o primeiro a ser desenhado a partir da experiência de viagem por alguém que percorreu o rio Amazonas de uma ponta a outra. Fritz acumulava doze anos de experiência missionária na região, aspecto sublinhado no subtítulo pelos dizeres "com a Missão da Companhia de Jesus, geograficamente delineado pelo padre Samuel Fritz, missionário contínuo neste rio".

Além disso, há diversos elementos que evidenciam o caráter empírico e preciso do mapa. Presumidas indicações de latitude e de longitude, o desenho da rosa dos ventos e de uma escala em léguas, além das representações dos instrumentos cartográficos são elementos que auxiliam a sua leitura, conferem-lhe um caráter científico e, em que pese a função decorativa dos últimos, reforçam a mesma retórica. O conhecimento de Fritz do território, proporcionado por sua experiência, e sua habilidade cartográfica eram qualidades necessárias para representar o território com o intuito de permitir sua ação interventora: a expansão das suas missões.

Para depreender seu conteúdo político, é útil seguir um roteiro elementar de descrição dos elementos do mapa. Da observação da sua geometria e da organização da informação, assim como dos cartuchos, do texto e dos emblemas, extraem-se elementos de um discurso cuja análise se confirma pelo cotejo com outros documentos do período e, ainda, com as versões diferentes do mesmo mapa.

A linha do equador divide o mapa exatamente ao meio. Passando ao norte do rio Amazonas, ela separa dois planos da representação, evidenciando a diferença entre a parte superior e a inferior do rio quanto ao detalhamento das informações, indicando que o tema principal do mapa está na sua porção inferior, exatamente onde a calha do rio está posicionada. Os vastos espaços em branco da parte superior podem testemunhar tanto a ignorância do cartógrafo acerca da geografia local quanto o intuito de direcionar o olhar do observador para a parte inferior. A primeira já havia sido cartografada, sobretudo pelos holandeses, e as informações geográficas que Fritz veicula eram certamente empréstimos de outras fontes, como o legendário lago Parima que aparece em mapas como o de Jan Jansson, *Guiana, siue, Amazonum Regio* (Amsterdam, 1600-64).

O meridiano que divide o mapa exatamente ao meio, separando o lado esquerdo do direito, também cumpre seu papel na organização das informações: há uma nítida diferença de detalhamento da toponímia e da etnonímia entre o lado oeste, de influência espanhola, e o leste, de influência portuguesa, que sugere o limite dos domínios espanhóis sobre o território. Os estabelecimentos portugueses são representados no baixo Amazonas, mas sem ser nomeados. Também os raios que emanam do símbolo da Companhia de Jesus (IHS) só tocam o lado espanhol. Os inacianos estão representados somente por suas missões espanholas, revelando como os braços da Ordem defendiam os interesses do reino ao qual serviam e como a espacialização de suas missões era instrumentalizada para justificar o domínio dessa Coroa.

Fritz especificou e detalhou sua própria área de atuação missionária (Fig. 6.2). Os domínios espanhóis dos quais o jesuíta havia se encarregado de expandir chegavam, naquele momento, até onde se situavam suas missões entre os omáguas, localizadas junto ao rio Japurá. A letra "O", primeira do etnônimo "omágua", foi inserida na embocadura do rio Napo, e a última letra, a vogal "A", na altura do Japurá. Mas sua tarefa era incorporar o território entre os rios Napo e Negro à missão de Maynas, e como o curso do Amazonas entre o Japurá e o Negro não aparece desenhado sob os raios que emanam do selo jesuíta, infere-se que a mensagem veiculada era a de que ainda faltava incorporar esse trecho ao domínio espanhol. O quadriculado subposto ao desenho cumpre função análoga: da maneira como está disposto, o que está posicionado no centro da imagem destaca justamente a região situada entre o final da sua missão e o primeiro estabelecimento português, delimitando dessa forma a área em disputa com os portugueses.

O mapa ostenta um texto que ocupa espaço significativo, posicionado no canto direito inferior. Embora seu conteúdo esteja expresso em vários signos pictóricos, como a natureza hostil e generosa — descrita no texto e ilustrada no mapa —, nem sempre ambos os suportes funcionam como espelhos, e sim como complementos um ao outro. O texto descreve a geografia natural e humana do rio e o estado das missões jesuítas. Sua primeira parte é dedicada ao território: o rio Amazonas e seus acidentes geográficos mais importantes para a navegação; algumas riquezas naturais passíveis de exploração econômica; peixes, feras e animais peçonhentos, jacarés e cobras, que testemunhavam o aspecto inóspito e selvagem do território, que também era "povoadíssimo por inumeráveis nações bárbaras". Trata também da ocupação portuguesa, apontando a existência de algumas povoações desde o delta do Amazonas, e uma fortaleza no rio Negro.

A segunda parte é uma descrição do trabalho missionário da Companhia de Jesus nos domínios espanhóis, desde a província de Borja até o final da nação dos omáguas, no rio Japurá. Fritz não economiza em registrar o sofrimento dos missionários que navegavam em canoas por cursos árduos, percorrendo perigosas distâncias para chegar às suas aldeias, e faz questão de situar e datar seus martírios. Com isso, contabiliza um extenso trabalho: com apenas dezesseis missionários, os jesuítas controlavam 39 povoados na missão de Quito, dos quais 23 estavam a cargo dele próprio. Isso significaria que havia 26 mil almas já reduzidas, além de várias nações que se diziam amigas, isto é,

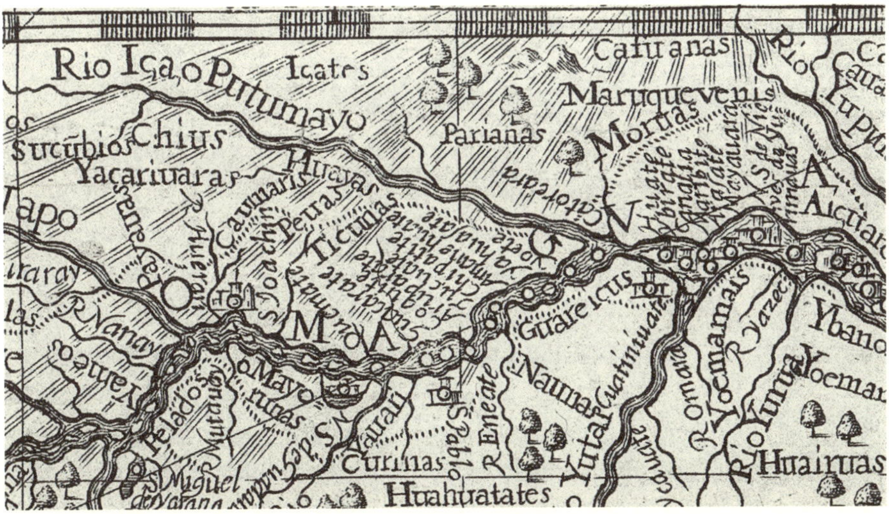

6.2. *Detalhe de* El gran rio Marañon, o Amazonas....

que se mostravam dispostas a receber o Evangelho e aguardavam novos padres para se converter.

Cartuchos e emblemas reforçam os significados políticos da representação. O brasão do reino da Espanha, no lado esquerdo no alto, é carregado por alguns anjos, dos quais um toca uma trombeta, anunciando "*In omnem Terram*" ["por toda a Terra"], e outro porta um escudo com o símbolo da Companhia. Desse escudo, emanam raios luminosos em direção a uma terceira figura, posicionada na parte inferior do brasão, que segura a Lua e o Sol, possivelmente simbolizando o paganismo ameríndio. Uma quarta figura humana representa um indígena, que sustenta o emblema. Pode-se conjeturar que nessa imagem está indicada a posição que cada um ocupa no discurso de Fritz: o indígena é o elemento de sustentação do Império espanhol, império esse que se expande por toda a Terra por meio do trabalho da Companhia de Jesus. Posicionadas na parte inferior esquerda, sustentando a cartela, figuras humanas representam os destinatários do trabalho missionário. São quatro nativos, talvez integrantes de uma família indígena, dois homens, uma mulher e uma criança, que possivelmente representam dois estágios do processo de evangelização: primeiro, um homem caça um pássaro (escondido na moita acima da indicação de léguas) e uma mulher alimenta seu filho com a caça. Pode ser que essa figura, emprestada de um repertório cartográfico compartilhado com outros mapas, represente o continente americano de forma alegórica.[10] Mas ao lado dela se encontra em pé e em maior dimensão outro homem, portando uma coroa de plumas, indicando sua posição de autoridade, vestido e com uma cruz no peito, sugerindo se referenciar ao resultado do trabalho missionário.

Documentos autorais de Fritz entregues ao vice-rei de Lima reforçam a análise dessas camadas de significado. No memorial de 1692, ele afirmou que sua missão compreendia cerca de quinhentas léguas (um pouco menos de 2500 quilômetros), entre os rios Napo e Negro, a partir de onde os portugueses haviam "*tomado dominio*".[11] Ao descrever seu próprio trabalho missionário, no entanto, argumentava que já havia sob sua sujeição ("*tengo ya sujetas*") cerca de quarenta aldeias dos omáguas, yurimáguas e aisuares, exatamente nesse território entre o Napo e o Negro. E que contava também com a amizade ("*por amigos*") de outras tantas nações próximas ao último rio, que lhe convidavam a fazer doutrina entre eles. Portanto, no território que afirmava se encontrar sob sua jurisdição, havia povos já doutrinados e batizados, alguns apenas batizados e outros que o convidavam a lhes ensinar a doutrina. Havia, pois, uma diferença decisiva entre ter os índios sujeitos e os ter apenas por amigos.

Era justamente a amizade desses últimos que estava sendo disputada por Fritz e pelos carmelitas portugueses: os amigos não estavam ainda submetidos e, por isso, ele precisava do apoio financeiro e militar das autoridades espanholas para instalar novas missões e reuni-los sob sua autoridade. Garantindo que os indígenas do rio Negro estavam dispostos a recebê-lo, ele afirmava que a posse dessa região era uma promessa, ainda não executada. Para tanto, era necessário o apoio da Coroa.

Fritz contabiliza muitos povos situados em territórios longínquos, descritos como bárbaros antropófagos dos sertões à espera de serem contatados. Por esses fatores e para obter a boa vontade deles, precisava de ferramentas e de bijuterias, que eram as mesmas moedas de troca utilizadas pelos portugueses para comprar prisioneiros dos nativos, e também de soldados para resguardar sua vida e tratar com mais liberdades os negócios da fé, essenciais a seu ver para a propagação da fé católica e, claro, a dilatação do Império espanhol.[12]

Seu memorial traz um discurso semelhante e complementar ao que sugere a leitura do mapa. Ambos ressaltam a importância de estabelecer a amizade com os indígenas para a ocupação efetiva do território e vinculam o trabalho missionário com os interesses de Espanha, à qual demanda apoio. O mapa pode ser percebido como uma recriação, em termos cartográficos, do que, para Fritz, era a própria "realidade geográfica": um minucioso mapeamento da realidade natural e social da região, e o resultado desse trabalho seria um instrumento de intervenção, base e condição para as transformações pretendidas no território, ou seja, a expansão das suas missões.[13]

O mapa impresso em Quito, em 1707, foi enviado a Madri, ostentando a dedicatória ao rei Felipe v de Espanha, seu destinatário mais importante. Mas o navio em que ia embarcado foi interceptado pelos ingleses, que acabaram por imprimi-lo, com modificações e em escala reduzida, no ano de 1712.[14] De qualquer maneira, já era tarde. A essa altura, no contexto da Guerra da Sucessão Espanhola (1701-14),[15] a disputa com os portugueses havia degenerado em luta armada. Fritz perdeu o território em que atuava para os carmelitas, que nele se instalaram por volta de 1714, iniciando a reconstrução das aldeias destruídas durante o conflito. No mesmo ano, Fritz se mudou para um povoado próximo aos Jeberos, onde serviu como sacerdote até sua morte, em 1725.

Em 1717, uma nova versão do mapa de Samuel Fritz foi publicada na coleção *Lettres édifiantes et curieuses*, de 25,7 × 38,0 cm (Fig. 6.3). A coleção, posteriormente traduzida para o espanhol, italiano, alemão e inglês, certamente conferiu ampla circulação ao de Fritz.

A chave para a compreensão da nova versão, no entanto, já não é mais a sua "realidade geográfica", e sim os seus silêncios intencionais. Comparada com a de 1707, a característica que salta aos olhos é seu traçado, bem mais simples, tornando impossível conjeturar que esse território era objeto de violentas disputas. O título, que figurava no centro da imagem, foi deslocado para a direita. Já o brasão do reino da Espanha foi retirado, os contornos do território que ele encobria foram grosseiramente preenchidos, e não há dedicatória ao rei. Tampouco permaneceram o texto explicativo, os instrumentos matemáticos, as léguas castelhanas e o gradeado que servia de referência para demarcar o centro. Os emblemas decorativos foram eliminados, e a representação foi esvaziada de suas informações naturais e etnográficas.

Permaneceram os símbolos das residências religiosas e das fortalezas, porém sem especificar se pertenciam a portugueses ou espanhóis, jesuítas ou outras ordens, embora as indicações dos martírios continuem presentes. Não há qualquer indicação da missão de Fritz entre os omáguas. O rio Japurá, que marcava o início do território em litígio com os portugueses, não é identificado. Essa operação de esvaziamento da imagem adquire maior relevância ao se notar que o símbolo jesuíta permaneceu, mas foram eliminados os raios luminosos que incidiam sobre as missões de Fritz. Nessa nova configuração, a inscrição "IHS" assume posição de destaque, sugerindo uma suposta hegemonia da Companhia sobre todo o território.

Variações fundamentais, portanto, que delimitavam discursos inteiramente distintos. Essas mudanças podem ser comparadas ao processo de homogeneização do espaço, característico de uma nova cartografia emergente: se, até o final do século anterior, os mapas eram compostos a partir de informações recolhidas no ambiente físico e etnográfico, em meados do XVIII um novo método teria substituído essas informações por espaços em branco. Mas esse novo paradigma cartográfico assumia também caráter político, coincidindo com os interesses dos impérios europeus em difundir imagens homogêneas e totalizantes de suas possessões americanas.[16] Parece ter acontecido algo semelhan-

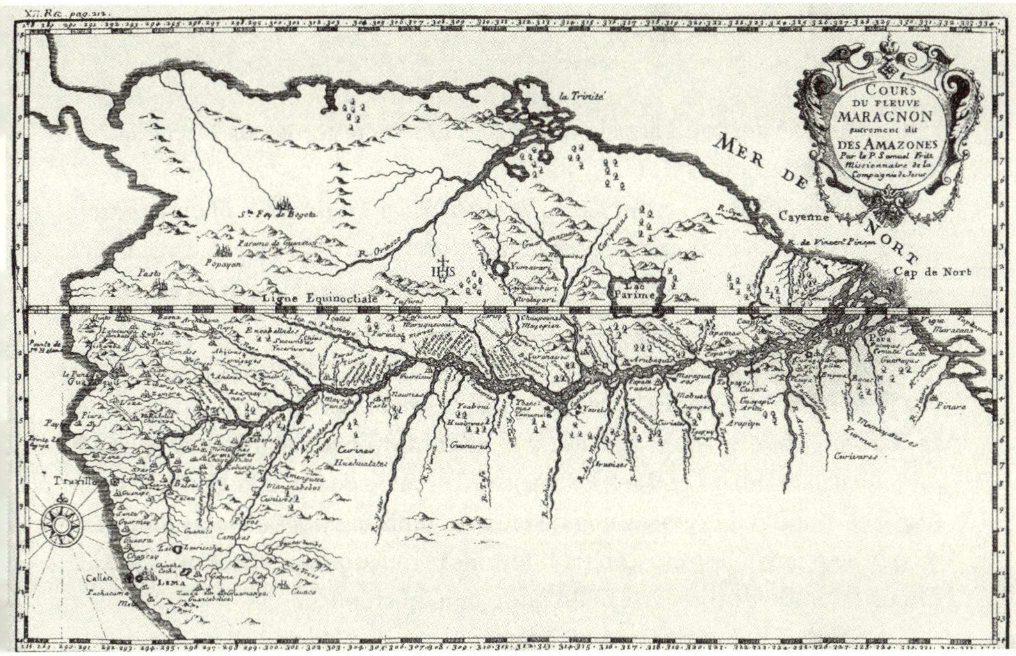

6.3. Cours du fleuve Maragnon autrement dit des Amazones par le P. Samuel Fritz missionaire de la Compagnie de Jesus, *1717, de Samuel Fritz.*

te entre as duas versões do mapa, com a diferença de que o agente do discurso não era um império, mas a própria Companhia de Jesus. O apagamento das informações que representavam o estado de ocupação do território pelas missões espanholas parece construir, dentro dos parâmetros discursivos das *Lettres édifiantes et curieuses*, um espaço inteiramente ocupado pelos jesuítas.

O texto que acompanha a imagem segue a linha editorial da publicação e, como outros da obra, foi provavelmente escrito por seu editor, o padre Du Halde. Manipulando informações para adequar os fatos à imagem que pretendia transmitir ao público leitor, ele comenta a saga de Fritz distorcendo vários fatos: ao contrário do que afirma, o jesuíta não ficou retido em uma prisão estreita, mas sim hospedado entre seus colegas portugueses no colégio de Belém. Tampouco tinha sob sua responsabilidade aldeias situadas ao longo de todo o rio Amazonas: elas chegavam apenas ao rio Japurá, mais de 2 mil quilômetros distante do delta no Atlântico, e parte delas já havia sido tomada pelos carmelitas. Também omite a existência de fortes, povoados e missões portuguesas. Utilizando o mapa como ilustração das missões jesuítas no território amazônico, seu texto forja, na biografia de Fritz, uma vida martirizada, no entanto, bem-sucedida na tarefa de submeter os indígenas, sugerindo que as missões jesuítas alcançavam todo aquele território. Tais mensagens correspondem aos silêncios cartográficos.

Já a versão inglesa, intitulada *The Great River Marañon or of the Amazons*, publicada em 1712 no livro de viagem de Edward Cooke (Fig. 6.4), é distinta das demais. Como anuncia seu título — uma tradução em inglês do original —, esse seria, de fato, um mapa do rio Amazonas. O gradeado do mapa de 1707 foi mantido, as proporções também; permaneceram o lago Parima, os nomes das ilhas e a indicação do território omágua, onde Fritz havia missionado. Fica claro no título e na imagem que não há compromisso algum com o projeto missionário. Além do brasão, das imagens laterais e da legenda, também foi retirado o símbolo da Companhia de Jesus. A representação é mais homogênea no que se refere à organização da informação: o lado esquerdo, espanhol, não é mais saturado de informação do que o lado português.

Enfim, as diferentes versões do mapa *El gran rio Marañon, o Amazonas ...*, de Samuel Fritz, enunciam um discurso distinto, expresso, às vezes, em detalhes que devem ser levados em consideração na hora da análise, presentes tanto nas informações geográficas quanto na marginália materializada na legenda, no título e nas ilustrações. Na primeira versão, impressa em Quito, em 1707, sob a responsabilidade direta do autor, seu trabalho cartográfico foi colocado a serviço de seu projeto de expansão missionária. É o que explica o detalhamento das informações geográficas, naturais e humanas, bem como das cuidadosas escolhas pictóricas que lançam luz para a ação dos jesuítas espanhóis na Amazônia, com ênfase na sua área de atuação — um espaço de fronteira em disputa com os portugueses. Reflete as tensões geopolíticas entre Espanha e Portugal, tomando o ponto de vista da primeira. Já a imagem editada nas *Lettres édifiantes et curieuses*, dez anos depois, com seus silêncios intencionais, mostra a expansão territorial das missões da Companhia de Jesus como um feito bem-sucedido, harmônico, que paira acima dos interesses territoriais das duas Coroas ibéricas.

A realidade, contudo, era outra, e os territórios continuavam em disputa. Ao tomarem posse das missões outrora governadas por Samuel Fritz, os carmelitas passaram a administrar quinze aldeias, abrindo o caminho para as tropas portuguesas de resgates de índios. Suas missões se tornaram as bases das operações escravistas que, nas décadas seguintes, subiram os rios Negro e Branco, no noroeste da Amazônia, permitindo a ocupação da região. Foram, finalmente, os portugueses que conquistaram e se expandiram pelo território disputado.

6.4. The Great River Marañon or of the Amazons, *1712, anônimo.*

NOTAS

1. "Regimento das Missões, 21 de dezembro de 1686". In: Serafim Leite, *História da Companhia de Jesus no Brasil.* Rio de Janeiro: Civilização Brasileira, 1941, v. IV, pp. 369-75; "Alvará em forma de lei expedido pelo Secretário de Estado que derroga as demais leis que se hão passado sobre os Índios do Maranhão, 28 de abril de 1688". *Anais da Biblioteca Nacional do Rio de Janeiro*, v. 66, pp. 97-101, 1944.

2. Paulo Maroni, *Noticias autenticas del famoso rio Marañón (1738).* Iquitos: IIAP-CETA, 1988, pp. 313-26.

3. David Buisseret, "Early European cartography of the New World". In: Diogo Ramada Curto, Angelo Cattaneo e André Ferrand Almeida (orgs.), *La cartografia europea tra primo rinascimento e fine dell'illuminismo.* Firenze: Leo S. Olschki, 2003, p. 101.

4. Antonio Porro, *O povo das águas.* Rio de Janeiro: Vozes, 1995.

5. Samuel Fritz, "Diario de la bajada del P. Samuel Fritz...". In: Paulo Maroni, op. cit., pp. 313-26.

6. Samuel Fritz, "Apuntes acerca de la línea de demarcación entre las conquista de España y Portugal en el Rio Marañón". In: Paulo Maroni, op. cit., pp. 332-5.

7. Samuel Fritz, "Mapa Geographica del Rio Marañón o Amazonas", 1691, BNF, DCP, Rés. GE c. 5037, Manuscrito, tinta sobre papel, 55 × 130 cm.

8. Manoel Esperança, *Relação da Jornada que fez Fr. Manuel da Esperança...*, 1696. Biblioteca da Ajuda, Cód. 51-VII-27 fol. 120-6. Sebastían Gómez González, *Frontera selvática: Españoles, portugueses y su disputa por el noroccidente amazónico, siglo XVIII.* Bogotá: ICANH, 2014.

9. Tamar Herzog, *Frontiers of Possession. Spain and Portugal in Europe and The Americas.* Cambridge: Harvard University Press, 2015.

10. Tamar Herzog, op. cit.

11. Paulo Maroni, op. cit., p. 329

12. Ibid., p. 330.

13. Sobre o conceito de "realidade geográfica": Emanuela Casti, "Elementi per una teoria dell'interpretazione cartográfica". In: Diogo Ramada Curto, Angelo Cattaneo e André Ferrand Almeida (orgs.). op. cit, p. 309.

14. Edward Cooke, *A Voyage to the South Sea, and round the World.* Londres: H.M. for B. Lintot and R. Gosling, 1712.

15. Junia F. Furtado, *Oráculos da Geografia iluminista: Dom Luís da Cunha e Jean Baptiste Bourguignon D'Anville na construção da cartografia do Brasil.* Belo Horizonte: Ed. UFMG, 2012, pp. 253-76.

16. Nuria Valverde e Antonio Lafuente, "Space Production and Spanish Imperial Geopolitics". In: Daniela Bleichmar, Paula De Vos, Kristin Huffine e Kevin Sheehan (orgs.), *Science in the Spanish and Portuguese Empires, 1500-1800.* Stanford: Stanford University Press, 2009, pp. 198--215.

LEITURAS COMPLEMENTARES

ALMEIDA, André Ferrand de. "Samuel Fritz and the Mapping of the Amazon". *Imago Mundi*, Berlim, v. 55, pp. 113-9, 2003.

BARCELOS, Artur Henrique Franco. *O mergulho no seculum: Exploração, conquista e organização espacial jesuítica na América espanhola colonial.* Porto Alegre: Editora Animal, 2013.

CHAUCA, Roberto. "Técnica, teoria e práxis na cartografia da Amazônia de Samuel Fritz". *Terra Brasilis* (Nova Série), Niterói, n. 14, 2020. Disponível em: <http://journals.openedition.org/terrabrasilis/7556>. Acesso em: 31 maio 2022.

DIAS, Camila Loureiro. "Jesuit Maps and Political Discourse: The Amazon River of Father Samuel Fritz". *The Americas*, Cambridge, v. 69, n. 1, pp. 95-116, 2012.

7. Urbes coloniais

Planta da cidade de São Sebastião do Rio de Janeiro, com suas fortificações, *João Massé, 1714*

Beatriz Piccolotto Siqueira Bueno

7.1. Planta da cidade de São Sebastião do Rio de Janeiro, com suas fortificações, c. *1714*, de *João Massé.*

A *Planta da cidade de São Sebastião do Rio de Janeiro, com suas fortificações*, de João Massé (Fig. 7.1), um mapa a bico de pena, aquarelado, medindo

57,5 × 87 cm, introduz o leitor em três questões importantes da história do Brasil colonial: 1) o fato de as urbes coloniais serem produto de planejamento, onde se destacam o papel dos engenheiros militares, na contramão da ideia do semeador de Sérgio Buarque de Holanda;[1] 2) o processo de reorientação do Império português do Oriente para o Brasil, resultante da descoberta do ouro e também a importância que o Sudeste adquire em relação ao Nordeste açucareiro. As descobertas minerais resultaram na "cobiça" das demais nações e na preocupação com a defesa (especialmente do Rio de Janeiro); 3) a questão da transformação das técnicas de levantamento cartográfico. Esses três pontos serão examinados ao longo deste capítulo, buscando ressaltar que se trata de projetos, nem sempre realizados, o que exige cuidado dos pesquisadores na eleição dos mapas para estudar a evolução urbana de determinado local. Muitas plantas, sendo apenas projetos, aumentam e destacam alguns aspectos em detrimento de outros. Nesse sentido, aspira-se aqui um exercício de método para desconstruir o mapa no contexto no qual foi produzido.

O MAPA NUM IMPÉRIO EM REARRANJO

A *Planta da cidade de São Sebastião...*, atribuída ao brigadeiro João Massé, insere-se no contexto das invasões de Jean-François Duclerc (1710) e de René Duguay-Trouin (1711), corsários franceses, a última envolvendo saque e custoso resgate, além de pânico por parte da população. Franceses, holandeses e ingleses rondavam as costas do Brasil, uma das áreas privilegiadas visadas pela pirataria europeia. Os franceses foram os mais assíduos, interceptando o trânsito de mercadorias coloniais, apresando navios portugueses carregados de produtos direcionados à metrópole. Assediado com mais frequência no final do século XVII e durante os cem anos seguintes, o Rio de Janeiro era alvo fácil dos interessados nos carregamentos de ouro das Minas Gerais, envolvendo o saque de embarcações e povoações. Navios vindos da Costa da Mina ou de Angola, carregados de africanos escravizados, também eram alvo frequente de ataques. O perigo do descaminho de navios e suas cargas era motivo de preocupação permanente das autoridades portuguesas.

Dessas incursões à costa brasileira resultaram muitos relatos, publicados em livros nos séculos XVI, XVII e XVIII, representando minuciosas descrições da Marinha, portos, cidades, defesas, comércio, administração, sociedade, usos e costumes. Eram verdadeiros best-sellers,[2] publicados em edições de bolso, em diversas línguas, contendo desenhos esquemáticos das vilas e cidades coloniais americanas.[3] O livro de François Froger, intitulado *Relation d'un voyage...* e publicado em 1698, por exemplo, "obteve grande sucesso e apareceu em várias edições" (Paris, 1698 e 1699-1700; Amsterdam, 1699; Lyon, 1702; Amsterdam, 1715).[4] Por meio dessa obra circulou um prospecto do Rio de Janeiro que permite imaginar a cidade constrangida entre os morros do Castelo (D) (F) (à esquerda), de São Bento (B) (à direita) e de Santo Antônio (E) (ao fundo), com seus edifícios característicos, e o porto para desembarque das mercadorias, correspondendo em perfil — grosso modo — à planta de Massé (Fig. 7.2).

Dos assaltos ao Brasil realizados no período, o mais bem-sucedido foi o de Duguay-Trouin ao Rio de Janeiro. Realizado em 1711, o relato do ataque recebeu edição na França em 1712, nas oficinas da *Imprimérie Royale*, intitulando-se *Relation de la prise du Rio de Janeiro, coste du Brézil, par une escadre des vaisseaux du Roy, commandée par Mr. Du Guay-Trouin*[5] [Relação da tomada do Rio de Janeiro, costa do Brasil, por uma esquadra de navios do rei, comandada pelo sr. Duguay-Trouin], estimulando o circuito literário do gênero.

Inúmeras foram as expedições financiadas por companhias de comércio ou por armadores privados — boa parte com a participação do Estado —, mas a de Duguay-Trouin excedeu as expectativas e deixou um legado de terror, ensejando uma resposta efetiva das autoridades portuguesas em termos de elaboração de um programa de defesa da capital. O corsário rondava as frotas provenientes do Brasil desde 1706, incrementando suas ações de corso, almejando

7.2. St. Sebastien/ Ville Episcopale du Brésil, *1698, de François Froger.*

o ataque à principal fonte das riquezas lusitanas. Planejado nos detalhes, muito provavelmente os mapas e as descrições originadas de expedições anteriores circularam e nutriram o assalto.

O corso diferia da pirataria por se tratar de um empreendimento legal e muitas vezes oficial, praticado pelas potências europeias em tempos de guerra. O ataque ao Rio de Janeiro de Duguay-Trouin foi uma operação financiada por armadores agrupados em sociedades por ações que, mediante contrato, receberam do monarca os navios e suas tripulações de oficiais, marinheiros e soldados. Seja pelo intenso nevoeiro, seja por negligência ao duvidar dos rumores e avisos de ataque devido à demora da chegada dos inimigos, o fato é que as guarnições das fortalezas do Rio de Janeiro foram pegas de surpresa. A perplexidade e o pânico assolaram as autoridades e os soldados, facilitando a tomada da cidade sem resistência, só devolvida após o pagamento de vultoso resgate. À altura das invasões dos corsários franceses, o Rio de Janeiro era o porto de embarque de toda a produção aurífera das Minas Gerais recém-descobertas e devotado ao tráfico negreiro no Atlântico Sul, relacionado a Angola, envolvido inclusive com o tráfico clandestino com Buenos Aires. A região fluminense se destacava pela presença das fazendas produtoras de cana-de-açúcar e dos engenhos e engenhocas relacionados à produção de aguardente, moeda do tráfico negreiro. Outros gêneros ali circulavam, dentre os quais a farinha, gado e produtos de abastecimento. Era o principal porto de importação e exportação das capitanias do Sul. O saldo negativo para Portugal foi enorme. O pagamento do resgate exauriu os cofres régios, arruinou senhores de engenho, destruiu as fábricas, drenou mercadorias, levando os franceses todo o ferro, as armas e munições da cidade. Aos moradores coube a obrigação de ressarcir a parcela da Fazenda Real no pagamento do resgate.

A esquadra de Duguay-Trouin atacou a cidade pelo mar. À vulnerabilidade das fortalezas da Marinha se somava a das defesas urbanas do lado do continente, reveladas pela tentativa malograda de assédio por terra de Duclerc, no ano anterior. A façanha foi amplamente divulgada na Europa em mapas panfletários da vitória. Desenho esquemático, mero croqui, representa a entrada da esquadra do corsário Duguay-Trouin na baía da Guanabara, rompendo o sistema de defesa vigente envolvendo a Fortaleza de Santa Cruz no lado de Niterói e o Forte de São João no sopé do Pão de Açúcar. A cidade representada em vermelho é apenas um pano de fundo. A ênfase do desenho se concentra na esquadra de dezoito naus enfileiradas, em meio às fortalezas, entrando na baía. Tratando-se de um mapa publicitário, a retórica visual foca o principal desígnio, o ataque francês ao Rio de Janeiro e sua divulgação em escala mundial (Fig. 7.3).

Dos traumas resultaram ações efetivas. Nesse contexto, a planta de Massé é uma resposta oficial da Coroa portuguesa, mais precisamente do rei d. João v, que enviou o renomado engenheiro militar francês para desenhar um verdadeiro programa de fortificação para a urbe colonial, visando torná-la inexpugnável.

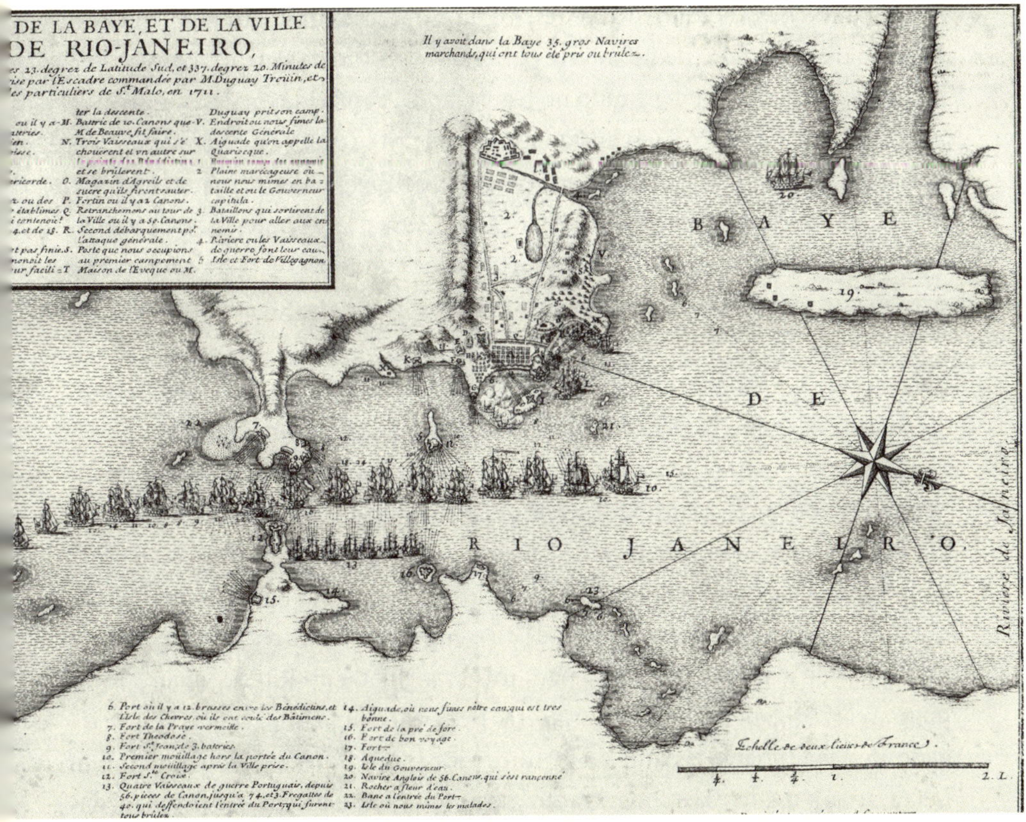

7.3. Plan de la Baye et de la Ville de Riogènaire [...] pris par lescadre que comandoit M. Duguay Trouin/ em 7bre, *1711, de capitão engenheiro Brulot.*

QUEM ERA JOÃO MASSÉ?

Convém um parêntesis sobre a biografia de João Massé e sua vinculação ao círculo de "ilustrados"[6] reunidos em torno de d. João v nas primeiras décadas do século xviii. Era um engenheiro francês, provavelmente aparentado do engenheiro Claude Masse (1652-1737), contemporâneo de Sébastien Le Preste de Vauban. Contratado pelo governo português como capitão de engenheiros, serviu no Exército aliado que marchou de Portugal sobre Madri durante a Guerra da Sucessão Espanhola, em defesa dos direitos e das aspirações de Carlos vi ao trono espanhol. Vemos Massé figurar em 1705 na rendição de Albuquerque, tendo vindo do sítio de Gibraltar. Seu nome foi eternizado na obra *La Conduite du comte de Galloway en Espagne et en Portugal*[7] e no tratado *O engenheiro portuguez*, de Azevedo Fortes, no qual aparece como um dos censores.[8] O posto de brigadeiro de infantaria para servir no Rio de Janeiro, Bahia e Pernambuco, em 1712, foi registrado no Conselho Ultramarino e a designação partiu diretamente do rei.[9] Seu mapa do Rio de Janeiro se explica pelas ordens emanadas por d. João v ao governador Francisco de Távora, desde março de 1712, recomendando que os engenheiros alocados nessa praça conferissem "os pareceres dos seus antecessores sobre as fortificações que deveriam ser construídas para maior segurança da praça".[10]

A despeito da existência de uma *Aula de fortificação*, criada em 1699, e da presença de vários engenheiros militares que o precederam, inclusive franceses, o Rio de Janeiro carecia de defesa no quadro do protagonismo que assumira no Império com a perda de pontos estratégicos do comércio a oriente e a descoberta de ouro nas Minas Gerais. A 29 de outubro de 1712, uma carta régia insistia na necessidade de construção de uma fortaleza na ilha das Cobras e outra na laje existente entre os dois fortes da barra. Foi nessa oportunidade que se anunciou a chegada do brigadeiro e engenheiro francês João Massé, encarregado de elaborar um plano para tornar a cidade do Rio de Janeiro inexpugnável.[11] Brigadeiro de infantaria, era "pessoa de tanta inteligência", encarregado de "examinar e reparar as fortificações [...] e fazer as mais que forem necessárias para defesa e conservação", segundo a carta patente de d. João v datada de 17 de junho de 1712.[12] A Real Cidade do Rio de Janeiro apresentava um sistema de defesa pouco eficiente e muito permeável ao ataque.

A *Planta da cidade de São Sebastião do Rio de Janeiro, com suas fortificações* é a primeira imagem em escala "correta"[13] da urbe colonial. O original pertence ao Arquivo Histórico Ultramarino de Lisboa e acompanha o ofício manuscrito intitulado "Relação de todas as fortificações e reparações necessárias para a conservação e defesa da cidade de São Sebastião do Rio de Janeiro e do seu porto, referidas as plantas que vão a parte das fortalezas da barra",[14] ambos assinados pelo engenheiro militar João Massé, a partir dos quais se presume sua autoria do mapa. O adjetivo "em escala correta" de Gilberto Ferrez[15] é compreensível no rol dos desenhos anteriores, mais esquemáticos e imprecisos, assinados por espiões como Jacques de Vau de Claye, a serviço de Catarina de Médici (1579), viajantes como Olivier van Noort (1598) e Nicolas van Geelkerken, cosmógrafos, como João Teixeira Albernaz I (1631, 1645) e engenheiros militares como Michel de L'Escolle (1649).[16]

A arquitetura visual do seu desenho cartográfico diz tudo sobre o conteúdo. É preciso treinar o olho para ver. O mapa é um misto de linguagem visual e textual.[17] A representação está pautada num conjunto de códigos e convenções. Nada é aleatório, e há pouco espaço para licenças poéticas. Os códigos e as convenções de representação vigentes no período aparecem sintetizados no tratado de Manuel de Azevedo Fortes, *O engenheiro portuguez*, 1728, tomo I, baseado em congêneres franceses, do qual Massé fora censor, demonstrando conhecer as regras que norteavam o fazer cartográfico e que circulavam no período na Europa. Não se trata de um desenho esquemático, artístico, tampouco aleatório.[18]

A maior precisão decorre do fato de a planta de Massé ter provavelmente exigido a realização de um levantamento do terreno, talvez se valendo das plantas anteriores e de instrumentos matemáticos adequados.[19] A medição em campo empregava o teodolito, montagem de estações de observação nos morros da cidade e levantamento da área por meio do sistema de triangulação. As ruas eram levantadas e medidas com cordas e acrescidas ao desenho minuciosamente orquestrado por uma escala gráfica que lhe conferia medida e relação de proporção entre as partes e o todo.[20]

De relance, a *Planta da cidade de São Sebastião...* de Massé diz exatamente a que veio (Fig. 7.1). Sua finalidade, em meio a outros estudos que realizou no Rio de Janeiro,[21] era recomendar um programa de defesa. É justamente a cidade horizontal constrangida entre morros, representada no prospecto de Froger, que Massé precisava tornar inexpugnável, seja na fachada frontal, correspondente ao porto, seja na retaguarda, conectada aos caminhos que levavam às Minas Gerais. O ponto alto do seu projeto era fechar a cidade com um muro, para impedir novas invasões por terra e a deserção dos soldados que tomavam o caminho das Minas. A muralha proposta substituiria a antiga vala existente e trechos ensaiados anteriormente, envolvendo o perímetro da cidade, unindo os morros da Conceição ao do Castelo e, se necessário, deixando de fora apenas o morro de Santo Antônio. O muro projetado deveria reforçar a defesa da retaguarda da cidade, vulnerável como demonstrado no ataque, ainda que malsucedido de Duclerc, em 1710. Por outro lado, no mar, o plano de defesa previa uma série de medidas complementares, com ênfase na "fortaleza real" que servisse de "cidadela", fronteira à cidade na ilha das Cobras, cuja posição estratégica em altura permitia ampla visão do espaço urbano, do "molhe" e seu porto, local onde ancoravam os navios, alvo dos saques.

Na *Planta da cidade de São Sebastião...* sobressai a geografia da cidade, com ênfase nos quatro morros e respectivas fortificações almejadas, descritas na legenda: A — O morro do Castelo; T — morro de Santo Antônio; Q — morro da Conceição; M — morro de São Bento, representados com hachuras[22] e pintados de verde, dando a medida de sua elevação em relação ao restante da cidade e da vegetação que os envolvia. A malha urbana é representada em vermelho, delineando-se um conjunto de quadras regulares, alinhadas em leque à Marinha, com ruas coordenadas entrecruzando-se ortogonalmente, merecendo destaque a rua Direita, a mais larga, atual rua Primeiro de Março. A cidade aparece comprimida entre morros e não ultrapassa o morro de Santo Antônio. A diferença em relação às representações anteriores corresponde aos desígnios em causa. Trata-se aqui de um projeto sistêmico de defesa da cidade, ensejando a necessidade de um desenho técnico, pautado nas normas vigentes no período.

O título do mapa é a porta de acesso ao seu conteúdo,[23] convidando a circunscrever o objeto e o objetivo, recortando o universo representado. Um mapa nunca é um duplo fidedigno da realidade. Não sendo um duplo da urbe colonial stricto sensu, a cidade representada na planta de Massé é objeto do programa de fortificações para torná-la mais segura e menos suscetível aos ataques estrangeiros. Esse gênero cartográfico muitas vezes confunde o estudioso que tende a buscar a cidade real, quando na prática é um projeto para a cidade existente nem sempre realizado na íntegra, destacando-se os edifícios em foco em detrimento dos demais, muitos dos quais meras idealizações jamais concretizadas. Para tanto, o engenheiro se vale do artifício de dobrar a escala para as fortificações que mereceriam obras novas, recorrendo até mesmo ao recurso cromático para destacar o sistema de defesa proposto. "É como se sobre o mapa geral colocássemos uma lente sobre cada fortaleza aumentando em dobro seu tamanho."[24]

O glossário se refere ao mundo da arquitetura militar, fortificações, baluartes, trincheiras, muros etc. Nesse sentido, a legenda merece atenção, pois convida a identificar aquilo que a linguagem visual é incapaz de dizer e detalhar os códigos e diversos elementos que compõem o projeto proposto. No canto inferior direito, num retângulo, é o lugar das "Explicações" ou da tradução dos códigos empregados no mapa por letras. Em relação às questões defensivas propostas, destacam-se:

> As linhas coradas de amarelo mostram AS OBRAS E REPARAÇÕES FEITAS DE NOVO OU PRINCIPIADAS PARA SE FAZER, desde o mês de julho de 1713. As linhas amarelas mostram as obras que estão sendo DESSINADAS [desenhadas, projetadas] desde o dito tempo, mas não ainda principiadas. A — Fortaleza de São Sebastião COM SUAS OBRAS FEITAS DE NOVO E DESSINADAS; B — BALUARTE dessinado no sítio em que está a Sé, com sua linha de comunicação; [...] O — BATERIA DA PRAINHA QUE DEVE SER REPARADA; [...] SSS — MURO DA CIDADE; T — Convento de Santo Antônio com sua cerca e ladeira, e UMA OBRA DESSINADA NA COROA; V — A ilha das Cobras COM SUAS FORTIFICAÇÕES DESSINADAS, e sua porta de comunicações; X — Linha pontuada que mostra outro sítio, AONDE SE PODE ATAR O MURO, se se quiser incluir os quartéis dentro dele. (Grifos meus)

O mapa é enxuto e sem inscrições, à exceção do título, da legenda com as "Explicações" e do "Petipé" — a escala gráfica —, destacado em quadro menor, no canto inferior esquerdo, com os seguintes dizeres: "Petipé — Das Fortalezas de terra de cem braças. Da Cidade e Ilha das Cobras de duzentas braças". A rosa dos ventos revela a orientação do mapa.

Para que se entenda o conteúdo do plano de defesa de Massé, a *Planta da cidade de São Sebastião...* deve ser estudada em conjunto com o relatório ao qual está anexa. O programa de obras envolvia o projeto de um baluarte (B) que protegeria o forte de São Sebastião (A) e o sistema defensivo seiscentista do morro do Castelo, núcleo original da cidade, transformando-o num conjunto fortificado mais poderoso. Para sua execução,[25] seria necessário destruir a Sé Velha, o que não foi realizado, e o Castelo seguiu tal como estava até 1922, quando foi demolido. É indicado o Colégio dos Jesuítas com sua cerca (C) e a Igreja da Misericórdia (D) mantidos e conectados por suas ladeiras — a da Misericórdia e a que principiava na rua de São José — ambas exteriores e conectadas à nova muralha. O velho forte de São Tiago (E) permaneceu cumprindo seu papel de proteção de uma das extremidades da Marinha, com sua artilharia para uma e outra banda, defendendo o porto, mas não a barra. Data dessa época o projeto de um cais (F) contínuo desde o forte de São Tiago até São Bento, sonho que só veio a se concretizar em 1789. G e H indicam duas informações preciosas, o local onde se situavam os Armazéns Reais e a Casa da Moeda, a última transferida da Bahia — então capital do Estado do Brasil — para o Rio de Janeiro, em 1699. Fronteiro ao largo do Carmo nota-se a presença do convento (I), mas não da Ordem Terceira, ainda instalada, desde 1661, na capela da Paixão. As Casas do Governador e a Alfândega (L) se situavam à altura na rua Direita e foram convertidas em Casa dos Contos por ocasião da transferência do Palácio dos Governadores para o largo do Carmo. Veem-se, ainda, as cercas e ladeiras do morro de São Bento (M), a Casa do Bispo (R) e a fortaleza da Conceição no morro homônimo (Q) e o Convento de Santo Antônio (T) isolado, fora dos muros novos e quatro trapiches: dos Armazéns Reais (G), da Junta do Comércio (N), da Alfândega (L) — conhecido como o da cidade — e outro vastíssimo no sopé do morro da Conceição, pertencente à Ordem Terceira de São Francisco (P).

O muro (SSS) projetado fechava por completo a cidade pela parte do sertão, correndo do morro da Conceição ao do Castelo, principiando próximo da ladeira do Bispo (hoje rua Major Daemon), passando por trás da ermida do Rosário, num traçado paralelo ao que dentro de alguns anos seria a rua da Vala (hoje Uruguaiana), atravessando o futuro largo da Carioca e atingindo a encosta do Castelo, depois de ladear a igreja de N. Sra. do Parto e cruzar o caminho da Ajuda (hoje avenida República do Chile). As obras foram iniciadas em 1718, mas o projeto foi abandonado por suas deficiências e por impedir o crescimento normal da cidade. O programa de defesa incluía ainda o projeto de um forte (T) na coroa do morro de Santo Antônio, que também não se concretizou, bem como o projeto de remodelação da fortaleza da ilha das Cobras (V).

Nas plantas militares as cores também estão codificadas, sendo que "as obras e reparações feitas de novo ou principiadas para se fazer" são representadas "por linhas coradas de amarelo" e as "linhas amarelas mostram as obras que estão sendo dessinadas desde o dito tempo, mas não ainda principiadas". As quadras e edificações existentes são representadas em vermelho e o "Campo da Cidade" e morros majoritariamente em verde.

Afora os projetos idealizados e não realizados, a planta de Massé coincide cronologicamente com o prospecto de François Froger e convida o leitor a imaginar o que era o Rio de Janeiro nos primórdios do século XVIII, constrangido entre os morros do Castelo, São Bento, Santo Antônio e Conceição, com um renque de cinco fileiras de quadras dispostas em leque até a altura da atual rua Uruguaiana.

UM PLANO FRACASSADO?

As investidas de Duclerc e Duguay-Trouin revelaram a fragilidade das políticas anteriores de defesa do Rio de Janeiro. O dispêndio feito com fortes costeiros se mostrou inútil, colocando em debate a necessidade do reforço à retaguarda por meio da construção de muros contornando o perímetro urbano, embora uma pequena parte já existisse no morro do Castelo.

O esquema defensivo de Massé foi posteriormente criticado por colocar a defesa acima da comodidade cotidiana dos moradores, criando sérias tensões e conflitos. A curta estadia de quarenta dias do brigadeiro na cidade talvez explique sua inabilidade diante das demandas reais da população e das lógicas da urbe colonial. Doente e acamado na maioria do tempo, o engenheiro não visitou todos os sítios a serem fortificados, como a Lage ou a praia Vermelha. Ele também previu o custo elevado de meio milhão de cruzados, numa época em que os cofres régios estavam exauridos por causa do resgate pago a Duguay-

-Trouin, e a população não queria colaborar com mão de obra e dinheiro. O malogro do seu projeto se deveu ainda à vulnerabilidade da defesa entre o morro da Conceição e a Prainha, uma vez que a muralha proposta ia somente do forte da Conceição até o mar, deixando a cidade aberta e desguarnecida naquele ponto. Em 1725, a Coroa mandou suspender as obras de sua construção, e outro plano de defesa só veio à luz em 1737, assinado pelo engenheiro militar José da Silva Pais, mas com ênfase na ilha das Cobras. Triste fim dos desenhos e desígnios de Massé: os escombros da obra inacabada foram utilizados na construção de um seminário. A intenção de circundar a cidade com muralhas, no entanto, não foi totalmente abandonada. Num concurso organizado pelo vice-rei, o marquês do Lavradio ensejou novos planos assinados pelos engenheiros José Custódio de Sá e Faria (1769) e Francisco João Roscio (1769),[26] retomando o antigo sonho de fortificação da retaguarda da cidade, dessa vez dilatando o perímetro da muralha para permitir o crescimento urbano. No entanto, prevaleceram os desígnios da população em detrimento da segurança da cidade, e a muralha jamais foi realizada.

Entre um plano e sua realização existem diversas mediações e mediadores, nem sempre prevalecendo a ideia abstrata à concretude dos desejos cotidianos. Eis o limite da *Planta da cidade de São Sebastião...* que o leitor tem em mãos, que se revela como um projeto. Seja como for, a existência desse plano para o Rio de Janeiro atesta a tese de que as urbes coloniais não eram improvisadas, gozaram em muitos casos de planejamento, destacando o papel dos engenheiros militares para tanto.[27]

NOTAS

1. Sobre a polêmica, ver Nestor Goulart Reis Filho, *Evolução urbana do Brasil 1500-1720*. 2. ed. São Paulo: Pini, 2001 [1968].

2. A ideia de se tratar de verdadeiros best-sellers se ancora no fato de esse gênero de literatura de viagem e notícias de ataques circular em diversas edições. Ver Rubens Borba de Moraes, *Bibliographia brasiliana: Livros raros sobre o Brasil publicados desde 1504 até 1900 e obras de autores brasileiros do período colonial*. São Paulo: Edusp; Fapesp, 2010, t. I e II.

3. Ver Nestor Goulart Reis, *Imagens de vilas e cidades do Brasil colonial*. São Paulo: Edusp, 2000, pp. 154-65. Trata-se de plantas ou prospectos de cidades reproduzidos em gravuras, baseados em croquis nem sempre realizados in loco, muitas vezes alusivos a imagens de terceiros.

4. Cf. Rubens Borba de Moraes, op. cit., 2010, t. I, pp. 385-6. A autoria do prospecto é atribuída a François Froger.

5. Maria Fernanda Bicalho, "A descoberta da América ou a América a descoberto". In: *A cidade e o império: O Rio de Janeiro no século XVIII*. Rio de Janeiro: Civilização Brasileira, 2003, pp. 25-48.

6. Ver Junia F. Furtado, "Dom João V e a década de 1720: Novas perspectivas na ordenação do espaço mundial e novas práticas letradas". In: João Luís Ribeiro Fragoso e Maria de Fátima Gouvêa (orgs.), *O Brasil colonial (1720-1821)*. Rio de Janeiro: Civilização Brasileira, v. 3, 2014, pp. 61-110.

7. *La Conduite du Comte de Galloway en Espagne et en Portugal*. Rotterdam: Fritsch et Böhn, 1711, p. 15.

8. Francisco de Sousa Viterbo, *Dicionário histórico e documental dos arquitectos, engenheiros e construtores portugueses*. Lisboa: Imprensa Nacional/ Casa da Moeda, 1988, v. II, p. 154.

9. Lisboa. Arquivo Histórico Ultramarino (AHU), liv. 12, Ofícios, f. 236v. Cf. Viterbo, op. cit., 1988, v. II, p. 154.

10. Maria Fernanda Bicalho, op. cit., p. 187.

11. Rio de Janeiro, Arquivo Nacional (ANRJ), cód. 952, v. 18, p. 253, "Carta régia de 29 de outubro de 1712". Sobre Massé, ver: Gilberto Ferrez, "João Massé e sua planta do Rio de Janeiro de 1713". *Revista do Instituto Histórico e Geográfico Brasileiro*, v. 242, pp. 388-96, 1959; Gilberto Ferrez, *O Rio de Janeiro e a defesa do seu porto: 1555-1800*. Rio de Janeiro: Serviço de Documentação Geral da Marinha, 1972.

12. AHU, liv. 12, Ofícios, fls. 236v.

13. Gilberto Ferrez, op. cit., 1959, pp. 1-61.

14. AHU, documento n. 48 de 1-V-1714; Catálogo de Eduardo de Castro e Almeida n. 3323. Gilberto Ferrez, op. cit., 1972, pp. 210-5.

15. Gilberto Ferrez foi o primeiro a estudar a carta, em 1958, com base em levantamento realizado por d. Clemente Maria da Silva Nigra, para a Diretoria do Patrimônio Histórico e Artístico Nacional (DPHAN).

16. Para conhecer a série completa de desenhos anteriores e posteriores ao de João Massé, consultar Nestor Goulart Reis, *Imagens de vilas e cidades do Brasil colonial*. São Paulo: Edusp; Imesp; Fapesp, 2000.

17. Beatriz Piccolotto Siqueira Bueno, "Arquitetura visual dos desenhos". In: *Desenho e desígnio: O Brasil dos engenheiros militares (1500-1822)*. São Paulo: Fapesp; Edusp, 2011, pp. 101-25.

18. Sobre as convenções e códigos de representação, consultar *Estampa 10 para* O engenheiro portuguez, *1728, tomo I, de Manuel de Azevedo Fortes*. Biblioteca Nacional de Portugal.

19. Beatriz Piccolotto Siqueira Bueno, op. cit., 2011, pp. 101-25 e 297-317.

20. Sobre a metodologia, os instrumentos, as técnicas e as práticas de levantamentos topográficos, consultar *Estampa 7 para* O engenheiro portuguez, *1728, tomo I, de Manuel de Azevedo Fortes*. Biblioteca Nacional de Portugal.

21. Ver Nestor Goulart Reis, op. cit., 2000, pp. 161, 165-6, 360-2.

22. A trama ou hachura é uma técnica artística utilizada para criar efeitos de tons ou sombras a partir do desenho de linhas paralelas próximas. No século XVIII, esse recurso era utilizado

na representação de montes e montanhas na cartografia, antes da invenção da curva de nível para tanto.

23. Christian Jacob, *L'Empire des cartes: Approche théorique de la cartographie à travers l'histoire.* Paris: Editions Albin Michel, 1992.

24. Gilberto Ferrez, op. cit., 1959, p. 389.

25. Ibid., p. 390.

26. Nestor Goulart Reis, op. cit., 2000, pp. 174-7.

27. Nestor Goulart Reis Filho, op. cit., 2001 [1968], em oposição a Sérgio Buarque de Holanda, "O semeador e o ladrilhador". In: ______. *Raízes do Brasil.* 25. ed. Rio de Janeiro: José Olympio Ed., 1993, pp. 61-100, para quem imperava a espontaneidade.

LEITURAS COMPLEMENTARES

ABREU, Maurício de Almeida. *Geografia histórica do Rio de Janeiro (1502-1700)*. Rio de Janeiro: Instituto Pereira Passos; Editora Andrea Jakobsson, 2011. 2 v.

BUENO, Beatriz Piccolotto Siqueira. "Decifrando mapas: Sobre o conceito de 'território' e suas vinculações com a cartografia". *Anais do Museu Paulista: História e Cultura Material*, v. 12, n. 1, pp. 155-94, 2004.

CASTRO, Adler Homero Fonseca de. *Muralhas de pedra, canhões de bronze, homens de ferro: Fortificações do Brasil de 1504 a 2006*. Rio de Janeiro: Fundação Cultural Exército Brasileiro, v. 1, 2009.

DAVIDS, Karel. *Global Ocean of Knowledge 1660-1860: Globalization and Maritime Knowledge in the Atlantic World.* Londres: Bloomsbury Academic, 2020.

D'ORGEIX, Émilie. *Au Pied du mur: Bâtir le vide dans les villes (XVIe-XVIIIe siècles)*. Bruxelas: Mardaga Pierre, 2019.

8. A expansão para o oeste

Carte manuscrite de la navigation de la rivière des Tocantins, c. 1742-3

Junia Ferreira Furtado

Entre 1695 e 1698 ocorreram os primeiros achados de ouro na região logo chamada das Minas Gerais, dando início ao avanço do povoamento luso-brasileiro no Centro-Sul da América portuguesa em direção ao oeste. O processo de interiorização se irradiou com as descobertas, por volta de 1718, das minas auríferas de Cuiabá, no Mato Grosso, e, entre 1722 e 1735, das de Goiás, onde poucos anos depois também foram encontrados diamantes nos rios Claro e Pilões. A *Carte manuscrite de la navigation de la rivière des Tocantins*, de autoria anônima, é ilustrativa do processo de interiorização para o centro-oeste, além do Meridiano de Tordesilhas, estimulada pela busca de metais e pedras preciosas (Fig. 8.1).[1] Como se tratava de território espanhol de direito, ao longo do século XVIII foi necessária uma contínua renegociação das fronteiras na América do Sul, que culminou com os tratados de Madri (1750) e Santo Ildefonso (1777), cuja cartografia é apresentada nos capítulos 10 e 11.

Como visto no mapa de Céspedes Xeria, analisado no capítulo 4, no século XVII, os rios desempenhavam importante papel na construção da multifacetada teia de comunicação que se gestava pelo interior do Brasil, e continuaram cumprindo essa função no século seguinte, conectando a Bahia, Minas Gerais, São Paulo e o Grão-Pará, e os mapas foram instrumentos de apropriação, fixação, memorização e divulgação do conhecimento geográfico que se reunia sobre essas rotas aquáticas.

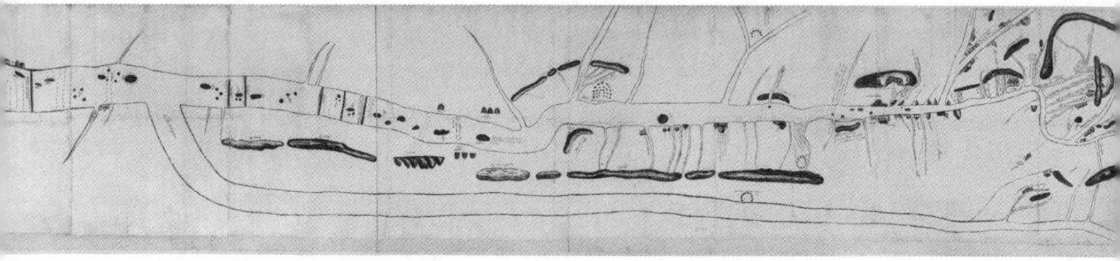

8.1. Carte manuscrite de la navigation de la rivière des Tocantins, *c. 1742-3, anônimo.*

De autoria não identificada, a *Carte manuscrite de la navigation de la rivière des Tocantins* (doravante chamada de *Carte des Tocantins*) é um longo mapa hidrográfico, manuscrito, desenhado à tinta e aquarela azuis-acinzentadas, medindo 0,65 × 3,33 m.[2] Para atingir tal comprimento, foram juntadas pelo menos oito folhas de papel, cujas marcas de cola são visíveis. A carta não possui título, legenda, escala nem rosa dos ventos, mas na parte inferior direita um texto, em português, apresenta estimativas de distâncias entre as principais localidades e, na última linha, em tinta diversa, aparece a informação em francês de que o rio Tocantins corre de sul-sudeste para norte-noroeste. A trajetória do seu leito, desde a nascente no atual estado de Goiás, até a foz, no rio Amazonas, ainda era pouco conhecida pelas autoridades portuguesas.

DE BELÉM A PARIS

É possível saber o local de produção da *Carte des Tocantins*, Belém do Pará, e traçar seu caminho até Paris, onde hoje se encontra armazenada, incorporada à Coleção d'Anville, no Département des Cartes et Plans (DCP), da Biblioteca Nacional da França, como também a cronologia desse deslocamento. Segundo o geógrafo francês Jean-Baptiste Bourguignon d'Anville, foram os *savants* La Condamine e Maldonado que, vindo de Quito, encontraram e levaram, do Pará para a França, "uma longa carta manuscrita do curso do rio Tocantins, cuja parte superior permite desvendar um país rico em minas de ouro".[3]

Sob os auspícios da Academia Real das Ciências de Paris, o naturalista francês Charles-Marie de La Condamine e o hispano-americano Pedro Maldonado, governador da província de Esmeraldas, no Peru, foram partícipes da primeira expedição geodésica que, em 1735, reuniu-se em Quito para estabelecer a medida de um grau de meridiano junto ao Equador, contribuindo para desvendar o formato da Terra, um dos grandes debates científicos da época.[4] Em 1743, no caminho de retorno para a França, ambos resolveram descer o rio Amazonas, desde as cercanias de Quito até a cidade de Belém do Pará,[5] onde chegaram a 19 de setembro. Na cidade portuguesa, situada nas proximidades da foz do Amazonas, recolheram relatos de viagens e mapas relacionados à extensa malha hidrográfica do rio Amazonas, para completar a coleção que reuniam desde Quito. Entre eles figuravam o original manuscrito do mapa do jesuíta Samuel Fritz, *El gran rio Marañon, o Amazonas* — objeto do capítulo 6 deste livro —, a *Carte des Tocantins* e a *Carte huilée* [...] *depuis Rio Esquibé jusqu'à Rio Negro*.[6]

La Condamine permaneceu em Belém até 25 de fevereiro de 1744, quando partiu de barco para a Guiana Francesa e, cinco meses depois, foi para a França. Chegando a Paris, recrutou D'Anville para desenhar os mapas que acompanharam o diário que publicou, em 1745, sobre sua viagem descendo o rio, com destaque para a *Carte du cours du Maragnon ou de la grande rivière des Amazones*.[7] Maldonado zarpara antes dele, no final de 1743, deixando Belém com destino a Lisboa num navio português, chegando a Madri dois meses e meio depois, no início de 1744. Em dezembro de 1746, estava em Paris para contribuir com La Condamine e D'Anville, que produziam a *Carta de la provincia de Quito* (1750), financiada pela Coroa espanhola.[8] Foi nesse contexto de colaboração que La Condamine ofereceu a D'Anville a *Carte des Tocantins*, que ele incorporou à sua coleção, uma vez que a metodologia própria ao ofício de geógrafo exigia o acúmulo e a consulta de ampla gama de documentos de natureza geográfica para produzir seus mapas. O interesse de D'Anville se explica porque, sob os auspícios do embaixador português d. Luís da Cunha, ele preparava uma grande carta do continente, a *Amérique Méridionale*, publicada em 1748.[9]

UMA GEOGRAFIA VIVIDA

A *Carte des Tocantins* representa quase todo o curso do rio, da nascente, na serra Dourada, então parte da capitania de São Paulo, que incorporou sob sua jurisdição o alto Tocantins, até as proximidades da foz, no rio Amazonas, já na capitania do Grão-Pará e Maranhão. Esses limites eram ainda imprecisos e não foram representados na carta, mas correspondem aos locais mais povoados nas partes alta e baixa do rio; seu leito médio continuava sem moradores luso-brasileiros. A jurisdição de São Paulo começava nas imediações do arraial da Meia Ponte (hoje Pirenópolis), fundado em 1727, incluindo as localidades de Santa Teresa, Santa Rita, do Carmo e do Frei Reinaldo, que constituíam a chamada Campanha dos Tocantins (Fig. 8.2).[10] Já a do Grão-Pará (Fig. 8.3), ia desde a vila de Cametá, nas proximidades da foz do rio Amazonas, até as chamadas Terras Novas, onde ficavam São Félix, São Félix das Terras Novas e Paraná, havendo "perto de duzentas fazendas povoadas e se andava em descoberto de ouro". De povoamento mais recente, seus moradores "tinham obediência ao Grão-Pará e eram regidos pelo capitão Manuel da Costa Madureira".[11]

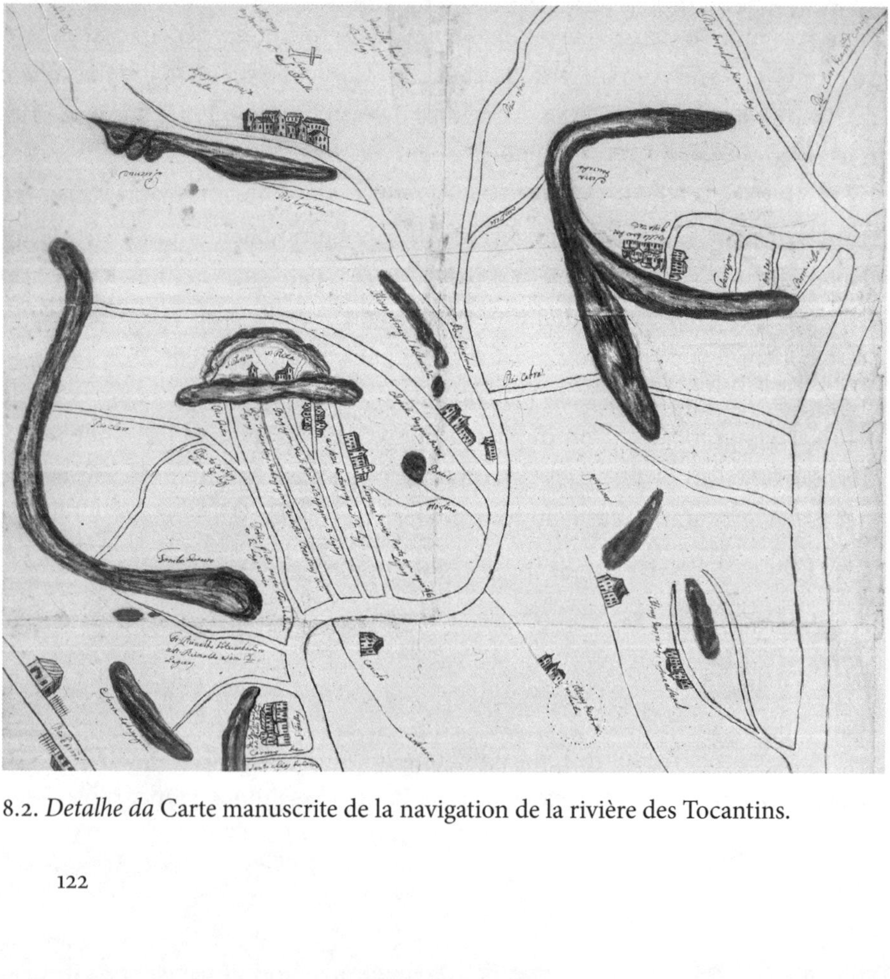

8.2. *Detalhe da* Carte manuscrite de la navigation de la rivière des Tocantins.

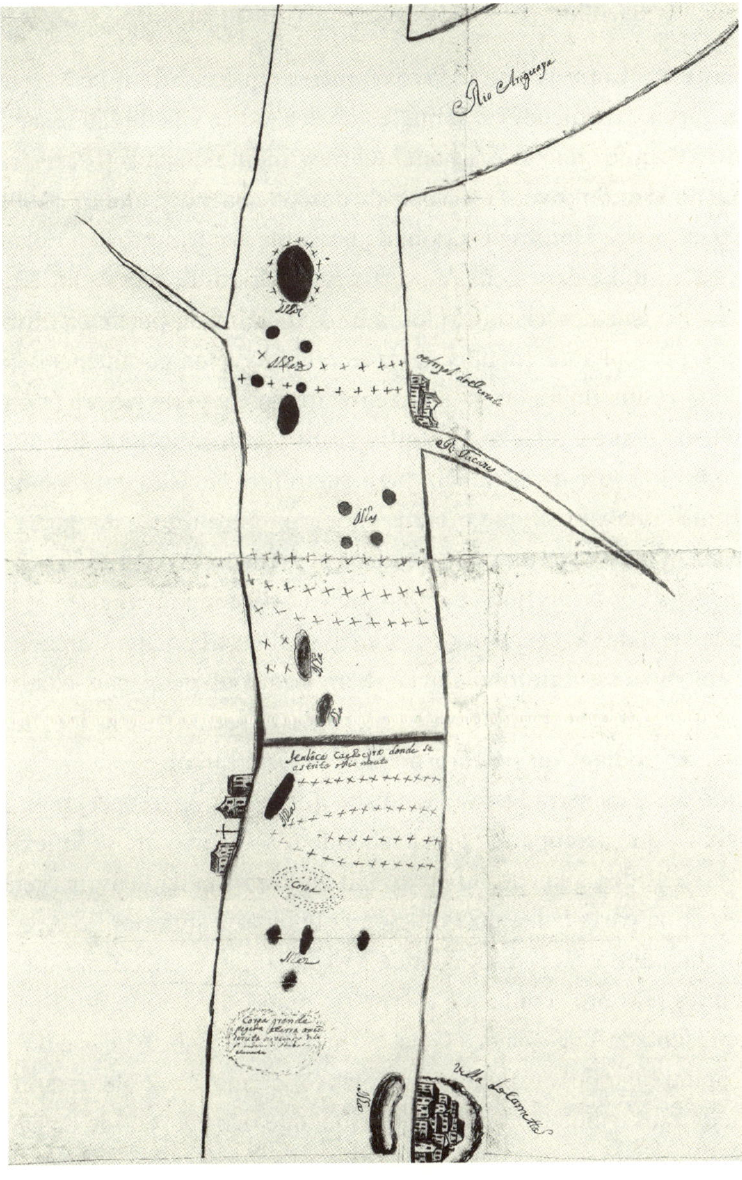

8.3. *Detalhe da* Carte manuscrite de la navigation de la rivière des Tocantins.

Essa disputa de jurisdição entre as capitanias de São Paulo e do Grão--Pará sobre os territórios ao longo da calha do rio refletia a forma como se deram a descoberta do Tocantins e a sua penetração, que se iniciaram em fins do século XVI e se intensificaram no seguinte, a partir de dois sentidos contrários:

a foz e a nascente. Entre 1594 e 1615, os franceses que invadiram o Maranhão realizaram várias expedições rio acima, estabelecendo a vila de Cametá e atingindo, em 1613, a foz do rio Araguaia. "O movimento dos luso-brasileiros se deu neste e no sentido inverso, a partir da descoberta, por volta de 1590, durante a expedição de Domingos Grou, da nascente do Tocantins, no planalto central", e as "seguidas expedições de sertanistas, vindos de São Paulo, São Vicente e pelo rio São Francisco, exploraram o Tocantins a partir da nascente [sendo que], por volta de 1670, já haviam atingido a sua confluência com o Araguaia".[12] O resultado foi que o conhecimento do curso do rio era fragmentado, e somente o alto e o baixo Tocantins eram mais conhecidos. Em 1723, o engenheiro militar José da Silva Pais, para quem fora enviada uma "planta do Rio Tocantins", queixou-se que o mapa "dos rios Tocantins e Araguaia [...] apresentava a mesma incerteza que no mapa geral de todo o Pará".[13]

A *Carte des Tocantins* tinha como objetivo orientar a navegação, estando nela assinaladas todas as cachoeiras, corredeiras, ilhas e bancos de areia que se interpunham por esse caminho fluvial, bem como os principais elementos geográficos — a foz dos tributários, os morros e as serras — e as localidades que os viajantes podiam ver no entorno para se localizarem.

Do lado oeste da serra Dourada, no alto Tocantins, aparece representado o rio Araguaia, que acompanha paralelamente o seu curso até se inflexionar para o leste e nele desaguar, ao sul do arraial do Purati, situado às margens do rio Tacazes, já na parte baixa do rio.[14] Somente a parte superior do Araguaia apresenta detalhamento, correspondendo à região onde se encontrou "pelones [de] diamantes [e] ouro", conforme escrito no mapa junto a um dos rios. Ali, aparece representada Vila Boa dos Goiases (hoje Goiás Velho), que veio a ser a primeira capital quando a capitania de Goiás foi criada, em 1748, estando situada num de seus tributários, o rio Vermelho, que não é nomeado na carta.

Elemento que auxilia a datar a *Carte des Tocantins* é a relação direta que é possível estabelecer entre ela e um relato de viagem, intitulado *Roteiro da derrota do rio Tocantins até Belém do Pará*, sem autoria,[15] que descreve uma viagem que totalizou quinze meses de árdua jornada desde a Bahia, passando pelo arraial da Meia Ponte, até Belém. Depois de Meia Ponte, os viajantes empreenderam uma derrota, ou expedição fluvial, descendo o Tocantins, que durou cerca de três meses. Seus dois partícipes principais foram José da Costa Diogo, o líder, e João Barbosa,[16] que estavam em busca de ricas lavras auríferas ainda inexploradas.[17] A correlação entre a carta e essa derrota é evidente pela coincidência dos nomes dos acidentes geográficos do entorno do rio, inclusive os de alguns tributários, que foram batizados pela primeira vez por seus integrantes, como o rio da Canabrava, a cachoeira comprida dos Corixás, "a que chamamos a cachoeira de Maquines", "um rio a que chamamos rio dos Mangues".[18] Dar nomes aos acidentes geográficos era ato simbólico de posse, continuamente encetado pelos que se consideravam descobridores desses mundos novos, como se pode verificar nas análises feitas em vários capítulos deste livro. Também as corredeiras que transpuseram e os bancos de areia que encontraram são, em sua maioria, os mesmos que aparecem desenhados na carta, podendo-se estabelecer uma relação direta entre a expedição e o mapa, mas não completa, pois há vários elementos no último que não aparecem ou foram modificados em relação ao descrito pelos derroteiros.

A representação de núcleos urbanos, áreas de mineração e tribos indígenas localizados no alto de vários tributários da bacia do Tocantins e do Araguaia — locais que não foram percorridos pela expedição — revela que o mapa incorporou informações provenientes de outras expedições. Uma delas seria uma "tropa que, do Pará, haverá mandado o governador daquele estado pelo rio acima" e que, à mesma época, partiu de Belém no sentido inverso do rio, comandada pelo "tenente-coronel Luís Prates".[19] Essa expedição e outras que a precederam e/ou a sucederam explicam a presença no mapa de elementos que não constam no *Roteiro*. As discrepâncias, principalmente nos topônimos, se acentuam no baixo Tocantins, já sob a jurisdição do Grão-Pará. Não por acaso, ali se observa, da parte de Costa Diogo e os seus, uma contenção na ânsia de dar nome aos acidentes geográficos, e alguns dos que escolheram não vingaram, caso do rio nomeado no relato como "Taquanhunes" e que no mapa aparece com o nome de "Tacazes".

Essas discrepâncias apontam para Belém como o local de produção da *Carte des Tocantins*, sendo outro indicativo o fato de estar orientada no sentido oposto ao do relato: enquanto Costa Diogo e os seus viajaram da nascente em direção à foz, o sentido dos topônimos no mapa exige do leitor que posicione Belém na parte inferior e o arraial da Meia Ponte no alto, ou seja, ao contrário — da foz para a nascente. Também o fato de, até a fazenda de Pedro Barros, onde os expedicionários chegaram no 16º dia de viagem, o mapa não representar acidente algum no leito do rio que se interpusesse à navegação — como corredeiras, itaipavas, ilhas, cachoeiras, baixios —, ainda que vários tenham sido indicados no relato, reforça que o produtor do mapa não se interessou em detalhar a parte sob a jurisdição de São Paulo. Nesse sentido, seguia os interesses das autoridades do Grão-Pará, em orientar futuras expedições apenas no trecho do rio sob seu domínio, entre o baixo e o médio Tocantins, grosso modo, entre a foz, próxima a Cametá, e as Terras Novas. O mapa revela ser fruto da disputa de jurisdição sobre esse trecho médio, instrumentalizando o Grão-Pará em como efetivar seu mando nessa região, ainda despovoada ou fracamente povoada, e impedir o avanço da jurisdição de São Paulo.

Partindo do pressuposto de que a carta foi produzida em Belém do Pará, de onde Maldonado a levou para Paris, em fins de 1743, três são os indícios de que ela foi produzida apenas na década de 1740, sendo posterior à viagem de Costa Diogo e mais próxima à sua passagem pela cidade, podendo ter sido uma cópia por ele encomendada: 1) no 23º dia, os expedicionários passaram pela foz de um rio, que batizaram Santa Luzia, e não há menção de assentamento humano. Na *Carte des Tocantins*, no entanto, ali aparece representado o arraial de Assunção de Santa Luzia, que deve ter sido fundado posteriormente;[20] 2) a carta registra a existência de diamantes nos rios Claro e Pilões, mas a descoberta dessas lavras ocorreu apenas por volta de 1739; 3) numa das margens de um ribeirão, atingido por Costa Diogo e companheiros no trigésimo dia, onde encontraram muito ouro, eles arrancharam e levantaram uma cruz em louvor de santa Ana. Ali, esperavam se assentar e minerar, mas quando faziam os primeiros socavões foram atacados pelos índios e tiveram que abandonar imediatamente o rancho, deixando tudo para trás.[21] O mapa, por sua vez, representa nas margens desse ribeirão, próximo à foz, "uma casa forte da bandeira", edificada em data posterior. O intuito era proteger os mineradores recém-atraídos para o local depois que, ao chegarem em Belém, em 1735, deram notícias da riqueza do local.

A *Carte des Tocantins* revela as novidades geográficas observadas e nomeadas durante a derrota de Costa Diogo, mas também os vestígios humanos da exploração anterior e posterior do rio, que foram deixando suas marcas na paisagem. Até 1749, pelo menos quinze pontos de exploração mineral se encontravam em atividade. Na parte alta, nas proximidades do arraial da Meia Ponte, os viajantes se depararam com fazendas, catas auríferas e núcleos de povoamento já instalados nas margens, cuja população fora atraída pela minera-

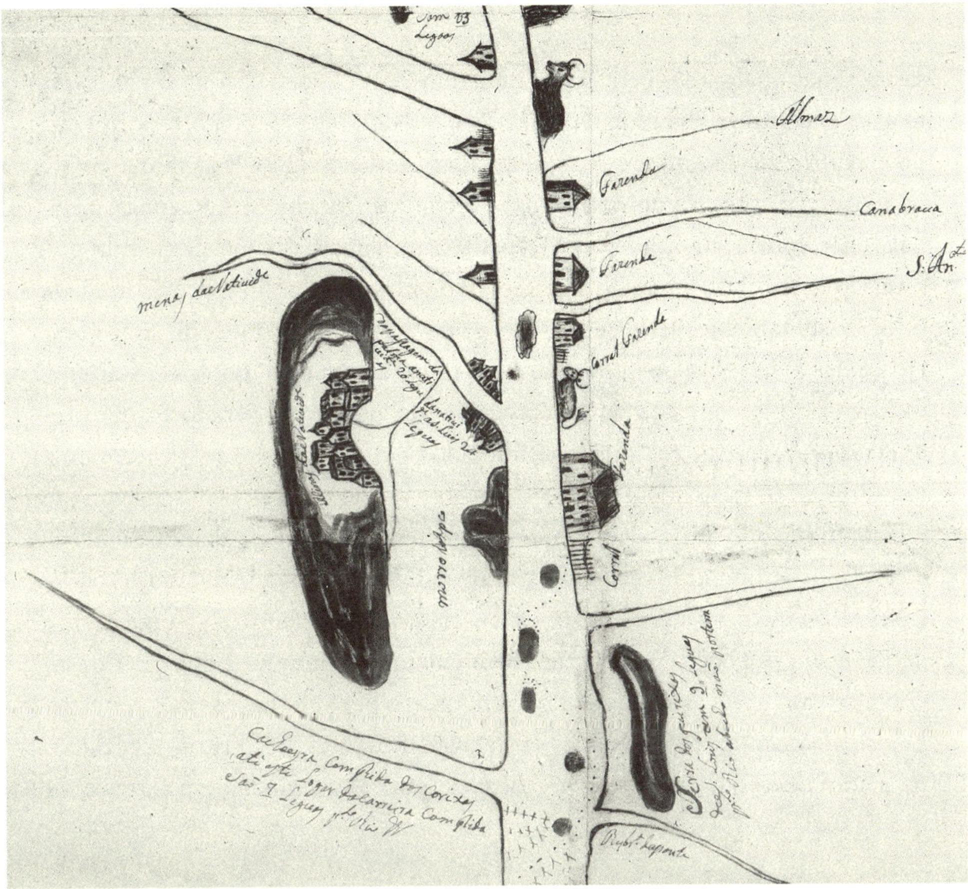

8.4. *Detalhe da região da Campanha dos Tocantins já povoada, na* Carte manuscrite de la navigation de la rivière des Tocantins.

ção e pela cultura do gado (Fig. 8.5). Esses lugares já tinham seus próprios nomes, como o arraial de São Félix, o rio Palma e a fazenda de São José. O mapa também registra locais que a expedição não alcançou, apesar de terem tido notícias de algumas delas pelos moradores, como o arraial de São Félix das Terras Novas, a fazenda de Pedro Barros e as Minas de Natividade.[22] A derrota enviada pelo governador do Pará também procurou deixar suas marcas na paisagem. Seus integrantes edificaram na margem esquerda, próximo à foz do Araguaia, a partir de uma "aldeia de seiscentos arcos [...] que estava pelo mato dentro" e que fizeram descer para a beira do Tocantins, submetendo os nativos à autoridade régia e impondo-lhes a espacialidade urbana ocidental, "um arraial de casas nos matos, algumas bem-feitas". Quando Costa Diogo passou por ali, o arraial se encontrava abandonado, mas deve ter sido repovoado posteriormente, pois a *Carte des Tocantins* o representa, nomeando-o Purate (Fig. 8.5).

A partir da barra do Araguaia até a confluência com o Amazonas, os sinais da colonização voltam a se repetir com alguma frequência, ainda que muitas das edificações estivessem abandonadas, revelando a provisoriedade desses assentamentos frente ao agreste da natureza e aos ataques de índios bravios, cujas aldeias vez ou outra aparecem representadas por pontos em círculo, distinguindo-as das casas, das igrejas e dos currais dos colonizadores, que pretendiam ser perenes. No quadragésimo dia, Costa Diogo e os seus chegaram a um "arraial de casas" desabitado, onde encontraram um pouco de farinha já pilada, indicando a pressa com que os habitantes o haviam abandonado. No 42º, ultrapassaram uma cachoeira grande, que "aqui chamam a Itaboca", onde, em uma enseada, avistaram "uma rancharia no mato, e junto dela uma cruz, e defronte em um coroa, outra cruz", sem encontrar morador algum.[23] "Coroa" eram os bancos de areia, desenhados no mapa para alertar os derroteiros. A *Carte des Tocantins* representa os obstáculos desse trecho do rio — a cachoeira, a coroa e as ilhas próximas —, além do povoado assinalado por três casinhas e sua cruz.

O TOCANTINS E A GEOPOLÍTICA DE FRONTEIRAS

Um dos aspectos mais desafiadores para o historiador da cartografia consiste em desvendar as leituras e os usos dos mapas e se esses foram instrumentalizados para conferir ao território representado novos significados. A *Carte des Tocantins* serviu para D'Anville representar parte do centro-oeste do Brasil na *Amérique Méridionale*, que produzia com a estreita colaboração de d. Luís da Cunha. O objetivo do embaixador português era que esse mapa geral do continente servisse para nortear um grande acordo de limites com a Coroa espanhola. Atento à reorientação na dinâmica do Império português, com o progressivo deslocamento do seu centro econômico do Oriente para o Brasil,[24] ele envidou esforços para que Portugal mantivesse as minas de Goiás e do Mato Grosso sob seu domínio.

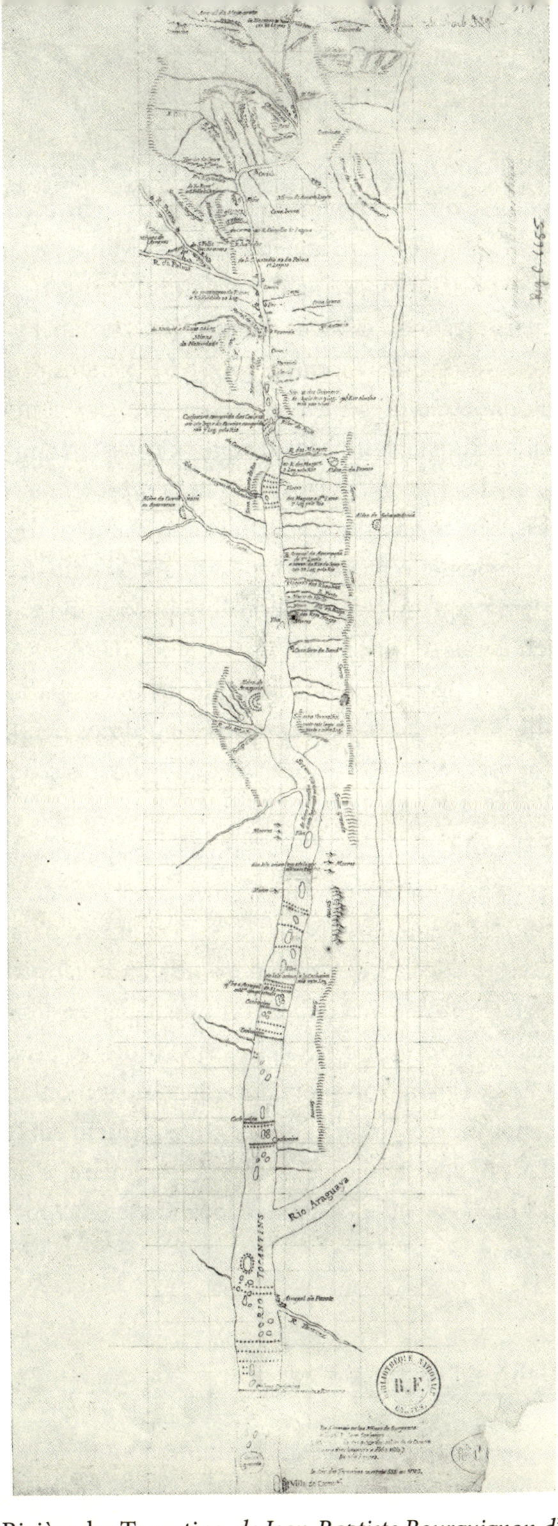

8.5. Amérique. Rivière des Tocantins, *de Jean-Baptiste Bourguignon d'Anville.*

Graças ao posicionamento do leito, a *Carte des Tocantins* permitiu que D'Anville configurasse o rio com mais precisão. Ele estabeleceu a distância entre a foz e a nascente, mais especificamente entre as Minas de Goyases e Cametá, em 367 léguas e posicionou seu leito correndo do sul-sudeste para o norte-noroeste. Primeiro fez um esboço manuscrito, um mapa primário, que intitulou *Amérique. Rivière des Tocantins* (Fig. 8.5). Nele, os principais elementos do mapa original estão presentes, mas representados com símbolos gráficos convencionados, de matiz iluminista, que se caracterizam pela contenção e pela simplicidade das formas, objetivando uma representação mais racional do espaço.[25] Casas, cercas e bois que adornavam o primeiro desaparecem; borrões que, indistintamente, representavam montanhas e ilhas se transformam — as primeiras, em pequenos traços paralelos, e as segundas, em círculos vazados —; as cachoeiras são indicadas com cruzes paralelas e as corredeiras com linhas contínuas, de onde pendem pequenos traços paralelos, para indicar um empecilho à navegação. As letras dos topônimos deixam de ser cursivas e passam a ser escritas em fôrma; a grafia das palavras se torna clara e precisa, e o tamanho das letras de cada uma é proporcional à hierarquia dos elementos geográficos. Outra razão de produzir o mapa primário foi estabelecer uma escala proporcional à utilizada na *Amérique Méridionale*, para facilitar a transferência dos elementos geográficos do primeiro para a segunda.[26]

A contenção estilística é mais evidente ainda na *Amérique Méridionale*, e o Tocantins se torna uma linha estreita e contínua, que se estende verticalmente ao sul do Equador até cruzar o paralelo 15º S. Todos os textos informativos desaparecem, os traços paralelos que representavam as montanhas são substituídos por pequenos morros, os afluentes se transformam em finas linhas contínuas, encimadas por seus nomes, e a palavra "cachoeira" é disposta à direita do trecho do rio onde se situa. Algumas localidades das margens têm seus topônimos indicados.

O VAZIO SE TORNA PRESENÇA

Seguindo a posição que a *Carte des Tocantins* apontava, D'Anville posicionou o Tocantins no sertão interior do Brasil e, a partir de outros mapas fornecidos por d. Luís da Cunha, estabeleceu sua distância em relação ao rio São

Francisco.[27] O primeiro, a oeste, ficou a cerca de 32º de longitude, e o segundo, a leste deste, a 25º de longitude em média, posições indicadas a partir do meridiano de Ferros, pelo qual a *Amérique Méridionale* está orientada. Isso significou o aparecimento de um grande espaço de território entre os dois rios que, de acordo com D'Anville, antes eram desconhecidos. Justificou a falta nas "cartas precedentes", pelo fato de esta "vasta extensão desse continente" ter sido representada como "coisas vagas e de pura presunção".[28] O território vazio que surgiu não era desprezível e "superará mais de duas vezes a extensão da França".[29]

Entre os dois rios, bem no coração do Brasil, para dar visualidade ao acréscimo, inseriu uma cartela de texto com os dizeres: "Nesta parte do Brasil se observa um espaço de cerca de 50 mil léguas francesas quadradas, de que as cartas precedentes não deram conhecimento algum". Na Memória que escreveu sobre o mapa, explicou que esse amplo espaço vazio não deveria ser tomado como uma ausência, e sim como uma presença, pois era um "objeto novo", um acrescentamento de território à América portuguesa, que ele agora trazia à luz, constituindo-se numa novidade que diferenciava sua carta das precedentes.

O que se observa entre a costa do Brasil e o Tocantins é uma duplicidade de linguagens (uma pictórica e outra discursiva) que objetivam a mesma função: legitimar a extensão do domínio português. A primeira aparece a leste do rio São Francisco, território intra Tordesilhas, onde o desenho de um emaranhado de signos geocartográficos naturais e humanos — rios, montanhas, lagos, caminhos, vilas, arraiais e pousos — dava a ver e justificava o domínio lusitano. Na parte oeste do São Francisco, que se estende até o Tocantins, aparece a segunda. Esse espaço se configura como um vazio gráfico e é a fala do cartógrafo, no texto ali inserido, que legitima a posse desse vasto território, em branco, ainda desconhecido, mas sob o domínio dos portugueses. Essa nova forma de representar e legitimar a posse desse território, possível pela consulta à *Carte des Tocantins*, ainda que revelasse a descontinuidade da interiorização dos luso-brasileiros, era consoante com a defesa que d. Luís da Cunha fazia de legitimar a posse pela colonização, invocando o conceito do uti possidetis.[30] Ao longo do rio, a presença dos luso-brasileiros era evidente nas fazendas, nos assentamentos urbanos e nas lavras minerais, que legitimavam seus direitos possessórios, o que permitiu inventar um Brasil que não existia.[31]

NOTAS

1. Junia Ferreira Furtado, "Metamorfoses da colonização: O rio Tocantins e a expansão para o oeste em mapas e relatos (século XVIII)". *Tempo*, Niterói, v. 22, n. 40, pp. 367-99, 2016.

2. Junia Ferreira Furtado, *Oráculos da geografia iluminista: Dom Luís da Cunha e Jean-Baptiste Bourguignon D'Anville na construção da cartografia do Brasil*. Belo Horizonte: Ed. UFMG, 2012, pp. 430-4; Junia Ferreira Furtado, *O mapa que inventou o Brasil*. Rio de Janeiro: Versal; São Paulo: Odebrecht, 2013, pp. 222-9.

3. Jean-Baptiste Bourguignon d'Anville, "Seconde Lettre de Monsieur d'Anville à Messieurs du *Journal des Sçavans*, sur une Carte de l'Amérique Méridionale qu'il vient de publier". *Le Journal des Sçavans*, Paris, p. 659, abr. 1750.

4. Neil Safier, *Measuring the New World: Enlightenment Science and South America*. Chicago: Chicago University Press, 2008.

5. Neil Safier, "Como era ardiloso o meu francês: Charles-Marie de La Condamine e a Amazônia das Luzes". *Revista Brasileira de História*, São Paulo, v. 29, n. 57, pp. 91-114, jan.-jun. 2009; Junia Ferreira Furtado e Jorge Pimentel Cintra, "A *Carte de l'Amérique Méridionale* de Bourguignon d'Anville: Eixo perspectivo de uma cartografia amazônica comparada". *Revista Brasileira de História*, São Paulo, v. 31, n. 62, pp. 273-316, 2011.

6. Junia Ferreira Furtado, op. cit., 2012, pp. 427-34, 449-51, e Junia Ferreira Furtado, op. cit., 2013, pp. 222-9, 269-75.

7. Charles-Marie de La Condamine, *Viagem na América Meridional descendo o rio Amazonas*. Brasília: Editora do Senado Federal, 1984 [1745].

8. Neil Safier, op. cit., 2008, pp. 123-65.

9. Junia Ferreira Furtado, op. cit., 2012; Junia Ferreira Furtado, op. cit., 2013.

10. José Leme Galvão Júnior, "Pirenópolis". In: José Pessoa e Giorgio Piccinato (orgs.), *Atlas de centros históricos do Brasil*. Rio de Janeiro: Casa da Palavra, 2007, pp. 90-5.

11. Arquivo Histórico Ultramarino (AHU). Manuscritos Avulsos de Goiás (MAG). Caixa 1, doc. 12, *Roteiro da derrota do rio Tocantins até Belém do Pará*, fls. 2v-3v.

12. Kátia Maia Flores, *Caminhos que andam: O rio Tocantins e a navegação fluvial nos sertões do Brasil*. Goiânia: Ed. da UCG, 2009, p. 45.

13. *Annaes da Bibliotheca e Archivo Publico do Pará*, t. I, pp. 206-7, 1902.

14. Tudo indica se tratar do rio Itacay-Una, hoje Itacaiunas, e do povoado que originou Marabá, hoje Velha Marabá, no estado do Pará.

15. AHU. MAG. Caixa 1, doc.12, op. cit., fls. 1-11.

16. AHU. MAG. Caixa 1, doc. 8, *Roteiro de viagem de José da Costa Diogo e João* [sic] *Barbosa, sobre a derrota do rio São Francisco pelo rio Urucuya até as Minas de Goyases em 1734*, f. 1-4.

17. Junia F. Furtado, op. cit., 2016, pp. 371-5.

18. AHU. MAG. Caixa 1, doc. 12, op. cit., f. 11.

19. AHU. MAG. Caixa 1, doc.12, op. cit., f. 9v, 18.

20. Talvez seja o arraial de mesmo nome que, no Alvará que organizou a administração do território de Goiás, em março de 1809, determinou que ficasse na Comarca do Sul, sob jurisdição de Vila Boa. Benvinda Barros Dourado, *Educação no Tocantins: Ginásio Estadual de Porto Nacional*. Goiânia: UFG, 2010, p. 29.

21. AHU. MAG. Caixa 1, doc. 12, op. cit., fls. 10v-11, 13-14.

22. AHU. MAG. Caixa 1, doc. 12, op. cit., f. 5-6.

23. AHU. MAG. Caixa 1, doc. 12., op. cit., f. 9v-10.

24. Junia Ferreira Furtado, "Dom João V e a década de 1720: Novas perspectivas na ordenação do espaço mundial e novas práticas letradas". In: João Luís Ribeiro Fragoso e Maria de Fátima Gouvêa (orgs.), *O Brasil colonial (1720-1821)*. Rio de Janeiro: Civilização Brasileira, 2014, v. 3, pp. 61-110. Para esse movimento já no século XVII, ver Andréa Doré, "O deslocamento de interesses da Índia para o Brasil durante a União Ibérica: Mapas e relatos". *Colonial Latin American Review*, Albuquerque, v. 23, n. 2, pp. 172-97, 2014.

25. Junia Ferreira Furtado, "Um novo gosto". In: *Quebra-cabeça africano: Como um embaixador português, um geógrafo francês, um escritor inglês e um pirata imaginário transformaram a cartografia da África e abriram as portas para o imperialismo*. Belo Horizonte: Miguilim; Odisseia, 2021, pp. 394-7.

26. Ibid., p. 401. Na *Afrique*, de 1749, utilizou a razão de 4 para 1 entre os mapas primários e o geral.

27. O principal mapa usado como comparação foi a *Carte huilée des côtes du Brésil depuis l'Île de Maldonado à l'embouchure de la Plata jusqu'au Maragnon*, desenhado por Antônio Alves da Cunha, sobrinho do embaixador, e um roteiro de viagem pelo São Francisco escrito pelos irmãos Nunes. Junia Ferreira Furtado, op. cit., 2012, pp. 386-96, 433-4; Junia Ferreira Furtado, op. cit., 2013, pp. 168-209.

28. Jean-Baptiste B. d'Anville, op. cit., pp. 658-9.

29. Sttutgart. Robert Bosch Collection, n.m539 (2). D'Anville, *Seconde Mémoire concernant l'Amérique méridionale*, 1779, f. 4.

30. Junia Ferreira Furtado, "Portuguese America Under Foreign Threat and the Creation of the Concept of *uti possidetis* in the First Half of the 18th Century". *Espacio, Tiempo y Forma. Série IV, Historia Moderna*, Madri, n. 34, pp. 109-42, 2021.

31. Junia Ferreira Furtado, op. cit., 2013.

LEITURAS COMPLEMENTARES

COSTA, Antônio Gilberto C. (org.); FURTADO, Junia Ferreira; RENGER, Friedrich Ewald; SANTOS, Márcia Maria Duarte. *Cartografia da conquista do território das minas*. Lisboa: Kappa; Belo Horizonte: Ed. UFMG, 2004.

HOLANDA, Sérgio Buarque de. *Monções*. Organização de Laura de Mello e Souza e André Sekkel Cerqueira. 4. ed. São Paulo: Companhia das Letras, 2014.

PALACIN, Luiz. *O século do ouro em Goiás*. Goiânia: Oriente; Brasília: INL-MEC, 1979.

RODRIGUES, Lysias A. *O rio dos Tocantins*. Goiânia: Unigraf, 1978.

9. O espaço indígena

Mapa del pueblo de Nuestra Señora de la Concepción de La Cruz, *1784*

Artur Barcelos

Em Buenos Aires, no Archivo General da la Nación, descansam dois mapas. Não estão esquecidos. Não são ignorados pelos especialistas em cartografia histórica. Apenas não estão entre aqueles que já foram elevados à iconosfera cartográfica brasileira. São peças soltas de um quebra-cabeça legado pelo processo que resultou nas fronteiras do Brasil com os países vizinhos. Intitulados *Mapa del pueblo de Nuestra Señora de la Concepción de La Cruz*, de 1784 (Fig. 9.1), e *Herbal del pueblo de Loreto* (Fig. 9.2), de 1773, os dois expressam uma realidade em que a região ainda se encontrava sob domínio espanhol e revelam um processo histórico no qual recortes, silêncios, ocultações e rechaços apagaram as relações social, histórica, geográfica, política e cultural que existiam entre o hoje Sul do Brasil e a Região Platina. Essa operação historiográfica é bem conhecida nas paragens meridionais.[1] O resultado foi tão eficaz que acabou gerando uma versão muito particular sobre a consolidação das fronteiras sulinas. Onde as frentes coloniais de Portugal e Espanha se tocavam, uma série de agentes históricos engendrou um enredo que se tornou singular no que diz respeito às afamadas missões jesuíticas, estabelecidas no intuito de evangelizar os índios guaranis.

Além de permitirem outra visão sobre espaços em disputa, muitas vezes ocultos nos silêncios e vazios da cartografia, esses dois mapas se destacam por

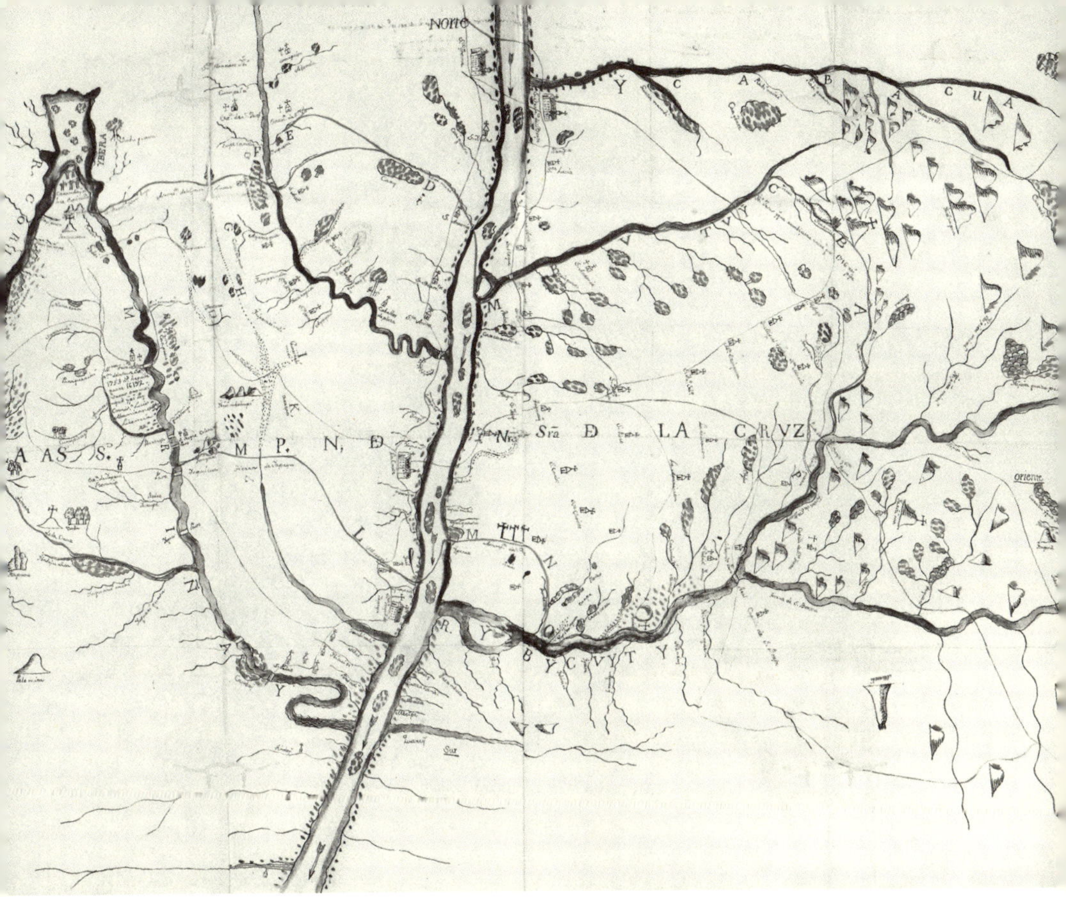

9.1. Mapa del pueblo de Nuestra Señora de la Concepción de La Cruz, *1784, anônimo.*

sua excepcionalidade. São testemunhos tanto da presença das populações originais da América quanto do domínio e do uso da cartografia de feição europeia por esses nativos,[2] cujos remanescentes hoje são raros, mormente na América do Sul. Para o caso do Altiplano há alguns mapas considerados representantes de uma cartografia indígena.[3] Porém, para as Terras Baixas,[4] não há nenhum caso conhecido para além de um pequeno conjunto de cinco mapas dos quais fazem parte os tratados neste capítulo. Por serem mapas elaborados em um contexto específico, expressam elementos que sobrepassam a questão das fronteiras entre territórios coloniais e, posteriormente, nacionais. A cartografia indígena se difere da europeia, na medida em que nela são diferentes os conceitos de espaço e território. Contudo, por serem os mapas indígenas fruto dessa dupla matriz, a percepção dessas diferenças não é tão evidente. Assim, tomá-los como expressão de uma espacialidade indígena, uma territorialidade dos gua-

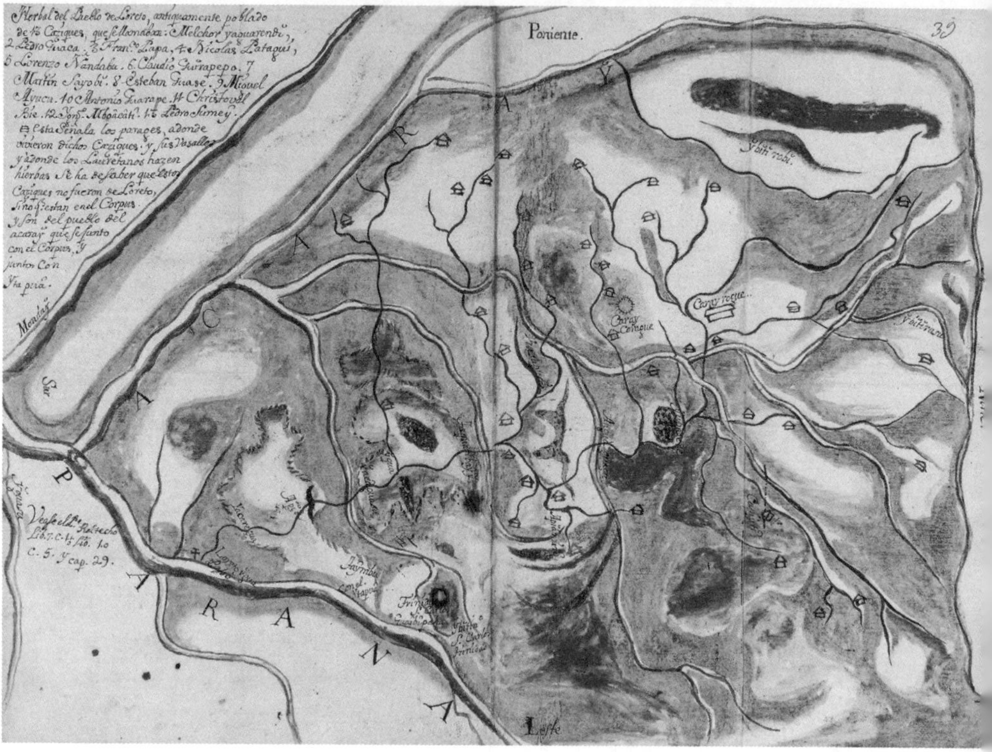

9.2. Herbal del pueblo de Loreto, *1773.*

rani, é algo que deve ser feito com cautela. Todavia permitem, isso sim, aproximá-los das concepções territoriais desses povos nativos que eram evangelizados pelos missionários jesuítas.

AS MISSÕES JESUÍTICAS E A CARTOGRAFIA

Entre 1610 e 1768, os missionários da Companhia de Jesus a serviço da Coroa de Espanha viveram entre os guaranis no entorno das bacias dos rios Uruguai, Paraguai e Paraná, formadores do rio da Prata, região então sob domínio espanhol, nas chamadas Missões do Paraguai (Fig. 10.2). O processo de evangelização levado a cabo por franciscanos e jesuítas nos séculos XVI ao XVIII esteve marcado pela ideia de "civilizar" as populações indígenas por meio de sua conversão ao cristianismo e da adoção de pautas culturais europeias. A vida nos *pueblos*, povoados com traçados urbanos e administração política através de *cabildos*,[5] que sob a administração dos jesuítas eram chamados *reducciones*, foi uma marca distintiva das missões dos jesuítas espanhóis. No intuito de realizar sua evangelização total, estabeleceram um pacto com os caciques, os tuvichás, chefes de famílias guaranis. Um pacto complexo, lento na sua implementação, não sem reveses e recuos. O resultado foi uma alteração profunda na organização espacial dos guaranis tal como essa vinha sendo reproduzida ao longo de ao menos 3 mil ou 4 mil anos. Essa alteração foi condensada no conceito de "*reducir a pueblo*", ou seja, levar os indígenas a uma vida em núcleos urbanos, introduzindo aos poucos comportamentos políticos e administrativos de um *pueblo* espanhol e as características urbanas das cidades coloniais. Cercados pelos espanhóis, que visavam enquadrá-los na *encomenda*,[6] e pelos bandeirantes de São Paulo, que penetravam nos territórios castelhanos pela indefinição das fronteiras, pois os cobiçavam como mão de obra compulsória, os guaranis encontraram nos jesuítas uma via de sobrevivência e de adaptação a um mundo colonial cujas transformações eram irrefreáveis. Passada essa conjuntura inicial, que favoreceu a evangelização, em que pesem avanços e reveses, alguns desses assentamentos se tornaram estáveis. Ao longo de 150 anos, cinco gerações de guaranis cresceram nessas reduções e, apesar do fato de os jesuítas terem tentado atrair a elas outros grupos da região platina, como os charruas, guenoas e yarós,[7] sua população foi composta majoritariamente dos guaranis e o idioma predominante foi o seu, utilizado inclusive na documentação e na cartografia ali produzida. Dessa forma, ocorreu a emergência de uma nova identidade e se forjou a etnogênese de um tipo social, um sujeito histórico, determinado no tempo e no espaço, o guarani missioneiro.[8] Essa identidade se manifestou sobretudo quando o destino dessas populações esteve em risco, como na execução do Tratado de Madri, em 1750, analisado no capítulo 10, e após a expulsão dos jesuítas, em 1767.

Inicialmente, os guaranis foram convidados a deixar suas aldeias para se reunirem nas reduções. Os tuvichá aceitaram dividir o mesmo espaço com os demais. Contudo, dois contratempos se apresentaram. As terras originais seriam reconhecidas como sendo deles e de suas famílias, tevy, que nelas viviam antes de se reduzir a pueblo. Na redução, esses nativos teriam direito à plantação de sementeiras e hortas bem como ao uso de parcelas do solo para os cultivos de suas famílias. Complexo arranjo que respeitava, em parte, os direitos ancestrais dos guaranis ao solo. Como todos os indígenas da América, os guaranis também estavam sob proteção das Leis de Índias, estabelecidas em 1680, que reconheciam os direitos das comunidades às suas terras ancestrais, desde que essa ancestralidade fosse comprovada e as terras não fossem abandonadas. Por meio de diversas cédulas reais, os jesuítas passaram a ser "*protectores de naturales*", agindo como defensores dos direitos dos indígenas sob sua tutela. Ao longo de décadas, as reivindicações dos guaranis sobre suas terras, fossem as originárias, fossem aquelas que lhes foram atribuídas nas reduções, passaram a ser registradas em documentos oficiais.

O acesso à terra, ao solo e aos seus recursos foi uma das disputas mais dramáticas e desiguais encetadas no período colonial na América. Em que pese o destino que acabou sendo reservado aos guaranis, do século XIX em diante, ao menos durante o regime reducional uma parcela dessa etnia na Região Platina conseguiu garantir direitos e usos sobre o solo. Isso se deu, por certo, através da adesão ao sistema de reduções. Porém pesou muito a capacidade dos guaranis de se apropriar das práticas e dos saberes dos colonizadores para se defender como comunidades. Dentre esses saberes, dois se destacam, a escrita e a cartografia.[9] Há que se destacar o papel dos jesuítas, por sua dedicação à organização, à hierarquia e às práticas escriturária, epistolar e imagética, pois desenhos, plantas, planos, croquis e mapas eram produzidos por eles.[10] Relações, instruções, informes, cartas, bilhetes, diários, enfim, diversas espécies de textos documentais circulavam no âmbito da Ordem entre as áreas de evangelização e Roma, sede da Companhia de Jesus. Toda essa atividade gráfica foi vivenciada pelos grupos indígenas com os quais os missionários estabeleciam contato. Com alguns, essa vivência se tornou colaboração e, em seguida, um saber adquirido, sendo apropriado por eles. O contato com a cartografia se viu ainda mais consistente quando da tentativa de execução do Tratado de Madri. Os guaranis das reduções acompanharam de perto a Comissão de Demarcadores, contra a qual se insurgiram entre 1753 e 1756.[11] Quando, em 1777, chegaram os demarcadores do Tratado de Santo Ildefonso, a situação se repetiu.[12] Práticas, instrumentos e a importância da cartografia lhes chamou a atenção.

A escrita e a cartografia se mostraram instrumentos fundamentais para exprimir seus argumentos quando disputas de terras surgiram. Foi no trato com as instituições coloniais e jesuítas que os guaranis aprenderam a usar os saberes gráficos que percebiam ser válidos para o colonizador. A letra e o traço guaranis aparecem nos documentos que foram gerados nessas instâncias e que hoje se encontram em arquivos, museus, bibliotecas e coleções particulares, revelando que eles, ao longo de décadas, escreveram e cartografaram áreas. Após a expulsão dos jesuítas dos territórios espanhóis, em 1767, esses saberes foram fundamentais para a defesa de seus territórios, caso dos dois mapas aqui analisados.

Diante da expulsão da Ordem inaciana, os guaranis se confrontaram com uma nova realidade, em que passavam a ser enquadrados como habitantes de *pueblos de indios*, para os quais eram nomeados administradores, o que resultou numa vida civil e política totalmente autônoma em relação à anterior. Todas as práticas, sob gestão jesuítica, que garantiam seus direitos sobre suas terras, com a ativa participação dos *cabildos* indígenas, deixaram de existir. As disputas entre reduções por áreas de pastagens e para a extração de erva-mate, tão comuns, foram incrementadas por disputas com colonos *criollos*[13] que pretendiam se apropriar de terras e recursos. Em diversas situações, foram os documentos e mapas que ainda existiam nos arquivos locais que serviram de instrumentos comprobatórios junto às autoridades. Na *Memoria de los titulos, pertenencias de tierras, pleitos, y otros papeles correspondientes a estos pueblos...*, de 1784, há menção a oito mapas,[14] e no *Inventário del Pueblo de San Luis*, de 1794, aparece, entre outros, o pedido de "Doze mapas pequenos feitos pelos índios das terras deste povoado e vários *hervais*".[15]

Todos esses mapas foram produzidos pelos jesuítas ou pelos indígenas, revelando sua familiaridade com a arte cartográfica europeia, que instrumentalizavam a favor de seus interesses. A maioria dos "*hechos por los indios de las tierras*" desapareceu, mas os dois analisados neste capítulo permitem vislumbrar a cartografia indígena, revelando a agência política dos guaranis e seu diálogo com um saber europeu, compartilhado pelos missionários jesuítas espanhóis no mundo colonial. Ambos representam territórios dos quais uma parte hoje integra os estados do Paraná e do Rio Grande do Sul. São testemunhos do saber indígena e das fronteiras móveis que caracterizaram os domínios espanhóis e portugueses na região das missões jesuíticas do Paraguai.

ESPAÇOS EM DISPUTA

O mapa produzido em 1773 pode ser intitulado *Herbal del pueblo de Loreto* (Fig. 9.2), se tomarmos por base o início da extensa legenda que aparece no canto superior esquerdo: "*Erval do povoado de Loreto, antigamente habitado por 13 caciques que se chamavam...*,"[16] sendo produzido nesse *cabildo*. O lugar representado se situa na atual tríplice fronteira, entre Brasil, Paraguai e Argentina. Faz parte de um processo, em que o administrador dos pueblos de Loreto, representando os guaranis, acusa d. José de Velasco de haver se beneficiado de uma porção de erva num local chamado Acaray.[17] Para sustentar sua defesa, foi produzido o mapa que revela que a região era originariamente de caciques, cujas famílias participaram das origens das antigas reduções de Loreto, Corpus e Itapúa.

O mapa do *Herbal de Loreto* foi desenhado nas cores verde, vermelho, azul, marrom-claro e preto. Não há um símbolo de orientação, o que é indicado pelas palavras "Sur", "Poniente", "Norte" e "Leste", escritas nas quatro margens. Para posicionar o Norte na parte superior, o mapa deve ser girado 90° no sentido anti-horário. A principal área cartografada fica a leste do rio Acaray e ao norte do Paraná. Rios e arroios vertem suas águas ao sul, no Acaray, e um deles, não nominado, envolve a área central, como se intencionalmente a circunscrevesse. Da margem do rio Paraná, na parte inferior, onde está assinalado "*Loreto ygua passo*", inicia um caminho, em vermelho, que se ramifica, conduzindo a lugares assinalados pelo desenho de casas. O idioma usado para indicar os nomes de lugares é o guarani.

Para além de nomes de rios e de formações do relevo, os topônimos descrevem uma paisagem, a presença de atividades econômicas ligadas à extração de erva-mate, bem como onde os colonos espanhóis estabeleceram casas, ranchos e currais. *Capyty*, local onde se guarda palha, forragem, e *Anguà guasu*, tambor ou morteiro grande, usado para processar a erva-mate, indicam atividades econômicas. *Caray roque*, casa que foi de brancos, e *Caray corague*, curral que foi de brancos, se referem a eventos passados. O mapa funciona como uma memória visual espacial dos territórios disputados por nativos e colonizadores. A referência a lugares vinculados a outros povoados, como *Ytaimbu con el Ytapua, Trinidad San Carlos Guaibipaha* e *Ybitin San Carlos Trinidad*, indica espaços compartilhados e remonta às origens das reduções e aos seus deslocamentos, traslados e transmigrações, que acabaram por gerar sobreposições de reivindicações de vínculos em diferentes parcelas do território.

O mapa expressa a cartografia dos guaranis, elaborada como instrumento de defesa de seu território, e permite perceber os elementos cartográficos aprendidos com os jesuítas e quais são privilegiados na sua confecção. Os rios seguem como marcadores da paisagem, dada sua importância como via de deslocamento. Porém os caminhos terrestres, antes conhecidos por experiência, tradição e uso, passam a figurar em um plano 2-D, ainda que apenas como linha de conexão entre um local e outro. A área cartografada se situa a mais de duzentos quilômetros do que fora o núcleo urbano de Loreto, o que permite perceber as grandes distâncias percorridas para a extração da erva-mate.

OS LIMITES DE UM PUEBLO: LA CRUZ, 1784

Os *cabildos* dos *pueblos de indios* não tinham o direito de distribuir terras em caráter particular aos seus habitantes, prerrogativa apenas dos *cabildos* das cidades coloniais espanholas. Para que os pueblos pudessem usufruir do que entendiam como seu por direito, o faziam como parte de uma comunidade. A estas eram entregues títulos de terras, normalmente na forma de doações por meio de certificações oficiais. Durante a fase jesuítica, os missionários tinham um sistema próprio para determinar a exclusividade de uso de terras. Em caso de divergências, diligências eram feitas, incluindo visitas in loco de padres comissionados.[18] A documentação gerada nesses processos de doações e disputas permite estimar, em alguns casos, os limites, ou *términos del pueblo*, mas representações cartográficas deles são raras.

Em 1784, a administração espanhola editou uma nova organização para os antigos pueblos. Cada um teve que apresentar seus documentos, o que se tornou oportunidade para velhas disputas e reivindicações, algumas remontando ao final do século XVII e à primeira metade do seguinte. A antiga *La Asumpción de Nuestra Señora de La Cruz del Mborore*, cujo núcleo urbano ficava na margem direita do rio Uruguai, foi um desses pueblos. Como as demais reduções guaranis, nesse contexto, ela se envolveu em novos pleitos de terras. Na ocasião, foi produzido o *Inventario de los bienes comunes del pueblo de indios guaranies nombrado La Cruz*, datado de 1º de agosto de 1784, onde se encontra o mapa mais completo que se conhece do território de um *pueblo* que havia sido redução jesuítica: o *Mapa del pueblo de Nuestra Señora de la Concepción de La Cruz* (Fig. 9.1), manuscrito em cores, medindo 77 × 56 cm. A elaboração do original pelos próprios guaranis se depreende do texto do verso, onde consta: "Conforme o original que está no arquivo deste povoado".

A menção de o original se encontrar no arquivo do antigo pueblo não significa que ele foi produzido antes da expulsão dos jesuítas. É verdade que se tratava de uma prática manter ali arquivados documentos dessa época, mas a numerosa cartografia jesuítica possui poucos exemplares topográficos como esse, pois, na sua maioria, eles cobrem extensas regiões.[19] As características do mapa de La Cruz permitem avançar a hipótese de sua autoria ser guarani ainda que Julio González, o primeiro a publicá-lo, considerasse que os indígenas apenas copiavam os mapas inacianos.[20] Norberto Levinton, por sua vez, já interpreta que esses mapas serviam como um "caderno de apontamentos", e os indígenas, baseados em um mapa anterior presumidamente jesuítico, acrescentavam informações de acordo com as novas conjunturas.[21]

O elemento central que conduz o olhar do observador é um trecho do rio Uruguai, com os rios que nele deságuam, e seu curso é indicado por cinco flechas. Tal como no mapa do *Herbal del pueblo de Loreto*, este também não possui símbolo de orientação, e sim as palavras "Norte", "Sur", "Oriente" e "Occidente". Seguindo a convenção ocidental, o mapa foi orientado pelo Norte, posicionado na parte superior. O mapa cobre uma distância aproximada de 125 quilômetros, desde Santo Tomé, na atual Argentina, até um ponto ao Sul, onde recebe as águas do rio Ibicuí, hoje situado na fronteira com o Brasil; e, em torno de 250 quilômetros, de Leste a Oeste, desde um ponto do mesmo rio, até os Esteros del Iberá, na Argentina de hoje. Isso corresponde a, aproximadamente, um perímetro de 450 quilômetros e uma área de 11 700 quilômetros.

Além do Uruguai, são destacados os rios Icamaquã, Butuí e Ibicuí, seus tributários da margem direita, e os Aguapey e Miriñay, da esquerda, sendo que o curso do Miriñay está superdimensionado em sua largura e na forma, com suas águas convergindo para o Uruguai. No lado esquerdo, aparecem representadas as nascentes do rio Miriñay, que corre para o Uruguai, e do rio Corrientes, que se sabe verte no Paraná, mas o último não foi representado. Esse local recebe o nome de *Ybera* e está desenhado em formato retangular, como uma área seca, cercada de água e coberta de vegetação. Essa forma de representar os *Esteros* (alagadiços) del Iberá é comum em mapas feitos por jesuítas no século XVIII, como os de José Cardiel e José de Acosta. No mapa de La Cruz há uma série de rios e arroios das bacias do Ibicuí, do Butuí, do Miriñay e do Aguapey, podendo-se distinguir todas as nascentes assinaladas, que são representadas, conforme as convenções empregadas nos mapas europeus, cercadas por áreas de vegetação.

A toponímia de rios, dos montes e das colinas é toda em guarani. O espanhol é usado apenas para indicar os núcleos urbanos dos *pueblos*, como La Cruz, Santo Tomé e San Francisco de Borja, representados pelo desenho de igrejas. As capelas, uma estância de gado e alguns limites também estão em espanhol. Há caminhos indicados por linhas vermelhas finas, sendo que a convenção mais usual para caminhos nos mapas feitos por jesuítas é o pontilhado, e não a linha contínua,[22] como neste caso. Nele, os caminhos são desenhados como uma linha contínua vermelha, revelando certa originalidade na representação indígena em relação ao estilo empregado pelos missionários europeus. Ao longo dos caminhos e em alguns pontos isolados, há desenhos indicando capelas, num total de 57, das quais 41 estão dentro dos limites demarcados. Elas remetem ao período jesuítico e à sacralização cristã do espaço indígena. Comparado com outros mapas das missões jesuíticas de guaranis conhecidos, este é o que contém mais informações em guarani. Isso se deve ao fato de que representa uma área ampla, um pueblo específico e seus vizinhos imediatos, o que implica também a possibilidade de registrar a dinâmica da sua história espacial.

Nos documentos aos quais o mapa está vinculado, há uma cópia de um título de terras, dado a La Cruz, em 1688. Sabe-se que tal texto é uma cópia, pela curiosa inserção de letras maiúsculas em partes específicas do texto. Seu cotejo com o mapa permite perceber que as letras correspondem exatamente aos lugares por onde, no último, passa a linha vermelha em destaque. Essa corresponderia, em parte, aos limites do território do pueblo, que inclui as terras referidas no título e outras, a oeste, agregadas posteriormente, revelando a expansão territorial de La Cruz. Na margem oeste do rio Aguapey, aparece um rincão formado com a conjunção de outro rio que nele deságua, não nomeado, e há outro formado pelo encontro das águas dos rios Ybipira miri e Uruguai. Nos dois locais, há textos que podem ser traduzidos, respectivamente, "Terras que foram usadas por Jesús em 1716 inverno" ou "Terras que foram usadas por Jesús em 1716 para invernar gado". Jesús era uma redução jesuítica, e as referências apontam para antigos usos das terras. Esses exemplos revelam que o mapa se constitui numa narrativa visual dinâmica de diferentes momentos da história territorial de La Cruz que os nativos acessaram diante da necessidade de defender as terras que consideravam suas.

O *Inventario de 1784* inclui outra curiosa peça cartográfica, de menor tamanho, aproximadamente em formato A4, representando uma área específica. Também datado de 1784, pode ser intitulado *Mapas das duas vacarias* (Fig. 9.3) pelo texto que se encontra em seu verso (Fig. 9.4). Nele, os índios de La Cruz advertem que, em 1704 e 1707, haviam levado para um rincão dos rios Caraguataí e Tacuarembó cabeças de gado bovino e destacam que isso havia sido "*no tempo dos expulsos*", ou seja, dos jesuítas. O motivo principal desse mapa era reivindicar o direito a esse rincão, que era objeto de disputa com outros povoados.

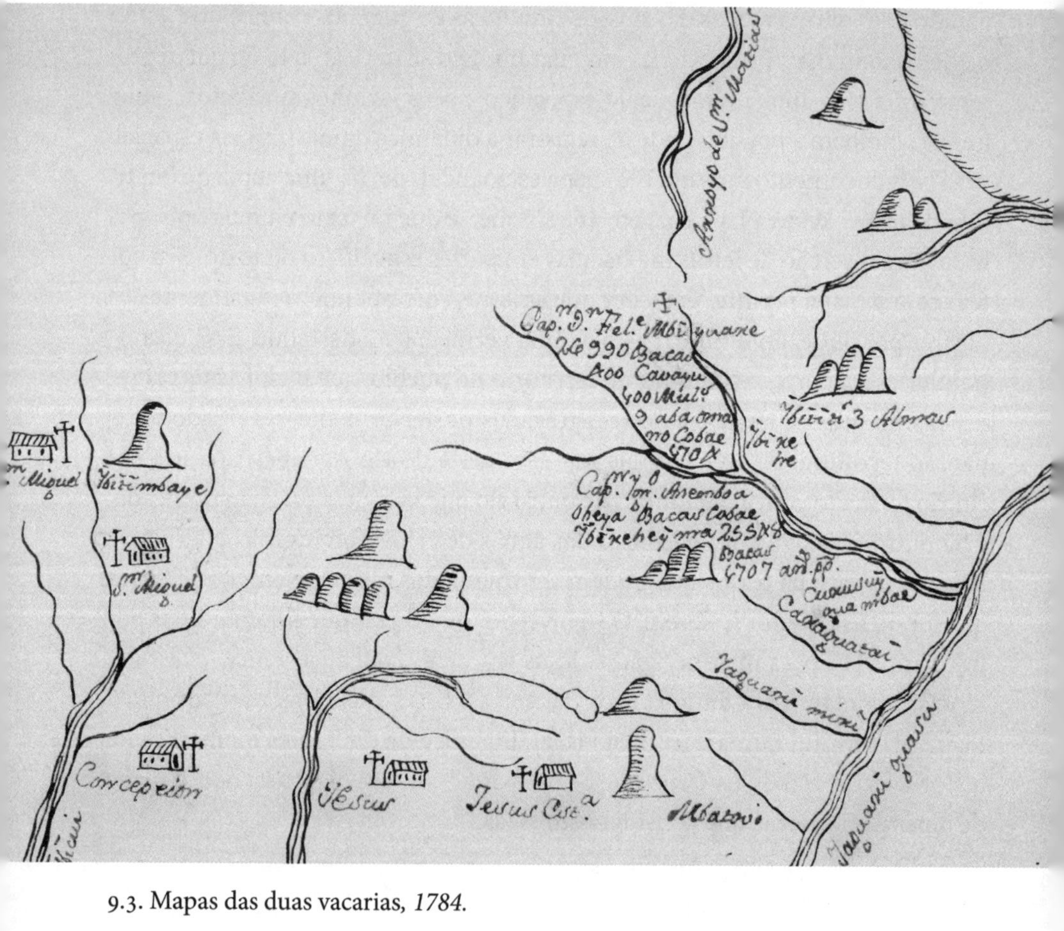

9.3. Mapas das duas vacarias, *1784.*

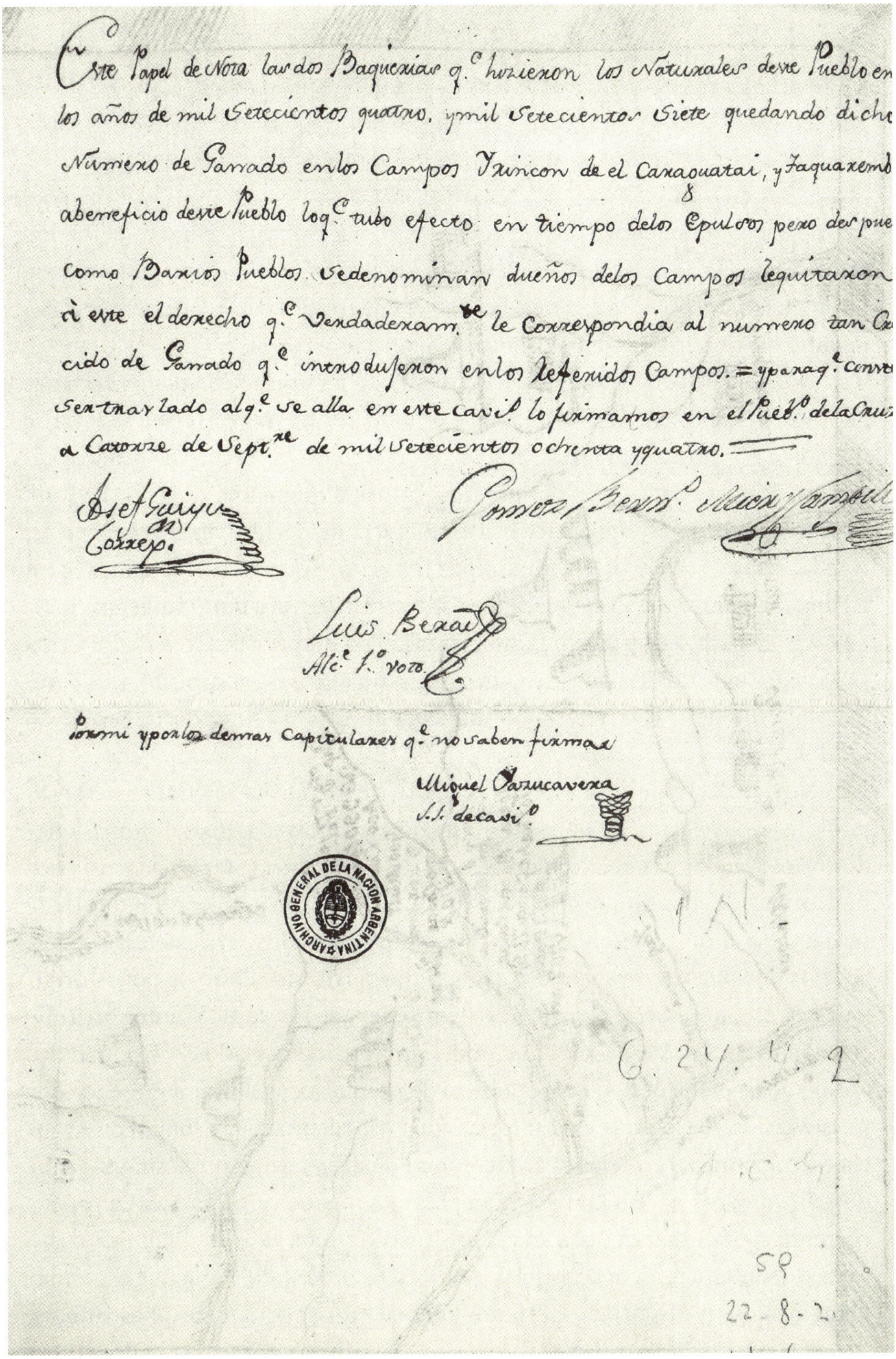

Este Papel de Nota las dos Baquerias q.e hizieron los Naturales deste Pueblo en
los años de mil setecientos quatro, y mil setecientos siete quedando dicho
Numero de Ganado en los Campos Yxiricon de el Caraguatai, y Taquarembo
a beneficio deste Pueblo lo q.e tubo efecto en tiempo delos Epulsos pero despues
como Barios Pueblos se denominan dueños delos Campos le quitaron
a este el derecho q.e verdaderam.te le Correspondia al numero tan Cre-
cido de Ganado q.e introdujeron en los referidos Campos. = y para q.e conste
ser traslado al q.e se halla en este cavil.o lo firmamos en el Pueb.o dela Cruz
a Catorze de Sept.re de mil setecientos ochenta y quatro.

Corregid.or

Luis Berai
Alc.e 1.o voto

Por mi y por los demas Capitulares q.e no saben firmar

Miguel Paracavera
S.S. de cavil.o

ARCHIVO GENERAL DE LA NACION ARGENTINA

9.4. *Verso do* Mapas das duas vacarias.

Vários indícios apontam para a autoria indígena do mapa, como o fato de ter sido feito dezessete anos após a expulsão dos jesuítas. Assemelha-se mais a um croqui, inexistindo escala ou símbolo de orientação. Três rios principais são representados, o Ibicuí, o Yaguaru guasu e um terceiro não identificado. No Yaguaru guasu, deságuam o Yaguari miri, o Caraguatay e um terceiro, em traço maior, sem nome. Próximo ao rio Caraguatay há textos, em guarani, que fazem referência aos indígenas Felipe Mbiquare e Ygnacio Ancomboa e à quantidade de vacas, cavalos e mulas levados para o local.

No atual estado do Rio Grande do Sul não há um rio chamado Caraguataí. Mas, pela presença do arroio Tacuarembó, do rio Yaguaru (ou Yaguari) e do monte Mbotovi, e com base em mapas do século XIX, é possível localizar essa área. Trata-se de uma região próxima do atual município de Dom Pedrito, situado a mais de 270 quilômetros da atual cidade de La Cruz, na Argentina. Não há registro de mapa elaborado por um jesuíta que apresente o local com tal detalhamento. O uso do guarani e a referência direta a dois indígenas, Mbiquare e Ancomboa, apontam para a autoria dos próprios nativos de La Cruz. Das quatro autoridades que assinam o verso do mapa e o certificam, três eram guaranis, um deles o secretário do *cabildo*, reforçando a hipótese de produção local do mapa.

No que diz respeito aos três exemplares cartográficos analisados neste capítulo, é possível concluir que são produções dos indígenas guaranis missionados pelos jesuítas e se relacionam à conturbada disputa de terras ocorrida nos limites meridionais do Brasil no século XVIII. A autoria indígena é indicada 1) pelo uso do idioma guarani; 2) por terem sido elaborados para a defesa dos territórios dos *pueblos*, revelando a disputa dos territórios entre os povos originais e os colonizadores; 3) pela inexistência de mapas jesuíticos anteriores que cubram os mesmos espaços e que poderiam ter sido copiados, introduzindo-se algumas alterações. 4) pelo contexto de produção, posterior à presença dos missionários. Ao reforçar essa autoria indígena, salientam-se a longa convivência e a colaboração entre os guaranis e missionários cartógrafos jesuítas, quando os primeiros aprenderam a manipular os signos cartográficos europeus correntes. Esses mapas ilustram uma situação pretérita mas dinâmica desse espaço fronteiriço, ocupado pelas missões jesuíticas do Paraguai e permanentemente em disputa no período colonial entre portugueses e espanhóis, preenchendo várias lacunas da formação histórica das fronteiras do Brasil, Argentina, Paraguai e Uruguai atuais. Os mapas vislumbram a maneira como os guaranis das reduções conceberam os seus territórios tradicionais e os defenderam em diferentes contextos impostos pelos colonizadores. São exemplares raros da apropriação e do uso da cartografia por indígenas na luta pela defesa do seu mundo e de sua própria sobrevivência constantemente ameaçados.

NOTAS

1. Ieda Gutfreind, *A historiografia rio-grandense*. Porto Alegre: Ed. UFRGS, 1992.

2. Junia Ferreira Furtado e Neil Safier, "Indigenous Peoples and European Cartography". In: Mary Sponberg Pedley e Matthew H. Edney (orgs.), *The History of Cartography, Volume 4: Cartography in the European Enlightenment*. Chicago: Chicago University Press, 2020, parte 1, pp. 663-72.

3. Willian Gustav Gartner, "Mapmaking in the Central Andes". In: David Woodward e G. Malcolm Lewis (orgs.), *The History of Cartography: Cartography in the Traditional African, American, Arctic, Australian, and Pacific Societies*. Chicago: University of Chicago Press, 1998, v. 2, pp. 257-300.

4. A América do Sul possui um relevo marcado por terras altas e terras baixas. No Oeste está a Cordilheira dos Andes, que junto com Altiplano Boliviano compõem as terras altas. No centro estão as planícies Platina, Amazônica e do Orinoco, que junto com os planaltos brasileiro, patagônico e das Guianas compõem as terras baixas.

5. *Cabildos* eram os órgãos administrativos dos pueblos, vilas e cidades espanholas, sendo autônomos para os colonos e tutelados pelos missionários nas reduções. Ver Pedro Borges, *Misión y Civilización en América*. Madri: Alhambra, 1986; Arno Alvarez Kern, *Missões: Uma utopia política*. Porto Alegre: Mercado Aberto, 1982.

6. John Elliot, "A conquista espanhola e a colonização da América". In: Leslie Bethell (org.), *História da América Latina: América Latina Colonial*. São Paulo: Edusp, 1998, v. 1, pp. 134-94.

7. Jean T. Baptista, "A visibilidade étnica nos registros coloniais: Missões guaranis ou missões indígenas?". In: Nelson Boeira e Tau Golin (orgs.), *História geral do Rio Grande do Sul*. Porto Alegre: Méritos, 2009, pp. 207-28. v. 5: Povos indígenas.

8. Guillermo Wilde, *Religión y poder en las misiones de guaraníes*. Buenos Aires: Editorial SB, 2009.

9. Artur H. F. Barcelos, "El saber cartografico indígena entre los guaraníes de las misiones jesuíticas". In: Guillermo Wilde (org.), *Saberes de la Conversión. Jesuitas, indígenas e Imperios Coloniales en las Fronteras de la Cristiandad*. Buenos Aires: Editorial SB, 2011, pp. 191-204; Eduardo Neumann, *Letra de índios: Cultura escrita, comunicação e memória indígena nas Reduções do Paraguai*. São Bernardo do Campo: Nhanduti, 2015.

10. José Eisenberger, *As missões jesuíticas e o pensamento político moderno. Encontros culturais, aventuras teóricas*. Belo Horizonte: Ed. da UFMG, 2000; Junia F. Furtado, "Society of Jesus (Rome)". In: Mary Sponberg Pedley e Matthew H. Edney (orgs.), *The History of Cartography, Volume 4: Cartography in the European Enlightenment*. Chicago: Chicago University Press, 2020, part 2, pp. 1311-9.

11. Tau Golin, *A Guerra Guaranítica: Como os exércitos de Portugal e Espanha destruíram os sete povos dos jesuítas e índios guaranis no Rio Grande do Sul*. Porto Alegre: Ed. UFRGS, 1998.

12. Jeffrey Alan Erbig Jr., *Where Caciques and Mapmakers Met: Border Making in Eighteenth-Century south America*. Chapel Hill: The University of North Carolina Press, 2020.

13. Na área castelhana, *criollo* é o termo usado para se referir a brancos nascidos na América que comprovassem ascendência de pai e mãe também brancos.

14. *Memoria de los titulos, pertenencias de tierras, pleitos, y otros papeles correspondientes a estos pueblos que quedan en el archivo de esta capital*. AGN, sala IX, 22-02-07.

15. División Colonia, Sección Gobierno Misiones, San Luis Gonzaga 1794-1800. AGN, sala IX, 3-6-4.

16. Guillermo Wilde, op. cit., p. 150; AGN, IX, 40.2.5 — Tribunales, Leg. 12. Exp. 33.

17. Idem.

18. Artur H. F. Barcelos, *O mergulho no Seculum: Exploração, conquista e organização espacial jesuítica na América Espanhola Meridional*. Porto Alegre: Animal, 2013.

19. Dos 51 mapas reunidos por Furlong, em 1936, apenas quinze são mapas topográficos, dos quais oito são de autoria do padre José Sánchez Labrador, e ao menos dois podem ser inseridos na cartografia indígena. Guillermo Furlong, *Cartografía jesuítica del Río de la Plata*. Buenos Aires: Facultad de Filosofia y Letras, 1936.

20. Julio Cesar González, "Contribución al Conocimiento de la Cartografía Colonial". *Boletín del IIH*, Buenos Aires, año XVII, t. XXIV, n. 81-4, pp. 36-62, julio de 1939-junio 1940.

21. Norberto Levinton, "La micro-región: Espacio y tiempo en la cartografía producida por la interacción jesuítico-guaraní". *Anuario de Estudios Americanos*, Madri, v. 67, n. 2, pp. 577-604, 2010.

22. Uma exceção é o *Descripción, ò mapa de la Vaqa.* [*Vaqueria*] *nueba*, sem autoria, mas com características de mapa jesuítico, no qual o caminho dos povoados aos ervais à vacaria nova é uma linha contínua vermelha. BNRJ — ARC.001,08,030.

LEITURAS COMPLEMENTARES

HARLEY, John B. "La cartografía de Nueva Inglaterra y los nativos norteamericanos." In: ______. *La nueva naturaleza de los mapas: Ensayos sobre la historia de la cartografía*. México: FCE, 2005, pp. 209-38.

HIDALGO, Alex. *Trail of Footprints A History of Indigenous Maps from Viceregal Mexico*. Austin: University of Texas Press, 2019.

LEWIS, G. Malcolm. "Maps, Mapmaking, and Map use by Native North Americans." In: WOODWARD, David; LEWIS, G. Malcolm (orgs.). *The History of Cartography: Cartography in the Traditional African, American, Arctic, Australian, and Pacific Societies*. Chicago: University of Chicago Press, 1998, v. 2, pp. 51-182.

MELIÀ, Bartomeu. *El guaraní conquistado y reducido*. Assunção: Ceapag, 1986.

RULL, Ana Pulido. *Mapping Indigenous Land: Native Land Grants in Colonial New Spain*. Norman: University of Oklahoma Press, 2020.

10. A negociação das fronteiras

Mapa dos confins do Brazil com as terras da Coroa de Espanha na America Meridional no anno de 1749

Iris Kantor

O *Mapa dos confins do Brazil com as terras da Coroa de Espanha na America Meridional no anno de 1749* (Fig. 10.1) é um documento manuscrito, aquarelado, de 60 × 54 cm, que norteou a negociação do Tratado de Madri, assinado entre as Coroas ibéricas a 13 de janeiro de 1750. Por ter sido acordado entre ambas, ficou conhecido como *Mapa das cortes*. Para além da questão diplomática, sua importância reside no fato de exibir as transformações dramáticas vivenciadas pelas populações ameríndias e pelos habitantes do interior do continente, onde a soberania territorial dos impérios marítimos ibéricos era fluida, descontínua e intermitente. Nesse sentido, a análise aqui empreendida não se centra na sua instrumentalização para a negociação de fronteiras e sim na maneira como os confins do Brasil aparecem nela representados.

CONTEXTO DE ELABORAÇÃO, FONTES E MATERIALIDADE

O visconde Tomás Teles da Silva, embaixador de Portugal em Madri, confessou a 12 de janeiro de 1747 que, "finalmente, a conjuntura [para a assinatura de um tratado de limites] não pode ser mais favorável, e o que nela se não conseguir em nenhum tempo se conseguirá".[1] A ascensão ao trono de Fernan-

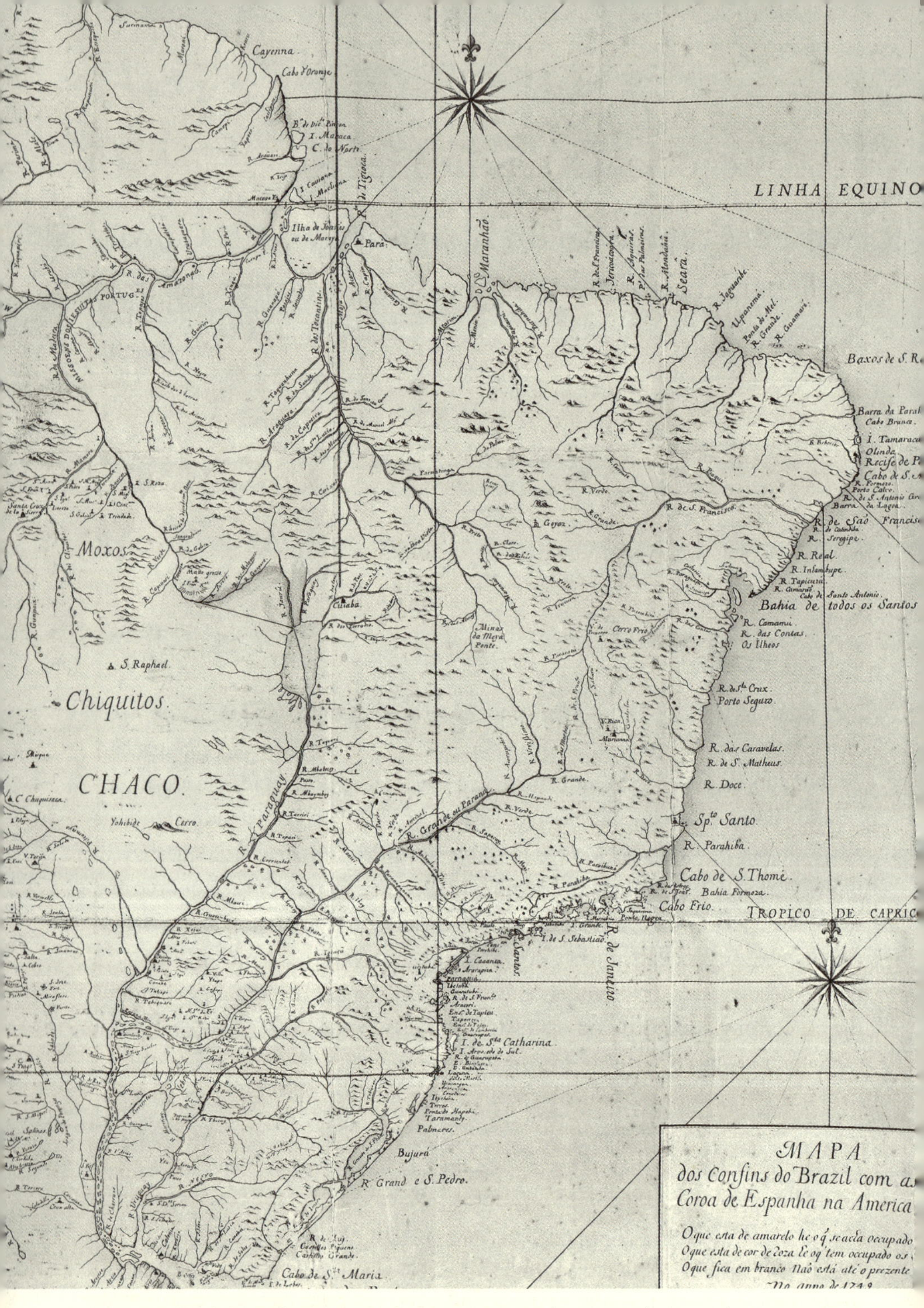

10.1. Mapa dos confins do Brazil com as terras da Coroa de Espanha na America Meridional…, *1749, anônimo.*

do VI (casado com a princesa portuguesa Maria Bárbara de Bragança) facilitou a aproximação entre as duas cortes, decididas a estabelecer acordos territoriais e a coibir o contrabando de mercadorias e de escravizados em suas fronteiras, especialmente na América Meridional.

As negociações exigiram muitos mapas à vista, como relata, em abril de 1749, o embaixador português sobre os seus encontros com d. José de Carvajal y Lancaster: "Principiamos a dita conferência com o mapa à vista que fizeram os jesuítas do Paraguai [Fig. 10.2], e emendou M. d'Anville no ano de 1732, por ser como eu entendo, o único, não falando no do padre Samuel Fritz, que também tinha presente" [Fig. 6.1]. O representante espanhol, no entanto, "preferiu um exemplar impresso em tafetá, para poder melhor passar uns fios de seda, que assinalassem os ditos limites, podendo com muito mais facilidade no mapa impresso em papel, que é menos confuso, lançar riscos de lápis vermelho, que fizessem o mesmo efeito. Reparei em que os sinais ou fios marcavam bem os ditos limites na forma que no plano se apontavam".[2]

No mesmo encontro, Tomás da Silva Teles apresentou pela primeira vez o *Mapa dos confins...*, causando a admiração do negociador espanhol, que reconheceu que o documento elucidava vários pontos duvidosos, solicitando, porém, um tempo para examiná-lo com mais vagar. Silva Teles, por sua vez, receou compartilhar as notícias geográficas compulsadas pela rede de informantes sertanejos, que "deste espaço de país têm muito melhor conhecimento".[3] Certamente, tanto um lado como outro estavam munidos de informações que não foram compartilhadas, o sigilo era mútuo e fazia parte do xadrez geopolítico. De qualquer modo, a estratégia portuguesa era impedir o acesso dos castelhanos às lavras de ouro na região do Mato Grosso, examinadas no capítulo 8, e, também, cortar as vias de comunicação entre as missões dos moxos e chiquitos (na atual Bolívia) com as missões jesuíticas do Paraguai.

Para configurar as terras espanholas no *Mapa dos confins...*, foram utilizadas cartas geográficas produzidas pelos padres da Província Jesuítica do Paraguai, especialmente a *Paraquariae Provinciae Societatis Iesu*, atribuída a Antonio Machoni, publicada em 1732; e a *Le Paraguai*, de Jean-Baptiste Bourguignon d'Anville, publicada nas *Lettres édifiantes et curieuses, écrites des missions étrangères*, em 1733. Para o Sul e o Centro-Oeste, partindo da costa atlântica, foram mobilizados os mapas dos dois padres jesuítas Diogo Soares e Domenico Capacci, contratados por d. João V na década de 1730 para confeccionar o *Atlas das longitudes astronômicas na América portuguesa*.[4]

10.2. Mapa de las Missiones de la Compañia de Jesus en los rios Paranà y Uruguay…, *1749, de José Quiroga (ed. 1753).*

Gomes Freire de Andrade, governador do Rio de Janeiro, enviou diversas cartas geográficas que representavam os caminhos entre o rio Paraná até Cuiabá e várias memórias de viandantes práticos nos sertões.[5] Para o desenho dos rios Madeira e Tapajós e dos caminhos no Estado do Maranhão e Grão-Pará, foram utilizados mapas oriundos do Pará. Para o rio das Amazonas, a opção foi copiar o mapa de La Condamine e se apoiar na descrição do rio Orinoco do padre José Gumilla. Os missionários carmelitas situados no rio Negro também colaboraram enviando notícias e desenhos; e, ainda que fossem imperfeitos, os diplomatas consideraram que o fundamental era não suspender o tratado por causa de uns "desertos desconhecidos".[6]

Assim, um ano após a assinatura do Tratado de Madri, a 17 de janeiro de 1751, os diplomatas acordaram e acrescentaram instruções detalhadas para nortear as comissões demarcadoras.[7] Mas advertiam, devido à imprecisão das fontes disponíveis, "que podem haver algumas visíveis variações sobre o terreno, assim nas situações dos montes, como nas origens, e correntes dos rios; e ainda nos nomes de alguns deles, porque lhes costumam dar diferentes cada nação da América, ou por outras casualidades".[8]

Referiam-se ao *Mapa dos confins...*, que deveria acompanhar e reforçar o tratado diplomático, novamente ratificado a 12 de julho de 1751. Nesse entretempo, duas cópias primitivas circularam entre os embaixadores negociadores, até que uma versão final fosse consolidada.[9] Os dois diplomatas sabiam muito bem que as controvérsias geográficas só poderiam ser solucionadas após o mapeamento topográfico do terreno, o que viria a ser realizado pelas partidas ou comissões demarcadoras luso-castelhanas que, a partir de 1752, foram designadas para as três grandes fronteiras em disputa: a Platina, a Amazônia andina e a Amazônia equatorial.

Uma vez conhecidos os termos negociados, provinciais jesuítas espanhóis remeteram petições à Corte madrilenha alegando que o *Mapa dos confins...* não correspondia à realidade no terreno e que o Tratado era inconveniente aos interesses castelhanos. Alegavam que, por seus termos, os portugueses se tornariam senhores dos rios Paraná, Uruguai e Paraguai e "se lhes abria uma grande porta [...] para conduzirem a São Paulo e outras partes do Brasil os cavalos e mulas dos partidos de Buenos Aires, Santa Fé e Corrientes".[10]

Jaime Cortesão sustentou que o *Mapa dos confins...* foi propositadamente viciado nas longitudes para fins diplomáticos, ao posicionar as povoações do extremo oeste mais próximas da costa atlântica. As controvérsias sobre a adulteração proposital das longitudes foram superadas pela historiografia atual.[11] Em primeiro lugar, porque os negociadores jamais pretenderam revelar e compartilhar as notícias e os mapas mais exatos que possuíam, embora o embaixador d. Luís da Cunha tivesse objetado essa conduta, insistindo numa representação cartográfica que fosse a mais fidedigna possível.[12] Em segundo lugar, o problema da imprecisão estava explícito no próprio Tratado, no qual se recomenda que as comissões deveriam corrigir e aprimorar a descrição dos acidentes geográficos pouco conhecidos ou inexatos.

O *Mapa dos confins...* é um patchwork composto de diversas cartas geográficas, heterogêneas entre si e incompatíveis no que toca às mensurações topográficas e astronômicas. Essa característica, porém, não lhe retira a importância e a originalidade, dado o fato de estar referido no texto do Tratado de Madri. Essa correspondência direta — entre o acordo diplomático e o mapa — não era de uso corrente na época.

Para confeccioná-lo, os portugueses mobilizaram uma rede transcontinental de informantes que incluíam sertanistas, espiões, engenheiros militares, missionários e altos diplomatas situados em diferentes cortes europeias. Sem o seu concurso, dificilmente teria sido possível alcançar os objetivos geopolíticos comuns pretendidos pelas Coroas, tais como: assegurar a aliança defensiva contra os demais impérios marítimos (França, Holanda e Inglaterra) e coibir o contrabando de mercadorias e escravizados nas fronteiras interimperiais.

DESCREVER E ENTREVER

O chamado *Mapa das cortes...* é uma carta geral do hemisfério sul-americano, que dá a ver dois grandes blocos territoriais em tons de marrom-ocre-bege. A porção sob domínio português apresenta coloração marrom-ocre; e em bege-claro vê-se parte do território sob jurisdição da monarquia espanhola. O sombreamento marrom na orla litorânea, desde a embocadura do rio Orinoco até o rio da Prata, também sobressai; mas nem o oceano Pacífico, nem a cordilheira andina estão representados.

O fundo do mapa é estruturado por duas grandes linhas de latitude (a equatorial e a de Capricórnio); acima e abaixo dessas linhas, a leste, dispostas no Atlântico, duas rosas dos ventos, adornadas com a flor de lis, apontam para o Norte. A superior, posicionada na latitude zero, indica o arquipélago do golfo maranhense, localizado ao Sul. A inferior, situada logo abaixo da linha do Trópico de Capricórnio, tem suas linhas de rumo estruturando a fronteira marítima atlântica, desde São Sebastião do Rio de Janeiro até a ilha de Santa Catarina, a oeste. A rede de coordenadas geográficas permite delimitar o espaço cartografado entre as latitudes 9º Norte e 36º Sul.

A cartela, posicionada na parte inferior à direita, informa o título do mapa e indica que as linhas em amarelo e rosa delimitam os confins entre as terras ocupadas pelos portugueses e pelos espanhóis, respectivamente. Nela também se lê: "o que está em branco, todavia não está presentemente ocupado" — explicação reveladora, pois as finas linhas coloridas são quase imperceptíveis. Talvez a passagem do tempo tenha esmaecido sua coloração original... No verso do mapa, logo acima das assinaturas e do selo de armas dos diplomatas negociadores de ambas as partes, acrescentou-se o texto: "E porque na dita Carta se acha uma linha vermelha que [...] passa pelos lugares por onde se há de fazer a demarcação, se deixará que a dita linha só serve enquanto ela se conforme com o Tratado referido". O aditamento, no verso, designa a linha que se vê em rosa como sendo vermelha, dando a entender que ela se sobrepõe à linha suave amarela e menciona também a necessidade de conformar a linha com o estabelecido no Tratado de Madri.

Estranhamente, o mapa não apresenta legendas das convenções e/ou dos ícones empregados. Assemelha-se a um debuxo ou esboço, sem pretensões científicas, embora ancorado em mapas e notícias geográficas tomados em primeira mão,[13] o que exige extrair seus elementos figurativos e reconstruir sua linguagem simbólica de modo intuitivo. A adoção desse estilo cartográfico revela que não havia interesse em divulgá-lo nas academias de ciências, espaço de validação do conhecimento científico então produzido. Nesse sentido, "não pode servir de padrão para avaliar os conhecimentos geográficos ou cartográficos dos portugueses em 1749".[14] Nem por isso o *Mapa das cortes...* deixa de ser um documento essencial para a compreensão do processo de enraizamento territorial dos impérios ibéricos na América do Sul.

Ao contrário, ele ensaia um novo regime de visualidade, calcado na razão geográfica iluminista, na medida em que abre mão das mitologias geográficas que tanto povoaram as representações cartográficas dos séculos XVI e XVII, como abordado nos capítulos 1 a 3 deste livro. Não há menção ao Reino das Amazonas, à lendária lagoa Parima ou à fabulosa cidade de Manoa ou ao El Dorado. Seguindo a *Amérique Méridionale*, de D'Anville, a mítica lagoa que demarca a fronteira com as Guianas é transfigurada no rio Parima. A adoção da linha reta sobre o papel reiterava a percepção do espaço geográfico como homogêneo, reticular e linear — passível de matematização —, evidenciando a emergência de novas noções de soberania territorial em meados do século XVIII, que implicavam a liquidação das jurisdições exercidas pelos missionários.[15]

O relevo físico é figurado por meio do desenho de elevações ou montículos uniformes e alinhados, por vezes associados a arbustos microscópicos, que só são percebidos à lupa ou em cópias digitais de alta resolução. Para indicar o relevo de maior altitude, utiliza-se a designação "Cerros" ou simplesmente a letra "C." antes do topônimo, sem ícone específico, como no caso de Potosí (Fig. 10.3). Na parte espanhola, o número de cerros é mais expressivo do que na porção portuguesa, onde nenhum é claramente designado e veem-se apenas montículos. Em compensação, a representação gráfica da rede fluvial luso-americana é farta, assim como as inscrições hidrotoponímicas. Os principais cursos de água estão identificados, e os acidentes físicos da costa assinalados: ilhas, cabos, baías, lagos e lagoas na foz do rio da Prata e bancos de areia estão representados por manchas de pontos marrons bem visíveis.

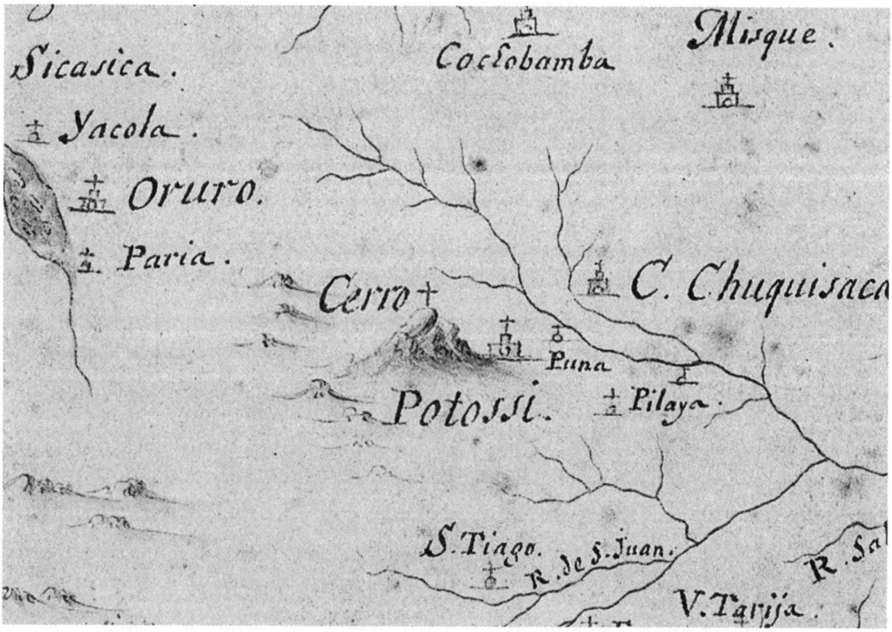

10.3. *Detalhe do* Mapa dos confins do Brazil...

Pequenos círculos vermelhos e ícones de igrejas, com uma ou duas torres, identificam a rede de povoamento e distinguem as cidades, talvez inspirados nas convenções adotadas nos mapas de Cassini.[16] São raros os ícones específicos para indicar as fortalezas, que nos domínios espanhóis apresentam o formato estrelado, estando ausentes na porção portuguesa, onde são identificadas por um "F." ou por um pequeno ponto com haste (Fig. 10.4). Rios, por vezes, são identificados pelo "R.". Linhas, polígonos e letras compõem um espaço visual bidimensional.

As missões religiosas portuguesas dos carmelitas e dos jesuítas estão grafadas em maiúsculas, usando letra de forma agigantada (Fig. 10.4). Seus nomes acompanham o fluxo dos rios Amazonas, Negro e Madeira, os últimos em letra cursiva. O letramento configura uma fronteira natural e humana estabelecida pelos missionários subordinados ao Padroado da Coroa portuguesa. Estranhamente, a descrição das missões jesuíticas castelhanas, um dos focos geopolíticos no Tratado de Madri, não foram claramente registradas, embora as áreas ocupadas pelas reduções estejam grafadas em destaque em relação

10.4. *Detalhes do* Mapa dos confins do Brazil...

aos demais topônimos. As designações "Chaco", "Chiquitos" e "Moxos" configuram um vasto deserto, um espaço vazio, sugerindo tratar-se de territórios res nullius, ou seja, sem jurisdição. Trata-se de um apagamento estratégico, uma vez que a região era ocupada por numerosas comunidades indígenas, sendo algumas delas aldeadas pelos jesuítas espanhóis desde finais do século XVII, e outras resistentes, como as dos guaykurús, cujo território se estendia entre o Grande Chaco espanhol e a região portuguesa, hoje parte do atual estado do Mato Grosso do Sul.

No Sul, a vasta jurisdição da Província Jesuítica do Paraguai não aparece demarcada. Como explicar essa notável ausência, tendo em vista que a região havia sido cartografada pelos padres missionários, cujos mapas foram publicados em Roma e em Paris nas décadas de 1730 e 1740? A obliteração talvez aponte uma tendência antijesuítica que se acentuou nas décadas seguintes, até a expulsão e a extinção definitiva da Ordem nas décadas de 1760 e 1770.

Com efeito, a área sob jurisdição das missões jesuíticas, no Sul, foi alvo de intensa negociação em Madri. Por fim, os dois lados acertaram que os Sete Povos das Missões, situados na banda oriental do rio Uruguai, seriam evacuados e seus habitantes transladados para outra margem, levando consigo apenas seus pertencentes semoventes. Portugal, por sua vez, em troca, cedeu o território da Colônia do Sacramento. A despeito da forte reação dos jesuítas, o acordo auferia vantagens geoeconômicas aos espanhóis, no Atlântico Sul, uma vez que a Colônia era um entreposto comercial e alfandegário estratégico, passagem marítima obrigatória para os portos hispano-americanos do Pacífico. A navegação privativa na Bacia do Prata e o definitivo reconhecimento da soberania hispânica nas Filipinas e nas Molucas permitiram a convergência dos interesses entre os soberanos.[17] Contudo, o Tratado também daria lugar à Guerra Guaranítica, iniciada em 1753, interrompendo os trabalhos dos demarcadores até 1758.

O Tratado de Madri revogou a vigência da demarcação acordada nos tratados de Tordesilhas (1494), de Zaragoza (1529) e de Utrecht (1715), estabelecendo o critério da antiguidade da ocupação territorial, associando assim a nacionalidade dos colonos ou dos estabelecimentos missionários com o direito das respectivas Coroas. Dessa forma, a lusitanização e a castelhanização dos ameríndios se tornou crucial no contexto de reivindicação do uti possidetis de cada parte.[18] Na prática, porém, o reconhecimento da geografia e da topografia continuou sendo essencial à colocação dos marcos de limites. Conectar a rede hidrográfica pelas cabeceiras dos rios ou traçar a linha pelo cume das montanhas mais elevadas pesava mais do que a retórica do direito histórico dos ocupantes. Daí o maior empenho, no mapa, em demonstrar as ligações interfluviais, sem dar tanta visibilidade à rede de povoados e caminhos.

Na troca de correspondência que antecedeu a assinatura do Tratado, o negociador português insistiu na necessidade de "separar os vassalos de uma, e outra monarquia", sem facilitar "a comunicação, de que nasceram distúrbios de gravíssimas consequências".[19] O espanhol argumentou que a cessão dos Sete Povos das Missões incidiria sobre os tributos pagos pelos indígenas na comercialização da erva-mate e também abriria as portas do comércio de gado, couros e mate, via Buenos Aires até Córdoba, aos afoitos comerciantes portugueses. Também receava que os últimos tivessem acesso aos mercados do altiplano de Quito e insistiu que cada Coroa ficasse com o que já havia ocupado, com exceção da Colônia do Sacramento e da banda oriental do rio Uruguai, cuja troca estava sendo acertada. Portugal, por sua vez, queria interceptar o acesso dos castelhanos às minas de Cuiabá e Mato Grosso, daí o esforço em colonizar e urbanizar as duas margens do rio Guaporé. Fundar a Vila Bela da Santíssima Trindade, em 1752, fez parte dessa estratégia.

A densidade toponímica na região ocupada pelos espanhóis no *Mapa dos confins...* contabiliza 115 topônimos relacionados aos assentamentos humanos. Em contraste, na parte portuguesa, registra-se apenas 61 topônimos, e a maioria se localizava na franja litorânea, portanto, longe dos disputados confins. Essa desproporção, porém, se inverte quando se contabiliza a hidrotoponímia: são 169 rios no lado português contra dezesseis do lado espanhol. Paradoxalmente, esses dados sugerem a escassa presença portuguesa na parte mais ocidental da América, atenuando, de certa maneira, o princípio do uti possidetis que insistiam em empregar como principal estratégia de negociação.

A partir do Tratado de Madri, as duas Coroas buscaram instaurar uma nova paisagem toponímica. É o que transparece do que foi acertado por seu artigo XI, que determinou que os comissários das partidas luso-castelhanas "farão as observações necessárias para formar um mapa individual de toda ela" e "para que se não ofereça a mais leve dúvida, os referidos Comissários porão nome de comum acordo aos Rios, Montes, que o não tiverem, e assinalarão tudo no Mapa com individualização possível".[20] Os negociadores estavam atentos à necessidade de retificar e aprimorar o *Mapa dos confins*... após a realização dos levantamentos topográficos. Nas instruções aos comissários demarcadores, recomendava-se, no item 20, "distinguir no mapa por meio de uma linha que tenham registrado com seus próprios olhos o que foi apenas apontado por estimado ou por informações".[21] Ao fixarem pontos, linhas e polígonos que tivessem validade jurídica perante as demais potências, tanto o mapa quanto o Tratado deflagraram não apenas o reconhecimento e a demarcação geográfica, como também promoveram, simultaneamente, a urbanização e a desterritorialização das populações indígenas.[22]

AUTORIA COLETIVA, AUTENTICIDADE E CÓPIAS

A versão do *Mapa dos confins*... que abre este capítulo (Fig. 10.1) pertence à Fundação Biblioteca Nacional e foi adquirida em 1936, em leilão da livraria e antiquário Maggs Bros., por intermédio da Livraria Kosmos, durante a gestão de Rodolfo Garcia.[23] Trata-se de uma das seis cópias (três em português e três em castelhano) feitas depois da ratificação do Tratado, em 12 de julho de 1751, destinadas a ser trocadas entre os embaixadores, que foram depositadas nos arquivos estatais da Espanha e de Portugal. Essas cópias apresentam, no verso do mapa, os selos de armas, bem como o lacre vermelho e preto dos negociadores: Silva Teles e Carvajal y Lancastre (Fig. 10.5). Essas foram copiadas e entregues aos comandantes das expedições demarcadoras. Portanto, tais cópias manuscritas podem também ser consideradas cópias originais e singulares, porém não certificadas.

10.5. *Detalhe do verso do* Mapa dos confins do Brazil...

O barão do Rio Branco rastreou as versões existentes nos arquivos europeus, sabendo que as cópias em espanhol tinham sido depositadas nos arquivos portugueses, e as versões em português nos arquivos espanhóis, sendo capaz de identificar as diferenças entre as versões primitivas (realizadas no ano de 1749), que serviram às negociações preliminares, e as cópias posteriores, feitas a partir de 1751.[24] Para tanto, valeu-se das sutis diferenças entre as versões, empregando-as para defender as reivindicações territoriais do Brasil na disputa com a República Argentina (Questão de Palmas), entre 1890 e 1895, sendo vitorioso na causa.[25] Sua investigação o levou a localizar uma versão de 1749 no Depôt Géographique du Ministère des Affaires Étrangères, em Paris. Ao longo do século XIX, cópias foram impressas por encomendas do Arquivo Militar, do Itamaraty e do Instituto Histórico e Geográfico Brasileiro. Exemplares manuscritos posteriores a 1761, portanto, não devem ser considerados como originais, e sim fac-símiles, apesar de serem cópias manuscritas, feitas ao longo do século XIX por diplomatas para servir eventualmente às negociações de limites entre o Brasil e as novas nações sul-americanas limítrofes.

Jaime Cortesão também estudou as discrepâncias entre as versões em espanhol e em português e, para Isa Adonias, haveria pelo menos quatro variantes da versão datada e autenticada em julho de 1751,[26] além das cópias de 1752, 1753 e 1754. Ainda há muito para se investigar sobre a circulação e apropriação do *Mapa dos confins...* de 1752 até 1761. Sabe-se que d. Francisco Inocêncio de Sousa Coutinho — que foi governador de Angola e negociador do Tratado de Santo Ildefonso, em 1777 — possuía uma cópia manuscrita particular que, no entanto, não lhe parecia muito exata à luz da cartografia existente.[27]

As diversas cópias, feitas fosse nos gabinetes dos diplomatas, fosse no terreno durante as partidas, foram sendo alteradas à medida que as expedições palmilhavam e esquadrinhavam o território. As instruções eram constantemente atualizadas, "havendo-se reconhecido em o mapa que há feito a primeira partida, que a escala prescrita no Artigo 30 das Instruções é muito grande para formar a de um país tão dilatado, que encherá muito papel; e tendo-nos feito presente os cosmógrafos, que conviria reduzi-la à metade, que é a dez polegadas por grau".[28] Contudo, ao reduzir os vastos confins à folha de papel, deflagrava-se também a desapropriação das terras e dos saberes geográficos das populações locais.[29]

Ainda que o *Mapa das cortes*... visasse ancorar visualmente a elaboração do Tratado de Madri, de 1750, buscando apresentar o território do Brasil como se fosse totalmente conhecido, com as fronteiras muito próximas das atuais, suas diversas variações revelam que se tratava de um mapa em aberto. Seu destino foi ser superado por novos mapas, confeccionados durante as expedições demarcadoras de limites que, ao redesenharem a imagem do Brasil, suprimiram também as territorialidades indígenas e missionárias preexistentes, criando a ilusão de que se tratava de um espaço desabitado.

NOTAS

1. Jaime Cortesão, *Alexandre de Gusmão e o Tratado de Madrid*. Rio de Janeiro: Ministério das Relações Exteriores, 1952, parte IV, t. I, p. 54.

2. Ibid., parte IV, t. I, p. 279.

3. *Anais da Biblioteca Nacional*, Rio de Janeiro, v. 52, p. 24, 1930.

4. Em especial, a *Nova e 1.a Carta da Terra firme*..., de Diogo Soares, de 1738. André Ferrand de Almeida, *A formação do espaço brasileiro e o projecto do Novo Atlas da América Portuguesa (1713-1748)*. Lisboa: CNPCDP, 1991.

5. André Ferrand de Almeida, "A Viagem de José Gonçalves da Fonseca e a cartografia do Rio Madeira (1749-1752)". *Anais do Museu Paulista*, São Paulo, v. 17, n. 2, pp. 215-35, 2009.

6. Jaime Cortesão, op. cit., 1952, parte IV, tomo 1, pp. 263-4.

7. José Ferreira Borges de Castro, *Collecção dos tratados, convenções, contratos e actos publicos celebrados entre a Coroa de Portugal e as mais potencias desde 1640 até ao presente*. Lisboa: Imprensa Nacional, 1856, t. 3, pp. 85-108.

8. *Obras do Barão do Rio Branco. Questões de limites: República Argentina*. Rio de Janeiro: Funag, 2012, p. 100.

9. Jaime Cortesão, *História do Brasil nos velhos mapas*. Rio de Janeiro: Instituto Rio Branco/ Ministério das Relações Exteriores, 1965, v. 2, p. 431; João Carlos Garcia (coord.), *A Nova Lusitânia: Imagens cartográficas do Brasil nas Colecções da Biblioteca Nacional*. Lisboa: CNPCDP, 2000.

10. *Anais da Biblioteca Nacional*, op. cit., v. 52, pp. 61-3.

11. Mário Clemente Ferreira, "O mapa das cortes e o Tratado de Madrid: A cartografia a serviço da diplomacia". *Varia Historia*, Belo Horizonte, v. 23, n. 37, pp. 53-69, 2007.

12. Junia Ferreira Furtado, *Oráculos da geografia iluminista: Dom Luís da Cunha e Jean-Baptiste Bourguignon d'Anville na construção da cartografia do Brasil*. Belo Horizonte: Ed. UFMG, 2012; Junia Ferreira Furtado, *O mapa que inventou o Brasil*. Rio de Janeiro: Versal; São Paulo: Odebrecht, 2013.

13. Jaime Cortesão, op. cit., 1952, t. I e II.

14. Isa Adonias, *Mapas e planos manuscritos relativos ao Brasil colonial conservados no Ministério das Relações Exteriores*. Rio de Janeiro: Ministério das Relações Exteriores, 1960, p. 27.

15. Iris Kantor, "Novas expressões da soberania portuguesa na América do Sul: impasses e repercussões do reformismo pombalino na segunda metade do século XVIII". In: João Luís Ribeiro Fragoso e Maria de Fátima Gouvea (orgs.), *O Brasil colonial (1720-1821)*. Rio de Janeiro: Civilização Brasileira, 2014, v. 3, pp. 463-81.

16. *Catalogue des Cartes et Plans d'Ancien Régime*, Archives Départementales du Tarn, 2007. Disponível em: <http://archivescartesetplans.tarn.fr/index.php?id=876>. Acesso em: 30 maio 2022.

17. Synesio Sampaio de Goes Filho, *Alexandre de Gusmão (1695-1753): O estadista que desenhou o mapa do Brasil*. Rio de Janeiro: Record, 2021, p. 136.

18. Sobre o conceito de uti possidetis, ver Junia Ferreira Furtado, "Portuguese America Under Foreign Threat and the Creation of the Concept of *uti possietis* in the First Half of the 18th Century" (*Espacio, Tiempo y Forma, Série IV, Historia Moderna*, Madri, n. 34, pp. 109-42, 2021); Iris Kantor, *Esquecidos e renascidos: Historiografia acadêmica luso-americana (1724-1759)*. Salvador: Centro de Estudos Baianos; UFBA; São Paulo: Hucitec, 2004, parte 1.

19. Jaime Cortesão, op. cit., 1952, parte IV, t. I, p. 277.

20. Ibid., parte I, t. II, p. 369.

21. José Ferreira Borges de Castro, op. cit., t. 3, p. 97.

22. Nádia Farage, *As muralhas dos sertões: Os povos indígenas no rio Branco e a colonização*. São Paulo: Paz e Terra, 1991, pp. 121-67; Roberta Marx Delson, *Novas Vilas para o Brasil-Colônia: Planejamento espacial e social no século XVIII*. Brasília: Ed. Alva-Ciord, 1997, passim.

23. O exemplar foi oferecido a Marcos Carneiro de Mendonça, que indicou sua compra à então Biblioteca Nacional do Rio de Janeiro. Rodolfo Garcia, *Anais da Biblioteca Nacional*, v. 51, 1929; José Honório Rodrigues, *Teoria da história*. São Paulo: Melhoramentos, [s.d], p. 300; Isa Adonias, op. cit., 1960, p. 300.

24. A versão primitiva ou original estava concluída a 8 de fevereiro de 1748, e duas cópias foram enviadas de Lisboa a Madri para análise. Mário Clemente Ferreira, *O Tratado de Madrid e o Brasil Meridional*. Lisboa: CNCDP, 2002, p. 61.

25. *Obras do Barão do Rio Branco — Questões de limites: República Argentina*. Brasília: Funag, [1945] 2002.

26. Encontrados na Mapoteca do Itamaraty, Coleção Ponte Ribeiro (1751); Biblioteca Pública Municipal do Porto, Coleção Balsemão; Biblioteca Nacional de Portugal e Arquivo do Ministério das Relações Exteriores da Espanha.

27. Junia Ferreira Furtado, "Cartography in Dispute: The Frontiers of Brazil in Abbé Raynal's *Histoire des Deux Indes*", *Culture & History*, Madri, v. 10, n. 2, p. 11, 2021.

28. Artigo VII: "Instrucção dada pelos commissarios principaes de suas magestades fidelissima e catholica, aos commissarios seus subalternos, para a demarcação de limites na America, assignada na ilha de Martim Garcia, a 30 de maio de 1753". In: José Ferreira Borges de Castro, op. cit., t. 3, p. 120.

29. "70ª carta a Sebastião José, Pará, 8 de março de 1754". In: Marcos Carneiro de Mendonça, *A Amazônia na era pombalina: Correspondência do governador e capitão-general do Estado do Grão-Pará e Maranhão, Francisco Xavier de Mendonça Furtado (1751-1759)*. Brasília: Senado Federal, 2005, v. 2, p. 148.

LEITURAS COMPLEMENTARES

CINTRA, Jorge Pimentel. "O mapa das cortes e as fronteiras do Brasil". *Bulletin of Geodetic Sciences*, Curitiba, v. 18, n. 3, pp. 421-45, set. 2012.

COSTA, Antonio Gilberto (org.); FURTADO, Junia F.; RENGER, Friedrich Ewald; SANTOS, Márcia Maria Duarte. "A demarcação do território brasileiro: o Tratado de Madrid e o mapa das cortes". *Cartografia da conquista do território das minas*. Lisboa: Kappa; Belo Horizonte: Ed. UFMG, 2004, pp. 25-40.

COSTA, Maria de Fátima. "Miguel Ciera: Um demarcador de limites no interior sul-americano (1750-1760)". *Anais do Museu Paulista*, São Paulo, v. 17, n. 2, pp. 189-214, 2009.

GESTEIRA, Heloisa. "Um observatório astronômico nos confins da América, 1750-1760". In: *Formas do Império: Ciência, tecnologia e política em Portugal e no Brasil, séculos XVI ao XIX*. São Paulo: Paz e Terra, 2014, pp. 93-119.

GIRALDO, Manuel Lucena. *Laboratorio tropical: La expedición de límites al Orinoco (1750-1767)*, Madri: CSIC, 1992.

LAFUENTE, Antonio; MAZUECOS, Antonio. *Los caballeros del punto fijo: Ciencia, política y aventura en la expedición geodesica hispanofrancesa al Virreinado del Perú en el siglo XVIII*. Barcelona: Ediciones del Serbal; CSIC, 1987.

11. Construindo fronteiras

Carta geográfica dos rios das Amazonas, e Solimões; Negro, e Branco; rios da Madeira, Mamoré, e Guaporé, Jauru, e Paraguai, com os confluentes, que deságuam neles... [*José Joaquim Freire*], *1783*

Maria de Fátima Costa

A *Carta geográfica dos rios das Amazonas, e Solimões; Negro, e Branco; rios da Madeira, Mamoré, e Guaporé, Jauru, e Paraguai, com os confluentes, que deságuam neles: navegados os sobreditos rios principais, e alguns dos seus confluentes, pelos empregados na Expedição Filosófica, que saiu de Lisboa em primeiro de setembro de 1783, e se recolheu a ela em 12 de janeiro de 1793* (Fig. 11.1) mostra o espaço geográfico contido entre os limites norte e noroeste da América portuguesa, região que, no final do Setecentos — como seu título esclarece —, foi percorrida pela expedição científica, de caráter naturalista, mais conhecida como *Viagem filosófica*. Hoje pertence ao acervo da Mapoteca do Itamaraty, no Rio de Janeiro.

Trata-se de uma peça cartográfica aparentemente simples e sem apelos visuais; um pequeno mapa temático, desenhado com nanquim a bico de pena, em formato quadrado de 39 × 39 cm, e orientado no sentido oeste-leste, e não norte-sul, como convencionado atualmente. Seus dados de identificação estão postos no ângulo inferior, à esquerda, numa ampla cartela, porém não constam a data de sua elaboração e quem a executou, mas, como se discutirá adiante, a autoria pode ser atribuída a José Joaquim Freire, um dos riscadores (desenhista) dessa *Viagem filosófica*.

Viagens filosóficas foram expedições científicas organizadas, dirigidas e financiadas integralmente por Portugal no final do século XVIII, com o objetivo de realizar em seus territórios coloniais inventários rigorosos e sistemáticos dos três reinos da natureza, visando a sua exploração e utilização econômica. O grande idealizador dessas empresas naturalistas foi o paduano Domingos Vandelli (1735-1816), que chegou a Portugal em 1764 para lecionar no Colégio dos Nobres e logo depois se transferiu para Coimbra — inclusive, foi o mentor da reforma da Universidade de Coimbra em 1772. Vandelli formulou as diretrizes dessas caravanas científicas em 1779, na memória *Viagens filosóficas ou Dissertação sobre as importantes regras que o filósofo naturalista, nas suas peregrinações deve principalmente observar.* Logo depois, a Coroa lusitana organizou, patrocinou e enviou viagens filosóficas ao Brasil, a Cabo Verde, a Angola, a Goa e a Moçambique. A expedição que veio para a América portuguesa foi chefiada pelo naturalista Alexandre Rodrigues Ferreira (1756-1815), um dos mais destacados discípulos de Vandelli, e contou com os riscadores José Joaquim Freire (1760-1847) e Joaquim José Codina (?-1790), o jardineiro botânico Agostinho Joaquim do Cabo (?-1789), que morreu durante a viagem, além de indígenas, mestiços e negros, cujos nomes não ficaram registrados, mas que realizavam os mais diferentes serviços.[1]

A *Carta geográfica dos rios...* estava destinada a acompanhar a publicação do *Diário da viagem filosófica pela capitania de São José do Rio Negro*, escrito por Alexandre Rodrigues Ferreira, obra que não chegou a ser editada.[2] Assim sendo, configura-se como o mapa oficial da expedição.

Há de se considerar, ademais, que essa *Viagem filosófica* esteve umbilicalmente ligada às questões de demarcação da fronteira entre os territórios coloniais de Portugal e da Espanha na América do Sul.[3]

DILATANDO E DEMARCANDO A FRONTEIRA

A adoção do uti possidetis pelo Tratado de Madri, princípio jurídico originário do direito romano que reconhecia a posse do território por aqueles que efetivamente o tivessem ocupado — cuja cartografia foi discutida no capítulo 10 —, trouxe vários desafios para os luso-brasileiros em relação aos espaços que tinham de fato ocupado nas áreas fronteiriças.[4] Pelas dúvidas que suscitou, esse tratado acabou anulado, quando, em 1761, ambas as partes concordaram em assinar o Tratado de El Pardo. Anos depois, em 1777, as Coroas ibéricas

11.1. Carta geográfica dos rios das Amasonas, e Solimoens..., c. *1783-93* [*José Joaquim Freire*].

voltaram à mesa de negociações e firmaram o Tratado Preliminar de Santo Ildefonso. Como o tratado previu que, em vários locais do Centro-Oeste e Norte do atual território brasileiro, a linha seria assentada posteriormente, era necessário conhecer o terreno para negociar esses limites, o que deveria ser acertado pelos governadores em exercício dos dois lados da fronteira.[5] Nesse ínterim, a política orquestrada pelo marquês de Pombal para as capitanias do Grão-Pará e Amazonas, no Norte, do Mato Grosso e Cuiabá e de Goiás, no Centro-Oeste, além do cone Sul até o rio da Prata, tratou de criar um cinturão de povoados e fortalezas que garantisse a presença dos luso-brasileiros nessas regiões de fronteira e justificasse o emprego do uti possidetis numa nova rodada de negociações.[6]

Assim, por força do novo tratado, na década de 1780 expedições demarcadoras de limites foram enviadas à América Meridional para reconhecer e delimitar a fronteira que, em pontos específicos, deveria ser negociada entre os governadores dos lados português e espanhol. Para o espaço contido na *Carta geográfica dos rios...*, o governo português enviou uma comissão formada por jovens oficiais egressos da Academia Militar e astrônomos-matemáticos recém-doutorados na Universidade de Coimbra. Em seguida, despachou também a *Viagem filosófica* que, entre 1783 e 1792, percorreu exatamente os mesmos caminhos fronteiriços: inicialmente, navegando os rios da bacia amazônica, de Belém até o forte de São José de Marabitanas, região hoje conhecida como Tríplice Fronteira (Brasil, Colômbia e Venezuela); para depois, pelos rios Madeira, Mamoré e Guaporé, alcançar Vila Bela, capital da capitania de Mato Grosso; daí, prosseguir até a Vila Real do Senhor Bom Jesus do Cuiabá e, nessa vila, adentrar nas águas da bacia do rio Paraguai, até chegar a Corumbá e ao forte de Nova Coimbra, no limite com o Paraguai. Conhecer esses espaços de forma mais ampla era imperativo para promover sua ocupação.

Enquanto a primeira expedição explorava geograficamente os territórios por onde passaria a linha de limites, a caravana naturalista ia realizando um completo inventário das riquezas naturais — flora, fauna e minerais —, além de documentar visualmente a região, em especial os núcleos de colonização — lugares, povoações, vilas e fortificações —, assim como os acidentados caminhos fluviais, sublinhando as dificuldades que os rios apresentavam à navegação. E não deixaram de registrar, claro, as populações indígenas.

Como resultado, a *Viagem filosófica* legou um riquíssimo acervo com dezenas de memórias sobre os mais diversos temas, mais de 2 mil imagens, esboços cartográficos de alguns cursos fluviais e a *Carta geográfica dos rios...* — um mapa que, como qualquer outro, é um instrumento de poder. E não só, é instrumento *do* poder.[7]

MAPAS-IRMÃOS

Quanto à história da *Carta geográfica dos rios...*, pouco se sabe. Jaime Cortesão registrou, em um dos seus *Apontamentos das aulas do curso de história da cartografia*, que proferiu no Ministério das Relações Exteriores, que o mapa só se tornou conhecido no início da década de 1940, ao ser encontrado em meio a documentos no Arquivo Histórico do Itamaraty, acrescentando que logo se transformou "em uma das melhores joias da Mapoteca do Ministério".[8]

Contudo, a *Carta geográfica dos rios...* não é única em seu desenho, existindo duas outras versões. Uma delas, um desenho em nanquim sobre papel, medindo 58,5 × 55 cm, está conservada na Fundação Biblioteca Nacional, no Rio de Janeiro, e é intitulada de *Mapa hidrográfico da Bacia Amazônica: Abrangendo até o curso dos rios: Mamoré* (*a oeste*); *Araguaia* (*a leste*); *Negro e Branco* (*ao norte*); *parte do rio Paraguai* (*ao sul*) (Fig. 11.2).

11.2. Mapa hidrográfico da Bacia Amazônica..., *s.d.* [*José Joaquim Freire*].

A outra versão está em Lisboa, no Arquivo Histórico Militar, sem título, sendo nominada na instituição de *Itinerário da Real Expedição Filosófica Botânica* (Fig. 11.3). Trata-se de um desenho em nanquim e aquarela sobre papel, medindo 60 × 61 cm. Enquanto a do Rio de Janeiro não traz referências de data e autor, a de Lisboa tem seus dados revelados por uma inscrição colocada logo abaixo do desenho, na qual se lê:

> Explicação dos Sinais
> Cidades, e vilas capitais [...], rios e terrenos pelos quais transitou, a Real Expedição Filosófica Botânica [...]. Este mapa foi copiado, e reduzido, por José Joaquim Freire, desenhador, daquela expedição, e cujo original era o Mapa Geral do Brasil, que foi igualmente feito, por Freire, no ano de 1797.

São poucas, mas valiosas essas palavras. A breve anotação permite aferir que a *Carta geográfica dos rios...* teve como autor José Joaquim Freire — vale recordar —, um dos desenhistas da *Viagem filosófica*, portanto, alguém que havia conhecido in loco a região representada. Essa referência permite identificá-lo como o provável autor das versões da Mapoteca do Itamaraty e da Biblioteca Nacional. Entretanto, quando se compara a carta pertencente à Mapoteca com as da Biblioteca Nacional e do Arquivo Histórico Militar, notam-se algumas diferenças: as duas últimas são um pouco maiores; o *Mapa hidrográfico da Bacia Amazônica...* traz uma rosa dos ventos indicando a direção norte-sul, enquanto o *Itinerário da Real Expedição...* realça, em tons azulados, o caminho fluvial que a expedição percorreu. Mas a maior diferença entre a *Carta geográfica dos rios...* e seus dois mapas irmãos é que somente ela ostenta uma cartela. Este é um detalhe muito relevante.

Independentemente das pequenas diferenças, a existência desses três mapas sugere que, à época, o espaço geográfico que eles apresentam era de grande importância para Portugal, hipótese que ganha substância pela razão de que, dentre todas as áreas de colonização lusa na América do Sul, essa foi a única a receber a visita de uma grande expedição científica. Isso se deve ao fato de que o território que hoje compõe as regiões Norte e Centro-Oeste do Brasil, naquele final do século XVIII, de direito, ainda pertencia à Espanha.[9]

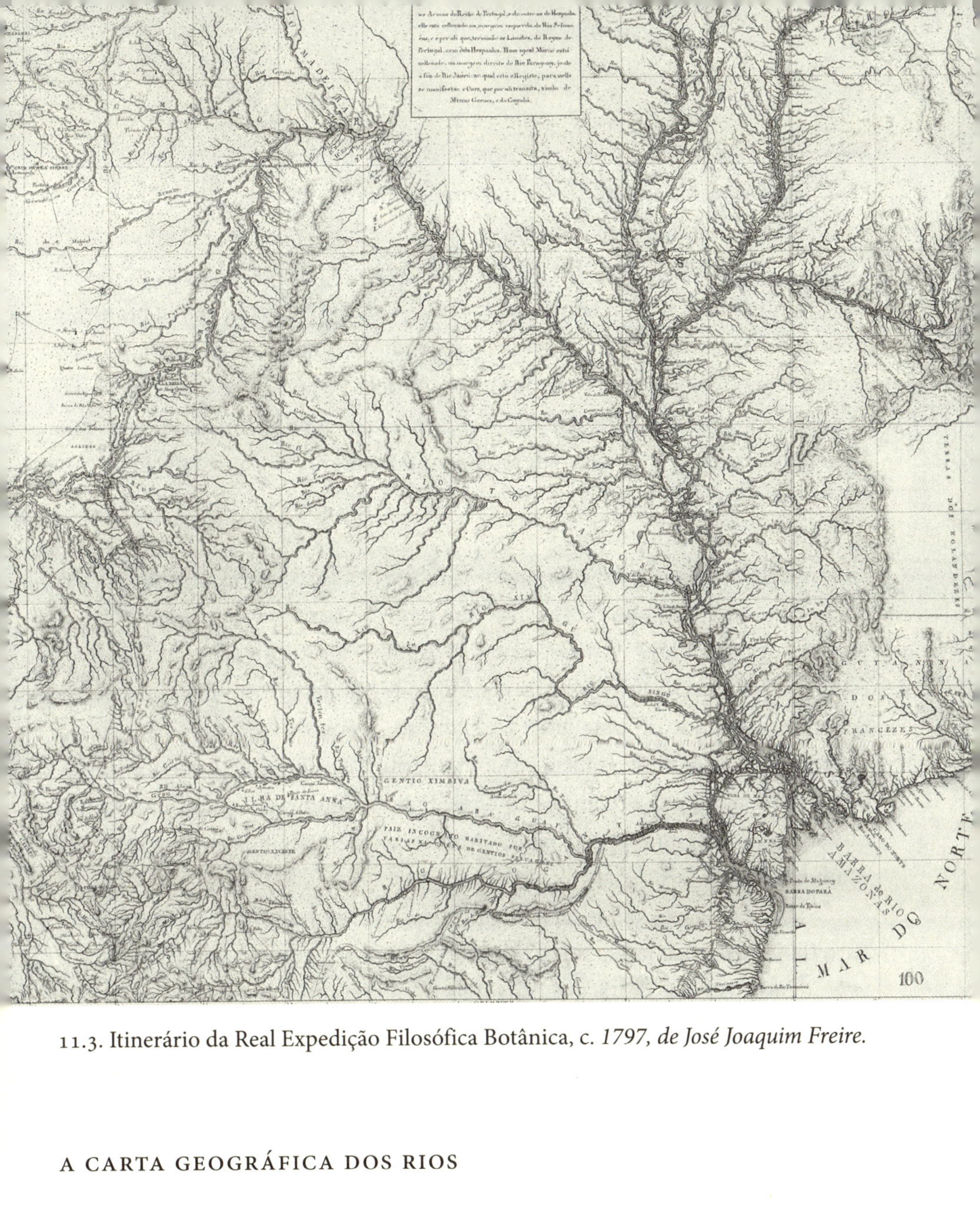

11.3. Itinerário da Real Expedição Filosófica Botânica, c. *1797, de José Joaquim Freire.*

A CARTA GEOGRÁFICA DOS RIOS

Para apresentar a rica rede hidrográfica que a expedição naturalista percorreu da Amazônia ao Pantanal, o autor da *Carta geográfica dos rios…*, J. J. Freire, demarcou uma grande área que ultrapassava os limites reconhecidamente ocupados pelos portugueses. O continente mostrado no mapa adentra, a oeste, o espaço espanhol, chegando até as cidades de La Plata (hoje Sucre) e Potosí, e, ao Sul, até Corumbá, última povoação fundada pelos portugueses no

Pantanal, sem se preocupar em indicar alguma linha de limites ou qualquer território indígena, apesar de ali viverem dezenas de povos de diferentes etnias.

Na feitura dessa peça cartográfica foram utilizados critérios graficamente simples, como o tamanho dos símbolos, a grossura das linhas, a altura das letras, o sombreamento ou adição de cores. Foi desenhada em preto e branco, e pequenos ícones foram empregados para indicar cidades, vilas e fortes. Nela, também não se encontram outros efeitos gráficos importantes que servem para chamar a atenção e guiar a leitura. Com isso, a primeira impressão é a de que o autor procurou reafirmar no desenho aquilo que apresentou no título da cartela: a grandiosa malha fluvial existente na Amazônia e em parte da atual região Centro-Oeste do Brasil.

Mas há outros sinais! Atentando para a espessura das linhas, o corpo das letras e a maneira de escrever as palavras, percebe-se que foi adotada uma hierarquização de valores. Por esse critério, os mais significativos pontos de referência são o mar oceano e a linha equinocial. Quanto aos rios, o principal é o Amazonas, seguido do Madeira e do Mamoré, depois do Negro, do Branco, do Solimões e do Guaporé. Por sua vez, os tamanhos das linhas que dão forma aos corpos hidrográficos procuram dimensionar o volume de água de cada um dos cursos, garantindo a primazia ao Amazonas e, em seguida, ao Madeira e ao Mamoré.

Sobre os lugares, pelos mesmos critérios, o mais importante é a cidade do Pará (hoje Belém), aliás, a única registrada no mapa. As outras localidades são vilas, dentre as quais destaca-se Vila Bela, capital da capitania de Mato Grosso, seguida por Santarém e Barcelos (na Amazônia) e Cuiabá (no Mato Grosso); indica-se ainda a Povoação Regular de Casal Vasco, na fronteira com a atual Bolívia. As demais são diminutas localidades, situadas principalmente nos afluentes ou nas proximidades do rio Amazonas. O mapa também alude ao espaço onde, por força do Tratado de Madri, foram postos dois marcos de limites, um no rio Solimões e outro no rio Jauru, aos quais, de maneira simbólica, se atribui o mesmo grau de importância. Ademais, o desenho anuncia a existência de quatro fortificações, todas localizadas em pontos estratégicos: o forte do Príncipe da Beira, a fortaleza de Macapá, o forte de São José de Marabitanas e o forte de São Raimundo Nonato, sendo que a primeira, situada às margens do Guaporé, recebe maior destaque.

Outro dado de sutil relevância é a orientação. Fugindo da convenção Norte-Sul, a *Carta geográfica dos rios...* tomou como direção espacial os sentidos ocidente (oeste) — oriente (leste). Dessa maneira, o desenhista colocou em primeiro plano, à esquerda, a cartela e, à direita, a ilha de Marajó e, consequentemente, a foz do Amazonas. Ao optar por esse direcionamento, projetou-se para o centro superior da carta o caudaloso corpo do rio Madeira, que se junta ao Mamoré, o que fez dos dois rios os principais sujeitos da representação. Uma pergunta então se coloca: por que dar o protagonismo do desenho ao Madeira e ao Mamoré, se as letras e linhas apontam que o principal personagem deveria ser, por direito próprio, o Amazonas? Sem dúvida, trata-se de um emblema, pois, tal como apontado por Harley, os mapas "são construções da realidade, imagens carregadas de intencionalidades e consequências".[10] A intencionalidade da orientação está clara: tornar esses corpos fluviais os principais objetos do mapa. Mas por que o protagonismo? E quais as suas consequências?

Examinando o desenho dos cursos do Madeira e do Mamoré, observa-se que o mapa destaca as dezessete quedas ali existentes, todas rigorosamente numeradas e nominalmente identificadas. Configura-se, sem dúvida, um registro inusual, sobretudo tendo em conta a escala e a proporção do tamanho das letras que enunciam os seus nomes, ainda mais quando se sabe que muitas dessas precipitações não passavam de corredeiras.

Esse conjunto de acidentes, entretanto, era, à época, um dos grandes personagens da história daquela região. Situadas no meio do principal caminho de comércio e comunicação entre a aurífera capitania de Mato Grosso e o atlântico porto do Pará, essas quedas-d'água ofereciam enormes perigos à navegação e dificultavam o fluxo de pessoas, de mercadorias e, consequentemente, da própria colonização. A importância dessas precipitações era tal que até mesmo foram objeto do mapa *Parte do Brasil que compreende a navegação que se faz pelos três rios, Madeira, Mamoré e Guaporé, até Vila Bela, capital do governo do Mato Grosso, com estabelecimentos portugueses, e espanhóis a eles adjacentes*, feito em nanquim e aquarela sobre papel, medindo 43,6 × 60,8 cm. Como a *Carta geográfica dos rios...*, esse mapa também toma a orientação oeste-leste.[11] Seu autor foi o engenheiro militar Ricardo Franco de Almeida Serra, chefe da expedição demarcadora de limites que, na década de 1780, percorreu as mesmas regiões que a *Viagem filosófica*. O desenho de Serra possui grande apelo visual, diferenciando os territórios-limites com o emprego de cores distintas, entre vários detalhes. O uso de cores nos mapas é intencional, acentuando certos elementos em detrimento de outros.

A *Carta geográfica dos rios...* delineia, em minúcias, um vasto espaço que ainda pertencia à Espanha, e de forma explícita o mostra ocupado por lusitanos. Esse é um fato essencial para o reconhecimento do direito de posse, como rezava o uti possidetis inserto nos termos do tratado assinado em 1777. Mas não apenas isso; há ainda um detalhe que chama atenção: a sua cartela. Sim, porque foi nela que se embutiu o principal discurso de apropriação territorial contido no mapa.

A PINTURA FALANTE

Parte constitutiva do mapa, a cartela — algumas vezes chamada de cártula ou cartucho — não é apenas um motivo ornamental. Muito ao contrário, ela é a *pictura loquens* [pintura falante] da cartografia.[12] Tal como uma alegoria posta na folha de rosto de um livro, as cartelas servem para abstrair e resumir, metaforicamente, o conteúdo cartográfico, explicitando, de maneira subliminar, o seu significado. Pretendem, com a utilização de um atrativo vocabulário visual, referendar e reafirmar o discurso contido no corpo do desenho cartográfico. O mesmo ocorre com a cartela da *Carta geográfica dos rios...* (Fig. 11.4).

Ocupando aproximadamente a sexta parte da *Carta geográfica dos rios...*, a cartela apresenta um formato retangular, no qual foram abrigados o seu longo título e a escala adotada. A borda foi enfeitada com figuras que evocam a população humana, a fauna e a flora da Amazônia e do Pantanal. Todos os personagens que ali aparecem miniaturados foram registrados in loco, a aquarela, pelos desenhistas Freire e Codina durante o percurso da expedição.[13] Portanto, não são figuras aleatórias; foram conscientemente escolhidas para compor um complexo e significativo discurso iconográfico, pois eram representativas da região. Vejamos.

Trata-se de uma composição estruturada em duas metades complementares. A parte de cima traz, ao centro, o real escudo lusitano, cujo desenho rom-

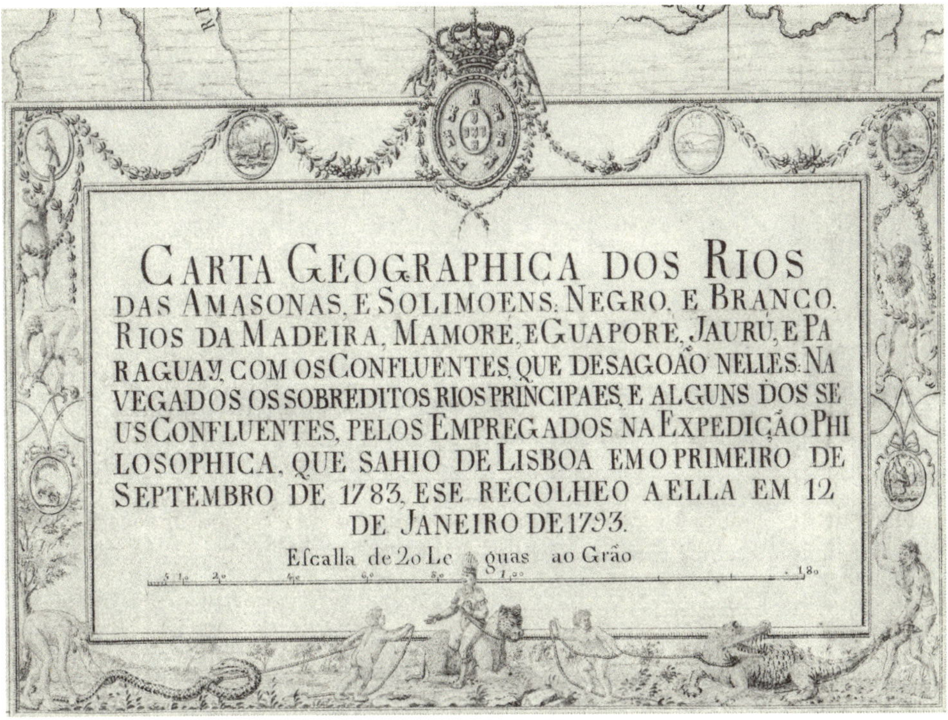

11.4. Carta geográfica dos rios das Amasonas, e Solimoens..., *detalhe da cartela* [*Joaquim José Freire*].

pe a linha da moldura e avança sobre o corpo cartográfico (Fig. 11.5). O escudo está ladeado por pequenos medalhões, quatro no total, todos com representações de animais da fauna local: à esquerda, uma tartaruga e um pássaro colhereiro; à direita, um peixe-boi e um bicho-preguiça. Esses medalhões aparecem entrelaçados por uma guirlanda composta de folhas, flores e pequenos frutos. Seguindo a ramagem, aparece, à esquerda, uma indígena, cujo cabelo etnicamente a identifica como guaikurú, nação guerreira que habitava territórios situados no limite entre o Mato Grosso e o Paraguai;[14] ela se equilibra sobre as costas de um jovem que traz no rosto o emblema do povo Jurupixuna. Do lado oposto há um representante da nação mauhá, que, como escreveu Rodrigues Ferreira, "andam sempre espartilhados ao uso das damas da Europa",[15] cujo território se localizava na linha de fronteira norte.

Já a parte inferior da cartela traz uma cena ainda mais significativa (Fig. 11.6). A composição apresenta, no centro, uma indígena cujos atavios, conforme o acervo da expedição, levam a crer se tratar de uma katawixí. Ela está sen-

11.5. Carta geográfica dos rios das Amasonas, e Solimoens..., *detalhe superior da cartela, com título apagado* [*Joaquim José Freire*].

tada numa onça, tendo à esquerda um medalhão com um tamanduá e, à direita, outro com um macaco. Abaixo, à esquerda, aparece um indígena de orelhas alongadas, possivelmente do povo werequena, que segura uma sucuri. No lado oposto, um homem de traços mestiços domina um enorme jacaré.

A cartela faz, assim, alusões a povos de diferentes etnias, o que contrasta com o corpo do mapa, no qual inexistem referências a territórios indígenas. Entretanto, os grupos mencionados habitavam áreas fronteiriças; muitos deles, naquele final de século, haviam feito alianças e até mesmo assinado tratados de paz com Portugal, sendo então reconhecidos como vassalos, tal como disposto no Diretório dos Índios, vale dizer, no documento jurídico que regulamentou as ações chamadas de "colonizadoras", dirigidas aos povos e às nações indígenas, incorporando-os como súditos do Império.[16] Dessa maneira, cada personagem representa uma figura-chave na política de avanço e de consolidação territorial, reafirmando assim a posse, como exigia o uti possidetis.

A figura mais emblemática de toda a composição, porém, é a indígena sentada sobre a onça; pois, sem dúvida, trata-se de uma nítida evocação à América, enquanto figura alegórica, conforme discutido no capítulo 3. É fácil reconhecê-la, uma vez que porta dois dos seus principais atributos, tal como Cesare Ripa a caracterizou no seu *Iconologia overo Descrittione dell'imagini universali*:[17] o cocar de penas que adorna a cabeça e a proximidade de animais

11.6. Carta geográfica dos rios das Amasonas, e Solimoens..., *detalhe inferior da cartela, com escala em léguas* [*Joaquim José Freire*].

de desmesurado tamanho, representados por uma sucuri e um jacaré. Porém, há uma clara ressignificação desses símbolos. Essa América perdeu o arco e a flecha e seu rosto não tem a feição de fera que Ripa lhe impôs. Ao contrário, a personagem feminina se apresenta desarmada e traz uma face bastante cordial. Os animais, por sua vez, estão visivelmente domados: a grande cobra, por um dócil indígena, e o jacaré, por um vigoroso homem de traços mestiços. A mensagem da domesticação da natureza e da integração dos povos originários ao projeto colonizador lusitano é inequívoca.

Ademais, nessa composição há ainda duas figurinhas muito relevantes, as crianças. Elas seguram as pontas das cordas que prendem os animais e unem todos os personagens. Essas graciosas criaturas, contudo, nada têm de americanas; são, isto sim, dois rechonchudos *putti* barrocos! Portanto, personagens europeus. Simbolicamente, são elas que conseguem dominar a natureza, fazendo uso da força de trabalho dos habitantes locais.

Se a parte superior da cartela expõe a riqueza natural e a supremacia lusitana sobre o território e seus habitantes, a parte inferior estampa uma América submetida, dominada. A nova alegoria representada nessa figuração reflete, então, a política que estava sendo aplicada pelo Império português para consolidar sua presença na região. Nela, a América portuguesa se torna vassala da Real Majestade lusitana. Sentada em uma onça, a indígena, sim, é senhora de uma rica natureza, mas se mostra subjugada ao Reino de Portugal, cujo escudo, posto no topo da cartela, está diretamente acima de sua cabeça.

Essa pequena composição apresenta um bem montado programa iconográfico que põe em evidência o domínio de Portugal sobre o território, a população e os recursos naturais da região representada na *Carta geográfica dos rios...* Sob a aparência de uma despretensiosa peça geográfica, esse mapa abriga um discurso contundente, elaborado com fina maestria. Nele, não há espaço para dúvida. Tanto os traços que delinearam o território como os que decoraram a cartela fazem ver que, ali, mostra-se um espaço fronteiriço submetido ao domínio português.

NOTAS

1. Ver Maria de Fátima Costa, "Alexandre Rodrigues Ferreira e a capitania de Mato Grosso: Imagens do interior". *História, Ciências, Saúde: Manguinhos*, Rio de Janeiro, v. VIII (suplemento), pp. 993-1014, 2001; Maria de Fátima Costa e Pablo Diener, "Amarguras de una expedición: el viaje filosófico de Rodrigues Ferreira a la América portuguesa". In: Rafael Sagredo Baeza (org.), *Ciencia-Mundo: Orden republicano, arte y nación en América*. Santiago: Editorial Universitaria e Centro de Investigaciones Diego Barros Arana, 2010, pp. 67-96.

2. Isa Adonias, *A cartografia da região amazônica: Catálogo descritivo (1500-1961)*. Rio de Janeiro: Instituto Nacional de Pesquisas da Amazônia, 1963, p. 26, v. II.

3. Ver Arthur Cezar Ferreira Reis, "Limites e demarcações na Amazônia brasileira: A fronteira com as colônias espanholas. O Tratado de S. Ildefonso". *Revista do Instituto Histórico e Geográfico Brasileiro*, v. 244, n. 3, pp. 3-103, 1959; Ângela Domingues, *Viagens de exploração geográfica na Amazônia em finais do século XVII: Política, ciência e aventura*. Lisboa: Instituto de História de Além-Mar da Faculdade de Ciências Sociais e Humanas da Universidade Nova de Lisboa, 1991.

4. Junia Ferreira Furtado, *O mapa que inventou o Brasil*. Rio de Janeiro: Versal; São Paulo: Odebrecht, 2013; Junia Ferreira Furtado, "Portuguese America under Foreign Threat and the Creation of the Concept of *uti possidetis* in the First Half of the 18th Century". *Espacio, Tiempo y Forma. Série IV, História Moderna*, Madri, n. 34, pp. 109-42, 2021.

5. Junia Ferreira Furtado, "Cartography in Dispute: the Frontiers of Brazil in Abbé Raynal's *Histoire des Deux Indes*". *Culture & History*, Madri, v. 10, n. 2, pp. 10-1, 2021.

6. Roberta Marx Delson, *Novas vilas para o Brasil-Colônia: Planejamento espacial e social no século XVIII*. Tradução de Fernando de Vasconcelos Pinto. Brasília: Alva-Ciord, 1997 [1979]; Renata Malcher de Araujo, "A urbanização da Amazónia e do Mato Grosso no século XVIII: Povoações civis, decorosas e úteis para o bem comum da coroa e dos povos". *Anais do Museu Paulista: História e Cultura Material*, São Paulo, v. 20, n. 1, pp. 41-76, 2012.

7. Claude Raffestin, *Pour une géographie du pouvoir*. Lyon: Litech, 2019. E-book. Disponível em: <https://books.openedition.org/enseditions/7627>. Acesso em: 31 maio 2022.

8. Jaime Cortesão, "Os principais cartógrafos dos limites do Tratado de Sto. Ildefonso". In:

______. *Apontamentos das aulas do curso de História da Cartografia: Geografia das fronteiras do Brasil e Mapoteconomia.* Rio de Janeiro: Ministério das Relações Exteriores, 1944, p. 3.

9. É certo que, posteriormente, por iniciativa do ministro da Marinha e Domínios de Ultramar Rodrigo de Sousa Coutinho, foram enviados naturalistas para realizar viagens no Brasil cujo principal objetivo era mineralógico; ver Clarete Paranhos da Silva, "As viagens filosóficas de João da Silva Feijó (1760-1824) no Ceará". *História: Questões & Debates*, Curitiba, n. 47, pp. 179-201, 2007; Marcelo Cheche Galves, "Vicente Jorge Dias Cabral: Um naturalista na capitania do Maranhão e do Piauí". *Boletim do Museu Paranaense Emílio Goeldi. Ciências Humanas*, Belém, v. 12, n. 2, pp. 555-70, maio-ago. 2017; Lorelai Kury, "Manuel Arruda da Câmara: a República das Letras nos sertões". In: ______. *Sertões adentro: Viagens nas caatingas, séculos XVI a XIX*. Rio de Janeiro: Andrea Jakobsson, 2013, pp. 161-201.

10. J. B. Harley, *La nueva naturaleza de los mapas: Ensayos sobre la historia de la cartografía.* Cidade do México: Fundo de Cultura Económica, 2005, p. 62.

11. *Parte do Brasil que compreende a navegação que se faz pelos três rios, Madeira, Mamoré e Guaporé, até Vila Bela, capital do governo do Mato Grosso, com estabelecimentos portugueses, e espanhóis a eles adjacentes.* Disponível em: <http://objdigital.bn.br/acervo_digital/div_cartografia/cart543212/cart543212.jpg>. Acesso em: 20 jul. 2022.

12. J. B. Harley, op. cit., p. 172.

13. O acervo iconográfico da *Viagem filosófica* encontra-se conservado na Fundação Biblioteca Nacional e na Biblioteca do Museu Nacional da Quinta da Boa Vista, ambas no Rio de Janeiro, e no Museu Bocage, em Lisboa.

14. Neste capítulo a grafia dos povos indígenas segue a Convenção de 1953 da Associação Brasileira de Antropologia; ver "Convenção para a grafia dos nomes tribais". *Revista de Antropologia*, São Paulo, n. 2, v. 2, pp. 150-2, 1954. Disponível em: <http://www.revistas.usp.br/ra/issue/view/8378/558>. Acesso em: 20 dez. 2021; Maria Carlota Rosa, *Revisitando a Convenção e a grafia de nomes tribais brasileiros, Confluência.* Rio de Janeiro, Liceu Literário Português, n. 59, pp. 25-46, jul.-dez. 2020.

15. Alexandre Rodrigues Ferreira, *Memória sobre a figura que têm os gentios Mauhas, habitadores do rio Cumiary, e seus confluentes; segundo os fez desenhar e remeteu o desenho dela para o Real Gabinete de História Natural o Dr. Naturalista Alexandre Roiz Ferreira*, 1787. Manuscrito, Biblioteca Nacional do Rio de Janeiro, Códice 21, 1, 42, p. 1.

16. Ver Rita Heloísa de Almeida, *O Diretório dos Índios: Um projeto de "civilização" no Brasil do século XVIII.* Brasília: Editora UnB, 1997.

17. Cesare Ripa, *Iconologia overo Descrittione dell'imagini universali.* Roma: Appresso de Lepido Faey, 1603.

LEITURAS COMPLEMENTARES

BUENO, Beatriz Piccolotto Siqueira. "O engenheiro artista: As aquarelas e as tintas nos mapas do Novo Mundo". In: FURTADO, Junia Ferreira (org.). *Sons, formas, cores e movimentos na modernidade atlântica: Europa, Américas e África.* São Paulo: Annablume, 2008, pp. 375-83.

COSTA, Maria de Fátima. "Ciência como prática estratégica: A 'Viagem filosófica' ao Pantanal". *Nuevo Mundo Mundos Nuevos*, Paris, 2020. Disponível em: <https://journals.openedition.org/nuevomundo/81472?lang=es>. Acesso em: 31 maio 2022.

DOMINGUES, Ângela. *Quando os índios eram vassalos: Colonização e relações de poder no norte do Brasil na segunda metade do século XVIII*. Lisboa: CNCDP, 2000.

FARIA, Miguel Figueira de; PATACA, Ermelinda. "Ver para crer: A importância da imagem na gestão do Império Português no final de Setecentos". *Anais Série História*, Universidade Autónoma de Lisboa, v. IX-X, pp. 61-98, 2005.

12. Mocambos e quilombos

Mappa da conquista do mestre de campos regente [chefe da legião] Ignacio Correya Pamplona, *1784/ c. 1790*

Junia Ferreira Furtado

Desde que o trabalho se tornou hegemônico na América portuguesa, as comunidades de cativos fugidos despertaram a preocupação das autoridades e dos moradores do entorno que, da parte dos quilombolas, sofriam razias em suas fazendas. Contra elas eram desferidas medidas e expedições repressivas. O mais icônico quilombo foi Palmares, que vicejou, entre as capitanias de Pernambuco e Alagoas, por todo o século XVII. Em 1769, sob as ordens do conde de Valadares, então governador de Minas Gerais, partiu do rio das Mortes uma expedição, comandada pelo guarda-mor Inácio Correia Pamplona, em direção aos sertões oeste da comarca. Seu objetivo era eliminar a ocupação ilegal, identificada com os quilombos, e iniciar o povoamento oficial da região, distribuindo sesmarias para garantir a jurisdição da capitania mineira. Em 1784, por ordem do governador Luís da Cunha Meneses, foi feito um mapa baseado nessa entrada, cujo objetivo era subsidiar a criação da "Legião com 2 Regimentos de Cavalaria e Infantaria, e 14 esquadras do Mato, tudo na Conquista do Campo grande e suas anexas da Comarca do Rio das Mortes". Desse mapa restou apenas uma cópia, intitulada *Mappa da conquista do mestre de campos regente* [*chefe da legião*] *Ignacio Correya Pamplona* (Fig. 12.1), que lança luz sobre o uso da cartografia para o estudo dos quilombos no Brasil.[1]

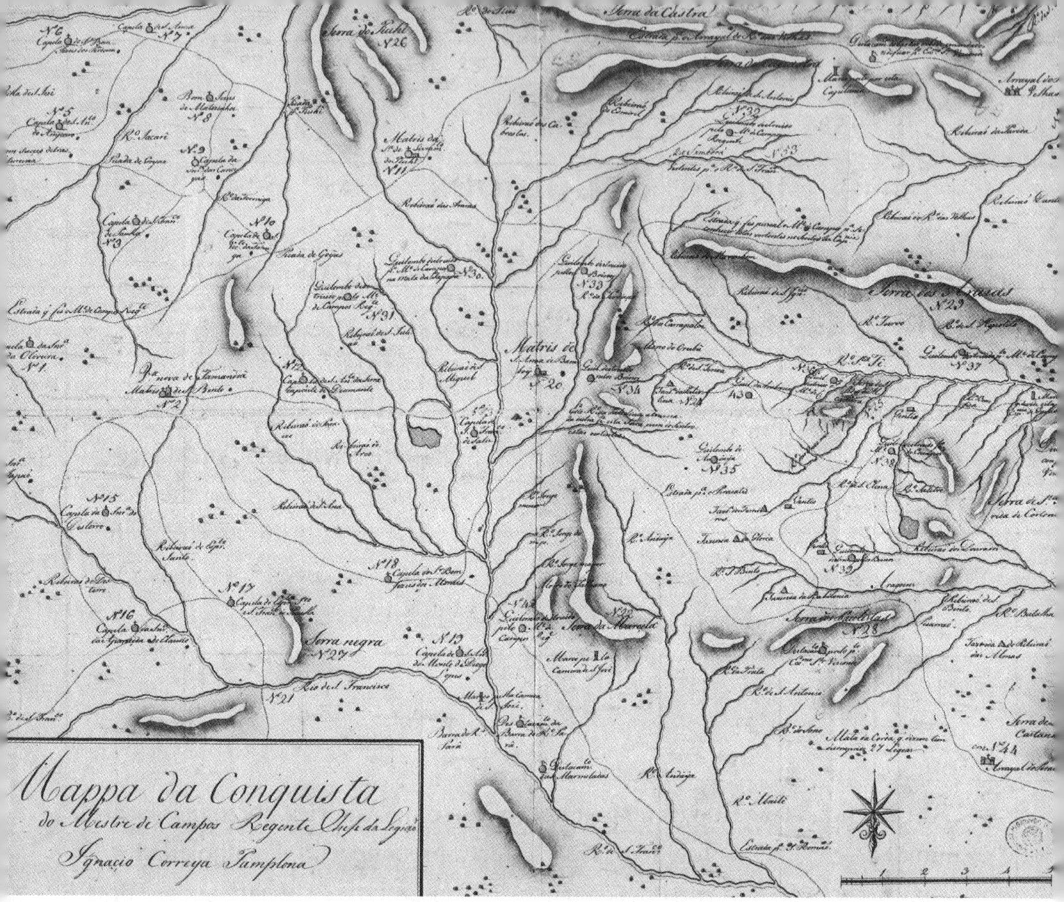

12.1. Mappa da conquista do mestre de campos regente [chefe da legião] Ignacio Correya Pamplona, *1784/* c. *1790* [*Manuel Ribeiro Guimarães e Monteiro*].

É um exemplar manuscrito, desenhado a nanquim, colorido, medindo 29,7 × 38,8 cm, em folha de 32,4 × 39,9 cm, orientado pelo sul, conforme a rosa dos ventos desenhada no formato de uma flor de lis. No extremo sul, posicionado no alto da carta, aparece o Rio Grande; a oeste, os limites são o rio das Velhas, hoje Araguari, e o Santa Maria, afluente do Paranaíba; ao norte, o São Francisco; e a leste, o rio Jacaré, um dos afluentes do Grande. Uma escala em petipé fornece a correspondência em léguas portuguesas, cada intervalo medindo 6,6 cm, do que se depreende que a escala é de aproximadamente 1:450 000.[2]

Apesar de o texto no alto da carta garantir ser uma "Fiel cópia" do original de 1784, pode-se concluir que informações posteriores foram incluídas, como o destacamento da "Serra dos Confins [instituído] por ordem do sr. visconde de Barbacena", situado no extremo oeste. Barbacena governou a capitania entre 1788 e 1797, o que levanta duas possibilidades: ou a cópia foi produzida posteriormente, ou o original permaneceu em aberto e foram acrescentadas informações mais recentes, situando sua produção ou sua finalização nos anos 1790. Não é possível descartar nenhuma das duas hipóteses, visto que há uniformidade na letra e na tinta utilizada nos topônimos e na assinatura do autor, inserida no canto inferior direito, que foram escritos por uma única pessoa. Ele se identifica como M^{el}. Rib^{ro}. G^{es}., ou Manuel Ribeiro Guimarães, sargento-mor e depois alferes e escrivão da Intendência do Ouro de Vila Rica.[3] Já a expressão "chefe da legião", acrescentada no título da carta; a inserção dos números 1 a 51, junto aos principais topônimos; e do rio de Santo Antônio, afluente do Grande, apresentam outra caligrafia e tinta. Essas interferências podem ser atribuídas ao "Monteiro", que assina o texto no alto da cópia. Talvez Francisco Gregório Pires Monteiro Bandeira, intendente do ouro na Junta da Real Fazenda, em 1782, em Vila Rica, ou Mateus Herculano Monteiro, nomeado escrivão em 1808. Monteiro numerou o mapa como 6, revelando que era parte de uma série, provavelmente pertencente à Intendência.

O mapa de 1784/ *c.* 1790 se baseia na geografia desvendada por Pamplona ao longo de três expedições contra quilombolas e indígenas que realizou no território de Bambuí, Campo Grande e cabeceiras do rio Dourados, situados a oeste da comarca do rio das Mortes, nos limites com Goiás.[4] A mais conhecida delas resultara, em 1769, no mapa sem título, mas aqui chamado *Mapa geral da expedição de Inácio Correia Pamplona* (Fig. 12.2), produzido pelo escrevente da tropa.[5] Além desse *Mapa geral*, foram produzidos um *Diário*, um *Roteiro* e sete mapas parciais: um do local de ocorrência de salitre e outros de seis quilombos com "toda a sua disposição".[6] Os documentos não foram assinados, mas é possível identificar seu autor como "Julião da Costa Resende, escrevente", a partir de uma sesmaria que lhe foi dada na região.[7] A destruição dos quilombos era um dos objetivos principais da marcha para garantir o mando da Coroa, o que explica sua localização no *Mapa geral* e a produção dos mapas parciais dos quilombos encontrados pelo caminho. Essa não era a primeira tentativa de destruí-los, nem de utilizar a cartografia para instrumentalizar a repressão e informar as autoridades.

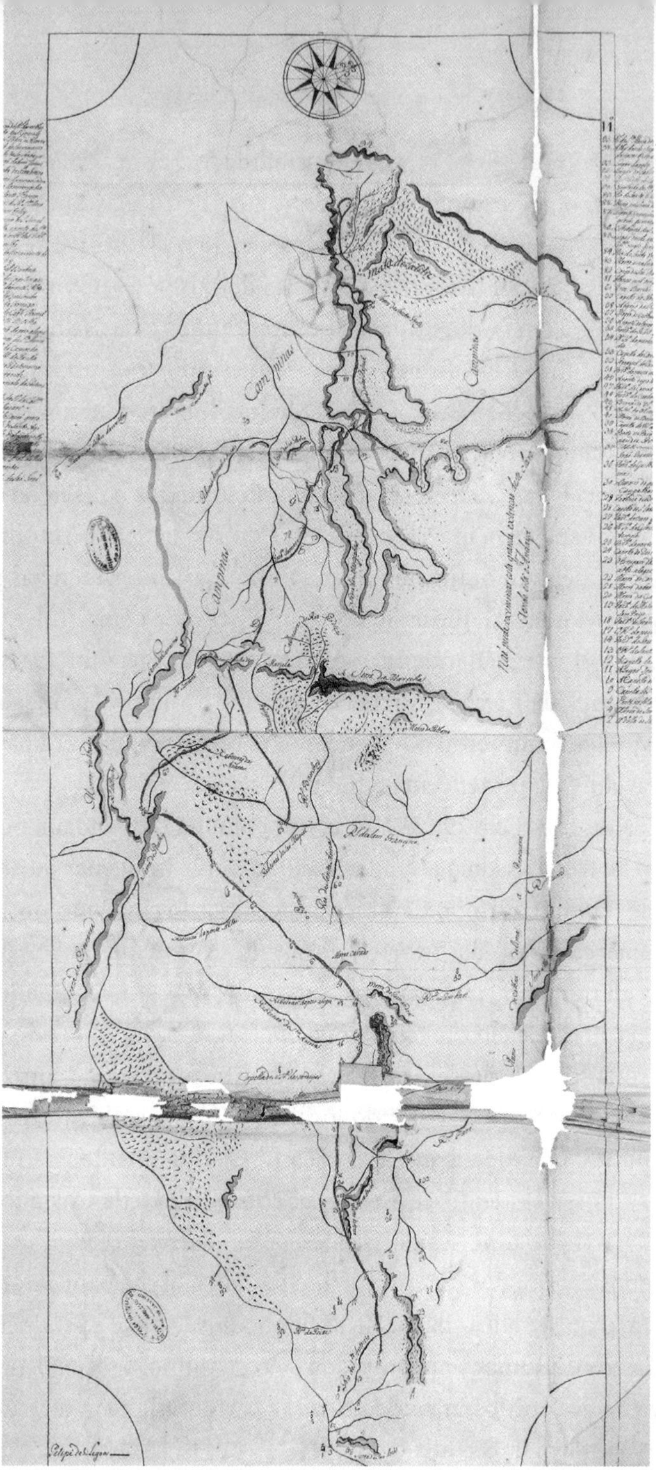

12.2. Mapa geral da expedição de Inácio Correia Pamplona, *1769* [*Julião da Costa Resende*].

Desde a década de 1740, os moradores da região de Bambuí se queixavam das investidas de quilombolas. Em 1746, o governador Gomes Freire de Andrade, o conde de Bobadela, comunicou à Coroa que, em Campo Grande, "há mais de vinte anos", formara-se "um troço de negros a que vulgarmente chamam quilombos", que, nos últimos anos, haviam crescido em número e que causavam muito "dano aos brancos daquela e de outras comarcas, [pois] destacavam continuamente partidas de vinte a trinta negros que executavam roubos e crudelíssimas mortes".[8]

Até fins do século XVII, era mais comumente empregada a designação "mocambo", que significa "esconderijo" em quimbundo, idioma falado na região angolana. Assim foram designadas as 26 comunidades de negros fugidos na Bahia destruídas entre 1614 e 1734, e, em Minas Gerais, o conde de Assumar, governador entre 1717 e 1721, se referiu aos mocambos como sua preocupação central. O uso dos termos "troço de negros" e "quilombo" não era aleatório. Sua origem é *kilombo*, que, entre os ambundos, era "uma sociedade de iniciação ou campo de circuncisão, onde os jovens do sexo masculino eram preparados para o status de adulto". A instituição foi adotada pelos imbangalas, chamados pelos portugueses de jagas, grupos com organização militar, sendo que o *kilombo* subvertia a lógica do parentesco característica das sociedades locais, pois os jagas se agrupavam e se identificavam entre si pela valentia.[9] Apesar dessa origem semântica, os quilombos brasileiros não mimetizavam estritamente o *kilombo* imbangala,[10] e o termo adquiriu significados mais amplos ao longo do século XVIII. Na África, foi associado à capital dos reinos que resistiram ao avanço dos portugueses no oeste de Angola.[11] No Brasil, foi empregado oficialmente, pela primeira vez, em 1691, para designar Palmares, e seu uso se generalizou a partir de 1740.[12]

A carta de Gomes Freire informa que eram os próprios moradores quem "vulgarmente [os] chamam quilombos", revelando que o termo era de uso local; e define quilombo como um "troço de negros". "Troço" era uma parte da gente ou da armada militar,[13] referência às constantes razias, típicas dos jagas, que faziam no entorno, estando permanentemente em guerra. Conclui que os "quilombolas" do Campo Grande haviam "unido este poder, elegeram rei e formaram uma falange assaz forte".[14] A exemplo de Palmares,[15] haviam formado uma organização política estruturada a partir da fidelidade a um líder.[16]

Gomes Freire se referia a Ambrósio, que deu nome ao maior quilombo da região; foi esse mesmo governador que, entre as décadas de 1740 e 1760, desferiu várias campanhas armadas contra os quilombos do Campo Grande. O comando das expedições foi entregue ao sertanista paulista Bartolomeu Bueno do Prado, que, em 1759, encarregou o capitão Antônio Francisco França da investida principal. Por volta de 1765, França ofereceu ao governador Luís Diogo Lobo da Silva o *Mapa de todo o campo Grande tanto da parte da Conquista, q' parte com a Campanha do Rio Verde, e S. Paulo, como de Pihuy Cabeceiras do Rio de S. Francisco, e Goyases...*,[17] de sua autoria. Sua análise comparativa com o *Mapa geral da expedição de Inácio Correia Pamplona* (1769) e o *Mappa da conquista do mestre de campos regente...* (1784/ *c.* 1790) ilumina a história dos quilombos mineiros e sua organização espacial. Estima-se que, entre 1710 e 1798, vicejaram pelo menos 160 na capitania.[18]

ENCONTRANDO QUILOMBOS

O capuchinho Giovanni Antonio Cavazzi, missionário em Angola no século XVII, descreveu os *kilombos* dos jagas como "locais provisórios, fáceis de construir e de transportar".[19] Os do Campo Grande também apresentavam essas características, e a análise dos mapas produzidos entre 1765 e *c.* 1790 revela que mudavam constantemente de local. Como num jogo de gato e rato, o do Cascalho, por exemplo, se mudou três vezes, e os do Ambrósio e São Gonçalo, duas. Muitos Pamplona encontrou abandonados. Os moradores do quilombo do rio da Perdição e os dos Braços da Perdição tinham se retirado para o da Samambaia havia um ano e a bandeira encontrou apenas alguns negros que "se ocupavam em fazer farinhas para os mais". Um deles, capturado, contou que "os mais fugiram para onde novamente estavam outros camaradas, estabelecendo outro novo Quilombo para brevemente se mudarem todos".[20] A sina do guarda-mor foi a de encontrar seus destroços, os quilombolas, "mais imaginados que reais".[21]

Em 1759, Bartolomeu Bueno do Prado se deparara com 24 "núcleos de quilombos localizados e/ou destruídos na expedição", representados no mapa de França de 1765, que "toma a forma de uma árvore cheia de galhos secos, grossos e finos".[22] O *Mapa geral*, do escrevente de Pamplona, de 1769, enumera cinco e desenha mapas parciais de mais dois.[23] A redução revela o poder de destruição da guerra que as forças luso-brasileiras mantinham desde 1740. O mapa de 1784/ *c.* 1790 lista, com os números 30 a 43, doze quilombos, sete deles destruídos por Pamplona em 1769.[24] Também revela que, entre 1769 e 1784, novos quilombos se estabeleceram, como o do Andaiá (n. 35).

No que diz respeito à população dos quilombos do Campo Grande, em 1746 o governador estimou ser de mais de "mil negros, e grande número de negras e crias",[25] resultado do aumento da população escrava da capitania. O desenho das casas e as menções ao seu número nos mapas gerais e parciais de 1765 a *c.* 1790 levaram alguns autores a estimá-la.[26] Porém, é necessário tomar esses números com cautela, não só devido às metodologias empregadas, mas porque não eram estáticos: oscilações na política repressiva contra os quilombos e o avanço da colonização oficial influíram diretamente no povoamento ilegal da região.

O quilombo do Ambrósio, o mais famoso desses, foi construído e reconstruído em vários locais, sendo que o primeiro surgiu na década de 1740, nas cercanias de Formiga e Cristais, e foi destruído na expedição de 1746, quando Ambrósio, o líder, foi morto. Os sobreviventes o reconstruíram próximo a Bambuí, hoje Ibiá, também chamado Segundo Quilombo do Ambrósio ou do Campo Grande. O mapa de França, de 1765, localiza, na margem direita do rio Grande, a "Primeira Povoação", a antiga, "despovoada", e o "Quilombo" do Ambrósio, o segundo, destruído e despovoado em 1759.[27] O *Mapa geral*, de 1769, apresenta apenas o Segundo Quilombo do Ambrósio (n. 74). Suas edificações, encontradas por Pamplona abandonadas e arruinadas, ainda impressionavam, merecendo uma carta particular, "em que vai verdadeiramente esculpida e retratada toda a sua disposição".[28] O mapa de 1784/ *c.* 1790 o registra com o número 43, situado entre dois afluentes do rio Santa Fé. Nas suas cercanias, aparece outro quilombo (n. 36), sem nome, que Pamplona teria destruído em outra ocasião, provavelmente edificado pelos remanescentes que se mudavam pela terceira vez.

MORFOLOGIA DOS QUILOMBOS

Os mapas parciais produzidos pelo escrevente de Pamplona, como o de *São Gonçalo* (Fig. 12.3), detalham as formas espaciais de organização dos quilombos do Campo Grande, que apresentam linhas regulares de casas, geralmente posicionadas em torno de uma praça central. Essa configuração mais se assemelha a uma vila colonial do que a um quilombo africano, e se parece com a encontrada no quilombo do Buraco do Tatu (Fig. 12.4), situado a nordeste de Salvador e destruído em 1763, que apresentava um "plano linear de seis fileiras de casas, divididas por uma grande rua central".[29] Resultava da composição heterogênea dessas comunidades que, a exemplo de Palmares e dos mocambos baianos, reuniam negros africanos e nascidos no Brasil, índios e até brancos pobres, gerando comunidades sincréticas, que mesclavam traços das diversas culturas. A influência do catolicismo aparece na denominação de São Gonçalo, em homenagem ao santo católico, e a cruz levantada no centro do perímetro urbano do quilombo dos Braços da Perdição.

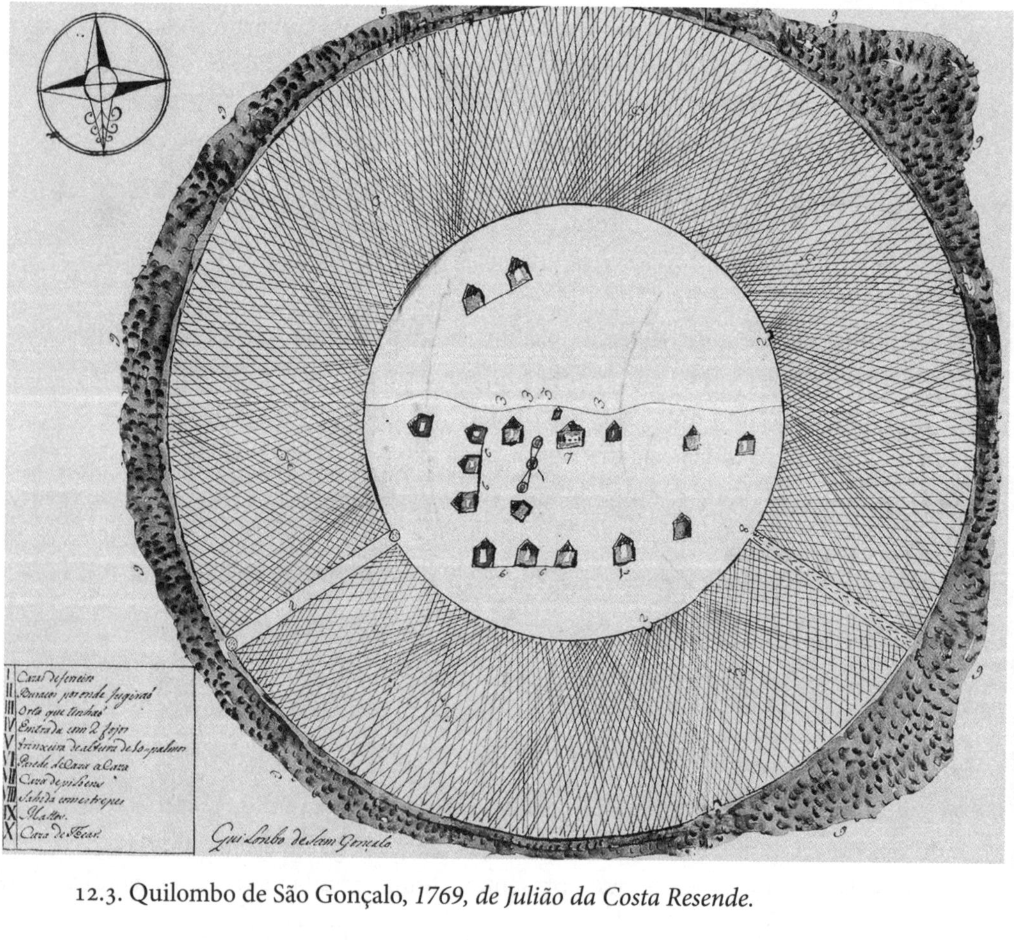

12.3. Quilombo de São Gonçalo, *1769, de Julião da Costa Resende.*

As linhas de defesa, por sua vez, remetem diretamente aos *kilombos* imbangalas, que eram protegidos por cercas e estrepes. O de São Gonçalo era cercado por "uma trincheira de altura de 10 palmos", com apenas duas entradas disfarçadas com "2 fojos" — "cova profunda, cuja boca é tapada com rama, ou caniçada sutil, e uma tona de terra".[30] Para facilitar a fuga, foram cavados "buracos, por onde fugiram" os quilombolas, e "uma saída com estrepes" foi feita para dificultar que os perseguissem. O do Ambrósio possuía um "fosso de 15 palmos de largo", "uma trincheira com estrepes" e outras "guaritas do quilombo" e se valia dos acidentes naturais do terreno, como um "morro redondo que servia de guarita" e de "um brejo, com buracos e estrepes". O da Samambaia foi posicionado num platô, circundado por um "morro que servia de guarita".

Outras edificações também encontram significado na ordenação política dos povos africanos, mimetizando-as. Em vários reinos africanos, o rei go-

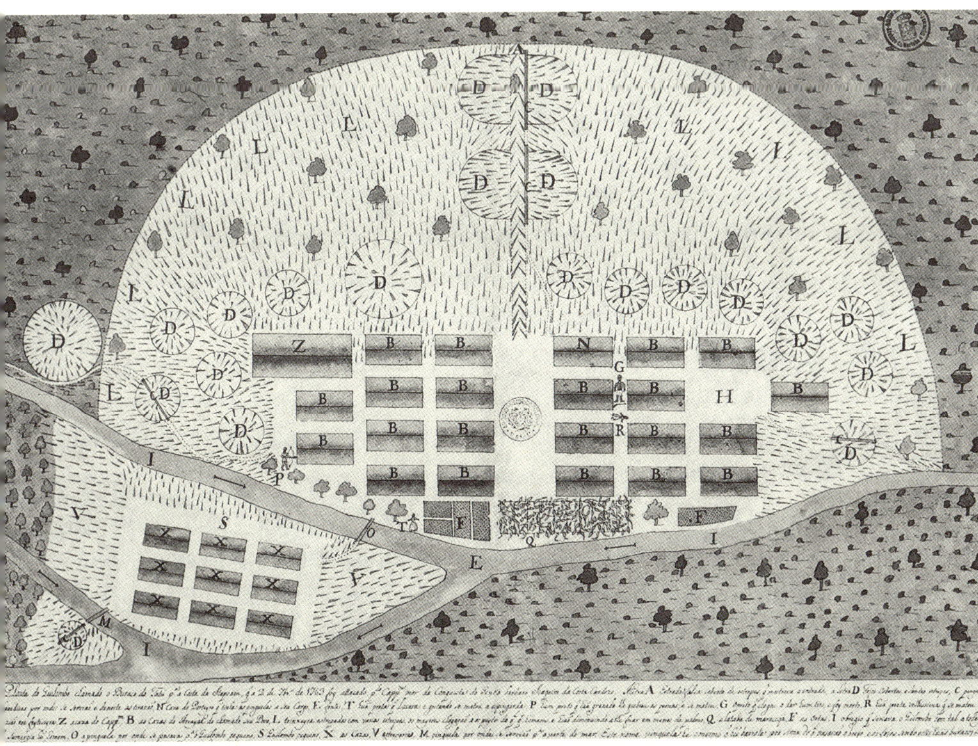

12.4. Planta do quilombo chamado o Buraco do Tatu[m] para a costa da Itapoam, c. *1764*.

vernava com o auxílio de conselheiros e de chefes das províncias. Na praça central do quilombo dos Braços da Perdição, em posição privilegiada, ficava a "Casa do Rei"; no do rio da Perdição, havia uma "Casa do Conselho"; e no da Samambaia, havia uma "Casa de audiência com assentos". Na Costa da Mina, "o rei era percebido como emblema do destino comunitário, e a prosperidade e a segurança do país dependiam da sua saúde e força".[31]

No da Samambaia, aparece uma "casa e forje de ferreiro"; no de São Gonçalo, umas "casas de ferreiro" e uma "casa de pilões". A metalurgia, que os africanos dominavam, além de necessária para produzir objetos em ferro utilizados na agricultura e na defesa dos quilombos, era um saber esotérico com dimensão espiritual, associado aos mitos fundadores de diversos povos, como os dos reinos do Congo e o do Ndongo.[32] No de São Gonçalo, a forja aparece no centro da praça principal, revelando que transcendia sua função econômica, e "confirma que os escravos tentavam, de alguma forma", reproduzir "uma organização espacial parecida com a das aldeias de sua origem".[33]

As culturas agrícolas apontam para formas de produção para além do saque das propriedades próximas.[34] Os escravos da mineração já eram acostumados a produzir alimentos para consumo próprio, e o excedente era comercializado nos mercados locais.[35] Nas proximidades do quilombo do Cascalho, França encontrou um paiol; no de São Gonçalo, havia uma horta; no do rio da Perdição, "uma roça"; e os quilombolas dos Braços da Perdição plantavam milho, feijão, mamona, favas, algodão e mandioca, mas se retiraram para "fazerem roça na Samambaia, por lhe ficar perto para conduzirem o seu mantimento", apontando para o comércio que se estabelecia entre eles e a população do entorno. Quando Pamplona chegou ao de Samambaia, deparou-se com uma roça "que se plantou", outra de "milho plantado", um "mandiocal" e um "curtume de couros", indicando pecuária extensiva.[36]

Verduras e vegetais também integravam sua dieta.[37] Para além da defesa, as matas que circundavam os quilombos eram importantes fontes de coleta e de caça de animais, reveladas no mapa de 1765, pelos ribeirões do Cervo e do Couro do Cervo e pelo Quilombo das Goaveyras (goiabas). Nas que circundavam o do Salitre, os expedicionários "apanharam bastantes caças de veados, perdizes, e jacuzes".[38] O acesso à água também era fundamental, e o último tinha um "rego de água, que tinha uma légua de comprido", aberto desde um afluente do rio Pardo. Pamplona encontrou no dos Braços da Perdição uma "aguada com bica", e o do Ambrósio era circundado por "restingas de matos com vertentes de água".

OS MINAS EM MINAS

Se os quilombolas de Palmares eram originários, em sua maioria, de Angola, o mesmo não pode ser dito dos do Campo Grande. A colonização de Minas Gerais foi acompanhada do crescimento da importação de africanos escravizados que receberam o etnônimo mina e se somaram aos de outras origens. A denominação não se referia a um único povo, mas abrangia vários grupos que eram importados de um espaço amplo denominado pelos portugueses como Costa da Mina. Até por volta de 1750, os minas constituíam a maioria nos plantéis mineiros, tendo chegado a representar cerca de 60,2% dos escravos importados entre 1711 e 1720.[39] Apesar da heterogeneidade linguística, as relações políticas e diplomáticas, as guerras, a escravização e as migrações regionais contribuíram para gerar uma situação de intenso contato cultural entre esses povos desde a África, favorecendo a aproximação de costumes e crenças religiosas.[40]

Desafio é encontrar nos quilombos do Campo Grande reminiscências dos costumes mina. Uma pista é o Quilombo do Catiguá, que Pamplona renomeou de Salitre. Catiguá é o nome popular dado a uma árvore da família *Meliaceae*, o angelim-rosa ou mangalô-catigá, que pode atingir de sete a trinta metros de altura. No reino de Uidá, havia três divindades ou "deuses públicos" principais: a serpente, as árvores e o mar. "A veneração de árvores e outras espécies vegetais era prática comum em várias partes da África Ocidental, e na Costa da Mina adquiriu uma notável dimensão"; os altares dos deuses voduns se situavam aos pés de grandes exemplares, sendo tabu "talar ou podar árvores sagradas".[41] Tudo indica que o quilombo foi construído, não por acaso, junto a uma delas.

Nos mapas de 1769, se observa que todos estavam cercados de "paragens com muitos matos": o de São Gonçalo se escondia em meio aos "matos", o do Santos Fortes ficava junto a uns capões, e o do Ambrósio tinha à roda "restingas de matos".[42] Não se tratava apenas de dificultar serem encontrados, eram fundamentais, pois continham "árvores frutíferas e de sombra (moradas de orixás)", com funções cerimoniais.[43] Além das florestas sagradas, os povos gbes da Costa da Mina podiam venerar certas árvores ou arbustos específicos, concebidos como manifestações de uma entidade espiritual particular. "Esses 'monumentos' vegetais [...] constituíam parte fundamental do patrimônio ecológico e paisagístico, e elementos-chave da memória e identidade coletiva."[44] Poderia ser o caso da Samambaia, outro arbusto que nomeava um dos quilombos, utilizada em substituição às plantas africanas? Se sim, como na Costa da Mina, nos quilombos do Campo Grande, "a identidade territorial estava, em parte, constituída por essas marcas naturais",[45] e o mundo natural do entorno com eles se relacionava de maneira holística. Como as matas, a proximidade da água também adquiria sentido ritual. Teria sido o medo de que os brancos se apoderassem desses locais sagrados que fizera os quilombolas do Catiguá/Samambaia, antes de se retirarem, destruir e saquear os "muitos matos, os mais próximos ao lugar do mesmo quilombo"?[46]

O quilombo do Corisco, renomeado dos Santos Fortes, é outra pista. Seu nome original se devia a um raio que caíra nas proximidades e os expedicionários ainda viram "os regos que abriu na terra", a meia légua de distância.[47] Entre alguns povos da Costa da Mina havia "atribuição de poder espiritual ao fenômeno do trovão" e muitos grupos desenvolveram cultos organizados, com panteões variados, associados aos raios e aos relâmpagos, buscando-se amiúde "o controle das trovoadas, e indiretamente da chuva".[48] Ao contrário do que Pamplona pensou, que o raio caíra nas cercanias do quilombo, poderia se aventar o contrário, a possibilidade de seus moradores terem buscado suas cercanias. Esta é uma hipótese a ser considerada não de forma absoluta, visto que os cultos a Hevioso e outros, por exemplo, consideram o raio como uma punição do deus e quem é atingido é passível de ter sua casa saqueada.[49]

A história que Pamplona relata sobre a origem do quilombo de São Gonçalo permite considerar as relações sincréticas que se estabeleciam entre as religiões afro-ocidentais e o catolicismo, que ocorriam nessas comunidades de escravos fugidos. Disse que os que ali habitavam "tinham estado em outro Quilombo nas cabeceiras do rio das Onze Mil Virgens, donde saíram por padecerem aí uma grande epidemia que os obrigou a devotamente fazerem como oferecimento ao dito Santo a ereção de um novo Quilombo com o título de São Gonçalo — Grande devoção".[50] O "complexo fortuna-infortúnio", que caracterizava as religiões na Costa da Mina, gerou uma "longa e variada tradição no âmbito da cura", que permitiu, no Brasil, a "reatualização parcial de práticas religiosas de origem africana" mescladas com o catolicismo. A referência ao santo como "Grande devoção" faz lembrar o culto do vodum Sakpata,[51] no Daomé, "progressivamente associado às epidemias" depois que a varíola se espalhou pelo reino.[52]

Aspectos importantes, que aparecem nos mapas dos quilombos de São Gonçalo, da Samambaia, o do rio e o dos Braços da Perdição, são as "casa[s] de tear", sendo que no último havia "algodoais". Os chamados "panos da Costa", também chamados em Minas Gerais de "gangas", de cor parda, produzidos a partir da variedade brasileira de algodão, eram tecidos nas unidades escravistas, tendo os africanos transportado consigo a tradição de produção doméstica de tecidos, que se manteve nos quilombos. No de São Gonçalo, Pamplona achou "vários trastes e panos de algodões feitos ricamente pelos mesmos negros",[53] cuja beleza impressionou os expedicionários; no do Corisco/ Santos Fortes, ele "destroçou e saqueou grande quantidade de panos de algodões e feitos no dito quilombo e outros mais roubos que tinham feito", referindo-se a mercadorias que recebiam do comércio que realizavam com as comunidades vizinhas, revelando que, por baixo da política repressiva das autoridades, vicejava entre eles uma relação de complementaridade.

SILÊNCIOS E SIGNIFICADOS

A cartografia da Conquista do Campo Grande, ao mesmo tempo que desvela a geografia local, revelada à medida que a Coroa expandia seu domínio, constitui-se em monumentos cartográficos que buscavam exaltar a memória dos sertanistas, cuja ação é destacada desde o desenho dos caminhos e das picadas "por donde se fez a entrada para a conquista". Os quilombos, representados para acentuar seus feitos, no entanto, rememoram e ajudam a contar um pouco da história dos fugidos que buscavam reconstruir a vida distante do sistema escravista. Seus nomes aparecem quase ocultos, nomeando alguns deles, como Ambrósio, mais conhecido, ou Cascalho, menos evidente, registrado no mapa de França, de 1765. Diferentemente do que se poderia pensar à primeira vista, o topônimo não fazia referência ao mineral que aparecia no fundo dos rios junto do ouro, e sim a um negro, "de que havia tomado o dito quilombo o nome", que serviu de guia para que França o encontrasse e destruísse, em 1760.[54] Obliterar a presença desses personagens significou mudar os nomes dos quilombos, que foram retirados do universo cultural dos brancos, negando a herança que os africanos carregaram consigo desde a África. Corisco é rebatizado Santos Fortes, e Catiguá, Salitre, nomes escolhidos ou sob o signo da religião cristã ou da utilidade econômica, formas como a civilização ocidental se relacionava e submetia a natureza ao seu redor. No último, Pamplona levantou "um arraial de casas de capim mui bem airoso", em substituição aos "mais de cento e cinquenta jiraus" que ali encontrou, que evidenciavam que havia sido "quilombo de muita força e muito poder".[55] Jirau ou girau era uma "armação feita com varas e troncos para dormida no mato",[56] servindo aos propósitos dos quilombolas, assemelhando-se às construções efêmeras africanas,[57] mas não honrando a localidade aos olhos dos colonos luso-brasileiros.

OS USOS DOS MAPAS E SEUS SIGNIFICADOS

Os usos e os leitores a quem se destinaram os mapas resultantes da campanha de 1759 são exemplares dos diferentes significados que cada um deles pretendeu alcançar. Bartolomeu Bueno do Prado comunicou ao governador, em novembro de 1760, que havia "levantado um mapa, feito de seu próprio punho, com minuciosa localização dos mocambos que destruiu" e o legara "a seu neto Vicente de Paula Bueno".[58] O gesto revela que seu sentido imediato era instrumentalizar seus descendentes, futuros sertanistas, na geografia local. O *Mapa de todo o Campo Grande...*, de Antônio Francisco França, de 1765, e o *Mapa geral...*, do escrevente de Pamplona, de 1769, foram entregues aos governadores em serviço. Inseriam-se na lógica das mercês, a serem alcançadas no tempo presente, mas os agraciados são distintos. Enquanto o escrevente do segundo, anônimo, permanece nas sombras, lançando luz sobre a figura do guarda-mor, sobre quem deveriam recair todas as honras, o caso do primeiro é instigante. O capitão França ilumina seu papel, em detrimento do de Bueno do Prado, o verdadeiro comandante da campanha.[59] A circulação deles também é diferente. Pamplona e França inseriram seus mapas na esfera pública, regendo-os por seus ditames, enquanto o de Bueno do Prado ficava restrito aos interesses e ao âmbito da esfera privada.

A comparação entre os topônimos que são registrados no mapa de França, de 1765, no mapa do escrevente, de 1769, e na cópia, de 1784/ *c.* 1790, revela as intenções e os usos diversos conferidos a cada um. "Localizar, [re]nomear, conhecer, reordenar o espaço dos aldeamentos de negros fugidos foram [...] procedimentos e estratégias"[60] de memorização de seus feitos, mas que em vários casos ostentaram a marca do provisório. Os expedicionários de 1759 e 1769 batizaram vários dos locais por onde passaram, inscrevendo seus nomes na paisagem. No primeiro, aparecem o descoberto do Espíndola, o rio da Conquista, a Serra de Pedro França, o Lugar dos Bueno, o Ribeirão e a Fazenda das Contendas. O segundo enumera 95 acidentes geográficos, entre naturais e humanos, muitos nomeados e/ou levantados por Pamplona e os seus, que nem sempre são os mesmos registrados no mapa anterior.

O mapa de 1784/ *c.* 1790 se diferencia dos anteriores. Seus autores não são sertanistas, mas funcionários régios, e a carta reduz para 51 o número de topônimos, revelando que muitos dos nomes dados pelos primeiros não perduraram, apagando as marcas que os sertanistas buscaram deixar na paisagem. Em relação à tipologia dos lugares, acrescenta os novos destacamentos recém-criados e três marcos de limites da capitania, que revelam que tinha sentido diferente dos mapas dos sertanistas. Ainda que se baseie na geografia revelada pela expedição de Pamplona, o intuito dos autores foi demarcar, em nome do governo de Minas e da Câmara de São José del-Rei, os limites com Goiás e garantir a jurisdição dos dois sobre esse território fronteiriço. O predomínio que o Estado metropolitano alcançara nas Minas sobrepunha os seus interesses aos dos sertanistas, destruidores de quilombos, ainda que deles tenha se valido nos momentos iniciais da conquista para estender suas teias aos sertões da capitania.

NOTAS

1. Lisboa; Arquivo Histórico Ultramarino. Cartografia manuscrita, Brasil, n. 258/1165; Antônio Gilberto Costa (org.), Friedrich Ewald Renger, Junia Ferreira Furtado, Márcia Maria Duarte dos Santos, *Cartografia da conquista do território das Minas*. Belo Horizonte: Ed. UFMG; Lisboa: Kappa Editorial, 2004, pp. 62, 184.

2. Uma légua portuguesa corresponde aproximadamente a 6173 metros.

3. Belo Horizonte. Arquivo Público Mineiro. Câmara Municipal de Ouro Preto, caixa 69, doc. 47; caixa 72, doc. 45; Secretaria de Governo da Capitania, caixa 121, doc. 96.

4. Afonso de Alencastro Graça Filho, *O amanho do ouro: Elites econômicas na antiga comarca do rio das Mortes, do século XVIII ao XIX*. Jundiaí: Paco Editorial, 2020, pp. 172-3.

5. Rio de Janeiro, Fundação Biblioteca Nacional (FBN). Manuscritos, 18-02-006, *A expedição do Campo Grande, Cayeté, Abayeté D. de Paracatu*; Márcia Filgueiras Gonçalves, Ana Lúcia Louzada Werneck, "Encontrando quilombos...". *Anais da Biblioteca Nacional*, Rio de Janeiro, n. 108, pp. 104-5, 1988.

6. Ibid., pp. 49-103, 107-13, 69.

7. Tarcísio José Martins, "Desvendando as mentiras de Inácio Correia Pamplona". MG, Quilombo, 27 nov. 2011. Disponível em: <http://www.mgquilombo.com.br/download/desvendando-as-mentiras-de-inacio-correia-pamplona.pdf>. Acesso em: 8 out. 2021.

8. Laura de Mello e Souza, "Violência e práticas culturais no cotidiano de uma expedição contra quilombolas — Minas Gerais, 1769". In: João José Reis e Flávio dos Santos Gomes (orgs.), *Liberdade por um fio — História dos Quilombos no Brasil*. São Paulo: Companhia das Letras, 1996, pp. 193-4.

9. Stuart B. Schwartz, *Escravos, roceiros e rebeldes*. Bauru: Edusc, 2001, pp. 249-55.

10. John K. Thornton, "Angola e as origens de Palmares". In: Flávio dos Santos Gomes (org.), *Mocambos de Palmares: Histórias e fontes (séculos XVI-XIX)*. Rio de Janeiro: 7Letras, 2010, p. 55.

11. Silvia Hunold Lara, "Palmares, um reino africano no Brasil?". In: Luciano R. Figueiredo (org.), *Impressões Rebeldes*, 2019. Disponível em: <https://www.historia.uff.br/impressoesrebeldes/?temas=palmares-um-reino-africano-no-brasil>. Acesso em: 15 nov. 2021.

12. Stuart B. Schwartz, op. cit., pp. 220-1, 239, 243, 249.

13. Antonio de Moraes Silva, *Diccionario da lingua portugueza*. Lisboa: Officina de Simão Thaddeo Ferreira, 1789, v. 2, p. 494.

14. Tarcísio José Martins, op. cit., 1995, pp. 165-6.

15. Silvia Hunold Lara, "Com fé, lei e rei: Um sobado africano em Pernambuco no século XVII". In: Flávio dos Santos Gomes (org.), op. cit., p. 106.

16. John K. Thornton, op. cit., pp. 55-6.

17. Antônio Francisco França, *Mapa de Todo o Campo Grande...*, 1765. Universidade de São Paulo, Instituto de Estudos Brasileiros. Col. JFAP, 23 – Folha 19; Tarcísio José Martins, op. cit., 1995, pp. 165-276; Antônio Gilberto Costa (org.) et al., op. cit., pp. 59, 62, 180.

18. Carlos Magno Guimarães, "Mineração, quilombo e Palmares — Minas Gerais no século XVIII". In: João José Reis e Flávio dos Santos Gomes (orgs.), op. cit., p. 141.

19. Junia Ferreira Furtado, *Quebra-cabeça africano: Como um embaixador português, um geógrafo francês, um escritor inglês e um pirata imaginário transformaram a cartografia da África e abriram as portas para o imperialismo*. Belo Horizonte: Miguilim/ Odisseia, 2021, p. 342.

20. Márcia Filgueiras Gonçalves e Ana Lúcia Louzada Werneck, op. cit., p. 102.

21. Laura de Mello e Souza, op. cit., p. 205.

22. Tarcísio José Martins, op. cit., 1995, p. 175; Edson da Silva Filho, Oswaldo Bueno Amorim Filho e José Flávio Morais Castro, "A contextualização histórica e geográfica dos quilombos do Campo Grande". In: *I Simpósio Brasileiro de Cartografia Histórica*. Paraty, 10-14 de maio de 2011, p. 5.

23. Márcia Filgueiras Gonçalves e Ana Lúcia Louzada Werneck, op. cit., pp. 104-13.

24. Edson da Silva Filho et al., op. cit., p. 13.

25. Tarcísio José Martins, op. cit., 1995, pp. 165-6.

26. Ibid., pp. 198-203; Edson da Silva Filho et al., op. cit., pp. 7-9.

27. Ibid., p. 7; Tarcísio José Martins, op. cit., 1995, pp. 165-9, 183-7.

28. Márcia Filgueiras Gonçalves e Ana Lúcia Louzada Werneck, op. cit., pp. 106, 68, 111.

29. Stuart B. Schwartz, op. cit., pp. 229-33.

30. Antonio de Moraes Silva, op. cit., v. 1, pp. 623-4.

31. Luis Nicolau Parés, *O rei, o pai e a morte: A religião vodum na antiga Costa dos Escravos na África Ocidental*. São Paulo: Companhia das Letras, 2016, pp. 123-4.

32. Em seu manuscrito, Cavazzi retratou o primeiro rei do Ndongo na sua atividade de ferreiro. Linda Heywood e John K. Thornton (orgs.), *Njinga, rainha de Angola: A relação de Antonio Cavazzi de Montecuccolo (1687)*. Lisboa: Escolar Editora, 2013, p. 33.

33. Juliana Ribeiro da Silva, *Homens de ferro: Os ferreiros na África central no século XIX*. São Paulo: Alameda, 2011, p. 60.

34. Pablo Luiz de Oliveira Lima, *Marca de fogo: Quilombos, resistência e a política do medo, Minas Gerais — século XVIII*. Belo Horizonte: Nandyala, 2016, p. 182; Márcia Amantino, *O mundo das feras*. São Paulo: Annablume, 2008, p. 128.

35. Junia Ferreira Furtado, "Milho, feijão, angu e canjica; couve não? Ou o que comiam (ou não) os escravos da mineração". In: Leila Mezan Algranti e Sidiana da Consolação Ferreira de Macêdo (orgs.), *História e alimentação: Brasil séculos XVI-XXI*. Belém: Editora Paka-Tatu, 2020, pp. 442-67.

36. Márcia Filgueiras Gonçalves e Ana Lúcia Louzada Werneck, op. cit., pp. 73, 75, 101, 102, 104-14.

37. Junia Ferreira Furtado, op. cit., 2019, p. 451.

38. Márcia Filgueiras Gonçalves e Ana Lúcia Louzada Werneck, op. cit., p. 75.

39. Francisco Vidal Luna e Iraci Del Nero da Costa, *Minas colonial: Economia e sociedade*. São Paulo: Pioneira, 1992, p. 49; A. J. R. Russell-Wood, *The Black Man in Slavery and Freedom in Colonial Brazil*. Nova York: St. Martin's Press, 1982, p. 113; Laird W. Bergad, *Slavery and the Demographic and Economic History of Minas Gerais, Brazil, 1720-1888*. Cambridge: Cambridge University Press, 1999, p. 151; Junia Ferreira Furtado, "Mulheres escravas e forras na mineração no Brasil, século XVIII". *Revista Latinoamericana de Trabajo y Trabajadores*, Amsterdam, v. 1, n. 1, pp. 2-7, 2020-21.

40. Luis Nicolau Parés, *A formação do candomblé: História e ritual da nação jeje na Bahia*. Campinas: Ed. da Unicamp, 2007, p. 36; Pierre Verger, *Fluxo e refluxo do tráfico de escravos entre o Golfo do Benim e a Bahia de Todos os Santos, do século XVII ao XIX*. 3. ed. São Paulo: Editora Corrupio, 1987, p. 233.

41. Luis Nicolau Parés, op. cit., 2016, pp. 125-6.

42. Márcia Filgueiras Gonçalves e Ana Lúcia Louzada Werneck, op. cit., pp. 75, 72, 101, 104-14.

43. Vanina Margarida T. Borges Pereira, "A herança da arquitetura africana nas comunidades quilombolas". In: *Anais do XXVI Simpósio Nacional de História — Anpuh*. São Paulo: Anpuh, 2011, p. 4.

44. Luis Nicolau Parés, op. cit., 2016, p. 126.

45. Ibid., p. 128.

46. Márcia Filgueiras Gonçalves e Ana Lúcia Louzada Werneck, op. cit., p. 75.

47. Ibid., p. 102.

48. Luis Nicolau Parés, op. cit., 2016, pp. 123, 132.

49. Informação oral de Luis Nicolau Parés.

50. Márcia Filgueiras Gonçalves e Ana Lúcia Louzada Werneck, op. cit., p. 102.

51. "A desta favor hipótese observa-se que, nos terreiros jejes baianos, cobre-se o salão de dança com folgas de São Gonçalinho" (Informação oral de Luis Nicolau Parés).

52. Luis Nicolau Parés, op. cit., 2007, pp. 107-10.

53. Márcia Filgueiras Gonçalves e Ana Lúcia Louzada Werneck, op. cit., p. 102.

54. Tarcísio José Martins, op. cit., 1995, p. 174.

55. Márcia Filgueiras Gonçalves e Ana Lúcia Louzada Werneck, op. cit., p. 75.

56. Laudelino Freire, *Grande e novíssimo dicionário da língua portuguesa*. Rio de Janeiro: José Olympio, 1954, v. IV, p. 3074.

57. Robert W. Slenes, *Na senzala, uma flor: Esperanças e recordações na formação da família escrava*. Rio de Janeiro: Nova Fronteira, 1999, pp. 165-7.

58. Tarcísio José Martins, op. cit., 1995, pp. 171-2.

59. Francisco Eduardo de Andrade, *A invenção das Minas Gerais: Empresas, descobrimentos e entradas nos sertões do ouro da América portuguesa (1680-1822)*. Belo Horizonte: Autêntica, 2008, pp. 260-4.

60. Laura de Mello e Souza, op. cit., p. 206.

LEITURAS COMPLEMENTARES

BARBOSA, Waldemar de Almeida. *Negros e quilombos em Minas Gerais*. Belo Horizonte: s.e., 1972.

GOMES, Flávio dos Santos. *A hidra e os pântanos: Mocambos, quilombos e comunidades de fugitivos no Brasil (séculos XVII-XIX)*. São Paulo: Ed. Unesp, 2005.

LARA, Silvia Hunold. *Palmares & Cucaú: O aprendizado da dominação*. São Paulo: Edusp, 2021.

SCHWARTZ, Stuart B. "Repensando Palmares: Resistência escrava na colônia". In: ______. *Escravos, roceiros e rebeldes*. Bauru: Edusc, 2001, pp. 213-55.

SOUZA, Marina de Mello e. "*Kilombo* em Angola: Jagas, ambundos, portugueses e as circulações atlânticas". In: PAIVA, Eduardo França; SANTOS, Vanicléia Silva (orgs.). *África e Brasil no mundo moderno*. São Paulo: Annablume; Belo Horizonte: PPGH-UFMG, 2013, pp. 135-52.

13. Um mapa antes da nação

Carta corographica do Imperio do Brazil, *Conrado Jacob de Niemeyer, 1846*

Maria do Carmo Andrade Gomes

13.1. Carta corographica do Imperio do Brazil, *1846, de Conrado Jacob de Niemeyer.*

É difícil imaginar algum brasileiro que não reconheça, num piscar de olhos, a silhueta do seu país desenhada num mapa. Um simples rabisco ou uma imagem impregnada de signos e cores, como a *Carta corographica do Imperio do Brazil*,[1] de 1846 (Fig. 13.1), representam não apenas o espaço físico, o território, mas sobretudo o corpo político do que se convencionou chamar de Brasil e pelo qual se aprende, desde sempre, a sentir o pertencimento a uma comunidade — a nação. Essa é a capacidade performativa dos mapas oficiais dos estados modernos, imagens carregadas de autoridade e de força simbólica.

A partir da *Carta corographica do Imperio do Brazil*, produzida pelo coronel engenheiro Conrado Jacob de Niemeyer, sócio efetivo do Instituto Histórico e Geográfico Brasileiro (IHGB) e ao qual dedicou e ofertou o mapa, em 1846, este texto apresenta e explora as potencialidades informativas e analíticas de algumas das imagens-síntese produzidas pelo Estado imperial brasileiro no século XIX, consideradas como os primeiros mapas oficiais a representar o território do Brasil, desdobrando seu significado para a representação da nação edificada no pós-Independência. O desafio de consolidar o território de uma jovem nação independente e a utilização de mapas com esse intuito não foram ações exclusivas do Brasil e, quase à mesma época, foram compartilhadas por outros países que se formavam nas Américas.[2]

Mas qual território e qual nação os mapas do Brasil produzidos no período imperial representam?

TERRITÓRIO, ESTADO E NAÇÃO

A elaboração de um mapa que represente a totalidade do território de um país e seja capaz de cristalizar essa imagem como símbolo da nação resulta de um processo histórico longo e tensionado. No caso brasileiro, a tessitura dessa imagem se deu na conjugação dos processos de construção do território e de sua consagração como o fundamento da nacionalidade. De um lado, a dominação colonial, o desbravamento dos espaços desconhecidos, a conquista das terras das populações originárias pelo seu extermínio ou confinamento, o estabelecimento das fronteiras externas por meio da força ou da negociação; de outro, a tessitura de redes de dominação e o controle dos conflitos e das barreiras sociais internas, o deslocamento das diversas e muitas vezes antagônicas identidades locais e regionais, forjadas nas práticas sociais para o espaço amplo e imaginado da nação.[3]

Em determinados momentos desse processo, é possível construir uma imagem consagradora, que registra e perpetua, no plano visual e simbólico, o pacto territorial negociado em cada contexto específico. Em seguida, desfazem-se as certezas pelo desenrolar de novos acontecimentos, guerras e conquistas territoriais, acordos diplomáticos e políticos, avanços científicos que resultam em novas frentes de desbravamento da natureza indomada e sem fronteiras que preexistem aos homens e a seus mapas.

No Brasil imperial, foram necessárias décadas para a produção de uma primeira carta geral. Apesar da ênfase na posse e na integridade do território, postulada pelos fundadores do Estado independente, até meados do século XIX não só era difícil como pouco estratégico tentar retratar uma unidade e uma contiguidade imaginadas. A elas se opunham a fragmentação real do corpo físico e político, os limites longínquos, nebulosos e inconsistentes, somados às barreiras internas de uma sociedade cindida desde sempre por elementos como a presença dos africanos escravizados, escassamente povoada pelos colonos, as muitas e desconhecidas nações indígenas, a presença dos potentados locais, as identidades regionais e o poder das províncias, além das revoltas sociais.

Após décadas de intensos conflitos internos, forjou-se no Brasil um território pacificado, à força da exclusão de boa parte de sua população — escravizados e indígenas — e da construção de uma identidade nacional fortemente sustentada na herança colonial, portuguesa e europeia, e contrastada com as nascentes repúblicas latino-americanas.

Os movimentos de independência das diferentes partes da América hispânica, ocorridos ao longo da primeira metade do século XIX, conflagraram conflitos e terminaram por constituir um mosaico de novas nações. Embora os distintos processos de independência e afirmação nacional tenham colocado o Império brasileiro em forte distanciamento com relação às demais ex-colônias hispânicas, é certo que semelhanças substantivas podem ser observadas na constituição dos seus Estados-nações. Destacam-se as múltiplas iniciativas de produção de uma cartografia nacional e oficial pelos Estados recém-independentes e o uso dos mapas oficiais como recurso estratégico, tanto no aspecto simbólico — como representação visual da imaginada unidade nacional — quanto no político e diplomático — como afirmação de domínio territorial e delimitação de fronteiras.[4]

A PRIMEIRA CARTA GERAL: CONRADO NIEMEYER E O INVENTÁRIO DE UMA NAÇÃO IMAGINADA

A década de 1840, marco do início do Segundo Reinado, pôs fim ao turbulento período do pós-Independência, que costuma ser dividido, politicamente, em Primeiro Reinado (1822-31), seguido das Regências (1831-40). Foram anos marcados por disputas pelo regime a ser implementado e por revoltas separatistas. A estabilização do Império passou pela unificação do vasto território e sua centralização na corte do Rio de Janeiro, uma vez pactuada com as elites provinciais a manutenção do seu poder local.

Tal pacificação política, coercitiva ou negociada, criou as condições para a consolidação do Estado nacional e a formulação de uma identidade brasileira. Como apontou Guimarães, esse empreendimento contou com o protagonismo das elites letradas do país reunidas no Instituto Histórico e Geográfico Brasileiro, criado em 1838.[5] Devotado à construção de um "saber sobre o espaço"[6] e à promoção do debate historiográfico sobre a gênese da nação brasileira, o Instituto promoveria, por diferentes formas e, especialmente, por meio de sua revista, um esforço por disseminar o conhecimento do vasto espaço físico herdado do período colonial, publicando corografias textuais e relatos de expedições do século XVIII (e também do XIX), que se tornariam fontes da cartografia oitocentista. Nesse contexto, caberia a um de seus sócios fundadores, o engenheiro militar Conrado Jacob de Niemeyer, produzir, em 1846, a primeira carta geral do Brasil independente, pela qual lhe seria concedido o primeiro prêmio geográfico outorgado pelo Instituto. As chamadas cartas gerais são aquelas produzidas em pequena escala, ou seja, onde a redução do espaço cartografado é acionada para representar a totalidade de um território que se pretende visualmente unificado e delimitado. Niemeyer classificou sua carta geral como corográfica por associá-la à metodologia descritiva e à tradição pictórica das corografias oitocentistas.

Resultado de quatro anos de trabalho, a *Carta corographica do Imperio do Brazil*, composta em quatro folhas, na escala 1:300 000, foi litografada pela Casa Heaton & Rensburg, então a mais conceituada do país. Embora não fosse uma produção do governo imperial, muitos eram os laços que garantiriam o seu caráter oficial. Além da legitimidade emprestada pelo IHGB, Conrado Niemeyer era coronel engenheiro, ou seja, sua experiência e sua autoridade técnica advinham de sua formação, herdeira da tradição cartográfica dos engenheiros militares, grandes produtores de mapas e detentores da memória cartográfica da América portuguesa.[7]

A carta de Niemeyer seguiu a composição de outras cartas gerais do Brasil, publicadas por autores estrangeiros, às quais somou a precisão do mapeamento da costa brasileira, realizada por cartógrafos franceses na primeira metade do século XIX. A monumentalidade e a visualidade conferidas pelo tamanho da carta buscavam equipará-la às cartas das nações europeias. Unidas as quatro folhas, a carta atingia o tamanho de 1,50 metro de largura por 1,50 metro de altura. O documento incorporou a inovação técnica da impressão litográfica, à qual aliou a tradição portuguesa da composição manuscrita, numa solução híbrida que caracterizaria "a parte mais representativa da produção cartográfica em escala no Brasil durante o século XIX".[8]

Os dados disseminados pela superfície do território cartografado reuniam as contribuições das corografias e das descrições de limites até então publicadas e dos mapas regionais e provinciais produzidos por Niemeyer e outros cartógrafos brasileiros e estrangeiros em atuação no país.[9] Solução híbrida entre memória e projeto, Niemeyer compôs, assim, uma primeira imagem-síntese do Brasil que cristalizava o conhecimento sobre o espaço físico acumulado em gerações, ao mesmo tempo que forjava uma territorialidade ainda em gestação. Como demonstrou Renato Peixoto, a carta traduzia também toda uma intencionalidade de intervir na construção desse mesmo espaço, desde a centralidade afirmada na escolha do meridiano do Rio de Janeiro, sede da monarquia, até a composição pactuada com os poderes regionais, expressa na inserção das divisas e das plantas urbanas das capitais das provincias.[10]

Aos componentes da paisagem física, como rios, serras, ilhas e lagoas, somavam-se os registros da presença humana, como vilas, presídios, fortes, caminhos e fazendas. Esses elementos, em especial as informações antrópicas, isto é, relativas à geografia humana, não estão disseminados de maneira uniforme pelo território, mas se condensam em regiões como o litoral e as províncias do Nordeste, Leste e Sul, e se dispersam gradativamente a norte e a oeste, denotando o desconhecimento de vastas áreas do território brasileiro e o esparsamento e desequilíbrio da sua ocupação.

Simbolizados graficamente e nominados pela inscrição da toponímia, ambos os elementos — símbolo gráfico e toponímia — são hierarquizados pela variação de seus tamanhos. O historiador francês Christian Jacob sublinhou a dimensão histórica da toponímia, a partir de uma geografia que existe sobretudo pela nomenclatura, memorizada e copiada de carta em carta. A toponímia revela, aos estudiosos, os estratos sucessivos da nominação do mundo, uma dimensão temporal e genealógica inscrita na superfície plana da carta.[11]

A *Carta corographica do Imperio do Brazil* apresenta ainda inserções textuais esparsas, que versam sobre a navegabilidade dos rios, condições climáticas e os cultivos de determinadas áreas. Muitos desses insertos textuais tratam da identificação, no espaço, de nações indígenas, com sua caracterização como ferozes ou domesticadas, próximas ou cujo paradeiro é longínquo e impreciso, o que se denota com o uso de expressões conjugadas ao desconhecimento sobre vastas áreas do território, tais como: "sertão do gentio tupinambá", "terrenos inteiramente desconhecidos e ocupados por diversas tribos de índios selvagens que embaraçam a navegação fluvial", "gentio jacundá tratável que fala língua geral", "gentio xerente muito feroz". Tais textos exerciam funções retóricas, cognitivas e visuais no mapa, conferindo historicidade e densidade a espaços vazios e desconhecidos, preenchendo os brancos da carta com sinalizações de um saber sobre o meio físico, que terminavam por legitimar conquistas e pretensões territoriais, especialmente nas zonas de limites imprecisos e disputados nos horizontes norte e oeste do Império, estratégia utilizada em outras cartas examinadas neste livro, como, por exemplo, os dos capítulos 1, 4 e 15.

A carta de Niemeyer recebeu a consagração técnica e política do IHGB e, além de ser o primeiro mapa geral do Império brasileiro, tornou-se a matriz de toda uma linhagem de mapas oficiais que seriam sucessivamente fabricados até meados dos anos 1870.

Dez anos passados da primeira edição, em 1857, uma nova versão da carta de Niemeyer foi publicada sob o título *Nova carta corographica do Imperio do Brazil*[12] encomendada pelo então ministro dos Negócios da Guerra, o tenente-general Marquês de Caxias, o "militar de ferro" que reprimiu todas as revoltas internas e se tornou patrono do Exército brasileiro.[13] As motivações para a produção dessa nova versão se ligavam às crescentes disputas de limites em regiões de especial interesse do Império, como o território do Paraguai, que não por acaso foi incluído no enquadramento do mapa, já anunciando o futuro conflito bélico que se estenderia na região, a Guerra do Paraguai. Entre as negociações diplomáticas e a eclosão do confronto armado, multiplicaram-se as expedições militares em áreas confinantes do Império, cujo objetivo era assegurar territórios em disputa, para o que a cartografia assumiu o papel crucial de garantir visibilidade aos territórios pretendidos pelo Brasil, sustentando suas posições de domínio espacial.

Outro elemento incorporado à *Nova carta*, também relacionado ao posicionamento do Estado, foi o reforço da ideia de um território unificado em torno da centralidade da Corte — sede da elite imperial —, expressa não só na localização do meridiano, como na carta de 1846, mas também na reprodução da planta da cidade do Rio de Janeiro, inserida no canto inferior direito, o que não ocorre com as demais capitais provinciais.

Uma singularidade do mapa é a inserção do quadro estatístico que dispõe, à maneira das corografias do período, dados quantitativos e descritivos sobre cada uma das províncias. População, território, divisões eclesiásticas, administrativas e judiciais, além de equipamentos civilizatórios, gêneros de exportação e outras informações que buscavam mostrar o mosaico das circunscrições que formariam uma totalidade física e política, hierarquizada e coesa — a nação imperial Brasil. Tratava-se ainda de uma forma primária de interação entre duas linguagens e saberes, a cartografia e a estatística, que mais tarde evoluiriam para a construção de um novo código visual.[14]

AÇÃO DIPLOMÁTICA PELOS LIMITES DO IMPÉRIO E A PRESENÇA BRASILEIRA NO CONCERTO DAS NAÇÕES

No mesmo período em que a carta de Niemeyer disseminava seu modelo cartográfico e cristalizava uma imagem de grande força simbólica, emergiria uma nova forma de construir mapas, menos autoral, mais coletiva e normatizada. O novo padrão correspondeu à emergência, no Brasil, de outros centros de produção cartográfica, em contraponto ao declínio do protagonismo do IHGB e do Arquivo Militar. Foi o que ocorreu em especial com a Secretaria dos Negócios Estrangeiros (SNE), que passou à frente na constituição de um acervo e na produção cartográfica, comandada por atores políticos cujo "domínio sobre um saber geográfico [...] se constituía muitas vezes pelo controle do acesso à massa documental abrigada nos arquivos".[15]

Essas mudanças correspondiam às demandas do governo central, a partir de meados do século XIX, no sentido de afirmação da soberania brasileira ante as novas nações americanas hispânicas vizinhas, projetando o debate sobre os limites do Império e a necessidade de fortalecer as ações diplomáticas. Segundo Demétrio Magnoli, foi a partir desse período que o Império deflagrou uma intensa e ofensiva atividade diplomática, da qual resultou a delimitação da maior parte do "invólucro fronteiriço do Brasil".[16]

O êxito desse empreendimento imperial, que garantiu a permanência da continentalidade do território, deveu-se, entre outros fatores, à ação do diplomata Duarte da Ponte Ribeiro, maior responsável pela consagração do princípio do uti possidetis como o argumento oficial da diplomacia do Império.[17] Conhecido por seu título nobiliárquico, o Barão da Ponte Ribeiro atuou, com êxito, em diversas negociações de limites com as repúblicas vizinhas, produzindo um grande número de memórias e pareceres. Em sua longa e influente atuação, boa parte à frente da SNE, valorizou a memória cartográfica e a cartografia como instrumentos por excelência de constituição de um saber espacial e de um argumento diplomático.[18] Embora não fosse exímio cartógrafo, Ponte Ribeiro foi consagrado em seu tempo como o maior especialista em cartografia brasileira, sendo o autor de muitos mapas, para cuja fabricação conjugava sua erudição cartográfica e o auxílio dos engenheiros militares lotados na SNE. Pela força de seu prestígio e da posição na hierarquia governamental do Império, Ponte Ribeiro viria a influir decisivamente na construção das cartas gerais que se seguiram à versão originária de Niemeyer.

Peixoto analisou, com detalhe e rigor, as disputas pela narrativa sobre o espaço e a inserção do Estado, que conduziram a uma trajetória errática nas sucessivas iniciativas de produção de uma carta geral do país durante o Segundo Reinado. Tais disputas se acirraram com a demanda oficial por uma nova carta, atualizada, que superasse as limitações das versões de Niemeyer e pudesse representar a nação brasileira nas grandes exposições internacionais que, a partir de meados do século XIX, pontuaram o calendário dos estados nacionais em celebrações da modernidade e do progresso material e técnico que alcançavam.[19]

Desde 1855, o Brasil vinha participando desses eventos sem, no entanto, apresentar uma carta oficial do país. Para a exposição de Paris, de 1867, foi produzida, pelo tenente-coronel Pedro Torquato Xavier de Brito, uma versão reduzida da carta de Niemeyer, intitulada *Nova carta chorographica do Imperio do Brazil*, que, por dificuldades na sua fabricação, não passou de um esboço incompleto, com informações rarefeitas.[20] Litografada em cores pelo Arquivo Militar, a chamada *Carta Brito* possuía um inserto estatístico, à maneira da carta de 1857 (Fig. 13.2). Uma versão desse mapa, desprovida de cores e sem as informações estatísticas, foi encartada na obra de divulgação denominada *O Império do Brasil na Exposição Universal de 1867*, tratando-se de uma corografia geral distribuída pela primeira vez na exposição de Paris e sucessivamente atualizada para as exposições posteriores.

13.2. Nova carta chorographica do Imperio do Brazil, *1867, de Pedro Torquato Xavier de Brito.*

Em 1873, por ocasião da Exposição Universal de Viena, novamente se retomou a demanda por uma carta geral. Nesse certame específico, houve empenho do governo imperial e das elites intelectuais em apresentar uma imagem do Brasil como uma nação moderna, identificada por sua base cultural e civilizada. No entanto, na ausência de um projeto de mapeamento sistemático do país, restou o improviso. As dificuldades e as limitações impostas restringiram a participação cartográfica brasileira à apresentação de uma versão reduzida da *Carta Brito*, intitulada *Carta do Imperio do Brazil*, impressa em 1873 (Fig. 13.3),[21] modificada por intervenção direta de Duarte da Ponte Ribeiro, que nela imprimiu suas correções.

A nova carta, em folha única, maior escala e menores dimensões, perdeu em monumentalidade em relação às anteriores, mas teve maior alcance em sua disseminação. Impressa em cores e litografada no Arquivo Militar, foi encartada na *Corografia geral*, também atualizada e distribuída na exposição vienense. Enquanto as inserções textuais, muito comuns na carta de Niemeyer, desaparecem em grande parte dessa versão, houve um adensamento das informações toponímicas e um reforço da visualização dos limites externos e internos pelo uso da cor. A imagem recua em sua dimensão corográfica, histórica e textual para garantir a visibilidade do corpo político, avançando na dimensão do emblema da nacionalidade almejada.[22]

A CARTA DE 1875: ENTRE A LEGIBILIDADE DO TERRITÓRIO E A MONUMENTALIDADE DA NAÇÃO

Para a produção da *Carta do Imperio do Brazil*, de 1873, convergiram diferentes atores e interesses em disputa. As sucessivas compilações, reduções e atualizações que sofreu durante seu processo de produção, realizadas entre polêmicas em torno de autorias, informações geográficas e cálculos de superfícies, revelam as disputas pelo saber cartográfico que se davam nos gabinetes do governo central, opondo instituições e atores públicos com projetos e interesses divergentes.

Uma dessas instâncias, que fariam com que a década de 1870 fosse intensamente prolífica e, ao mesmo tempo, errática na produção de um mapa geral do país, foi o Ministério da Agricultura, Comércio e Obras Públicas, criado em 1860. A produção de uma nova carta geral do Império passara a ser também

13.3. Carta do Imperio do Brazil, *1873, de Duarte da Ponte Ribeiro.*

uma demanda de ordem administrativa interna, para além das funções diplomáticas ou simbólicas, até então predominantes. O Ministério da Agricultura focava suas atividades nas áreas de infraestrutura e das atividades econômicas, para as quais o conhecimento e a gestão do território eram estratégicos. Nas palavras de Bissigo, tratava-se de conferir *legibilidade* ao território, no qual os mapas seriam importantes para a identificação de terras devolutas, para o assentamento de colônias, espaços para aldeamento e catequese dos indígenas, além da expansão da lavoura sobre os "sertões", acompanhadas do telégrafo e das ferrovias.[23]

Pedro de Alcântara Bellegarde, engenheiro e sócio de Niemeyer em diversos mapeamentos, era o ministro da Agricultura quando, em 1863, defendeu a produção de uma nova carta geral e propôs a criação de um corpo de engenheiros em sua pasta. Dessa iniciativa surgiu a Comissão da Carta Geral do Império, que teve como diferencial a promoção de alguns levantamentos de campo, especificamente voltados para esse fim. Mas a tradição das consultas e de compilações de cartas antigas persistiu, especialmente sob a influência e o trabalho desenvolvido por Ponte Ribeiro, que manteve sua ascendência sobre a nova iniciativa. Ao cabo de alguns anos de acidentado percurso, marcado por mudanças nos postos de comando,[24] falta de recursos e pessoal qualificado, pouco retorno das colaborações das províncias, acúmulo de outros trabalhos cartográficos desenvolvidos em paralelo, a Comissão terminou por simplificar o projeto cartográfico proposto inicialmente, concebido pelos engenheiros Santos Werneck e Carlos Krauss, em 1866.[25]

Entre os anos 1871 e 1873, a Comissão cingiu o trabalho em duas frentes: uma responsável pela condução do projeto, que deveria contar com trabalhos de campo, mas que acabou abandonando as operações geodésicas e de triangulação originalmente planejadas e que também reduziu o total de folhas, previstas em 42, para trinta; e outra pela redução da carta para quatro folhas, seguindo o método de compilação de fontes, preconizado por Ponte Ribeiro, com o intuito de terminá-la a tempo de participar da Exposição Nacional de 1875 e da Exposição Universal da Filadélfia, em 1876.

A participação brasileira no evento dito universal, no qual se comemorava o Centenário da Independência dos Estados Unidos, contou com o apoio entusiástico e a presença do próprio imperador d. Pedro II. Buscava-se, mais uma vez, reforçar a imagem de um país soberano, coeso e próspero, cujo vasto território estava apto a receber as correntes migratórias. Como frisou Bissigo: "Nesse evento de celebração da indústria, da ciência e das potências das nações, o Brasil apresentou sua carta, a mais moderna e científica que se havia produzido, afirmação também do poder do Estado nacional e da pacificação e prosperidade que se buscava exibir no cenário internacional".[26]

Ao se desprender das necessidades pragmáticas da administração e da ambição técnica de promover um mapeamento sistemático e ganhar estatuto de monumento, a *Carta do Imperio do Brasil* (Fig. 13.4), produzida sob os auspícios da Comissão da Carta Geral, foi enfim concluída,[27] consagrando-se à época como a *representação oficial do espaço nacional*.[28]

13.4. Carta do Imperio do Brasil, *1875, Comissão da Carta Geral.*

No entanto, a imagem do Brasil veiculada na carta não traduz a ideia de um corpo político unificado, com limites internos e externos claros e uma homogênea presença de signos civilizatórios, como estradas, ferrovias e redes urbanas hierarquizadas. Fixado por uma grade de coordenadas — elemento que assegurava a cientificidade da cartografia naquele contexto —, o território aparece recoberto, como nas cartas anteriores, pelas fortes marcações das cadeias de montanhas e bacias hidrográficas, com os limites orientais pouco visibilizados. A escrita sobre a carta se resume à toponímia, eliminando-se as inserções textuais sobre a ferocidade ou a domesticação dos indígenas, as condições climáticas ou o uso de terras em cultivos ou assentamentos. A presença indígena se espalha pelo território por meio da fixação da toponímia dos elementos naturais e pela localização das nações que povoam imensos territórios, mas se revela mais como componente da paisagem natural do que um elemento forjador da nacionalidade.

Após a sua publicação, a *Carta do Imperio do Brasil*, de 1875, foi objeto de inúmeras críticas devido aos muitos erros nela contidos. Sob a direção de Beaurepaire-Rohan, a Comissão da Carta Geral reiniciou o ciclo para a produção de mais uma carta, denominada *Carta arquivo*, que nunca chegou a ser publicada.[29] Esse empreendimento se encerrou com a extinção da Comissão, em 1878, o que ocorreu em meio a uma crise financeira do governo imperial.

O MAPA DO BRASIL E A METÁFORA DA NAÇÃO INCONCLUSA

A exemplo da primeira *Carta corographica do Imperio do Brazil*, de 1846, as imagens cartográficas do Brasil, produzidas ao longo do período do Segundo Império, são "cartas dadas a ver".[30] Mapas cujo poder performativo é alicerçado na sua dimensão simbólica, na sua autoridade de antecipar a realidade e anunciar a emergência da nação brasileira que se constituía nos trópicos.

Por quase cinquenta anos, a *Carta do Imperio do Brasil*, de 1875, a despeito de seus erros, incoerências e incompletude, carregou sua força simbólica como representação da nação até ser definitivamente suplantada pela *Carta geográfica do Brasil*. Esse novo mapa, projetado e executado de acordo com as normas internacionais vigentes, resultou das iniciativas realizadas em torno da comemoração ao Centenário da Independência do Brasil, em 1922.

A efeméride do Centenário, ocorrida em meio a uma crise de legitimidade do governo republicano, reencenou o debate sempre inconcluso sobre a nação brasileira, debate que, desde o Império, dividiu e aglutinou as elites políticas e intelectuais do país, e dele exilou, desde sempre, a grande maioria da população brasileira. Ao se aproximar o bicentenário da Independência neste ano de 2022, num Brasil imerso mais uma vez em grave crise política, já não se busca uma representação cartográfica una, permanecendo incerto o destino comum e inconcluso o projeto de uma nação brasileira.

NOTAS

1. O título completo é: *Carta corográfica do Império do Brasil, dedicada ao Instituto Histórico e Geográfico Brasileiro, pelo coronel engenheiro e sócio efetivo, Conrado Jacob de Niemeyer, pelo mesmo arranjada sobre os melhores trabalhos existentes, antigos, e modernos, contendo igualmente as plantas que se puderam obter, das cidades capitais e outros lugares importantes.*

2. Martin Brückner, *The Geographic Revolution in Early America: Maps, Literacy & National Identity*. Williamsburg: Omohundro Institute, 2006; James R. Akerman (org.), *Decolonizing the Map: Cartography from Colony to Nation*. Chicago: The University of Chicago Press, 2017; Institute of Early American History and Culture, 2006.

3. Ilmar Rohloff de Mattos, "Entre a casa e o Estado: Nação, território e projetos políticos na construção do Estado imperial brasileiro". In: Eulalia Ribera Carbó, Héctor Mendoza Vargas e Pere Sunyer Martín (coords.), *La integración del territorio en una idea de Estado, México y Brasil, 1821-1946*. México, 2007, pp. 589-608.

4. Carla Lois, *Mapas para la nación: Episodios en la historia de la cartografía argentina*. Buenos Aires: Editorial Biblos, 2014.

5. Manoel Luís Salgado Guimarães, "Nação e civilização nos trópicos: O Instituto Histórico e Geográfico Brasileiro e o projeto de uma história nacional". *Estudos Históricos*, Rio de Janeiro, n. 1, pp. 5-27, 1988.

6. Renato Amado Peixoto, *A máscara da Medusa: A construção do espaço nacional brasileiro através das corografias e da cartografia no século XIX*. Rio de Janeiro: UFRJ, 2005, p. 45. Tese (Doutorado em História).

7. Beatriz Piccolotto Siqueira Bueno, *Desenho e desígnio: O Brasil dos engenheiros militares (1500-1822)*. São Paulo: Edusp, 2012.

8. Renato Amado Peixoto, op. cit., p. 228.

9. Diego Nones Bissigo. *Um estado de visão: A cartografia na legibilidade do Brasil Império*. Florianópolis: UFSC, 2020. Tese (Doutorado em História).

10. Renato Amado Peixoto, op. cit.

11. Christian Jacob, *L'Empire des cartes: Approche théorique de la cartographie à travers l'histoire*. Paris: Albin Michel, 1992.

12. O título completo é: *Nova carta corográfica do Império do Brasil, confeccionada à vista dos trabalhos existentes por ordem do ilmo. exmo. snr. tenente General Marquês de Caxias, presidente do Conselho, ministro e secretário de Estado dos Negócios da Guerra, pelo coronel engenheiro Conrado Jacob de Niemeyer e seus ajudantes, o capitão do Estado Maior da 1ª. Classe, Antônio Augusto Monteiro de Barros, gravada por Guilherme Kramer na Litografia Imperial de Eduardo Rensburg*. Rio de Janeiro: Litografia Imperial Eduardo Rensburg, 1857. Disponível em: <http://objdigital.bn.br/objdigital2/acervo_digital/div_cartografia/cart208911/cart208911.pdf>. Acesso em: 21 jun. 2022.

13. Héctor Mendonza Vargas, Sérgio Nunes Pereira e Manoel Fernandes Sousa Neto, "El mapa nacional de México y Brasil, 1821-1846". In: Eulalia Ribera Carbó, Héctor Mendonza Vargas e Pere Sunyer Martín (coords.), op. cit., p. 185.

14. Alexandre de Paiva Rio Camargo, "Mapping Numbers: Statistics, Cartography, and the Making of National Space in Brazil". In: Cecilia T. Lanata-Briones, Andrés Estefane e Claudia Jorgelina Daniel (orgs.). *Socio-Political Histories of Latin American Statistics*. Londres: Palgrave Macmillan, 2022, pp. 49-87.

15. Renato Amado Peixoto, op. cit., p. 247.

16. Demétrio Magnoli, *O corpo da pátria: Imaginação geográfica e política externa no Brasil* (*1808-1912*). São Paulo: Ed. Unesp; Moderna, 1997, p. 241.

17. Conceito jurídico que consagra a posse da terra a quem de fato a ocupa. Junia Ferreira Furtado, "Portuguese America Under Foreign Threat and the Creation of the Concept of *uti possidetis* in the First Half of the 18th Century". *Espacio, Tiempo y Forma. Série IV, Historia Moderna*, Madri, n. 34, pp. 109-42, 2021.

18. Renato Amado Peixoto, op. cit., p. 302.

19. Moema de Rezende Vergara e Bruno Capilé, "A circulação do conhecimento em Exposição Universal: O mapa do Brasil na Filadélfia em 1876". *Anais do XV Encontro Regional de História da ANPUH-Rio*, Rio de Janeiro, 2012.

20. Seu título completo é: *Nova carta corográfica do Império do Brasil reduzida pelo bacharel Pedro Torquato Xavier de Brito, tenente-coronel graduado do Corpo de Engenheiros e sócio efetivo do Instituto Politécnico Brasileiro, da que foi confeccionada pelo coronel Conrado Jacob de Niemeyer, e outros oficiais engenheiros em 1856*. Rio de Janeiro: Litografia do Arquivo Militar, 1867. Escala 1:7 559, 484. Colorida.

21. Seu título completo é: *Carta do Império do Brasil, reduzida no Arquivo Militar em conformidade da publicada pelo coronel Conrado Jacob de Niemeyer em 1846, e das especiais das fronteiras com os estados limítrofes, organizadas ultimamente pelo conselheiro Duarte da Ponte Ribeiro*. Rio de Janeiro, 1873. Colorida.

22. Benedict Anderson, *Comunidades imaginadas: Reflexões sobre a origem e a difusão do nacionalismo*. São Paulo: Companhia das Letras, 2008.

23. Diego Nones Bissigo, op. cit., p. 288. Ver capítulo 15.

24. A Comissão da Carta Geral teve diversos diretores e colaboradores, entre engenheiros civis e militares, até que os trabalhos foram finalizados pelo general Henrique de Beaurepaire-Rohan, em 1874.

25. Bruno Capilé, Moema de Rezende Vergara, "Circunstâncias da cartografia no Brasil oitocentista e a necessidade de uma carta geral do Império". *Revista Brasileira de História da Ciência*, Rio de Janeiro, v. 5, n. 1, p. 43, 2012.

26. Diego Nones Bissigo, op. cit., p. 289.

27. O nome completo é: *Carta do Império do Brasil, organizada pela Comissão da Carta Geral sob a presidência do general Henrique de Beaurepaire-Rohan, com a coadjuvação do Exmo. Snr. Barão da Ponte Ribeiro. Começada no ministério do exmo. snr. conselheiro J. F da Costa Pereira Júnior e terminada no de s. exa. o snr. conselheiro T. J. Coelho de Almeida, em 1875*. Rio de Janeiro: Instituto Heliográfico Alberto Henschel, 1875. Escala 1:3710,220. P&B. 4 folhas.

28. Renato Amado Peixoto, op. cit., p. 308.

29. *Carta do Império do Brasil reduzida do Arquivo Militar em conformidade da publicada pelo coronel Conrado Jacob de Niemeyer em 1846, e das especiais das fronteiras com os estados limítrofes organizadas ultimamente pelo conselheiro Duarte da Ponte Ribeiro*. 1873. Fundação Biblioteca Nacional. ARC 015,04,003. Disponível em: <http://objdigital.bn.br/objdigital2/acervo_digital/div_cartografia/cart163386/cart163386.html>. Acesso em: 21 jun. 2022.

30. Christian Jacob, op. cit., p. 110.

LEITURAS COMPLEMENTARES

DE BIAGGI, Enali M. "As fronteiras nas cartas gerais do Brasil no século XIX: Um Império no jogo das nações". *Anais do I Simpósio Brasileiro de Cartografia Histórica*, Paraty, 2011.

MATTOS, Ilmar Rohloff de. *O tempo saquarema*. São Paulo: Hucitec, 1987.

THÉRY, Hervé (org.). *L'État et les stratégies du territoire*. Paris: Centre National de la Recherche Scientifique, 1991.

VERGARA, Moema de Rezende; CAPILÉ, Bruno. "A Comissão da Carta Geral do Império (1862-78) e sua participação no contexto da cartografia brasileira no Império". *Anais do I Simpósio Brasileiro de Cartografia Histórica*, Paraty, 2011.

14. Os viajantes e a paisagem natural do Brasil

Tabula geographica Brasiliae, *Carl von Martius, 1858*

Lorelai Kury

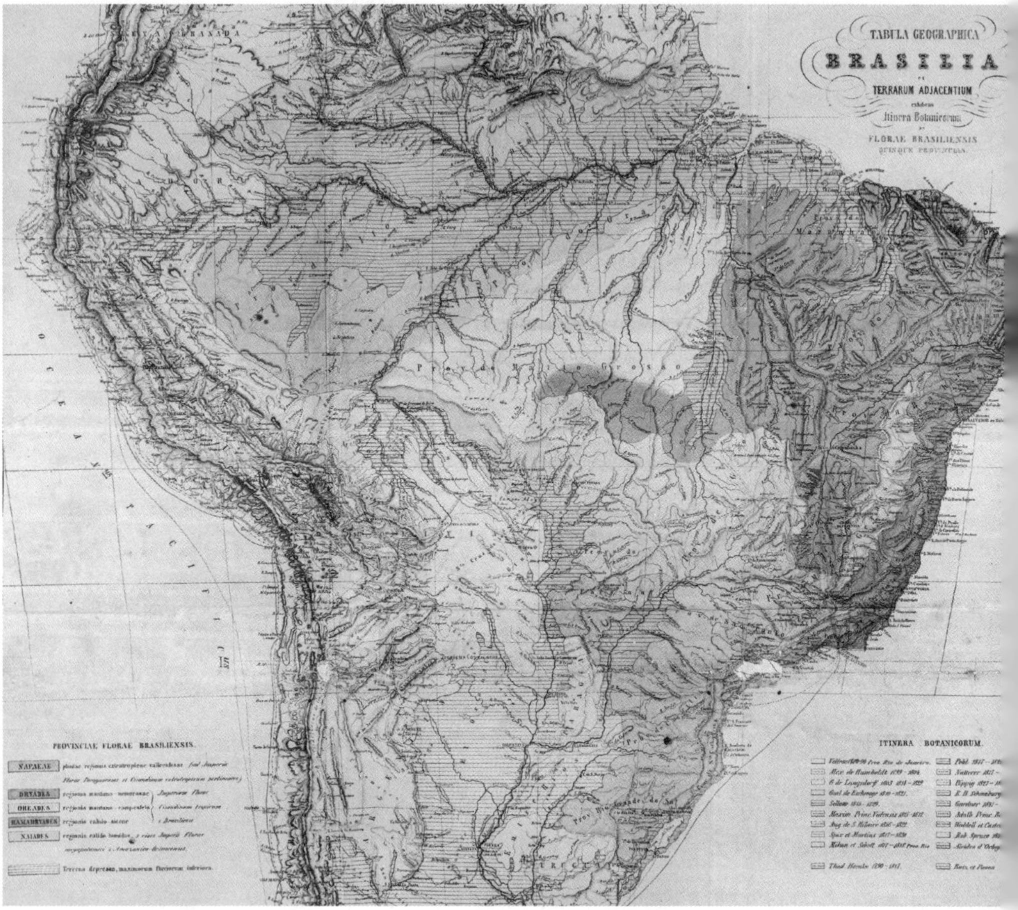

14.1. Tabula geographica Brasiliae, *1858, de Carl von Martius.*

O mapa *Tabula geographica Brasiliae et terrarum adjacentium, exhibens itinera botanicorum* [*et florae brasiliensis quinque provincias*] (Mapa geográfico do Brasil e terras adjacentes, mostrando as rotas dos botânicos [e as cinco províncias da flora brasileira]), de 57 × 70 cm (Fig. 14.1), de Carl von Martius (1794-1868), era relativamente desconhecido dos historiadores até bem recentemente,[1] mas familiar aos biólogos e ecólogos, pois é considerada a primeira representação dos biomas brasileiros.[2] O trabalho de Martius impressiona pela sua capacidade de síntese e pela atualidade da divisão das "províncias" da flora brasileira que propõe.[3] Sua publicação data de 1858, inserida no fascículo XXI, volume 1, do empreendimento editorial coletivo *Flora brasiliensis*,[4] organizado inicialmente por Martius, de 1840 até sua morte, em 1868. Seu sucessor na edição da obra foi August Wilhelm Eichler, entre 1868 e 1887, e, por fim, Ignaz Urban, que finalizou os quarenta volumes da *Flora brasiliensis*, em 1906. A obra foi publicada em fascículos (140 ao todo), que deveriam ser encadernados na ordem indicada pelos editores para compor os tomos. No total, participaram da coleção 65 autores, ao longo de mais de meio século.

O mapa de 1858 (Fig. 14.1) congrega dois tipos de informação sobre o Brasil: o itinerário percorrido pelas mais importantes expedições científicas realizadas desde fins do século XVIII até meados do XIX e a localização e delimitação dos domínios fitogeográficos do Império brasileiro. Um mapa contendo apenas os itinerários dos viajantes havia sido publicado em 1857, no fascículo XVIII do *Flora brasiliensis*, e em 1858 a representação das províncias da flora foi acrescentada à gravura anterior. As informações de ambos são complementares porque Martius, além de se basear no material que ele mesmo coletara, utilizou os resultados das coletas de outros viajantes naturalistas para identificar onde ocorrem os principais grupos de plantas.

A base usada tanto para o *Tabula geographica quinque provincias florae brasiliensis ilustrans* quanto para o *Tabula geographica Brasiliae et terrarum adjacentium, exhibens itinera botanicorum* foi a *Carta corographica do Imperio do Brazil*,[5] estabelecida por Conrado Jacob de Niemeyer e publicada em 1846, analisada no capítulo 13 deste livro. Martius, no entanto, não estava contente com a precisão dessa base, pois encontrou muitas discrepâncias em relação a dados então recentemente coletados, entre outros, pela expedição de Francis de Castelnau à América do Sul. Segundo ele, a decisão de publicar logo o itinerário dos viajantes, ainda que incompleto, deveu-se à possível utilidade do mapa para os brasileiros que preparavam "uma grande expedição científica para a exploração das partes menos conhecidas do Império",[6] referindo-se à Comissão Científica do Império, realizada entre 1859 e 1861, a primeira do Brasil independente.

MARTIUS, DE VIAJANTE NATURALISTA A ETNÓGRAFO E HISTORIADOR

Carl von Martius esteve no Brasil de 1817 a 1820, como membro da chamada Missão Austríaca, que reuniu naturalistas e artistas em torno do objetivo de conhecer a natureza brasileira e os costumes dos povos nativos. Esse grupo se formou por ocasião do casamento do príncipe Pedro (futuro d. Pedro I) com a arquiduquesa Leopoldina, filha do imperador Francisco I da Áustria, assinado em novembro de 1816, em Viena. Outros membros da Confederação Germânica, como a Baviera, também participaram dessa missão científica ao Brasil. Martius e o zoólogo Johann Baptist von Spix vieram como representantes do Museu de História Natural de Munique e desembarcaram no Rio de Janeiro em 15 de julho de 1817. Martius tinha então 22 anos.

A Missão Austríaca foi a expedição mais importante que esteve no Brasil na primeira metade do século XIX. Como se sabe, a permanência de estrangeiros era proibida na América portuguesa até a instalação do governo de d. João no Rio de Janeiro, em 1808. Com o fim das guerras napoleônicas, em 1815, e com as negociações advindas do Congresso de Viena, a circulação de estrangeiros aumentou exponencialmente. Além dos cientistas austríacos e germânicos, outros naturalistas europeus se aventuraram por essas terras, como britânicos, franceses e russos.

Spix e Martius — separados dos demais membros da chamada Missão Austríaca — saíram do Rio de Janeiro rumo a São Paulo e, de lá, foram para Minas e Bahia. Em seguida, atravessaram a região Nordeste até o Maranhão, e depois chegaram a Belém. Exploraram a Amazônia durante oito meses e retornaram à Europa. Embora não tenham conhecido as capitanias do Sul e do Centro-Oeste, puderam ter uma visão de conjunto do território porque outros naturalistas trilharam trajetos complementares, como o francês Auguste de Saint-Hilaire, que conheceu Santa Catarina e o Rio Grande do Sul, o austríaco Johann Emanuel Pohl e o escocês George Gardner, que chegaram até Goiás, e o barão de Langsdorff e Francis de Castelnau, que exploraram o Mato Grosso (Fig. 14.1).

Após seu retorno à Baviera, em 1820, Martius se estabeleceu em Munique, como professor de botânica na universidade e, posteriormente, como diretor do Jardim Botânico. A publicação dos resultados da viagem sempre dependeu de financiamento dos governos bávaro e brasileiro. As ambições de Martius eram colossais. As informações e espécimes que havia coletado nem sempre bastavam para completar seus estudos. A correspondência com diversos membros da elite intelectual brasileira e com instituições imperiais lhe garantia estar relativamente atualizado em relação às publicações e pesquisas empreendidas por brasileiros. Além disso, os diversos europeus que tinham realizado viagens ao Brasil acabaram por formar uma rede de correspondentes. Os artigos e livros que publicavam sobre a natureza brasileira também circulavam intensamente entre os especialistas. Uma certa rivalidade chegou a se estabelecer entre eles, em busca de reconhecimento para suas pesquisas e prioridade na classificação e denominação das novas espécies.

Os interesses de Martius iam de botânica a história, de línguas indígenas a geografia. Além de pioneiro na elaboração do mapa dos biomas, elaborou também um mapa sobre a distribuição etnolinguística, com ênfase no tupi.[7] Seus estudos sobre os povos originários formularam a interpretação de que os indígenas estavam em processo de degeneração e que desapareceriam com o tempo.

Apesar da evidente depreciação dos indígenas brasileiros e dos africanos subjacente a suas concepções científicas, seu olhar de naturalista formulou uma interpretação para a história do Brasil que tratava o povo brasileiro como a mistura de três "raças", sendo que a "raça" europeia seria a dominante. Trata-se do texto "Como se deve escrever a história do Brasil",[8] publicado em 1845, datado de 1844, na revista do Instituto Histórico e Geográfico Brasileiro (IHGB), instituição da qual era sócio honorário desde 1839. Esse instituto havia lançado um concurso em 1843 para a melhor abordagem da história do Brasil. Martius foi premiado em 1847. A despeito desse reconhecimento, o texto não foi seguido de perto pelos membros do IHGB, que não admitiam que a população não branca e pobre fosse considerada parte integrante de uma nação civilizada como a que almejavam construir.

Os interesses múltiplos de Martius e seu talento para as grandes sínteses tornam sua obra pioneira em diversas áreas. Assim como ele, alguns outros naturalistas, apesar de serem especializados em um ramo da história natural, mantiveram uma visão de conjunto do quadro natural e humano das regiões que visitaram. As próprias conexões entre os fenômenos sociais, culturais, físicos e naturais podiam ser em si um tema de reflexão, como foi o caso dos estudos de Alexander von Humboldt, que viajou pelas Américas e pela Rússia. Outros, como Charles Darwin e Alfred Russel Wallace — que estiveram no Brasil —, buscaram relacionar tempo e espaço com a diversidade do mundo vivo. Durante a primeira metade do século XIX, em um ambiente científico fundamentalmente fixista, isto é, que acreditava na imutabilidade das espécies, um dos grandes desafios para as pesquisas era colocar em diálogo as formas dos seres vivos e os ambientes em que habitavam.

MARTIUS, HISTÓRIA NATURAL, GEOGRAFIA E MAPAS

O íntimo nexo que Martius estabelecia entre a história natural e a geografia está provavelmente na origem de suas iniciativas para a elaboração de mapas do Brasil. Do Atlas[9] da relação da viagem ao Brasil (*Reise in Brasilien*), redigida com Spix e publicado em 1831, constam mapas de algumas regiões, além de uma carta da parte oriental do Império. Nesses casos, os autores faziam sínteses de mapas portugueses disponíveis e acrescentavam atualizações. Para essas obras, Martius contou com a colaboração do oficial bávaro Joseph Schwarzmann e se baseou, para o interior do país, nas medições do metalurgista e geólogo Wilhelm von Eschwege, e para a costa, nas cartas do almirante Albin Roussin. O Atlas contém ainda um mapa geral da América do Sul, elaborado segundo o "Avertissement" a partir de manuscritos portugueses, cartas náuticas e informações coletadas pelos próprios viajantes, além de mapas como o de Aaron Arrowsmith. Martius também indica como fonte o livro *Corografia brasílica*, de Manuel Aires de Casal, de 1817, onipresente nos relatos de viagens, nos roteiros e nas descrições do Brasil. A consulta à obra provavelmente se relaciona sobretudo aos topônimos brasileiros, já que não é ilustrada e apresenta informações aproximadas de localização e distância.

As representações espaciais de Martius, no Atlas da *Viagem pelo Brasil*, de 1831, são bastante diversificadas e incluem, além dos mapas, paisagens, perfis topográficos, perfis vegetacionais (Fig. 14.2) e esquemas com nivelamento de rios. Nos perfis vegetacionais, Martius elaborou uma legenda iconográfica que

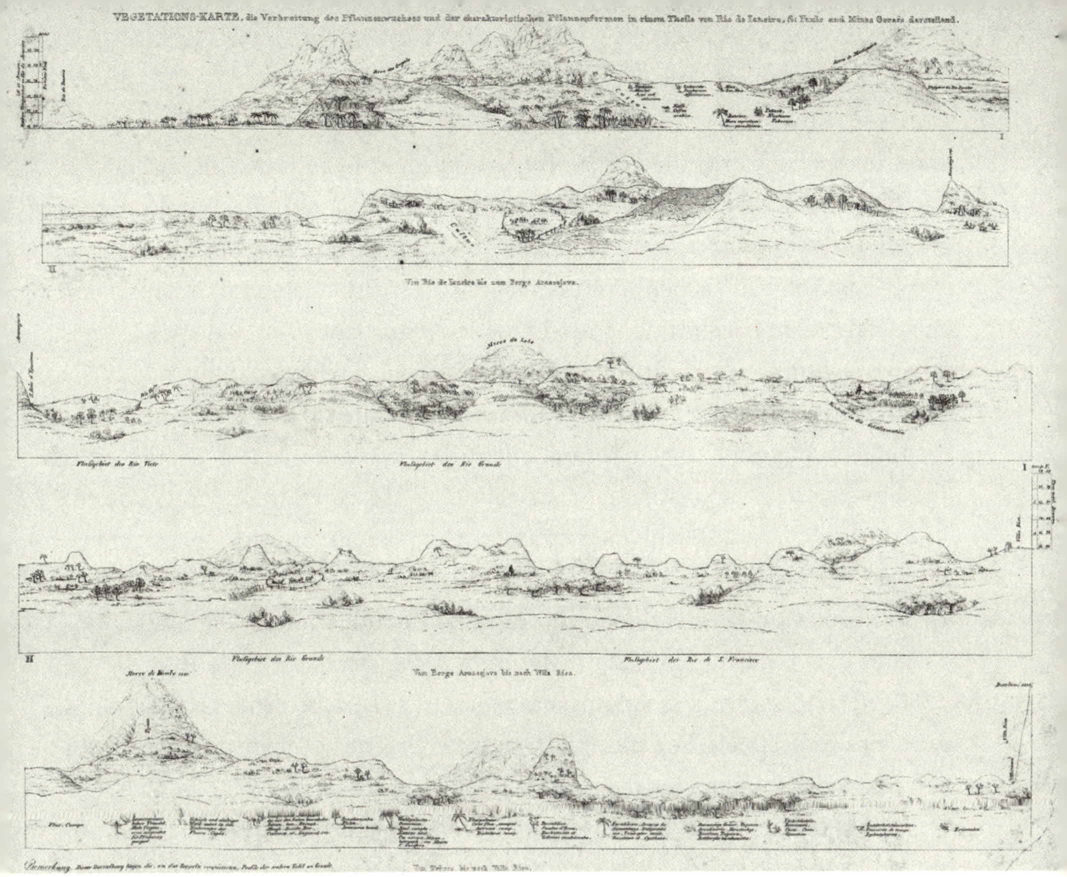

14.2. Vegetations-Karte, *de Johann Baptist von Spix e Carl Friedrich von Martius.*

identifica o tipo de vegetação representada, como palmeiras, cactos, araucárias, matos virgens, capões etc., com indicação das famílias e dos gêneros botânicos mais recorrentes em cada um, que marcavam o caráter das fisionomias vegetais. No Atlas são também apresentadas, com mais detalhes, as principais formas de plantas da América tropical. As explicações das imagens constam em "Die Pflanzen und Thiere des tropischen America, ein Naturgemälde"[10] ("As plantas e animais da América tropical, um quadro da natureza"), de 1831, inserido no livro *Viagem pelo Brasil.*

As representações do Atlas de viagem são profundamente marcadas pelo trabalho de Alexander von Humboldt e por suas reflexões e seus métodos sobre a geografia das plantas,[11] mas configuram uma interpretação específica da vegetação do Brasil e da América do Sul, incluindo a região subamazônica, não visitada pelo primeiro. Para esse tipo de conhecimento, a taxonomia em termos de espécie não era relevante. Importava identificar as massas vegetais, se são compostas de árvores, arbustos ou gramíneas, se as folhas são largas ou miúdas, se estão dispostas isoladamente ou em grupos, entre outras informações. Essas representações permitiam agregar diversos elementos em um mesmo quadro, como a altitude, a proximidade do mar e dos rios, o porte da vegetação e os limites geográficos de grupos fisionômicos. Por exemplo, nos perfis elaborados por Martius, é possível apreender em que situações se manifestam de maneira flagrante os gêneros botânicos *Barbacenia* e *Vellozia* nos planaltos mineiros; onde há araucárias; as áreas nas quais cresce a floresta virgem ou em que tipo de terreno os habitantes criam gado e plantam os principais produtos do país, como cana, café, mandioca e tabaco (Fig. 14.2).[12]

Outros tipos de representação espacial botânica foram elaborados por Martius para o magnífico *Historia naturalis palmarum*, publicado entre 1823 e 1850. Nessa obra em três volumes, as palmeiras são representadas integradas em cenas verossímeis. Por exemplo, a palmeira *Iriartea exorrhiza*,[13] cujas raízes são adaptadas a ambientes alagadiços, foi pintada em um local que contém outras palmeiras e plantas comuns na região do Amazonas e seus afluentes. Um jacaré é retratado saindo do rio, como costuma fazer no calor do dia.[14] A imagem é uma interessante representação contextual da palmeira e dá uma compreensão bastante precisa de seu hábitat. Em outros casos, Martius usou paisagens pintadas por artistas e as adaptou como ilustrações para as palmeiras que analisava.[15]

Em *Historia naturalis palmarum*, além de apresentar os resultados relativos a sua viagem ao Brasil, incluiu estudos mais amplos, até mesmo dois mapas representando a distribuição das palmeiras nos Velho e Novo Mundos e mapas com os tipos de vegetação, em escala continental. No mapa da distribuição das palmeiras, Martius escolheu um sistema de cores para marcar a presença e a intensidade da ocorrência desse tipo de planta, obtendo um efeito bastante expressivo. Outro mapa sobre as Américas, intitulado *Imperia florae in Orbe Novo* (Fig. 14.3), separa os "impérios" florísticos do Brasil em quatro grandes zonas: megapotâmico ou amazôneo-orinocense; tropical cisandino ou brasileiro; paraguariense e, por fim, extratropical cisandino. Em suma, os grandes referenciais são os Andes — por contraposição —, a latitude e a Floresta Amazônica, com seus grandes rios.

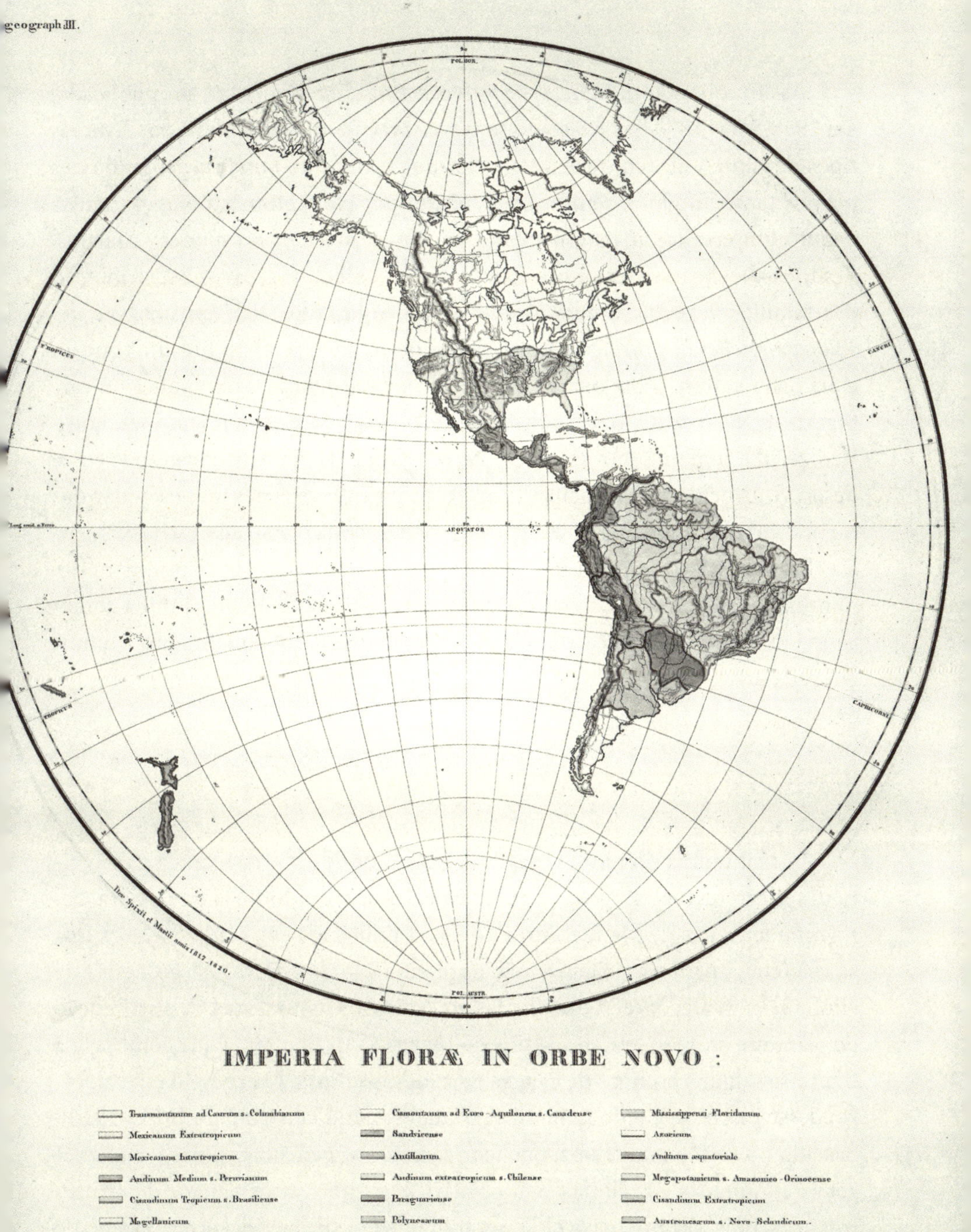

14.3. Imperia florae in Orbe Novo, *de Carl Friedrich Philipp von Martius.*

Assim, quando o *Tabula geographica Brasiliae* (Fig. 14.1) foi publicado, em 1858, Martius já havia testado suas observações biogeográficas em diversos tipos de representação espacial. Em termos textuais, o tema da geografia das plantas também vinha sendo desenvolvido por ele tanto nas obras já citadas quanto em escritos mais específicos. No próprio *Flora brasiliensis*, Martius, desde 1840, encarregara-se pessoalmente dos verbetes relativos à distribuição das famílias vegetais. Em 1824, publicou o opúsculo *Die Physiognomie des Pflanzenreiches in Brasilien* (A fisionomia do reino vegetal no Brasil),[16] que foi a primeira síntese sobre o tema, ainda sem representação iconográfica ou cartográfica. Nesse texto, o naturalista define o Brasil como um imenso território rico, fértil e sem inverno rigoroso, que se estende do rio Amazonas ao Prata, e descreve as principais características do clima e do relevo, sem descuidar das especificidades regionais. A vegetação é mencionada com o auxílio das categorias locais, e Martius ainda não havia formulado uma nomenclatura para denominar as regiões fitogeográficas do Brasil. Paralelamente, ele já tinha começado uma síntese florística, ou seja, indicava os grupos botânicos mais comuns em cada área.

PLANTAS E SABERES NATIVOS

"A fisionomia do reino vegetal no Brasil" pode ser considerada a primeira descrição textual fitogeográfica do Brasil como um todo, já que a obra *Corografia brasílica*, de Manuel Aires de Casal, publicada em 1817,[17] embora fosse referência para os viajantes, não apresenta estudos de vegetação nem está alinhada com a geografia das plantas ao estilo dos naturalistas. A distribuição de plantas e animais era, desde fins do século XVIII, um tema que começava a interessar alguns homens de ciência nascidos no Brasil. O exemplo mais notório desse interesse é o do naturalista Manuel Arruda da Câmara (1752-1810), nascido no sertão da Paraíba, que teorizava sobre a adequação das formas vegetais e humanas aos climas. Seu objetivo era valorizar os nativos dos países tropicais, pois, argumentava ele, o ser humano em sua perfeição, em "estado de natureza", só poderia ter habitado os climas quentes, uma vez que um homem jamais sobreviveria em um clima frio sem o auxílio das artes.[18] No início do século XIX, as questões geográfica e biogeográfica foram relevantes para a consolidação de uma identidade brasileira em oposição às crenças comuns na época, segundo as quais seria impossível construir uma nação civilizada nos trópicos. A importância da questão climática para os brasileiros do início do século XIX não resultou, entretanto, em estudos de síntese sobre a distribuição da flora no território do Brasil. Os trabalhos sobre biogeografia eram pontuais e por vezes distantes dos desenvolvimentos da botânica, nos moldes como era praticada nos centros europeus. As conversas com os homens de ciência brasileiros e portugueses e a leitura de seus escritos tiveram repercussão na obra dos viajantes naturalistas estrangeiros, o que pode ser avaliado nas entrelinhas de seus relatos de viagem e obras científicas. Porém, a presença das formulações locais eruditas era menos evidente do que as categorias tradicionais populares ou nativas.

Nos estudos de Martius e de outros viajantes naturalistas o uso de categorias nativas para a descrição das fisionomias vegetais é patente: campo, mata virgem, capoeira, capão, campos agrestes, campos mimosos, caatinga, tabuleiro etc. eram amplamente usados pelos brasileiros onde essas formações se apresentavam. Esse saber em parte de base indígena, adaptado pelos sertanistas, pelos sertanejos, tropeiros, proprietários, escravizados e camponeses, foi a estrutura que organizou a abordagem fisionômica de Martius aplicada ao Brasil como um todo.

Em 1829, em *Agrostologia brasiliensis*, de autoria de Christian Nees von Esenbeck, Martius inseriu ao final do volume uma parte intitulada "Observatio geographica", na qual pela primeira vez propõe usar nomes de ninfas gregas para classificar geograficamente os tipos de vegetação, nesse caso aplicados especificamente às gramíneas (Fig. 14.4).[19] A divisão do Brasil em cinco zonas fitogeográficas já estava inteiramente formulada: Napeias, Oréades, Dríades, Hamadríades e Náiades, além de um grupo de gramíneas "nômades" que tinham distribuição ampla. A capacidade de síntese e o pioneirismo de Martius ficam mais patentes quando se observa que as zonas por ele propostas correspondem, em linhas gerais, aos biomas terrestres do Brasil estabelecidos pelo Instituto Brasileiro de Geografia e Estatística (IBGE) no início do século XXI,[20] com exceção do Pantanal, que passou também a figurar como bioma. O debate atual sobre o tema é intenso e existem muitas aproximações possíveis. Os próprios documentos do IBGE chamam a atenção para as necessárias opções teóricas e metodológicas inerentes a cada classificação proposta.[21]

jam egimus. Florent vero gramina Najades ut fluvii maturius tardiusve increscunt; dici tamen potest illorum anthesin in primos anni menses praecipue incidere.

Quae diximus explicandae sequenti tabulae sufficere videntur. Observationes ipsas, dum hic finimus, aliis peregrinatoribus commendamus, ut suis, quae nos exhibuimus, augeant, ornent, corrigant.

GRAMINEAE FLORAE BRASILIENSIS.

	Vagae.					Napaeae, reg. extratropicae.	Oreades, reg. montano-campestris.	Dryades, reg. montano-sylvestris.	Hamadryades, reg. calido-siccae.	Najades, reg. calido-humidae.	Omnium numerus.
	Americanae.	Americano-Asiaticae et nov. Holland.	Americano-Africanae.	Americano-Europaeae.	Omnes.						
Paniceae	55	1	2	1	59	28	53	40	14	29	223
Olyreae	2	—	—	—	2	—	—	13	1	—	16
Saccharineae	8	—	—	—	8	13	9	1	9	1	41
Stipeae	5	—	1	—	6	6	1	—	4	1	18
Agrosteae	3	—	—	—	3	6	3	—	2	—	14
Chlorideae	8	2	—	1	11	2	6	—	4	2	25
Hordeaceae	—	—	—	5	5	1	—	—	—	—	6
Festuceae	10	2	—	6	18	14	5	3	7	1	48
Oryzeae	1	—	—	—	1	2	—	—	—	—	3
Bambuseae	2	—	—	—	2	—	1	5	—	1	9
Omnes	94	5	3	13	115	72	78	62	41	35	403
Ordinis Graminearum species enumeratae:											403

14.4. *"Gramineae florae brasiliensis", de Carl Friedrich Philipp von Martius.*

A partir de 1829, Martius começou a empregar a classificação com os nomes das ninfas como forma de indicar a distribuição das espécies ou dos grupos que estudava. Em 1837, no artigo "Herbarium florae brasiliensis",[22] os seis grupos (cinco ninfas e um grupo para as plantas ubíquas) aparecem aplicados à vegetação brasileira como um todo. No *Flora brasiliensis*, desde 1840, ele mesmo se encarregava de redigir a parte específica sobre a distribuição das famílias, sempre com menção às ninfas e indicando seus trabalhos anteriores.

O mapa de 1858 é a primeira representação cartográfica das regiões fitogeográficas, classificadas com os nomes das ninfas gregas (Fig. 14.1). As Napeias são ligadas aos vales e colinas, designando a região como sendo extratropical e fora do sistema andino. O domínio das Napeias corresponde, grosso modo, aos pampas e às florestas de araucária do Sul do Brasil. Para representar a Mata Atlântica, escolheu as Dríades (*regionis montano-nemorosae*), ninfas associadas às árvores e ao carvalho, que, segundo ele, são imortais. Martius indica com elas as florestas de verdor permanente, que se estendem a partir do litoral e nas cadeias de montanhas mais próximas da costa. Em oposição às Dríades, as Hamadríades (*regionis calido-siccae*) morriam junto com as árvores às quais estavam relacionadas. Foram escolhidas para representar as caatingas, provavelmente porque a vegetação desse bioma perde suas folhas inteiramente na época da seca, dando a impressão de ter morrido. No texto de 1829, Martius afirmou: "Chamamos de Dríades estas plantas, lembrando-nos das fábulas dos antigos, as quais cantavam as Dríades, ninfas imortais, [e] a vida das Hamadríades, que dependia da vida das plantas que governavam".[23] O Cerrado, palavra que ele não usou, por ser uma região de planalto, é representado pelas Oréades, ninfas das montanhas (*regionis montano-campestris*). A Floresta Amazônica foi associada às Náiades, dos rios e águas, como região quente e úmida, do Amazonas e do Orinoco. Além dessas cinco "províncias", o autor assinalou as áreas baixas contíguas a alguns dos grandes rios do Império do Brasil e a partes do litoral.

O sistema fitogeográfico adotado por Martius é uma divisão fisionômica e florística, porque diz respeito aos tipos de vegetação que compõem cada "província botânica" (representados pelas ninfas) e está organicamente relacionado às espécies e aos grupos descritos no *Flora brasiliensis* e nos seus demais trabalhos botânicos e de seus contemporâneos.

Como o próprio Martius advertiu, o leitor poderia comparar os caminhos percorridos pelos viajantes naturalistas, mostrados no mapa, com "os lugares indicados na obra como sendo a pátria das plantas".

No mesmo volume onde está inserido esse mapa das pátrias vegetais-ninfas gregas, existem 59 pranchas fisionômicas da vegetação brasileira, publicadas entre 1840 e 1869. Essas imagens foram gravadas a partir de fontes diversas, incluindo desenhos do próprio Martius e obras de artistas profissionais. As chamadas fisionomias apresentam escala humana, mesmo que se descortinem paisagens em segundo plano. Enquanto os mapas que representam a totalidade do Império brasileiro marcam as regiões com denominações gregas, as fisionomias têm como característica o uso de categorias locais — muitas vezes de origem tupi — para a descrição dos conjuntos vegetacionais. Os exemplos são numerosos: "A floresta nas margens do rio das Amazonas, chamada por seus habitantes de 'caa-ygapo'"; "As matas da província de Minas [Gerais] que os seus habitantes chamam de 'caa-apoam', ou seja, capões" (Fig. 14.5); "Os arvoredos de Minas Novas chamados pelo habitantes de tabuleiro coberto" e "Campos chamados Gerais, perto de Mogi das Cruzes, na província de São Paulo", entre outros.[24] Martius congrega, desse modo, dois tipos de representação visual bastante distintos, que são, no entanto, complementares.

Uma "província" fitogeográfica contém diversas fisionomias, que variam em função do relevo e de condições específicas. As fisionomias estão no universo da percepção sensorial, e os textos explicativos realçam ainda mais essa característica. Estão mais próximas do passo a passo da narrativa de viagem. Por exemplo, na prancha XIX, que descreve o Corcovado e o caminho do aqueduto da Carioca, no Rio de Janeiro, Martius se lembra do agradável frescor que se sente quando se adentra na mata, seguindo o rio. Essa sensação é importante para marcar a contraposição do calor do sol a descoberto e, consequentemente, sublinhar os efeitos da sombra e da umidade, mesmo em região intertropical.

A variedade de registros pelas quais Martius transita é notável. Os demais volumes do *Flora brasiliensis* apresentam descrições textuais e iconografia taxonômica das espécies descritas, de acordo com os métodos aceitos na época, fundamentalmente o chamado "método natural", que começou a ser sistematizado por Antoine-Laurent de Jussieu no final do século XVIII e desenvolvido

14.5. Silvulae in Provincia Minarum, caa-apoam s. capões incolis dictae, *de Carl Friedrich Philipp von Martius.*

ao longo do século XIX por diversos naturalistas, entre eles o próprio Martius. Apesar dessa diferença, os textos relativos às famílias, aos gêneros e espécies estavam em constante diálogo com as preocupações biogeográficas de Martius, sempre que possível com indicação dos lugares de coleta, tipo de clima, porte do vegetal, usos etc.

Atualmente, a maneira de classificar os tipos de vegetação do Brasil e as áreas que ocupam é sujeita a inúmeros debates. As divisões dependem da escala adotada e dos objetivos da classificação.[25] Alguns autores já chamaram a atenção para a necessidade de se compreender a história da formação dos continentes para mapear de maneira mais eficaz as regiões naturais.[26] Martius lidou o tempo todo com as dificuldades inerentes a seu trabalho fitogeográfico.

A biogeografia foi sendo estabelecida ao longo do século XIX. No caso brasileiro, é patente o uso de categorias locais para a descrição das paisagens e da vegetação, inclusive categorias indígenas. Assim, cerrado, caatinga, capoeira, campo sujo, campo limpo, capão, mato virgem, campos gerais e outras denominações tradicionais dominaram a compreensão das fisionomias vegetais ao longo do século XIX e mesmo do XX. As discussões levadas a cabo pelo

IBGE a partir do final do século XX buscam justamente sair da autoridade das categorias particulares para integrar os estudos da vegetação brasileira nas categorias de vegetação globais, unificando critérios. Uma das necessidades práticas dessa unificação dizia respeito ao cruzamento de dados com o que poderia ser percebido remotamente por satélite.[27] O *Mapa de vegetação do Brasil*[28] (escala 1:5 000 000), do IBGE, de 2004, faz uma espécie de tradução para as categorias universais internacionais das categorias locais tradicionais. Desse modo, o cerrado é tratado como savana; a caatinga, o chaco sul-mato-grossense e os campos de Roraima foram classificados como savana-estépica.

Um desdobramento possível a partir da análise dos diferentes tipos de representação espacial na obra de Martius é refletir sobre a ausência ou a presença explícita dos saberes locais na história natural, como a praticada pelos viajantes europeus do século XIX. Na passagem da fisionomia para o mapa, as marcas locais vão se perdendo para entrar em categorias mais amplas, em escala continental, com nomes de ninfas gregas. O uso de termos brasileiros, inclusive de origem tupi, para designar formações vegetais não implica o reconhecimento da validade dos saberes indígenas da parte de Martius. Essas palavras e categorias foram empregadas praticamente como um dado que necessitava de uma elaboração complexa posterior para ganhar sentido universal. Em textos específicos sobre os povos originários, o naturalista sempre foi muito crítico em relação ao seu potencial para atingir a chamada "civilização". O poeta brasileiro Gonçalves Dias, membro da Comissão Científica do Império, fez uma crítica espirituosa ao tipo de ciência produzida por Martius. Enquanto explorava a Floresta Amazônica pelo rio Negro, incomodado por todo tipo de bichos e dificuldades, afirmou jocosamente: "Nesta Babel de pragas, a poesia, como passarinho ao cair da tarde, esconde-se, que ninguém sabe mais notícias dela. Engano-me: a poesia do naturalista, botânico ou zoólogo, principalmente se é alemão, resiste a tudo. Martius no Japurá ou Grão-Caquetá, como melhor se chame, fez um poema à solidão das florestas".[29]

NOTAS

1. José Augusto Pádua, "Natureza e sociedade no Brasil monárquico". In: Keila Grinberg e Ricardo Salles (orgs.), *O Brasil Imperial, volume III: 1870-1889*. Rio de Janeiro: Civilização Brasileira, 2009, pp. 313-65; José Augusto Pádua, "Martius e a construção do território brasileiro".

Martius-Staden-Jahrbuch, São Paulo, n. 62, pp. 56-68, 2018; Pablo Diener e Maria de Fátima Costa, *Martius*. Rio de Janeiro: Capivara, 2018.

2. Entre outros: Carlos Toledo Rizzini, *Tratado de fitogeografia do Brasil*. São Paulo: Hucitec/ Edusp, 2 vols., 1976-9; IBGE, *Manual técnico da vegetação brasileira*. Rio de Janeiro: IBGE, 1992.

3. IBGE, *Manual técnico da vegetação brasileira*. 2. ed. Rio de Janeiro: IBGE, 2012.

4. Carl von Martius, August Wilhelm Eichler e Ignaz Urban (orgs.), *Flora brasiliensis: Enumeratio plantarum in Brasilia hactenus detectarum*. Munique/ Leipzig: R. Oldenburg, 1840-1906, 15 vols. e 1 atlas.

5. Conrado Jacob de Niemeyer, *Carta corographica do Imperio do Brazil*. Rio de Janeiro: Heaton & Rensburg, 1846.

6. "Tabula geographica Brasiliae et terrarum adjacentium, exhibens itinera botanicorum" (nota explicativa). In: Carl von Martius, August Wilhelm Eichler e Ignaz Urban (orgs.), op. cit., 1840-1906, v. 1, parte 1, p. sem numeração.

7. "Die ehemalige Verbreitung und die muthmasslichen Wanderungen der Tupis". In: *Beiträge zur Ethnographie und Sprachenkunde Amerika's zumal Brasiliens*. Leipzig: Friedrich Fleischer, 1867, 2 vols. Disponível em: <https://digital.bbm.usp.br/view/?45000008791&bbm/4289#page/820/mode/1up>. Acesso em: 31 maio 2022.

8. Carlos Frederico Ph. de Martius, "Como se deve escrever a história do Brasil". *Revista Trimensal de Historia e Geographia*, t. VI, n. 24, 1844, pp. 381-403.

9. Johann Baptist von Spix e Carl Friedrich Philipp von Martius, *Reise in Brasilien: auf Befehl Sr. Majestät Maximilian Joseph I., Königs von Baiern, in den Jahren 1817 bis 1820 gemacht und beschrieben*. Munique: M. Lindauer, 1823-31, Atlas.

10. Carl Friedrich Philipp von Martius, "Die Pflanzen und Thiere des tropischen America, ein Naturgemälde". In: Johann Baptist von Spix e Carl Friedrich von Martius, op. cit., 1823-31, v. III.

11. Ver sobretudo Alexander von Humboldt, *Essai sur la géographie des plantes*. Paris: Levrault, Schoell et cie., 1805.

12. "Vegetations-Karte". In: Johann Baptist von Spix e Carl Friedrich Philipp von Martius, op. cit., 1823-31.

13. Disponível em: <https://artscult.com/media/catalog/product/cache/1/image/650x/040ec09b1e35df139433887a97daa66f/i/m/image_plants-22512.jpg>. Acesso em: 20 jun. 2022.

14. Carl Friedrich Philipp von Martius, *Historia naturalis palmarum*. 3 v. Munique/ Leipzig, pelo autor/Fleischer, 1831-50, v. 2, texto: p. 37, imagem: p. 33.

15. Pablo Diener e Maria de Fátima Costa, *Martius*, op. cit., p. 274.

16. Carl Friedrich Philipp von Martius, *Die Physiognomie des Pflanzenreiches in Brasilien*. Munique: Lindauer, 1824; Carl F. P. von Martius, "A fisionomia do reino vegetal no Brasil". *Arquivos do Museu Paranaense*, v. III, pp. 239-71, dez. 1943.

17. Manuel Aires de Casal, *Corografia brasílica*. Rio de Janeiro: Impressão Régia, 1817.

18. Lorelai Kury. "Manuel Arruda da Câmara: A República das Letras nos sertões". In: Lorelai Kury (org.). *Sertões adentro — viagens nas caatingas (séculos XVI a XIX)*. Rio de Janeiro: Andrea Jakobsson, 2012, pp. 160-202.

19. Carl Friedrich Philipp von Martius, "Observatio geographica". In: Christian Nees von Esenbeck, *Agrostologia brasiliensis*. Stuttgart/ Tübigen: J. G. Cotta, 1829. Cf. Pablo Diener e Maria de Fátima Costa, *Martius*, op. cit., p. 293.

20. Disponível em: <https://geoftp.ibge.gov.br/informacoes_ambientais/estudos_ambientais/biomas/mapas/biomas_e_sistema_costeiro_marinho_250mil.pdf>. Acesso em: 19 jul. 2022.

21. IBGE, op. cit., 2012.

22. "Herbarium florae brasiliensis". *Beiblätter zur allgemeinen botanischen Zeitung*, Regensburg, v. 2, pp. 1-352, 1837.

23. Carl Friedrich Philipp von Martius, "Observatio geographica", op. cit., p. 549. Tradução de Henrique Cairus, a quem agradeço.

24. Carl von Martius, Wilhelm August Eichler e Ignaz Urban (orgs.), *Flora brasiliensis*, op. cit., v. I, parte 1. Traduções a partir da edição: Carl Friedrich Philipp von Martius, *A viagem de von Martius: Flora brasiliensis*. Rio de Janeiro: Index, 1996.

25. Euler Sandeville Jr., "A divisão natural das paisagens brasileiras". *Paisagem Ambiente: Ensaios*, São Paulo, n. 18, pp. 71-98, 2004.

26. Carlos Alfredo Joly et al., "Evolution of the Brazilian Phytogeography Classification Systems: Implications for Biodiversity Conservation". *Ciência & Cultura*, São Paulo, v. 51, n. 5-6, pp. 331-48, 1999, e Pedro Fiaschi e José R. Pirani, "Review of Plant Biogeographic Studies in Brazil". *Journal of Systematics and Evolution*, Hoboken, v. 47, pp. 477-96, 2009.

27. Henrique Pimenta Veloso, Antonio Lourenço Rosa Rangel Filho e Jorge Carlos Alves Lima, *Classificação da vegetação brasileira, adaptada a um sistema universal*. Rio de Janeiro: IBGE, Departamento de Recursos Naturais e Estudos Ambientais, 1991.

28. IBGE. Disponível em: <https://geoftp.ibge.gov.br/informacoes_ambientais/vegetacao/mapas/brasil/vegetacao.pdf>. Acesso em: 3 nov. 2021.

29. "Carta de Gonçalves Dias a Antônio Henriques Leal. Manaus, 20 de dezembro de 1861". In: *Anais da Biblioteca Nacional*, v. 84, pp. 311-7, 1964.

LEITURAS COMPLEMENTARES

BELLUZZO, Ana Maria de Moraes (org.). *O Brasil dos viajantes*. 2. ed. Rio de Janeiro: Objetiva; São Paulo: Metalivros, 1999.

KODAMA, Kaori. *Índios no Império do Brasil: A etnografia do IHGB entre as décadas de 1840 e 1860*. Rio de Janeiro: Fiocruz; São Paulo: Edusp, 2009.

LISBOA, Karen Macknow. *A Nova Atlântida de Spix e Martius: Natureza e civilização na* Viagem pelo Brasil *(1817-1820)*. São Paulo: Hucitec, 1977.

15. Utopias, silêncios e ruínas

Mappa da medição e demarcação das vinte cinco legoas quadradas das terras concedidas em complemento do dote da serenissima princeza de Joinville a sª. d. Francisca, *Jerônimo Francisco Coelho, 1846*

Laurent Vidal

O *Mappa da medição e demarcação das [...] terras concedidas em complemento do dote da serenissima princeza de Joinville*, impresso em 1846, se insere numa dupla genealogia (Fig. 15.1).[1] Em primeiro lugar, ele é herdeiro da tradição ocidental de invenção e posse de territórios novos a partir de mapas esboçando o contorno de regiões pouco conhecidas e consideradas virgens — gesto colonial por excelência —, participando de uma mecânica do desejo. Dos mapas portugueses da ilha Brasil do século XVI — analisados no capítulo 2 deste livro —, até a cruz do Plano Piloto de Lucio Costa (1957) — ("gesto de sentido ainda desbravador, nos moldes da tradição colonial [...], gesto primário de quem assinala um lugar ou dele toma posse"),[2] explorado no capítulo 23 —, todos encenam a utopia de um Novo Mundo em constante reconstrução. Aqui, o mapa não desenha o Novo Mundo: é a ideologia de um Novo Mundo, imaginado como um grande espaço em branco a ser preenchido com uma vida nova, que induz a representações cartográficas capazes de suscitar ações colonizadoras.

Esse mapa se inscreve também em outro contexto: o das múltiplas tentativas de fundação de colônias de imigrantes que foram realizadas no Brasil do início do Império até o começo da República. Esses projetos envolveram imigrantes europeus ou norte-americanos, sonhos de modernidade e progresso e, em alguns casos, projetos de justiça social. De Nova Friburgo, em 1818, com colonos da Suíça, Alemanha e França, até Porto Velho, em 1907 (a *company town* dos Estados Unidos, com uma população originária de 21 países diferentes), o Brasil acolheu inúmeras tentativas de implantação de colônias estrangeiras. Frequentemente voltadas para a colonização de regiões "vazias", leia-se, com forte presença indígena a pacificar ou erradicar, como o vale do rio Doce, por Guido Marlière, ou o vale do Mucuri, por Teófilo Otoni, algumas delas foram pensadas como modelos de experimentação social utópica, como a colônia fourierista francesa do Saí, em Santa Catarina, a colônia socialista Tereza Cristina do dr. Faivre, no Paraná, ou ainda a colônia anarquista italiana Cecília, também no Paraná. São esses dois aspectos que abordaremos na leitura deste mapa, que nos leva, para começar, à França.

A IMPRESSÃO DO MAPA

Paris, Rue de Seine, 1846. As prensas da Imprimerie Lemercier estão sendo preparadas para receber uma pedra gravada por Schwaerzlé, cujo ateliê de litogravura se localiza relativamente perto, na Rue Saint-André des Arts. O que foi gravado nessa pedra e será impresso no papel é um mapa representando uma porção de um país distante — o Brasil. Mais precisamente, é o litoral setentrional da então província de Santa Catarina, situada ao sul do país-continente.

Será que Schwaerzlé ou Lemercier tinham algum conhecimento do Brasil no momento da execução do mapa? Nenhuma informação da biografia deles indica qualquer conexão.[3] Sabemos pelo inventário pós-morte de Schwaerzlé que seus empreendimentos eram famosos em Paris; e também que a Imprimerie Lemercier era considerada no início dos anos 1850 a maior empresa gráfica da região parisiense. Ou seja, se os dois foram escolhidos para gravar e imprimir esse mapa, foi certamente pela fama de que já dispunham na capital francesa.

O mapa está também ligado aos interesses da França do rei Luís Felipe. Sua produção não se limita a uma simples encomenda de negócio. Ele representa, como indica o título, a "medição e demarcação das vinte e cinco léguas quadradas das terras concedidas em complemento do dote da sereníssima princesa de Joinville, a senhora d. Francisca", isto é, a consagração de alianças políticas envolvendo a França e o Império brasileiro.

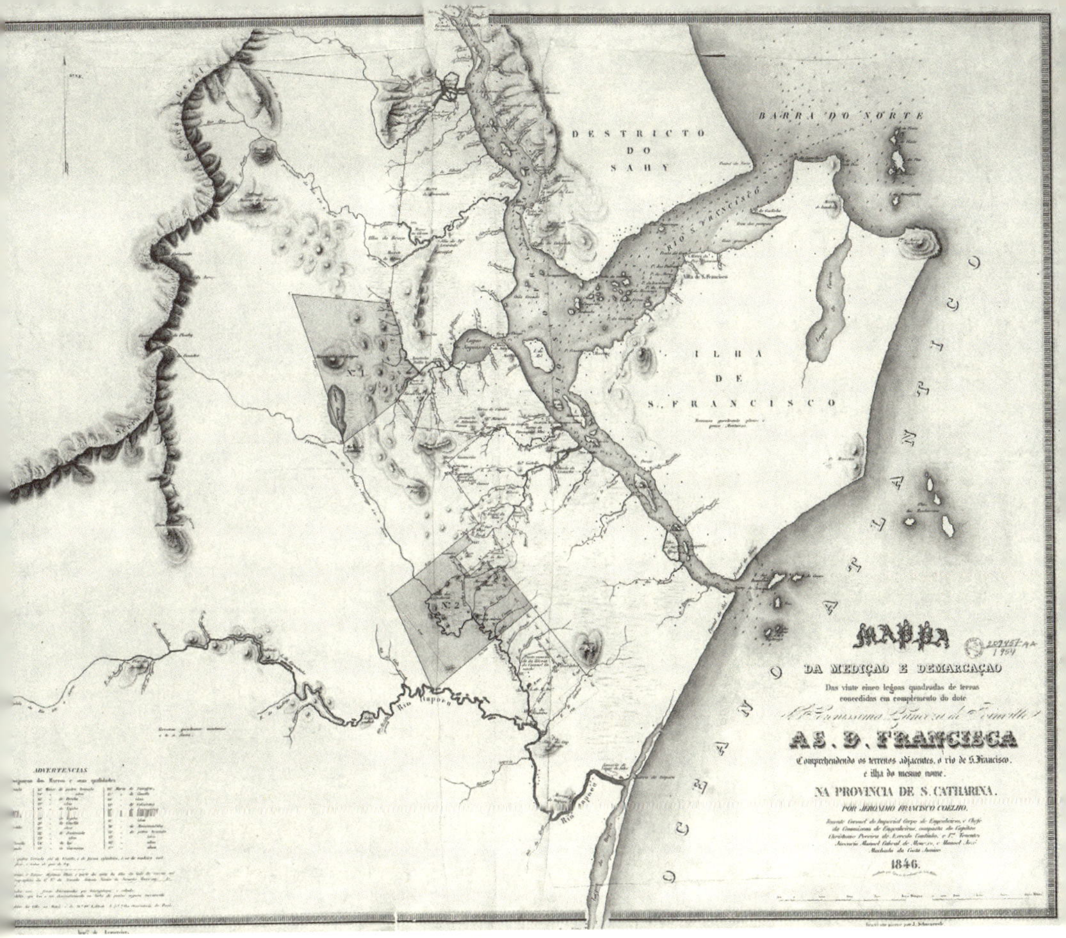

15.1. Mappa da medição e demarcação das vinte cinco legoas quadradas das terras concedidas em complemento do dote da serenissima princeza de Joinville…, *Paris, 1846, de Jerônimo Francisco Coelho.*

A cartografia de um dote em terras: eis a primeira razão de ser deste mapa! O dote é relativo ao casamento entre a irmã do imperador d. Pedro II, d. Francisca, e o filho do rei da França, François d'Orléans. Uma união celebrada em maio de 1843 no Rio de Janeiro. Além de 1070 contos de réis, o dote incluía terras, maneira também de garantir rendimentos à princesa de forma autônoma e independente das rendas do Estado.[4]

Essa região entre montanhas, pântanos e mar já havia sido registrada em cartografias anteriores, como no mapa de 1842 realizado por Charles van Lede. Descrevendo uma região de "sertões incultos", esse engenheiro belga localizou apenas os rios na frente da ilha de São Francisco (Fig. 15.2).

15.2. *Detalhe do* Mappa chorographica da provincia de Sta. Catarina, c. *1842, de Charles van Lede.*

Com o *Mappa da medição e demarcação*, era a primeira vez que essa região se tornava objeto de um desenho tão detalhado, aspecto que pode ser apreciado a partir da escolha da escala para sua representação (1/100 000). De tamanho médio (76 × 94 cm), o mapa foi aquarelado para realçar os elementos líquidos, vegetais e minerais: o oceano, os rios e seus numerosos afluentes, que estão em azul, os bancos de areia em verde-amarelo, as zonas pantanosas em verde-azul, a floresta em verde-claro e as raras casas em marrom-avermelhado. O mapa deu origem a outro, que foi "reduzido a menor escala pelo capitão P. L. Lecor e litografado no Arquivo Militar".[5]

Interpretar esse mapa supõe trazer à luz as múltiplas conexões que ele, ao mesmo tempo, reflete e cria. Por isso, a análise se baseia aqui em três pontos: a compreensão do contexto de produção, a identificação dos diversos atores envolvidos na elaboração do mapa, em 1846, e suas intencionalidades, antes de mostrar a maneira como silencia outras histórias e revela várias ausências.

UM MAPA POR UM CASAMENTO: OS BRAGANÇA E ORLÉANS

Desenhado para localizar a doação de terras que complementaria o dote do matrimônio, o mapa é pouco conhecido. Ele constitui, no entanto, um marco fundador da futura casa de Orléans e Bragança, pois é fruto da união entre uma herdeira da Casa de Bragança, no Brasil, e um herdeiro da Casa de Orléans, na França.[6]

Terceiro filho do rei Luís Felipe, o príncipe de Joinville já conhecia o Brasil e a família imperial. Como tenente da Marinha francesa, aportou pela primeira vez no Rio de Janeiro em 1838, quando conheceu o jovem d. Pedro e sua irmã, d. Francisca. Voltou uma segunda vez, em 1840, com as cinzas do imperador Napoleão, resgatadas da ilha de Santa Helena, para enviá-las a Paris. A terceira vez foi justamente para o casamento com d. Francisca, em 1843. Como ele explica nas suas memórias: "O pedido oficial da mão da princesa foi feito em nome do rei pelo barão de Langsdorff, enviado extraordinário [...]. O casamento foi celebrado no Palácio de São Cristóvão".[7]

Inserido nos acordos firmados nessa operação e que culminariam na elaboração do mapa, chama a atenção o artigo 4 do contrato de casamento que prevê "vinte e cinco léguas quadradas de 3 mil braças [...] de terrenos a escolher nas melhores localidades, em um só ou vários lotes, na província de Santa Catarina. Sua Alteza real [...] entrará em posse destes terrenos após sua medição, o que acontecerá no mais breve prazo".[8] Após tomar conhecimento desse dispositivo legal, a França quis manifestar seu interesse por outra localização, pensando em terras próximas à Guiana Francesa, com a expectativa de expandir suas fronteiras, mas o pedido não foi aceito.[9]

Resta saber como os ministros plenipotenciários do Brasil e da França, encarregados de concluir o tratado de casamento, vieram a escolher a província de Santa Catarina e, mais especificamente, sua região norte, próxima à ilha de São Francisco. Podemos aqui emitir uma hipótese: em 1843, aquela região estava no centro dos debates entre França e Brasil por ser o lugar de uma colônia industrial francesa, seguindo os princípios filosóficos de Charles Fourier. Implementada na península do Saí, em frente à ilha de São Francisco, em antigas terras devolutas, a colônia foi organizada como uma comunidade utópica.[10] Em 27 de março de 1843, data em que o príncipe de Joinville aportou no Rio de Janeiro, o socialismo utópico era uma das propostas mais debatidas entre os políticos que faziam parte da corte do imperador. Aliás, apenas uma semana depois, no dia 5 de abril de 1843, entrou no porto do Rio de Janeiro o brigue *Le Curieux*, trazendo 127 novos colonos para o Saí. Como essa comunidade estava em pleno conflito interno (voltaremos a esse assunto), é bem possível que a localização do dote nas suas imediações fosse uma tentativa de apaziguar as tensões e controlar um grupo formado por aproximadamente trezentos imigrantes franceses.

Uma vez resolvido o imbróglio, podemos imaginar o envio "no mais breve prazo", como estipulado pelo contrato de casamento, de uma comitiva para delimitar os terrenos do dote. Na realidade, o processo foi bem complexo: em agosto de 1843, um decreto imperial determinou a concessão de um crédito monetário para realizar a medição e a delimitação do terreno, sem tomar qualquer providência específica para a efetivação do projeto. Do seu lado, uma vez de volta à França com sua esposa, o príncipe de Joinville mandou para o Brasil um amigo de infância, antigo aluno da Escola Politécnica, Léonce Aubé, que desembarcou em 1844, na capital da província (Desterro), como "agente consular em Santa Catarina".[11] O presidente da província, Antero José Ferreira de Brito, o recebeu, indicando as terras situadas na parte continental da vila de São Francisco como as melhores de Santa Catarina.[12] Foi assim que Léonce Aubé se dirigiu para o norte da província, onde localizou a área do dote nupcial, situando-a na margem direita do rio São Francisco, entre os rios Cubatão e Itapocu. A providência seguinte foi comunicar a Paulo Barbosa da Silva, mordomo da Casa Imperial e procurador, no Brasil, dos príncipes de Joinville, o terreno que havia sido escolhido.

Por um lado, em sua comunicação, Aubé advertiu que o litoral "[estava] todo invadido legítima e ilegitimamente, assim como as margens dos rios navegáveis de um e outro lado".[13] A partir dessas indicações, Paulo Barbosa alertou José Carlos de Almeida Torres, ministro dos Negócios do Império, que seria difícil cumprir as exigências do contrato de casamento, de que a escolha deveria recair sobre "terras devolutas".[14]

Por outro lado, o governo imperial demorou ainda quase um ano para designar Jerônimo Francisco Coelho (o que ocorreu apenas em setembro de 1845), conselheiro do Império, tenente-coronel do Imperial Corpo de Engenheiros, para chefiar a comissão de engenheiros encarregados de medir e demarcar as 25 léguas quadradas e também de fincar os famosos 37 marcos que aparecem no quadro inferior à esquerda no mapa. Formada pelo capitão Cristiano Pereira de Azeredo Coutinho e pelos primeiros-tenentes Juvêncio Manuel Cabral de Meneses e Manuel José Machado da Costa Júnior, a comissão iniciou seus trabalhos ainda em 1845. Partiu das margens do rio Pirabeiraba, localizado no extremo norte, em frente à península do Saí (Fig. 15.1), e prosseguiu em direção ao sul.[15] No dia 10 de dezembro de 1845, a equipe fincou o primeiro marco, enterrando-o na margem esquerda do Ribeirão do Cascalho. Ao alternar marchas pelo mato e navegação pelos rios e córregos, a equipe de medição identificou pontos, implantou marcos e definiu os contornos do dote em dois lotes. Finalmente, a 13 março de 1846, a delimitação dos contornos dos dois terrenos estava concluída. O último marco foi colocado junto ao rio Itapocu, na confluência da margem esquerda desse rio com seu afluente, o rio Piraí-Piranga, atual Piraí. Como explica a legenda do mapa, que identifica quinze marcos de pedra lavrada e 22 de madeira, "todos os marcos de pedra lavrada são de granito, e de forma cilíndrica, e os de madeira são falquejados em quatro faces, e todos de pau de lei".

Fruto de acordos entre as casas imperiais, o mapa, realizado pela comissão de engenheiros presidida por Jerônimo Coelho e "desenhado por J. P. de Sá, desenhador do Arquivo Militar", nasce três anos após o casamento. Os dois lotes (nº 1 e nº 2) foram destacados com a cor cinza e, voluntariamente, detalha e localiza a única vila, a de São Francisco ("a posição geográfica da vila na Matriz é de 26°10' de latitude S. 51°7' O. do Observatório de Paris"). Por essa menção, depreende-se que o mapa foi orientado pelo meridiano de Paris. Ainda indica a posição das casas e das sesmarias, o nome dos rios, córregos e lagoas, dos morros e serras e das ilhas. Os autores do mapa deixaram uma observação que revela algumas das fontes cartográficas utilizadas e o cuidado que despenderam também com a precisão das informações hidrográficas: "Todas as sondas, coroas, e baixos, algumas ilhas, e parte da costa da Ilha do lado do oceano são tiradas do mapa hidrográfico do 1º tenente da Armada Antônio Xavier de Noronha Torrezão" (Fig. 15.3).

15.3. Plano dos rios de S. Francisco, Araquari, e Trez Barras, *levantado por Antônio Xavier de Noronha Torrezão, 1840.*

Entender este mapa supõe, no entanto, mudar de escala.

Sabemos que o que mostra um mapa é um *mundo*. Neste caso, um *mundo* nascido do contato e do entrelaçamento de elementos líquidos — o oceano e os rios — e de elementos sólidos — ilhas, morros, serras e planícies. A raiz em latim da palavra "mundo" (*mundus*) significa "um todo, bem-ordenado e disposto". A carta em questão apresenta justamente a parte norte da província de Santa Catarina como um todo coerente: na foz do rio, a ilha de São Francisco parece proteger o interior, delimitado pela barreira da Serra Geral, a oeste; também figuram as sinuosidades do rio Pirabeiraba, ao norte, e do rio Itapocu, ao sul, sem esquecer o "presumido curso do rio Piraí-Piranga [que parte do Itapocu] até a serra". O interior desse *mundo* assim delimitado é repleto de indicações — topônimos, propriedades —, o que contrasta com a quase ausência de informações geográficas nas demais partes do mapa. Além disso, os 37 marcos aparecem fincados nessa parte do mapa, o que amplia sua aparente coerência. Graças às escolhas do cartógrafo, o mapa se tornou uma superfície de legibilidade.

Não se pode ignorar, também, que a implantação desses marcos lembra o gesto imperial português em relação a sua colônia, que consistia em fincar marcos de pedra — os famosos padrões reais, dispostos ao longo do litoral, no momento de tomada de posse da terra, como fez Martim Afonso de Sousa em 1532, na ocasião em que delimitou os dois pontos extremos da costa e as futuras capitanias hereditárias. Sob esse ponto de vista, mesmo produzido em contexto pós-colonial, esse mapa se insere numa longa genealogia colonial, onde a cartografia descreve menos o mundo existente, e mais um porvir-mundo, uma promessa ou uma espera. Nessa perspectiva, as duas zonas coloridas no centro do mapa aparecem como terras a ser desbravadas.

Para o patrocinador do mapa, o príncipe de Joinville, qual seria esse porvir? O contrato de casamento previa a possibilidade do uso da terra para atividades agrícolas e para extração mineral: "Ficará proprietário tanto da superfície, segundo os termos das leis que regulamentam no Brasil as concessões de terras para o cultivo, quanto da profundeza para explorá-las, sem que sejam necessários outros privilégios ou concessões, [...] sem reserva nenhuma menos para as minas de diamantes".[16] Nos anos 1840, "as leis que regulamentam, no Brasil, as concessões de terras para o cultivo" interditavam o uso de trabalho escravizado e incentivavam o recurso à mão de obra de colonos europeus. Ou seja, após a demarcação dos terrenos do dote, deveria se abrir um outro tempo: o do recrutamento e do envio de colonos livres.

Só que não foi tão simples recrutar os colonos: no início dos anos 1840, essa ainda era uma prática incipiente. Como e onde recrutar? De onde e como transportar? E para instalar onde? O período de considerar e tentar resolver tais perguntas remonta aos acontecimentos que, ao mesmo tempo, ocorriam na França, prejudicando o belo arcabouço imaginado previamente. Menos de dois anos após a realização do mapa, a Revolução de fevereiro de 1848, que proclamou a Segunda República francesa, impôs o afastamento do rei e de sua família do poder. Instalado na Inglaterra e passando por dificuldades financeiras, o príncipe de Joinville considerou que uma das soluções para os problemas que enfrentava no exílio seria abandonar o projeto de organizar colônias e vender os terrenos de Santa Catarina recebidos como dote.

A produção do mapa de medição se situa entre estes dois acontecimentos: um realizado — a delimitação-demarcação — e outro no porvir — a fundação de uma colônia nas terras do dote da princesa d. Francisca. Nessa perspectiva, o mapa assume o papel de *medium*. Ao mesmo tempo que parece descrever uma situação geográfica, ele inventa um mundo e um tempo futuro. Cada zona delimitada dispõe de um rio, que, por sua vez, deságua junto à foz do rio São Francisco, o que deveria facilitar sua conexão com o mundo atlântico, tanto para o transporte dos homens quanto dos produtos. Sendo assim, os novos colonos poderiam se inscrever numa outra temporalidade, não mais aquela cíclica da natureza, mas a temporalidade moderna do progresso, ligada à transposição de uma cultura técnica inovadora.

Por essa razão, o mapa foi intencionalmente pensado e desenhado como uma máquina de produção de sonhos, destinado à Europa, insistindo nos espaços considerados vazios e virgens a ser desenvolvidos pelo trabalho e pela técnica, silenciando a presença das populações indígenas e caboclas. As cores dominantes — azul e verde — realçam a ideia de uma terra de abundância, tal qual um jardim do Éden, visão mítica, historicamente associada ao Novo Mundo e que desde o século XVI era veiculada em mapas. Impresso na França, o mapa deveria convencer os futuros colonos a participar da gênese desse mundo novo.

Em 1849, Léonce Aubé partiu de Londres para Hamburgo. A escolha do último porto não foi casual: em 1846, quando ainda estava em Santa Catarina, Aubé fora informado de negociações relativas à emigração, em grande escala, de alemães para o Brasil. O vice-cônsul brasileiro em Bremen, aliado a comerciantes alemães instalados na cidade do Rio de Janeiro, identificou regiões possíveis de ser colonizadas por esses imigrantes situadas no Sul do Brasil. Para implementar essa política, foi fundada a "Sociedade de Proteção aos Imigrantes Alemães no Sul do Brasil",[17] com a qual Aubé começou a negociar. Antes, porém, firmou contrato com um dos principais acionistas da Sociedade, Christian Matthias Schröder.

A 5 de maio de 1849, reuniram-se em Hamburgo Louis-François-Léonce Aubé, como procurador do príncipe e da princesa de Joinville, e Christian Matthias Schröder, em nome da "Sociedade Colonizadora de Hamburgo", para celebrar o contrato no qual os príncipes cediam oito das suas 25 léguas quadradas de terras, localizadas na província de Santa Catarina, na forma de alienação perpétua.[18] O projeto da Sociedade visava instituir uma colônia agrícola, d. Francisca, e construir um núcleo urbano, Joinville.[19] Mas isso é outra história, da qual testemunha o mapa de Friedrich Heeren em 1860, indicando a localização da cidade de Joinville e do núcleo colonial Annaburgo, dos lotes, das casas e dos caminhos (dos Suíços, dos Alemães, do Guiger, do nome do cônsul-geral de Hamburgo, Arthur Guiger, que era também vice-cônsul da Suíça no Rio e representante da sociedade colonizadora).

Dezessete anos após o casamento, tinham sobrado apenas dois nomes da história do dote da princesa: Joinville e d. Francisca. Devemos então concluir por uma falha do projeto? Não necessariamente. O mapa de 1846 esteve sempre presente durante as negociações com a "Sociedade Colonizadora de Hamburgo": se não na mesa das negociações, pelo menos na mente dos negociadores. Eis a dimensão colonial do gesto desse mapa — inventava os contornos de um mundo novo, constituindo-se num apelo para o surgimento de um tempo insuflado pelas ações humanas, desprezando as ações preexistentes.

ARQUEOLOGIA DAS AUSÊNCIAS

É necessário agora realizar um segundo nível de leitura, pois um mapa diz tanto pelas informações que contém como pelas que silencia. Para conhecê-las, é preciso realizar uma arqueologia das ausências.

O aparente paradoxo que o mapa veicula consiste no fato de que ele gera a sensação de possuir uma precisão absoluta, já que, por exemplo, detalha a localização de cada casa, mas, ao mesmo tempo, silencia vários outros elementos. Pode-se destacar pelo menos dois silêncios: a presença material e imaterial indígena — os carijós e os guaranis habitavam a área — e a experiência fracassada do falanstério do Saí, que contava com franceses e que havia deixado construções, algumas delas já em ruínas.

O processo de apagamento desses elementos começou em 1844, quando Léonce Aubé explorou a região e anotou que "a descrição do interior do país não pertence à época atual, pois tudo ainda é desconhecido. Exceto um pequeno número de desbravamentos na beira do mar, e de alguns rios, todo o resto é ocupado pela floresta, tal como a fez a natureza [...]. É a floresta virgem, com [sua] vida exuberante".[20] Nada mais falso que essa leitura de um território apresentado como virgem ou composto de "sertões incultos" (Fig. 15.2). Ela é fruto de uma visão ainda impregnada de romantismo, com a busca de uma natureza pura e de uma "concepção colonial da natureza",[21] onde seria possível recomeçar a construção do mundo, na medida em que, na Europa, a urbanização/ industrialização estava destruindo, aos poucos, o equilíbrio considerado como milenar. Eis o sentido da recomendação de Aubé: "A floresta virgem é de fato a riqueza e o futuro desta bela província".[22]

Nada mais potente que esse discurso, pois funda o espaço. Por esse motivo, a colonização é, propriamente falando, *geo-grafia*, ou seja, marcação e modelagem de uma terra percebida como vazia de sentido: "O mapa é o instrumento de uma domesticação do território do outro [...]. O colonizador, figura quase divina, deve dar forma ao espaço".[23] Assim, esse mapa ignora a territorialidade indígena na qual não há demarcadores físicos visíveis, enquanto há uma cosmovisão indígena relativa a esse espaço.

O território apresentado pelo mapa remete a diferentes estatutos fundiários: pequenas propriedades de posseiros, representadas por suas casas, sesmarias, como a de Salvador Gomes, colônias agrícolas, como a do coronel Camacho, e terras devolutas. As últimas, no entanto, não foram assinaladas, mesmo que tenham sido responsáveis pelo nascimento do mapa.[24] A questão das "terras devolutas" está ligada ao modelo de colonização de terras adotado desde o início do século XVI, baseado na distribuição de sesmarias. A suspensão da concessão de sesmarias, em 1822, levou a uma situação caótica. Lígia Osório

Silva qualifica o período entre 1822 e a Lei de Terras, de 1850, de "fase áurea do posseiro",[25] pois a maioria das pessoas não possuía um título legítimo e a posse se tornou a única forma de aquisição da terra. Se o mapa mostra, de um lado, a localização dos posseiros, ele esconde, de outro, as tensões em torno do domínio dessas terras. Na região de São Francisco do Sul, como em outras regiões do Brasil (Rio Doce, Espírito Santo...), as sesmarias não desapareceram, como se pode ver pela indicação da sesmaria de Salvador Gomes.[26] Essa situação híbrida se explica pelo contexto de luta contra a presença indígena, já que considerar as terras como devolutas era uma forma de negar a sua posse aos indígenas.[27]

Um dos nomes presentes no mapa permite ilustrar perfeitamente esse projeto: é o de Francisco Camacho. Recapitular a história das terras de que se apossou na região desnuda as oscilações e contradições de sua história fundiária na primeira metade do século XIX. Esse fazendeiro, senhor de escravizados, traficante de madeiras de lei e senhor de terras devolutas recebeu, no final dos anos 1830, os títulos de coronel da Guarda Municipal, de juiz municipal e de comandante militar da vila de São Francisco do Sul. A última promoção respondia à necessidade de conter os ataques indígenas à vila, intensificados a partir de 1839. Para tanto, recebeu ordens de construir uma linha de defesa contra suas ameaças.[28] Com esse fim, Francisco Camacho atribuiu, em concessão, uma parte de suas terras, situadas no distrito de Saí, em frente à ilha de São Francisco. Quem adquiriu a concessão foi um francês, Benoît Mure, que recebeu, em dezembro de 1841, um financiamento para a instalação da colônia industrial composta de discípulos franceses adeptos das teorias do falanstério de Charles Fourier. A colônia do Saí, que ilustra outra vertente de um projeto utópico de colonização, nasceu no raiar de 1842, em meio às brigas entre colonos, a tal ponto que outra colônia surgiria no norte do distrito do Saí, na beira do rio Palmitar, cujo nome aparece no mapa.

O *Mappa da medição e demarcação* se apoiou em observações realizadas entre setembro de 1845 e março de 1846, quando a comissão de engenheiros possivelmente encontrou grupos esquecidos de franceses que haviam partilhado essa experiência, enterrada em definitivo em janeiro de 1846. Ou seja, além de esconder a presença indígena, o mapa também esconde, voluntariamente, a linha de defesa, constituída em parte pela colônia do Saí. A experiência fracassada dessa comunidade socialista utópica foi apagada para dar lugar a outra utopia, a da existência de uma terra virgem pronta a ser colonizada.

Para um entendimento completo do *Mappa da medição e demarcação*, seria importante saber como trabalhou a comissão de engenheiros: anotando um mapa (sabe-se que a base cartográfica foi um mapa hidrográfico de 1840) ou um caderno de anotações, com cálculos de longitudes e latitudes? Como essas notas chegaram ao Rio de Janeiro, onde foi realizado seu esboço pelo desenhista do Arquivo Militar J. P. de Sá? Em seguida, como o mapa foi mandado para Paris? Em que barco, acompanhado por quem? Quem entregou o primeiro desenho a Schwaerzlé? O desconhecimento dessa cadeia de conexões dificulta a compreensão do processo histórico de invenção desse mapa.

As informações disponíveis permitem, no entanto, uma primeira síntese: como objeto técnico, o mapa representa os avanços da cartografia de uma zona em processo de desbravamento, ligada à expansão das fronteiras coloniais; como instrumento de negociação, ele garante a disseminação de um projeto colonial advindo de um acordo nupcial; como dispositivo de produção de paisagens encantadas, apaga territorialidades e omite sujeitos sociais; como objeto projetivo, preside o advento de outra temporalidade (técnica) no território que pretende construir; como objeto conectado, insere-se em uma história atlântica, que transita entre o Brasil e a França, mas também entre a Inglaterra e a Alemanha.[29]

Ler o *Mappa da medição e demarcação* significou multiplicar as escalas de observação e buscar o que estava oculto por baixo de visibilidades exageradas. A partir da descrição do núcleo central que o documento oferece ao olhar, à primeira vista, tanto contido nos desenhos quanto nas legendas, foi possível buscar outra compreensão. Essa, de maior potencialidade para um conhecimento crítico, presta atenção aos interstícios, às espacialidades esvaziadas e às temporalidades negligenciadas. É a leitura detida desses vazios e silêncios que ajuda a entender a complexidade do gesto cartográfico, construção social de um mundo desejado, ao mesmo tempo produto e vetor de uma ação colonizadora.

NOTAS

1. Agradecemos à professora doutora Maria Isabel de Jesus Chrysostomo (UFV) pelas preciosas sugestões.

2. Lucio Costa, "Relatório do plano piloto de Brasília". In: ______. *Brasília, cidade que inventei.* Brasília: ArPDF, Codeplan, DePHA, 1991 [1957], pp. 85-6.

3. Sobre Joseph-Rose Lemercier, ver o *Dictionnaire des imprimeurs-lithographes du XIXe siècle*, École des Chartes. Disponível em: <http://elec.enc.sorbonne.fr/imprimeurs/node/22685>. Acesso em: 31 maio 2022. O nome de Schwaerzlé está citado no J.-P.-A. Lucas, *Traité d'application des tracés géométriques aux lignes et aux surfaces du deuxième degré.* Paris: A. Franck Libraire, 1844, p. 338. Ver também: Archives Nationales de France, "Inventaire après décès de Joseph Schwaerzlé, graveur lithographe, rue Saint-André des Arts, n. 60, le 7 juin 1849" (MC/RE/XVII/15). Disponível em: <https://francearchives.fr/fr/facomponent/9099de11db73dec7c51ec297ec6f69aef9e48cdf). Acesso em: 31 maio 2022.

4. A título de comparação, sobre essas dotações em terras às princesas e rainhas, pode ser consultado o trabalho de Márcia Maria Menendes Motta, "O Engenho da Rainha: Feixes de direitos e conflitos nas terras de Carlota (1819-1824)". *Revista Brasileira de História*, São Paulo, v. 35, n. 70, pp. 65-85, 2015.

5. *Mappa da medição e demarcação das vinte cinco legoas quadradas das terras concedidas em complemento do dote da serenissima princeza de Joinville a s^a. d. Francisca* [...] *reduzido a menor escala pelo capitão Luis Pedro Lecor.* Rio de Janeiro, Fundação Biblioteca Nacional, ARC.005,04,006. Disponível em: <http://objdigital.bn.br/acervo_digital/div_cartografia/cart219183/cart219183.jpg>. Acesso em: 16 out. 2021.

6. Sabemos, no entanto, que será constituída em 1864, a partir do casamento da princesa Isabel com o conde d'Eu, Gaston d'Orléans.

7. Prince de Joinville, *Vieux souvenirs, 1818-1848.* Paris: Calmann-Lévy, 1894, p. 301; ver também: "Mariage du prince de Joinville avec la princesse du Brésil. Lettre de Guizot, datée du 30 juillet 1843, faisant part au chancelier de France de la nomination de MM. de Vasconcellos et de Ribeiro dans l'ordre national de la Légion d'honneur". Archives Nationales, AE/I/18/15/2; *L'Illustration*, Paris, n. 17, 24 jun. 1843.

8. Baron de Langsdorff, Bernardo Pereira de Vasco, "Articles de mariage, le 22 avril 1843". *Revue Rétrospective*, Paris, n. 17, p. 258, 1848.

9. José Ângelo Cardoso, *Contos ecumênicos.* Clube de Autores, 2017, p. 62.

10. Laurent Vidal, *Eles sonharam um outro mundo: História atlântica dos fundadores do Falanstério do Saí* (*1841-1846*). São Paulo: Edusp, 2019 [2014].

11. Léonce Aubé, *Notice sur la province de Sainte-Catherine.* Paris: Imp. Royale, 1847.

12. Santa Catarina, *Falla do Presidente da Província. O Marechal de Campo Antero José Ferreira de Brito, 1/3/1845.* Cidade do Desterro, Typ. Provincial, 1845, p. 14.

13. Memória Política de Santa Catarina, "Leonce Aubé". Disponível em: <http://memoriapolitica.alesc.sc.gov.br/biografia/958-Leonce_Aube>. Acesso em: 14 out. 2021; Carlos Ficker, *História de Joinville: Subsídios para a crônica da colônia Dona Francisca.* Joinville: Impressora Ipiranga, 1965, p. 21.

14. *Ofício de Paulo Barbosa a Almeida Torres, Ministro do Império, 29/11/1844.* Museu Imperial, Arquivo Paulo Barbosa, tomb. 3126.

15. *Registros de medição e demarcação, 1846.* Arquivo Histórico de Joinville, Fundo Domínio de dona Francisca, CF 12, cx. 1, prat. 37.

16. Baron de Langsdorff, Bernardo Pereira de Vasco, "Articles de mariage, le 22 avril 1843". *Revue Rétrospective*, Paris, n. 17, p. 258, 1848.

17. Gracinda Clara Pereira Ramos, *A formação do território de Santa Catarina com base na concessão de terras públicas*. Florianópolis: Univ. Federal de Santa Catarina, 2006, p. 102. Tese (Doutorado em História).

18. Klaus Richter, *A fundadora de Joinville: Sociedade colonizadora de 1849 em Hamburgo*. Blumenau: Ed. Furb, 1986, p. 83.

19. Luiz Mateus da Silva Ferreira, "Empresários alemães no Sul do Brasil: A trajetória da Sociedade Colonizadora de 1849 em Hamburgo (1846-1855)". *XIII Congresso Brasileiro de História Econômica* e *14ª Conferência Internacional de História de Empresas*, 2019, p. 17. Disponível em: <http://www.abphe.org.br/arquivos/2019-luiz-mateus-da-silva-ferreira.pdf>. Acesso em: 14 fev. 2022.

20. Léonce Aubé, *La Province de Sainte-Catherine et la colonisation au Brésil*. Rio de Janeiro: Imprimerie française de Frédéric Arfvedson, 1861, p. 41.

21. Guillaume Blanc, *L'invention du colonialisme vert: Pour en finir avec le mythe de l'Éden africain*. Paris: Flammarion, 2020.

22. Léonce Aubé, op. cit., 1861, p. 43.

23. Bernard Westphal, *Le monde plausible, Espace, lieu, carte*. Paris: Minuit, 2011, pp. 220-1.

24. *Ofício de Paulo Barbosa a Almeida Torres, Ministro do Império, 29/11/1844*. Museu Imperial, Arquivo Paulo Barbosa, tomb. 3126.

25. Lígia Osório Silva, *Terras devolutas e latifúndio*. Campinas: Ed. da Unicamp, 2008, pp. 87-96.

26. Eleide Abril Gordon Findlay, "A formação da propriedade na região da baía da Babitonga em Santa Catarina". In: *Old and New Worlds: Global Challenges of Rural History*. Lisboa, 27-30 jan. 2016. Disponível em: <https://lisbon2016rh.files.wordpress.com/2015/12/onw- 0216.pdf>. Acesso em: 31 maio 2022.

27. Maria Hilda Baqueiro Paraiso, "Imigrantes europeus e índios: Duas soluções para a questão da substituição da mão-de-obra escrava africana no Brasil na década de 1850". *Inquice: Revista de Cultura*, Salvador, n. 1, nov./dez./jan. 2000.

28. Laurent Vidal, op. cit., pp. 70-1.

29. O mapa da província de Santa Catarina, de 1872, ironicamente, apaga a presença francesa e dá relevo às colônias alemã, belga e suíça. *Mappa topographico de parte da Provincia de Santa Catharina: Comprehendendo as comarcas do litoral, colonias e terras publicas adjacentes às mesmas colonias*, 1872. Rio de Janeiro, Fundação Biblioteca Nacional. ARC.003,04,015, Disponível em: <http://objdigital.bn.br/objdigital2/acervo_digital/div_cartografia/cart291394/cart291394.jpg>. Acesso em: 31 maio 2022.

LEITURAS COMPLEMENTARES

DAWSEY, John C.; DAWSEY, Cyrus B.; DAWSEY, James M. (orgs.). *Americans — Imigrantes do Velho Sul no Brasil*. Piracicaba: Editora Unimep, 2005.

DUARTE, Regina Horta (org.); OTONI, Teófilo. *Notícias sobre os selvagens do Mucuri.* Belo Horizonte: Ed. UFMG, 2002.

FELICI, Isabelle. *La Cecilia. Histoire d'une Communauté anarchique et de son fondateur Giovanni Rossi.* Lyon: Atelier de Création Libertaire, 2001.

FERNANDES, Josué Corrêa. *Saga da esperança: Socialismo utópico à beira do Ivaí.* Curitiba: Imprensa Oficial do Estado do Paraná, 2006.

HARDMAN, Francisco Foot. *Trem fantasma: A modernidade na selva.* São Paulo: Companhia das Letras, 1988.

VIDAL, Laurent; LUCA, Tania Regina de (orgs.). *Les Français au Brésil — XIX*e*-XX*e *siècles.* Paris: Rivages des Xantons, 2016 [2009].

16. Revoltas rurais na Primeira República

Arraial dos Canudos. Visto pela estrada do Rosário, a escolhida pela expedição Moreira César, *1897*

Jacqueline Hermann

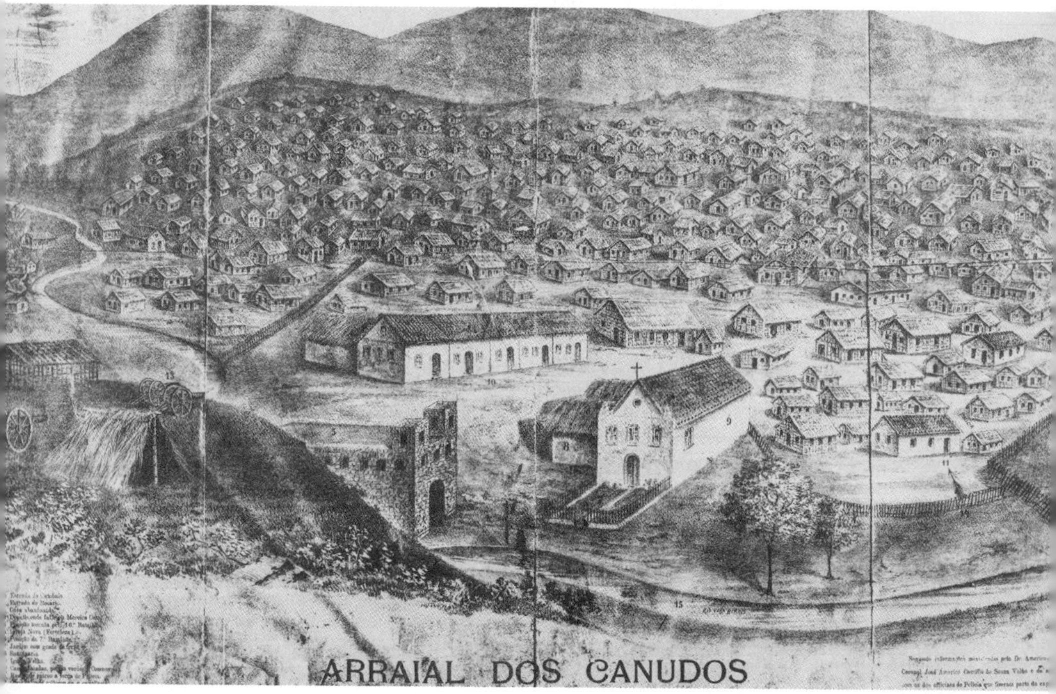

16.1. Arraial dos Canudos. Visto pela estrada do Rosário, a escolhida pela expedição Moreira César, *Ministério da Guerra. Bahia: Wilcke, Edgard & C., 1897.*

Arraial dos Canudos. Visto pela estrada do Rosário, a escolhida pela expedição Moreira César — esse é o título de um dos mapas mais conhecidos e divulgados da guerra sertaneja de Canudos, na Bahia, ocorrida entre 1896 e 1897. Evento dos mais sangrentos da história do Brasil, apresenta características gerais semelhantes a outros movimentos rurais que marcaram a transição da monarquia para a República, como o do Contestado, entre os estados do Paraná e Santa Catarina (1912-6). Mapas da cidadela de Canudos e de seus arredores e do conflito do Contestado contam uma história elaborada a partir do Exército brasileiro, do desconhecimento do território e do superdimensionamento dos revoltosos por parte das forças repressoras do Estado republicano.

A EXPEDIÇÃO E O MAPA

O mapa/ilustração do arraial de Canudos, medindo 63,5 × 77,4 cm, é uma vista panorâmica em perspectiva de voo de pássaro, forma de representação cartográfica difundida no Renascimento pela qual se destacavam elementos arquitetônicos e urbanísticos. A vista de Canudos está orientada com o sul no alto e se vê, ao centro, a igreja em primeiro plano. O mapa contém apenas três topônimos: uma casa simples indicada como "Policia", a "Serra da Cannabrava" no alto, e o "Rio Vaza Barris", na parte inferior. As informações destacadas nas legendas permitem saber o momento do confronto das tropas legais contra o arraial formado em torno da figura do beato Antônio Conselheiro: depois da terceira expedição organizada para debelar a cidadela que parecia inexpugnável, em seguida a duas derrotas das forças locais. O coronel Moreira César foi o comandante da Terceira Expedição contra Canudos, e a imagem indica a vista projetada para o ataque, a partir do sul do arraial. Outra informação permite saber a data do mapa: depois 4 de março de 1897, pela indicação do local "onde faleceu Moreira César". Seu autor é anônimo, mas a legenda informa que a imagem se baseou em informações do dr. Américo Passo, do coronel José Américo Camillo de Souza Velho e de "oficiais de Polícia que fizeram parte da expedição Moreira César". Expressões usadas para garantir sua fidelidade em relação ao espaço cartografado completam a legenda: "reconhecido como cópia fiel da povoação por toda força de Polícia à vista da qual foi exposto e por mais pessoas insuspeitas".

A transição da monarquia para a República no Brasil foi um período de grandes turbulências regionais, dentre as quais a chamada Revolução Federalista (1893-5), na qual grupos políticos locais se enfrentaram no Sul do país. Nomeado por Floriano Peixoto, o coronel Moreira César assumiu o governo de Santa Catarina com poderes discricionários, em 1894, e reprimiu violentamente os federalistas, com execuções sumárias e degolas ("corta cabeças"). Seu sucesso no Sul foi o motivo de sua convocação para Canudos, em 1897. A expedição liderada por César pretendia encerrar definitivamente um enfrentamento que passou de escaramuça local a questão nacional. Duas expedições anteriores, entre novembro de 1896 e janeiro de 1897, haviam fracassado. Na chamada Primeira Expedição, iniciada em 6 de novembro de 1896, eram cerca de cem praças. A segunda investida reuniu mais de seiscentos, e com o comando de Moreira César chegaram a 1300 soldados. A morte do coronel em combate, além de dois oficiais, foi considerada um ultraje para o Exército e para o novo regime, transformando Canudos numa ameaça à República. A partir do Rio de Janeiro, a quarta e última expedição foi organizada com planejamento estratégico e convocação de tropas em todo o país, com efetivo superior a 10 mil homens.

A vista panorâmica *Arraial dos Canudos* indica uma interpretação por parte do Exército sobre a força e a periculosidade do grupo reunido na fazenda abandonada, chamada de Belo Monte. Parece exagerar ao retratar uma cidade ordenada e organizada. Suas cerca de 5 mil casas levaram à estimativa de que o reduto tenha abrigado em torno de 25 mil habitantes, antes mesmo da expedição Moreira César. A grandeza do reduto passou a ser considerada indiscutível, mesmo por aqueles que, depois da derrota final, em outubro de 1897, tentaram escrever a história dos sertanejos.[1]

Mas se a Segunda Expedição terminou em meados de janeiro de 1897 e a Terceira ocorreu entre fevereiro e março, é difícil entender como uma imagem rica em detalhes foi produzida tão rapidamente sobre uma área inóspita e de secas recorrentes. Era uma região pouco conhecida pelos militares e habitada de forma intermitente antes da instalação de Antônio Conselheiro, em 1893. Uma das razões sempre aventada para o sucesso dos conselheiristas, sobretudo na Terceira Expedição, foi o conhecimento do local e cercanias, capaz de explicar a emboscada que vitimou o coronel, a debandada da tropa governista e o contingente de armas resgatadas pelos sertanejos, fundamental para o combate seguinte. Como o Exército produziu uma "cópia fiel" do arraial de Canudos? É possível afirmar que a cidadela improvisada fosse tão organizada e abrigasse população numerosa e preparada para uma guerra?

Euclides da Cunha, no clássico *Os sertões*, escrito depois de sua rápida presença na Quarta e última expedição militar a Canudos, confirmou o tamanho e a grandeza do vilarejo ao afirmar: "Caiu o arraial a 5 [de outubro]. No dia 6 acabaram de o destruir desmanchando-lhe as casas, 5 mil e duzentas, cuidadosamente contadas".[2] Teria o autor tido acesso ao mapa que aqui analisamos? É uma hipótese tão plausível quanto especulativa, mas que talvez ajude a explicar como esse número de casas e habitantes se disseminou e consolidou, passando a ser mencionado sem questionamento por narrativas de qualquer matiz político ou interpretativo.

O ARRAIAL

Apesar de poucas e esparsas, é possível recuperar informações sobre o arraial, sua organização, seu casario e sua dinâmica populacional, capazes de indicar análise bastante diversa da descrita na imagem. Se Canudos reunisse algo próximo de 20 mil habitantes entre 1893 — data da instalação de Antônio Conselheiro na fazenda abandonada às margens do rio Vaza-Barris — e 1896 — início da guerra —, o arraial seria a segunda maior cidade da Bahia, atrás apenas da capital, Salvador. Certamente teria despertado a atenção das autoridades, considerando as péssimas descrições dos sertanejos ("gente ínfima e suspeita", "avessa ao trabalho"),[3] que acompanhavam o Conselheiro. No entanto, nenhuma preocupação ou providência aparece nos Relatórios de Governador do Estado da Bahia de 1893 a 1896. Somente no de 1897 Canudos é mencionada na seção destinada à Segurança Pública, depois do fim da guerra.[4]

Em 1890, a região do arraial, vítima de continuadas secas, reunia não mais de cinquenta "capuabas arruinadas", casebres ou roças rústicas e pobres.[5] Em 1895, o arraial recebeu a visita de dois frades capuchinhos que, autorizados pelo Conselheiro, conheceram as condições de vida da comunidade, ministraram sacramentos e rezaram missas, além de incentivarem a aceitação da República, do que resultou a expulsão dos religiosos. No relatório em que já advertia sobre possível cisma religioso e político em gestação, frei João Evangelista de Monte Marciano mencionou as "casinholas toscas, construídas de barro e cobertas de palha, de porta sem janela e não arrumadas. O interior é imundo, e os moradores que, quase nus [...] atestavam no aspecto esquálido e quase cadavérico as privações de toda espécie que curtiam".[6] O frade descreveu também o grande movimento de sertanejos no arraial, vindos de regiões pelas quais o Conselheiro havia passado nos vinte anos de peregrinação pelo Nordeste. Além da segurança que o beato inspirava, encontravam na fazenda pouso e descanso de continuadas migrações. Houve, é certo, um crescimento gradativo e contínuo do arraial entre 1893 e 1895, mas ainda longe de preocupar os poderes locais.

Segundo Yara Dulce de Ataíde, autora dos poucos estudos sobre a população de Canudos, o arraial passou de cerca de 250 habitantes em 1890 a mais de 25 mil em 1897. E, embora mencione os censos de 1874 e 1895, baseia-se sempre em Euclides da Cunha, citado como fonte, como aliás sempre foi considerado seu livro sobre Canudos.[7] Obra insuperável, sabemos que foi produto da presença (breve) do autor no "teatro da guerra", alimentada por reflexões intelectuais anteriores a Canudos — e definitivamente moldadas pelo contato com o sertão, é certo — e pela grande liberdade ficcional para descrever ou imaginar, minuciosamente, as primeiras três expedições, as quais só conheceu pela imprensa. Considerar *Os sertões* como fonte histórica inquestionável, como aconteceu durante pelo menos a primeira metade do século XX,[8] exige cuidado e atenção.

Tudo que se refere ao crescimento populacional de Canudos, portanto, deve considerar os limites para o conhecimento daquele espaço inóspito e abandonado, assim como a flutuação de uma população pobre e desimportante para a vida econômica da região. Todas as projeções e descrições disponíveis do arraial e de seus integrantes foram produto do tempo da guerra, das seguidas derrotas, então consideradas incompreensíveis pelas forças legais, e pelo consequente temor de um inimigo superdimensionado, tanto do ponto de vista numérico como organizacional.

A CARTOGRAFIA DE CANUDOS

A imagem panorâmica *Arraial dos Canudos* precisa ser lida a partir de seu momento de produção (depois da Terceira Expedição), seus autores (militares) e sua finalidade (o ataque a inimigos). Essas dimensões histórico-militares explicaram a crueza da Quarta Expedição, cuja preparação começou cerca de um mês depois da morte de César. Já não havia certeza de vitória rápida. O ataque final foi precedido de planejamento e mobilização centralizada no Rio de Janeiro, então capital da República. Não é possível saber, portanto, com segurança, a população do arraial, sendo plausível que tenha crescido a partir da vitória da Primeira Expedição, mas sobretudo depois da morte de César, quando passaram a contar com o armamento abandonado pelo Exército. Mais preparados e esperando novo ataque, os sertanejos sentiram-se confiantes e protegidos em Canudos. Parece improvável, no entanto, que tenham habitado cidade organizada, com ruas bem demarcadas, casas estruturadas e ventiladas; o próprio Euclides da Cunha a chamou de "troia de taipa", "*urbs* monstruosa"[9] habitada por gente rústica, miserável, esquálida, faminta.

Os dois mapas analisados a seguir, produzidos a partir de perspectiva cartográfica mais tradicional, são da Quarta Expedição e indicam a movimentação de tropas vindas de diferentes pontos do país. Foram instrumentos para o combate e tentaram retratar o cenário visto de cima. O mapa *Canudos e suas cercanias* (Fig. 16.2) indica o Norte no alto e representa, de forma esquemática, rios, caminhos, casas e principais edificações. Assim como no *Arraial dos Canudos*, a legenda relaciona pontos de interesse e informações históricas, datas e a cronologia do combate final da guerra, entre julho e outubro de 1897. Acrescenta ainda informações sobre a cidadela, ausentes na imagem anterior: dois cemitérios, um antigo e um novo, e parece corrigir o local da Estrada do Rosário, antes situada logo à frente do arraial. Agora a estrada está mais à direita, distante da entrada, e da qual parece difícil ver Canudos de frente. Diferentemente da primeira imagem, o mapa *Canudos e suas cercanias* representa o local de maneira mais precisa, visando a aproximação e os ataques militares.

O *Plano de operações de guerra no estado da Bahia* (Figura 16.3), de 1897, é mais conciso na legenda, mas apresenta uma espécie de resumo da guerra. O mapa indica o percurso e os locais de combate das quatro expedições, com o nome dos responsáveis militares, em mais um mapa híbrido de informações históricas e geográfico-militares. À esquerda, no alto, o combate da Primeira Expedição, comandada pelo tenente Pires Ferreira; mais ao centro e abaixo do arraial, a segunda, comandada pelo major Febrônio de Brito; à esquerda, ainda no centro da imagem, o nome de Moreira César aparece em vermelho, ao longo do trajeto que pretendia levá-lo ao interior do arraial. A Quarta Expedição

16.2. Canudos e suas cercanias, c. *outubro de 1897, Comissão de Engenharia do Exército.*

está indicada pela "Marcha da columna Savaget", à direita e às portas de Canudos, a única cujos combates aconteceram no interior da comunidade, comandada pelo coronel Cláudio do Amaral Savaget, da segunda coluna do Exército.

"Canudos não se rendeu",[10] afirmou Euclides da Cunha, para ressaltar a coragem e convicção dos conselheiristas na defesa do arraial. Pelo que sabemos, Antônio Conselheiro foi sempre líder espiritual e jamais participou dire-

16.3. Plano de operações de guerra no estado da Bahia, *1897*.[11]

tamente da guerra. Entre a peregrinação por cerca de vinte anos, a fixação na fazenda abandonada nunca reclamada pelo proprietário e o início dos desentendimentos com as forças locais por questões comerciais, o beato nunca imaginou liderar um movimento com as proporções assumidas pela Guerra de Canudos, que se desdobrou entre novembro de 1896 e outubro de 1897. Se é certo que não escondia sua oposição à República e a seus fundamentos laicos, não havia como prever o resultado trágico que conhecemos. A guerra começou com um incidente e ganhou contornos tão imprevistos quanto sangrentos. Os mapas e boa parte das matérias jornalísticas produzidas depois da Terceira Expedição[12] descrevem um evento de grandes proporções desde o seu início, sugerem um inimigo bem mais poderoso e perigoso, talvez até apoiado por monarquias estrangeiras, mas cuja força parece ter sido forjada no decorrer dos acontecimentos, segundo a hipótese aqui defendida. Essa possibilidade de análise permite que se tome os três mapas selecionados — e haveria outros — como parte de um confronto geopolítico e militar que ultrapassava os limites do arraial representado pelo Exército e que envolveu Canudos em disputa alheia, travada na capital da República pela liderança do novo regime político do país.

A GUERRA DO CONTESTADO

Esforço de análise cartográfica semelhante pode ser empregado para a Guerra do Contestado, conflito que opôs mais uma vez o Exército e populações sertanejas, entre 1912 e 1916, na porção oriental do atual estado de Santa Catarina. Em que pesem as muitas diferenças entre os dois movimentos, ambos expressaram dimensão importante da difícil transição da monarquia à República no Brasil. Em ambos os casos, o fundo religioso foi considerado parte de uma ameaça maior e politicamente desestabilizadora não só da ordem local, mas das bases laicizadas da República. A separação entre o Estado e a Igreja havia rompido o sentido religioso que organizava o poder e justificava o direito divino da linhagem imperial até 1889. Tanto em Canudos como no Contestado, a tradução dessa mudança estimulou vivências radicais e diferentes entre populações sertanejas pobres, sem lugar na nova ordem que se reorganizava também nas unidades políticas estaduais. Em Canudos, a política baiana refletiu disputas da capital federal; no Contestado, a antiga contenda entre Paraná e Santa Catarina foi o cenário para o desencontro das fronteiras institucionais e da repressão a movimento religioso inicialmente estranho à questão jurídico-política dos dois estados.[13]

É necessário distinguir os mapas selecionados: um mapa *da* região em litígio, contestada; um mapa da Guerra *do* Contestado. Embora geograficamente esses dois espaços se confundam, os mapas expressaram questões, dinâmicas e formas de atuação diversas. A disputa pela demarcação dos limites institucionais foi política e jurídica; a repressão ao movimento religioso e popular foi militar e terminou por unir os dois estados na repressão aos "fanáticos", denominação dada aos sertanejos em várias fontes da guerra e no mapa de Maurício Vinhas de Queiroz.

Paulo Pinheiro Machado já afirmou que o movimento popular e religioso do Contestado sintetizou vários aspectos da vida social e política do Brasil na Primeira República: "[Foi] uma encruzilhada de diferentes conflitos".[14] Do ponto de vista geográfico, as províncias do Paraná e Santa Catarina, desde o Império, disputavam áreas de fronteira, situação que conheceu novos contornos jurídicos nos primeiros anos da República. Em 1900, o governo de Santa Catarina recorreu ao Supremo Tribunal Federal para a definição dos limites com o estado do Paraná e, em 1904, o pedido foi atendido, o que gerou nova apelação do Paraná, negada em 1909 e 1910.

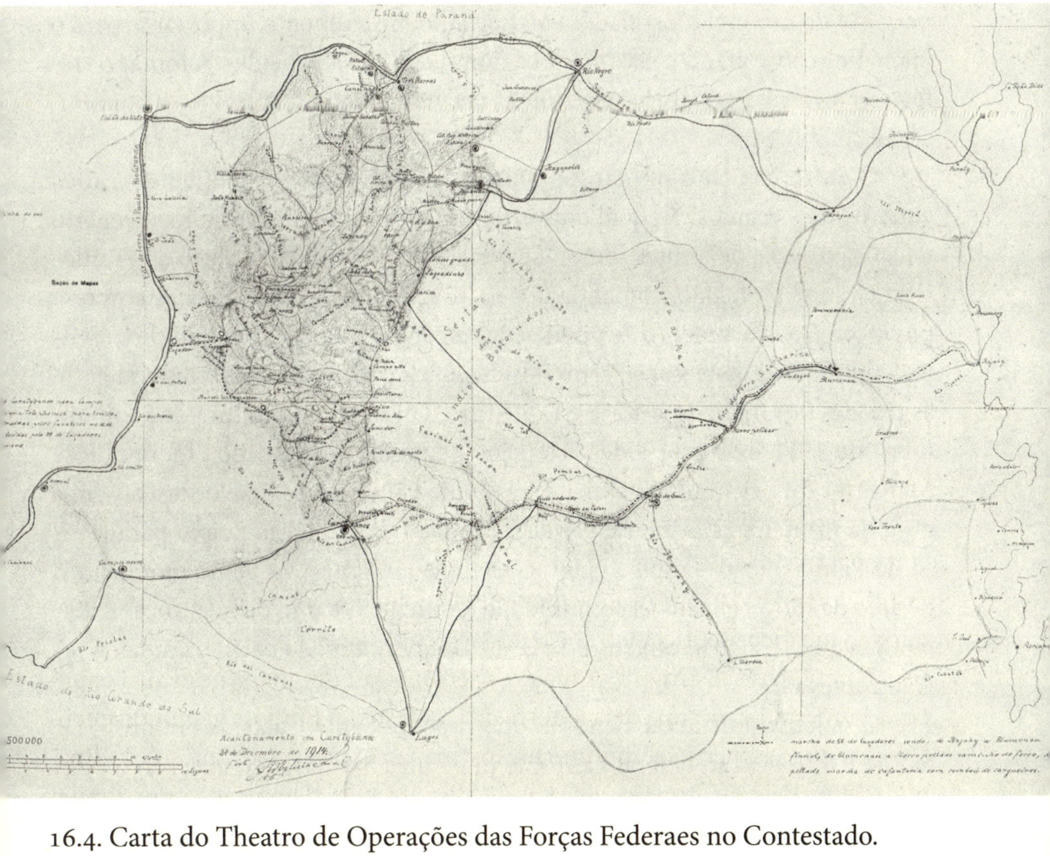

16.4. Carta do Theatro de Operações das Forças Federaes no Contestado.

A *Carta do Theatro de Operações das Forças Federaes no Contestado*, elaborada por ordem do tenente coronel Francisco Raul d'Estillac Leal, foi um dos muitos mapas produzidos sobre a guerra no conflito político-religioso derivado da disputa de fronteira entre os dois estados. Dos dois lados houve elaborações cartográficas comprometidas, e talvez uma análise comparada possa revelar outras dimensões do uso dos mapas nesse conflito. Neste mapa, encontramos indicações dos planos para o cerco a Curitibanos, conforme legenda à esquerda, a essa altura sob domínio dos caboclos rebeldes. O general Setembrino de Carvalho assumira a liderança da intervenção federal no conflito em setembro de 1914 e, segundo Demerval Peixoto, militar que participou da guerra a partir de 1915, não havia até então nenhum conhecimento preciso e oficial da topografia da área, sendo este talvez dos primeiros mapas da região do conflito. Foi resultado de croquis anteriores, remodelado no decorrer das ações, "retocado a cada passo" e desenhado pelo alemão W. Schmidt com a supervisão do coronel d'Estillac.[15] Foi, portanto, instrumento importante para o plano de ação voltado a cercar a área dominada pelos rebeldes, retomar o tráfego ferroviário e restabelecer as linhas telegráficas que mantinham a comunicação com as tropas.

O enfrentamento militar foi consequência do embate político e jurídico entre os dois estados, ao qual outras questões se juntaram. Assim, ao cenário tenso da disputa de limites somou-se a chegada da Estrada de Ferro São Paulo-Rio Grande na região, comandada pela Brazil Railway Company. A empresa provocou o deslocamento de populações na divisa litigiosa por mais de trezentos quilômetros da ferrovia, além dos duzentos quilômetros da fronteira entre as cidades de União da Vitória e Rio Negro. Foi nessa conjuntura que, em outubro de 1912, um grupo de sertanejos, seguindo o chamado "monge" José Maria — beato errante semelhante a Antônio Conselheiro no Nordeste —, migrou da fronteira catarinense para a localidade de Irani, município paranaense de Palmas, logo expulso pela polícia local. Começava nesse momento o périplo da móvel e instável comunidade reunida em torno de lideranças carismáticas que se sucederam entre 1912 e 1916, período da guerra travada na região contestada.

O objetivo inicial da expulsão do grupo de Santa Catarina era provocar tensão e intervenção federal na fronteira paranaense, visando encerrar a pendência judicial e fazer valer a decisão que favoreceu o estado catarinense.[16] A provocação teve, no entanto, desdobramentos inimagináveis. A primeira investida das forças militares contra o então pequeno grupo de sertanejos foi comandada pelo coronel João Gualberto. Pretendia ser definitiva, violenta e rápida, visando responder à provocação do estado vizinho, mas o resultado foi um desastre. Além da derrota, o coronel foi morto depois de descumprir acordo com os revoltosos e, o mais grave para os sertanejos, o monge José Maria também morreu no combate. Travou-se, assim, mais uma guerra de surdos: nem a migração dos sertanejos tivera relação direta com a disputa de limites entre os dois estados, nem a força legal entendeu o sentido daquela reunião de "fanáticos" em torno de um monge sem formação religiosa ou subordinação à Igreja.

A partir do combate em Irani, outros deslocamentos e ataques militares se organizaram. Em fins de 1913, novas lideranças sertanejas em Taquaruçu, lado catarinense, reforçaram a crença difundida sobre a formação de um exército encantado, comandado por um novo José Maria "encoberto". O evento se inseria, assim, em antiga e longa tradição de reis e líderes "ocultos" presentes na cultura ibérica.[17] Mais uma vez atacados, fugiram do encalço militar que, a partir de 1914, passou a ter orientação e forças federais, solicitadas pelos dois estados, Paraná e Santa Catarina. O movimento tinha saído do controle: sinal de progresso da região, o tráfego ferroviário foi interrompido, a mão de obra local acompanhou os revoltosos, os negócios sofreram diretamente o impacto da guerra. A situação só foi controlada em meados de 1916, com a prisão do último líder, Adeodato Manuel Ramos. Condenado a trinta anos de prisão, foi morto em 1923, depois de suposta tentativa de fuga.

São muitas as possibilidades de análise quando se cruza a questão da área contestada pelos dois estados e os sentidos, dinâmica e desfecho do conflito travado na mesma região, a Guerra do Contestado. O início do embate parecia circunscrito geográfica e socialmente, motivado por embates políticos ocorridos nos centros de poder regional, e para os quais a perseguição a um grupo de camponeses pobres reunidos em torno de um líder carismático pareceu um pretexto adequado. A resistência inesperada e a morte do comandante e do monge rebelde desencadearam uma movimentação descontrolada na região de fronteira, crescimento e fortalecimento dos sertanejos e da crença de travarem uma "guerra santa".[18] O combate se estendeu por quatro anos e terminou com uma vitória no mínimo controvertida para o Exército, assim como em Canudos, dada a dimensão trágica, o número de mortos e o custo econômico e social do conflito. Quanto à questão dos limites, o desvio sangrento obrigou que os dois estados cedessem no acordo finalmente estabelecido em 1917, pelo Tratado de Limites assinado em outubro de 1916, solução provavelmente alcançada sem quatro anos de guerra.

ÀS MARGENS DO PROGRESSO

Os mapas selecionados mesclam o conhecimento prévio e limitado dos espaços conflagrados com a imaginação e o medo superdimensionado do inimigo nas cartografias dos dois movimentos. No caso de Canudos, a vista panorâmica produzida para o ataque de Moreira César teve por base uma suposta visão da Estrada do Rosário, nos mapas seguintes bastante distante da localização inicial. No caso do Contestado, os mapas parecem dissociar as (pelo menos) duas frentes de combate: uma relacionada à divisa dos estados do Paraná e Santa Catarina; outra voltada para o combate militar ao movimento popular e milenarista organizado em torno de outro beato, José Maria, e seus duplos ressuscitados e esperados.

Nos dois casos, a representação do inimigo pelos poderes militares visava o aniquilamento mais rápido possível do oponente, mas a resistência encontrada motivou o uso de toda a força militar disponível na época: em Canudos, a *matadeira*, nome popular dado ao canhão usado no ataque final; no Contestado, dois aviões foram enviados para a região em 1915. Um deles caiu e matou o tenente Kirk; o outro deixou a área do conflito devido ao mau tempo, segundo Duglas Teixeira Monteiro.[19] Para Claudio Passos Calaza, nenhum dos aviões chegou a ser usado, mas é certo que foram deslocados para o combate aos rebeldes.[20] O desconhecimento e a falta de controle do espaço por parte dos militares, o grande contingente populacional ignorado e à mercê de poderes locais e habitantes fluidos de territórios abandonados produziram uma espécie de contrageografia: espaços controlados por grupos marginais inseridos em geografias inóspitas e distantes dos centros de poder. Seria o avesso da noção de geopolítica (a "antigeopolítica"[21]) estruturada a partir da hegemonia do Estado-nação: formas de resistência não programada de grupos marginalizados e excluídos das mudanças em curso. Em ambos os casos aqui analisados, os desdobramentos da repressão e da resistência acompanharam dinâmica imprevista e errática, com evidente desequilíbrio a favor da "ordem" e do "progresso", impostos pela força brutal do Exército brasileiro.

Tanto em Canudos como no Contestado podemos identificar várias camadas de conflitos, mas talvez o pano de fundo fundamental seja o confronto entre visões de mundo tão inconciliáveis quanto desiguais e assimétricas. A forma como o Exército da República viu e representou os insurgentes das áreas rurais nos mapas não deixa dúvida sobre o caráter violento e arbitrário da geopolítica da nova nação, na qual os sertanejos foram renegados às margens do Brasil profundo.

NOTAS

1. A exemplo de José Calasans, *Quase biografia de jagunços: O séquito de Antônio Conselheiro*. 2. ed. Salvador: UFBA, 2013. A primeira edição é de 1986.

2. Cf. Euclides da Cunha, *Os sertões. A campanha de Canudos*. São Paulo: Círculo do Livro, 1975, p. 476. Euclides da Cunha esteve na região de Canudos a serviço do jornal *O Estado de S. Paulo*. Partiu de São Paulo em 1º de agosto de 1897, chegou a Salvador no dia 7 desse mês. Só teria chegado a Canudos em 16 de setembro, de onde partiu no dia 3 de outubro. A guerra acabou em 5 de outubro. Conforme Walnice Nogueira Galvão, "Introdução e organização". In: Euclides da Cunha, *Diário de uma expedição*. São Paulo: Companhia das Letras, 2000, pp. 14-6 (Coleção Retratos do Brasil).

3. Euclides da Cunha, op. cit., p. 128.

4. Sobre os Relatórios de Governador do Estado da Bahia, Jacqueline Hermann, "Canudos destruído em nome da República. Uma reflexão sobre as causas políticas do massacre de 1897". *Tempo*, Niterói, v. 2, n. 3, pp. 81-105, 1996.

5. Euclides da Cunha, op. cit., p. 141.

6. Apud José Calasans, "Canudos — Origem e desenvolvimento de um arraial messiânico". *Revista USP*, n. 54, pp. 72-81, jun.-ago. 2002. Para o relatório dos frades, ver Frei João Evangelista de Monte Marciano, *Relatório apresentado ao arcebispado da Bahia sobre Antônio Conselheiro e seu séquito no arraial de Canudos*. Bahia: Typographia do Correio de Noticias, 1895, p. 4.

7. Yara Dulce B. de Ataíde, "As origens do povo do Bom Jesus Conselheiro". *Revista USP*, Dossiê Canudos, n. 20, pp. 88-99, dez. 1993-fev. 1994.

8. José Calasans, "Canudos não euclidiano: Fase anterior ao início da Guerra do Conselheiro". In: José Augusto Vaz Sampaio Neto et al., *Canudos: Subsídios para a sua reavaliação histórica*. Rio de Janeiro: Fundação Casa de Rui Barbosa, 1986, pp. 1-21.

9. Euclides da Cunha, op. cit., pp. 83 e 142, respectivamente.

10. Ibid., p. 476.

11. Suas medidas são 21 × 21 cm.

12. Walnice Nogueira Galvão, *No calor da hora: A Guerra de Canudos nos jornais, 4ª expedição*. São Paulo: Ática, 1977.

13. Para um panorama amplo dessa transição no interior do Brasil, ver Jacqueline Hermann, "Religião e política no alvorecer da República: Os movimentos de Juazeiro, Canudos e Contestado". In: Jorge Ferreira e Lucília de Almeida Neves Delgado (orgs.), *O Brasil republicano. O*

tempo do liberalismo oligárquico (1889-1930). 10. ed. revista. Rio de Janeiro: Civilização Brasileira, 2018, pp. 111-52.

14. Paulo Pinheiro Machado, "Contestado: O centenário da guerra e o conflito sem fim". In: Angelo Priori e Clóvis Mendes Gruner, *Contestado: 100 anos de uma guerra sem fim. Movimentos e conflitos sociais no Sul do Brasil: estudos sobre Santa Catarina e Paraná (séculos XIX e XX)*. Curitiba: Anpuh, 2016, p. 20.

15. Dermeval Peixoto, em *A Campanha do Contestado: Episódios e impressões*. Rio de Janeiro: [s.n.], 1920, pp. 43-5, publicado sob o pseudônimo Crivelário Marcial.

16. Segundo Paulo Pinheiro Machado: "O ato seria uma demonstração de força do Paraná sobre um grupo de 'fanáticos' supostamente enxotados pela polícia catarinense para criar tumultos no território sob jurisdição contestada". Ibid., p. 13.

17. Para uma reflexão sobre o aspecto singular dessas lideranças messiânicas, ver Jacqueline Hermann, "Messianismo e sebastianismo no Brasil e no Contestado". In: Delmir José Valentini, Márcia Janete Espig e Paulo Pinheiro Machado (orgs.), *Nem fanáticos, nem jagunços: Reflexões sobre o Contestado (1912-2012)*. Pelotas: Ed. da UFPel, 2012, pp. 63-84.

18. Vários dos locais ocupados pelos sertanejos foram considerados "cidades santas". Para uma visão geral, ver Paulo Pinheiro Machado, *Lideranças do contestado*. Campinas: Ed. da Unicamp, 2004, p. 381.

19. O canhão Withworth pesava mais de uma tonelada, e a tentativa de usá-lo demonstrou cabalmente o desconhecimento do terreno sertanejo. Além da dificuldade de transportá-lo, explodiu durante o combate e matou dois oficiais e um praça, cf. José Augusto Vaz Sampaio Neto et al., op. cit., p. 67; Duglas Teixeira Monteiro, *Os errantes do novo século: Um estudo sobre o surto milenarista do Contestado*. São Paulo: Edusp, 2011, p. 283.

20. Claudio Passos Calaza, *Aviação no Contestado: Investigação e análise de um emprego militar inédito*. Rio de Janeiro: Universidade da Força Aérea, 2007. Tese (Mestrado em Ciências Aeroespaciais).

21. Ver a respeito Bertha K. Becker, "A geografia e o resgate da geopolítica", *Espaço Aberto*, PPGG-UFRJ, Rio de Janeiro, v. 2, n. 1, pp. 117-50, 2012, e Ivaldo Lima, "A geografia e o resgate da antigeopolítica", *Espaço Aberto*, PPGG-UFRJ, v. 3, n. 2, pp. 149-67, 2013.

LEITURAS COMPLEMENTARES

BARTELT, Dawid Danilo. *Sertão, república e nação*. São Paulo: Edusp, 2009.

DANTAS, Monica Duarte. *Fronteiras movediças: A comarca de Itapicuru e a formação do arraial de Canudos (relações sociais na Bahia do século XIX)*. 2. ed. revista. São Paulo: Intermeios/ Programa de Pós-graduação em História Social da USP, 2020.

MACHADO, Paulo Pinheiro. "Rábulas e bacharéis na Guerra do Contestado: Direito, polícia e conflito social (1912-1916)". *Passagens. Revista Internacional de História Política e Cultura Jurídica*. Rio de Janeiro, v. 9, n. 1, pp. 3-20, jan.-abr. 2017.

______; ESPIG, Márcia Janete (orgs.). *A guerra santa revisitada: Novos estudos sobre o movimento do Contestado*. Florianópolis: Ed. UFSC, 2008.

17. O Brasil para os norte-americanos

On the Map, *Maurice Ketten, 1914*

Jörn Seemann

No dia 28 de maio de 1914, o jornal nova-iorquino *The Evening World* publicou uma caricatura do ex-presidente americano Theodore Roosevelt (Fig. 17.1). O desenho, intitulado *On the Map*, do cartunista Maurice Ketten, mostra o político, ao lado de um mapa do Brasil pendurado na parede, que aponta o trajeto de um rio com o seu nome. Os meandros e as bifurcações simulam o perfil da cabeça do próprio Roosevelt, com os seus óculos característicos e um chapéu de caçador. Sem sinal de humildade, ele afirma: "[Eis] o rio que eu pus no mapa". A caricatura se refere a sua viagem à América do Sul, entre outubro de 1913 e maio de 1914, quando conheceu vários países, regiões e cidades. A convite do então ministro das Relações Exteriores, Lauro Müller, sua visita culminou numa expedição à Amazônia para explorar o percurso de um rio de grande porte situado no coração da selva e que, até aquele momento, constava de forma imprecisa nos mapas. Roosevelt ficou obcecado com a ideia de descer, de canoa, o chamado rio da Dúvida, de sua fonte até a foz, para determinar o lugar onde as suas águas desembocavam em outro rio maior da bacia amazônica.

Na qualidade de documento histórico, a caricatura *On the Map* tem um triplo interesse. Serve de ponto de partida para o estudo do papel desempenhado por comissões científicas e por exploradores nacionais e estrangeiros no mapeamento de áreas desconhecidas no interior do Brasil. Ela também permi-

17.1. On the Map, *de Maurice Ketten.*

te avaliar a importância de levantamentos topográficos e da feitura de mapas para conhecer o espaço brasileiro e, no caso específico, abrir caminho para a exploração econômica e a colonização da Amazônia. O desenho revela ainda aspectos do pensamento político externo dos Estados Unidos e as suas relações internacionais com a América Latina no começo do século XX.

O desenho de Ketten alude a uma palestra de Roosevelt, feita diante uma plateia incrédula, no auditório da National Geographic Society em Washington, DC, no dia 26 de maio de 1914, durante a qual o ex-presidente anunciou a existência de um rio do tamanho dos maiores cursos d'água da Europa, como o Reno, na Alemanha, ou o Ródano, na França. Apesar da sua grandeza, o rio, que viria carregar seu nome após a verificação do seu percurso, passou incógnito e não mapeado por séculos. A caricatura também é uma paródia de uma foto (de data desconhecida, provavelmente tirada em 1913 ou 1914), na qual Roosevelt explica detalhes sobre os rios do Brasil apontando-os em um mapa da América do Sul, desenhado sem fronteiras nacionais, para o geógrafo e cartógrafo americano John Paul Goode (Fig. 17.2). O desenho simplificado de traços e contornos mostra os principais rios da Amazônia e do Planalto Central, cujos cursos e ramificações estavam sujeitos a muitas especulações, já que ninguém os conseguira percorrer inteiramente. Mesmo nessa época, não existia um mapeamento completo e exato da bacia do rio Amazonas, e espaços vazios eram comuns nos mapas da região.

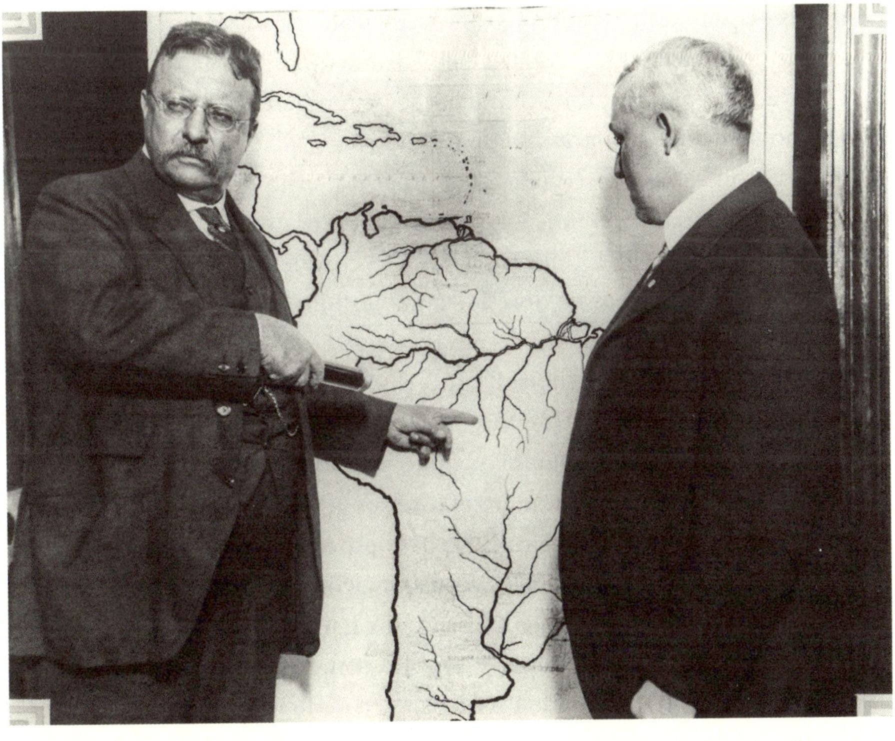

17.2. *Presidente Roosevelt apontando para um mapa da América do Sul em direção à área explorada durante a Expedição Científica Roosevelt-Rondon no Brasil.*

A COMISSÃO RONDON E A VIAGEM DE ROOSEVELT

Desde a chegada dos primeiros europeus ao Brasil, no início do século XVI, o rio Amazonas e sua rede de tributários têm sido uma atração para colonizadores, exploradores, cientistas e aventureiros. Muitos viajantes escreveram relatos das suas viagens e traçaram mapas dos seus itinerários, entre eles o jesuíta e missionário boêmio Samuel Fritz (1654-1728), analisado no capítulo 6, o explorador francês Charles de La Condamine (1701-74), o engenheiro militar português Ricardo Franco de Almeida Serra (1748-1809) e o naturalista prussiano Alexander von Humboldt (1769-1859), que percorreu o Orinoco, mas não recebeu autorização para explorar a parte portuguesa da bacia amazônica. Mapas frequentemente foram copiados de obras anteriores e corrigidos de acordo com as observações e as medições de campo, mas raramente houve concordância e congruência nos seus conteúdos no decorrer da história cartográfica da Amazônia. Devido ao difícil acesso à região, seu mapeamento permaneceu por muito tempo vago, inexato ou até incorreto. Lugares imaginários como a cidade de Eldorado e o lago Parima no centro da Amazônia e mitos como a tribo das Amazonas, uma nação de mulheres guerreiras, prevaleceram como verdades cartográficas até o século XIX.[1]

Nesse contexto, não se pode subestimar o mérito de projetos como o da Comissão de Linhas Telegráficas Estratégicas do Mato Grosso ao Amazonas, atuante entre 1907 e 1915, encabeçada pelo coronel Cândido Rondon, que abria clareiras e caminhos na floresta, com o intuito de erguer postes e conectar fios para o estabelecimento de uma rede de comunicação entre Cuiabá e Santo Antônio do Madeira (hoje, Porto Velho), visando integrar o circuito telegráfico nacional (Fig. 17.3). Ao mesmo tempo, a chamada Comissão Rondon realizava levantamentos topográficos e publicava dezenas de livros e relatórios sobre a geologia, a botânica, a zoologia e outros aspectos da história natural da região. As primeiras décadas do século XX também coincidiam com o declínio do boom da borracha e o estabelecimento e melhoramento da rede de transportes na Amazônia.

Eis o cenário da viagem de Theodore Roosevelt ao Brasil. Na ocasião, o ex-presidente ainda lamentava sua derrota nas eleições americanas, de 1912, quando se candidatara para um terceiro mandato, depois de ter sido presidente entre 1901 e 1909. Um convite para visitar a América do Sul lhe servia de

17.3. *O circuito telegráfico do Brasil.*

consolo e representava um novo desafio na vida. Uma caricatura publicada no *Minneapolis Journal*, em 6 de junho de 1913, mostra o ex-presidente em traje de caçador, chapéu de explorador e botas militares, marchando sobre um mapa do Golfo do México em direção à América do Sul. Na legenda do desenho se lia: "Depois da 'terceira xícara de café'". Em vez de voltar para a Casa Branca, o terceiro "cafezinho" de Roosevelt foi sua viagem ao Brasil.[2]

Como estadista, Roosevelt já tinha fama devido a sua política do exterior do *Big Stick* (porrete grande), uma continuação direta da Doutrina Monroe que visava assegurar a hegemonia geopolítica dos Estados Unidos no hemisfério americano, o que ficou evidente no papel do seu governo na construção do Canal do Panamá e na independência desse país da Colômbia. Além das suas ações nos cenários políticos nacional e internacional, Roosevelt também ficou conhecido como caçador apaixonado e estudioso de zoologia. Escritor prolífico, publicou mais de trinta livros sobre política, história e narrativas de suas viagens, inclusive uma análise da "conquista" do Oeste americano, em quatro volumes, e um relato sobre suas aventuras como caçador na África.[3]

A viagem à América do Sul englobava várias visitas, palestras e encontros no Uruguai, na Argentina, no Chile, no Paraguai e no Brasil. Querendo agradar o visitante estrangeiro, Lauro Müller, o então ministro das Relações Exteriores, sugeria uma programação diferente para a estadia de Roosevelt no país: partir da estação telegráfica de José Bonifácio, no Mato Grosso, seguindo rumo ao norte, para em seguida descer o rio da Dúvida até a sua foz, situada possivelmente no rio Madeira. O ministro convidou o coronel Cândido Rondon para acompanhar o ex-presidente americano na viagem à Amazônia. Antes da expedição, Rondon já havia trabalhado no traçado da linha telegráfica entre Cuiabá e o rio Madeira. Em uma retrospectiva sobre a primeira etapa do seu trabalho, por ocasião de uma conferência sobre as ações da Comissão, Rondon afirmou que apenas os percursos de rios como o Amazonas, o Madeira, o Guaporé, o Juruena e o Tapajós tinham sido mapeados com certa precisão nos séculos anteriores. Portanto, a região "encravada no interior do grande sertão" permanecia desconhecida, inclusive o rio da Dúvida e "onze outros rios [...] entre os meridianos de 16° e 17° a oeste do Rio de Janeiro, cortados, alguns, pelo paralelo de 13° e outros pelo de 12°, ao sul do Equador".[4]

O RIO DA DÚVIDA

Para um rio ser desenhado com precisão em um mapa, era necessário mapear seu percurso da nascente à foz, de forma a determinar a que sub-bacia hidrográfica pertencia. Sobre os rios da região amazônica, Rondon afirma que

> [...] se para alguns [rios] não encontrávamos dificuldade em formular uma hipótese que inteiramente nos satisfizesse [...], para outros, ao contrário, as opi-

niões se dividiam. Não faltou também o caso de serem na ocasião admitidas como boas, hipóteses que, posteriormente, se verificou serem falsas.[5]

Dessa maneira, a descoberta de uma nascente, que Rondon localizou a 12° e 39' de latitude sul, no dia 16 de julho de 1909, levantou mais questionamentos do que os demais cursos d'água e provocou especulações sobre a rede hidrográfica do Amazonas, em geral, e sobre a trajetória deste rio, em particular. Rondon concluiu que apenas a exploração e um levantamento topográfico poderiam providenciar os dados indispensáveis para resolver o enigma do então chamado rio da Dúvida. Para dirimir as incertezas sobre esse rio, Rondon apresentou um mapa intitulado *Schema das alterações cartographicas do NW de Matto Grosso*, desenhado e publicado posteriormente à expedição, em 1916.[6]

Ele apresenta uma sobreposição de levantamentos cartográficos, alguns mais antigos, datados do fim do século XIX, e os realizados pela Comissão Telegráfica e pela Expedição Rondon-Roosevelt. As linhas azuis pontilhadas indicam a hidrografia ao sul do rio Madeira, com base na *Carta da provincia de Matto Grosso*, de Pimenta Bueno (1880); os traços contínuos, em azul, se baseiam no mapa com o longo título de *Esboço geographico organizado em conformidade de documentos officiaes e outros valiosos, com o fim principal de mostrar a fronteira do Brazil no territorio comprehendido entre os Rios Madeira e Javary* (1874), do barão da Ponte Ribeiro e em outras fontes de informação, como os escritos do barão do Rio Branco e da editora Petermann, na Alemanha, além de notas particulares do próprio Rondon.[7]

A justaposição da hidrografia, retirada de trabalhos anteriores, com as observações diretas realizadas por Rondon, traçadas em linhas pretas fortes, revelam a incerteza e a confusão vigentes acerca dos cursos corretos dos rios que, de fato, apresentavam um padrão completamente diferente do que se pensava antes. Desse modo, a expedição do ex-presidente americano literalmente procurou sanar as dúvidas que ainda existiam sobre o rio da Dúvida.

A EXPEDIÇÃO ROOSEVELT-RONDON

No dia 12 de dezembro de 1913, Rondon aguardava a chegada de Roosevelt e seus acompanhantes que subiam o rio Paraguai, situado na fronteira do

Brasil. Roosevelt não economizou elogios quando escreveu sobre o momento em que o canhoneiro paraguaio Riquelme atracou a embarcação *Nyoac*, em Corumbá: "O Cel. Rondon mostrou-se imediatamente disposto para o que fosse preciso. Percebia-se claramente que era senhor absoluto do assunto e seria igualmente um excelente companheiro".[8]

Nas semanas seguintes, a expedição tomou a direção norte, parando em vários povoados e fazendas para caçar animais e se preparar para a viagem pelo rio da Dúvida. No dia 24 de fevereiro de 1914, o grupo chegou à estação telegráfica de José Bonifácio, ao norte de Vilhena, localizado a aproximadamente dez quilômetros do ponto de embarque, o último lugar povoado ao longo da rota. Do lado americano, participavam Theodore Roosevelt, seu filho Kermit, que era responsável pelas fotografias, e o naturalista George Cherrie, do Museu Americano de História Natural, cuja tarefa era colecionar espécimes de animais e plantas. Os americanos também produziram uma coleção de fotografias e um filme documentário.[9] Rondon era acompanhado do topógrafo tenente João Lira e do médico José Antônio Cajazeira. Dois praças, oito voluntários regionais e seis trabalhadores civis completavam o grupo de 22 pessoas, distribuídas em sete canoas.[10] Quanto à carga da expedição, Roosevelt escreveu: "Os objetos que conduzíamos eram estritamente necessários: alimentos, remédios, cama, instrumentos para determinação de altitude, longitude e latitude, além de alguns livros que ocupavam espaço muito limitado".[11]

Finalmente, no dia 27 de fevereiro de 1914, os expedicionários iniciaram a sua incursão descendo o rio da Dúvida, em canoas carregadas até o limite com equipamentos, barracas e comida. Roosevelt registrou a seguinte observação no seu diário de notas:

> Logo após o meio-dia, começamos a sulcar as águas do rio da Dúvida, com destino ao desconhecido. Ignorávamos se dentro de uma semana estaríamos no Ji-Paraná, se em seis no rio Madeira ou em que lugar iríamos parar dali a três meses. Eis por que o rio se denominava rio da Dúvida.[12]

Um dos maiores desafios da viagem foram as corredeiras do rio. Houve dias em que a expedição avançou apenas poucos quilômetros, porque as canoas não atravessavam as águas traiçoeiras e as rochas submersas e precisavam ser carregadas e arrastadas por terra. Acidentes aconteceram: carga perdida, canoas danificadas ou destruídas e até o afogamento de um dos integrantes da expedição. Diversos trechos do rio cortavam terras indígenas, mas não houve contato direto com eles, à exceção do cão dos viajantes que foi morto a flechadas pelos nativos.[13] O clima e os mosquitos desafiavam as condições físicas dos expedicionários, que contraíram febres e doenças. O racionamento de comida causou atritos e culminou no assassinato de um dos carregadores e, como sentença de morte, o abandono de seu assassino na floresta.

No dia 15 de abril, depois de quase sete semanas na floresta e após atravessarem mais uma cachoeira, a expedição encontrou os primeiros sinais de presença humana: uma estaca de madeira marcada com iniciais e uma cabana de seringueiros. Logo em seguida, encontraram mais habitantes, mas muitos fugiram com medo de um ataque. Os expedicionários chegaram à casa de um senhor idoso, de nome Raimundo José Marques, que havia migrado do Maranhão para a Amazônia. Nas suas reminiscências, o coronel Rondon narra o seguinte episódio:

> Apresentei-o ao sr. Roosevelt, que não tinha saltado da canoa, por motivo dos seus padecimentos. Nessa ocasião, tendo eu feito alusão ao título de ex-presidente do nosso hóspede, o velho Raymundo perguntou-me, meio admirado: "Mas ele é presidente mesmo?". "Agora não é", expliquei-lhe, "mas foi presidente." "Ah!", comentou o velho, "mas quem foi rei sempre tem majestade."[14]

Rondon e Roosevelt foram informados de que haviam chegado ao alto curso do rio Castanha, que desemboca no rio Aripuanã que, por sua vez, se junta ao rio Madeira. Descendo mais o leito do rio, eles passaram por outras casas de seringueiros e mercearias, até que, no dia 26 de abril, se encontraram com os integrantes da expedição, que seguiam sob o comando do tenente Pirineus. Vindo de Manaus, Pirineus aguardava havia mais de um mês a chegada da expedição em um acampamento situado na confluência do Castanha com o Aripuanã. No dia seguinte, Rondon inaugurou uma placa comemorativa para oficializar a mudança do nome do curso de água desconhecido para rio Roosevelt. Com sua missão cumprida, iniciou a viagem de volta aos Estados Unidos, passando por Manaus, Belém e Barbados, até chegar a Nova York, no dia 19 de maio.

DIVULGANDO O RIO ROOSEVELT

Logo após a chegada aos Estados Unidos, Roosevelt começou a analisar e divulgar os resultados da expedição. Antes de partir para a América do Sul, ele já havia assinado um contrato com a *Scribner's Magazine* para escrever sobre a viagem. O relato foi publicado em oito partes na revista, entre abril e novembro de 1914, sendo acompanhado de vasto material fotográfico. Seguiu-se uma edição em formato de livro, publicado no fim do mesmo ano, no qual Roosevelt resumia a expedição da seguinte maneira:

> Viajamos dois meses nas canoas, do dia 27 de fevereiro ao dia 26 de abril, perfazendo um pouco mais de 750 quilômetros. O rio, desde suas nascentes a 13°, até o ponto em que se torna navegável e onde nós o penetramos, tem um curso provável de duzentos ou mesmo trezentos quilômetros. Portanto colocáramos na carta geográfica um rio com cerca de mil quilômetros de curso, cuja existência era completamente desconhecida. Mas, não era tudo. Parecia que este curso d'água de mil quilômetros fosse realmente o alto Aripuanã propriamente dito, e neste caso teria aproximadamente 1500 quilômetros de extensão.[15]

A recepção do trabalho da Expedição Roosevelt-Rondon provocou reações que oscilaram entre o entusiasmo incondicional e o descrédito total. Ainda havia dúvidas sobre as coordenadas exatas e a verdadeira extensão do rio. A imprensa americana ironizou a viagem e o comportamento do ex-presidente com fama de naturalista-caçador gabador, como no jornal *The Sun*, que publicou uma caricatura na sua edição de 28 de maio de 1914. A charge mostra um Roosevelt enraivecido, acenando com um mapa da América do Sul e derrubando os bustos de exploradores famosos do passado, como Colombo, Vespúcio e Balboa.[16] Para provar a existência do rio, Roosevelt incluiu um mapa do itinerário da viagem no início do seu livro (Fig. 17.4), no qual indica a rota da expedição e o percurso do rio explorado. No mapa, consta o nome rio Teodoro em vez de Roosevelt, já que a pronúncia do sobrenome do ex-presidente americano era difícil em português.

Antes de publicar o livro, Roosevelt contava poder incluir o mapa do rio da Dúvida, desenhado pelos tenentes Lira e Pirineus. Mas, devido ao clima político global tenso em virtude do início da Primeira Guerra Mundial, o mapa

17.4. *Mapa da rota da viagem de Roosevelt na América Latina.*

demorou mais de três meses para chegar e o livro já havia sido impresso. Somente em outubro de 1914 Roosevelt recebeu o enorme mapa manuscrito, de 3,5 metros de comprimento, desenhado na escala 1:200 000, mas sem referências de latitudes, longitudes e coordenadas e com textos apenas em português.[17] Uma versão editada (com correção das posições astronômicas) e atualizada foi publicada em uma revista acadêmica inglesa, acompanhando a transcrição de uma palestra que Roosevelt proferiu na Royal Geographical Society, em junho de 1914.[18]

Como o rio corria do sul para o norte, o mapa do seu leito era uma faixa estreita e longa de poucos centímetros de largura por mais de dois metros de comprimento. A solução cartográfica foi fragmentar o rio em seis segmentos, justapostos um ao lado do outro. Letras, no lado superior e inferior de cada faixa, indicam o ponto onde se deve continuar a leitura. O mapa inclui mais detalhes do que as versões anteriores: riachos e rios tributários (alguns com nomes, como nos casos dos rios Taunay e Kermit e do ribeirão Cherrie, mas a maioria com o nome genérico de "ribeirão"); ilhas e cachoeiras, inclusive a cachoeira do Simplício, em homenagem ao membro da expedição que morreu afogado naquele lugar e denominada incorretamente no mapa como "Cax. do Suplicio". Na parte do rio conhecida pelos seringueiros, aparecem dezenas de locais de moradias, indicadas pela abreviação "Bar." (barracão), como o "Bar. do Gustavo", "Bar. do Parahiba" ou "Bar. Centro Liberal".

PONDO O BRASIL NO MAPA

O *Map of the Rio Roosevelt from Surveys by the Roosevelt-Rondon Expedition, 27th Feb. — 30th April 1914* deveria servir de prova sólida da efetiva exploração do rio desconhecido e, de fato, silenciou os críticos que duvidavam da existência de um rio de grande porte, que ninguém havia mapeado completamente. Nas suas palestras e publicações, o discurso de Roosevelt sobre a autoria da descoberta alterna entre "eu" e "nós", para se referir ao sujeito que "pôs o rio no mapa". Na sua palestra na Royal Geographical Society, ele explica o significado de "pôr no mapa": um rio apenas chegaria a existir quando é conhecido no seu curso completo da nascente até a sua foz. De acordo com ele, em vez de fazer especulações, exploradores, engenheiros e topógrafos deveriam verificar com seus próprios olhos as suas trajetórias, seguindo a corrente e realizando as observações astronômicas. Para o levantamento do rio da Dúvida, o coronel Rondon, o tenente Lira e Kermit Roosevelt foram os responsáveis pelas medições, o que tornou a viagem ainda mais lenta:

> [Kermit] ia na frente em sua pequena canoa, com as balizas, nas quais estavam colocados dois discos, um vermelho e outro branco, com intervalo de um metro. Escolhia Kermit os locais dominantes, em ângulo de declinação, a fim de melhor visar o rio para trás e para a frente; descia para cortar os ramos que pudessem prejudicar a mira; colocava em seguida a estaca, o que às vezes calhava ser em local de maribondos e formigas. Lira, de sua estação na canoa, mais acima, com seu telêmetro, ia determinando a distância, enquanto o Cel. Rondon tomava a direção com a bússola e fazia as anotações.[19]

Roosevelt concluiu suas reflexões com as seguintes frases:

> À medida que descíamos, parecia bastante extraordinário que a parte do rio que nenhum homem civilizado jamais havia atravessado fosse absolutamente desconhecida para qualquer cartógrafo, mas era mais extraordinário ainda quando, mais abaixo, encontramo-nos em um rio praticamente do volume do Reno que era conhecido pelos seringueiros havia anos, e percebemos que em mapa algum havia uma indicação da existência deste grande rio, exceto uma indicação imprecisa da sua boca que apareceu em alguns mapas.[20]

A Expedição Rondon-Roosevelt é um capítulo importante na história territorial do Brasil porque identificou a complexa rede dos rios da Amazônia e, literalmente, os pôs no mapa, no sentido de oficial e cartograficamente confirmar a existência de cursos de água, com as suas devidas coordenadas e medidas de distância que, certamente, já eram conhecidos dos povos indígenas e dos caboclos havia muito tempo, mas nunca tinham sido postos em um mapa. Frequentemente, esse tipo de conhecimento não oficial entrava nos relatos e nos produtos cartográficos sem referência aos informantes e às fontes originais.

Nos anos e décadas seguintes, outros cientistas e aventureiros seguiram o caminho da expedição e entraram na selva para mapear outras águas desconhecidas da Amazônia. Um deles foi o explorador inglês Percy Fawcett, que procurava as ruínas da lendária cidade perdida, chamada de "Z", e que desapareceu na serra do Roncador, no Mato Grosso, em 1925. Outro foi Alexander Hamilton Rice Jr., professor de geografia na Universidade Harvard, que explorou os rios da Amazônia a partir de 1907 e foi o primeiro a usar um avião para capturar fotografias aéreas e um rádio de ondas curtas para medir posições e mapear a Floresta Amazônica. A partir do trabalho de campo desses exploradores, em 1922, o Clube de Engenharia do Rio de Janeiro se incumbiu de confeccionar a primeira série cartográfica a cobrir o território brasileiro como um todo, parte do projeto internacional de confecção do *Mapa internacional do mundo ao milionésimo*. Até hoje, esses mapas topográficos, em escala de 1 por 1 milhão, ao lado das cartas do Projeto Radam, são uma base cartográfica importante para várias partes da Amazônia.

Finalmente, esse episódio também proporciona detalhes sobre as relações internacionais entre o Brasil e os Estados Unidos no começo do século XX. Às vésperas da Primeira Guerra Mundial, o governo brasileiro praticava uma diplomacia que visava abrir mercados para a exportação das suas mercadorias e agradar seus parceiros políticos estratégicos, sobretudo os Estados Unidos, que mostravam um interesse crescente no Brasil, que se apresentava como aliado útil para fortalecer sua posição hegemônica no hemisfério Oeste.

NOTAS

1. Isa Adonias, *A cartografia da região amazônica: Catálogo descritivo: 1500-1961*. 2 v. Rio de Janeiro: Conselho Nacional de Pesquisas, Instituto Nacional de Pesquisas da Amazônia, 1963. Junia Ferreira Furtado, "O paraíso amazônico e seus mitos cartográficos". *Terra Brasilis* (*Nova Série*), Niterói, n. 14, 2020.

2. A caricatura está disponível na coleção digital da Hennepin County Library, Minneapolis. Disponível em: <https://digitalcollections.hclib.org/digital/collection/Bart/id/7337/>. Acesso em: 31 maio 2022.

3. Theodore Roosevelt, *The Winning of the West*. 4 v. Nova York: G. P. Putnam's Sons, 1889-96. Theodore Roosevelt, *African Game Trails: An Account of the African Wanderings of an American Hunter-Naturalist*. Nova York: Charles Scribner's Sons, 1910.

4. Cândido Mariano da Silva Rondon, *Conferencias realizadas nos dias 5, 7 e 9 de outubro de 1915 no Theatro Phenix do Rio de Janeiro, sobre trabalhos da Expedição Roosevelt e da Comissão Telegraphica*. Rio de Janeiro: Typographia do Jornal do Commercio, de Rodrigues e C., 1916, p. 51.

5. Ibid., p. 57.

6. Ibid., pp. 55-6.

7. A *Carta da provincia de Matto Grosso*, de Pimenta Bueno está disponível em formato digital no acervo da Fundação Biblioteca Nacional: <http://acervo.bndigital.bn.br/sophia/index.asp?codigo_sophia=13763>. Acesso em: 31 maio 2022. O "Esboço geographico" de Ponte Ribeiro pode ser encontrado na Biblioteca do Congresso Americano: <https://www.loc.gov/item/2003682770/>. Acesso em: 31 maio 2022.

8. Theodore Roosevelt, *Nas selvas do Brasil* (*Viagem ao Brasil selvagem*). Brasília: Senado Federal, 2003, v. 141, p. 68. Disponível em: <https://bit.ly/3w7LkVD>. Acesso em: 31 maio 2022.

9. Fotos da expedição estão acessíveis nos acervos da Coleção Theodore Roosevelt (Biblioteca Houghton, Universidade de Harvard) e no catálogo on-line da Biblioteca do Congresso dos Estados Unidos. Essa última também mantém um canal na plataforma YouTube que dá acesso ao documentário *The River of Doubt*. Disponível em: <https://www.youtube.com/watch?v=fKXOtJeaTEQ>. Acesso em: 17 jun. 2022.

10. Cândido Mariano da Silva Rondon, op. cit., p. 62.

11. Theodore Roosevelt, op. cit., 2003, p. 250.

12. Ibid., p. 252.

13. Ibid., pp. 283-4.

14. Cândido Mariano da Silva Rondon, op. cit., p. 100.

15. Theodore Roosevelt, op. cit., 2003, pp. 337-8.

16. Joseph R. Ornig, *My Last Chance to Be a Boy: Theodore Roosevelt's South American Expedition of 1913-1914*. Mechanicsburg, PA: Stackpole Books, 1994, foto 64, pp. 130-1.

17. Ibid., p. 218.

18. Theodore Roosevelt, "A Journey in Central Brazil". *Geographical Journal*, Londres, v. 45, n. 2, pp. 97-107, fev. 1915.

19. Theodore Roosevelt, *Nas selvas do Brasil*, pp. 253-5.

20. Theodore Roosevelt, "A Journey in Central Brazil", op. cit., p. 106, tradução do inglês.

LEITURAS COMPLEMENTARES

ALMEIDA, Sérgio Luiz Augusto de Andrade de. *Expedição científica Roosevelt-Rondon: Um ex-presidente americano e um coronel do Exército brasileiro em uma odisseia pelos sertões de Mato Grosso e Floresta Amazônica*. Jundiaí: Paco, 2018.

DIACON, Todd A. *Rondon: O marechal da floresta*. São Paulo: Companhia das Letras, 2006.

KURY, Lorelai; SÁ, Magali Romero. *Rondon: Inventários do Brasil 1900-1930*. Rio de Janeiro: Andrea Jakobsson Estúdio, 2017.

MILLARD, Candice. *O rio da Dúvida: A sombria viagem de Theodore Roosevelt e Rondon pela Amazônia*. São Paulo: Companhia das Letras, 2007.

ROHTER, Larry. *Rondon, uma biografia*. São Paulo: Objetiva, 2019.

RONDON, Cândido Mariano da Silva. *Missão Rondon: Apontamentos sobre os trabalhos realizados pela Commissão de Linhas Telegraphicas Estrategicas de Matto-Grosso ao Amazonas sob a direcção do coronel de engenharia Candido Mariano da Silva Rondon de 1907 a 1915*. Brasília: Edições do Senado Federal, v. 8, 2003 [1915]. Disponível em: <https://livraria.senado.

leg.br/missao-rondon-apontamentos-sobre-os-trabalhos-realizados-pela-comissao-de--linhas-telegraficas-estrategicas-de-mato-grosso-ao-amazonas-sob-a-direcao-do-coronel--de-engenharia-candido-mariano-da-silva-rondon-de-1907-a-1915-vol-8>. Acesso em: 31 maio 2022.

18. Povos originários

Mapa etno-historico do Brazil e regiões adjacentes, *Curt Nimuendajú, 1943*

Denise Moura

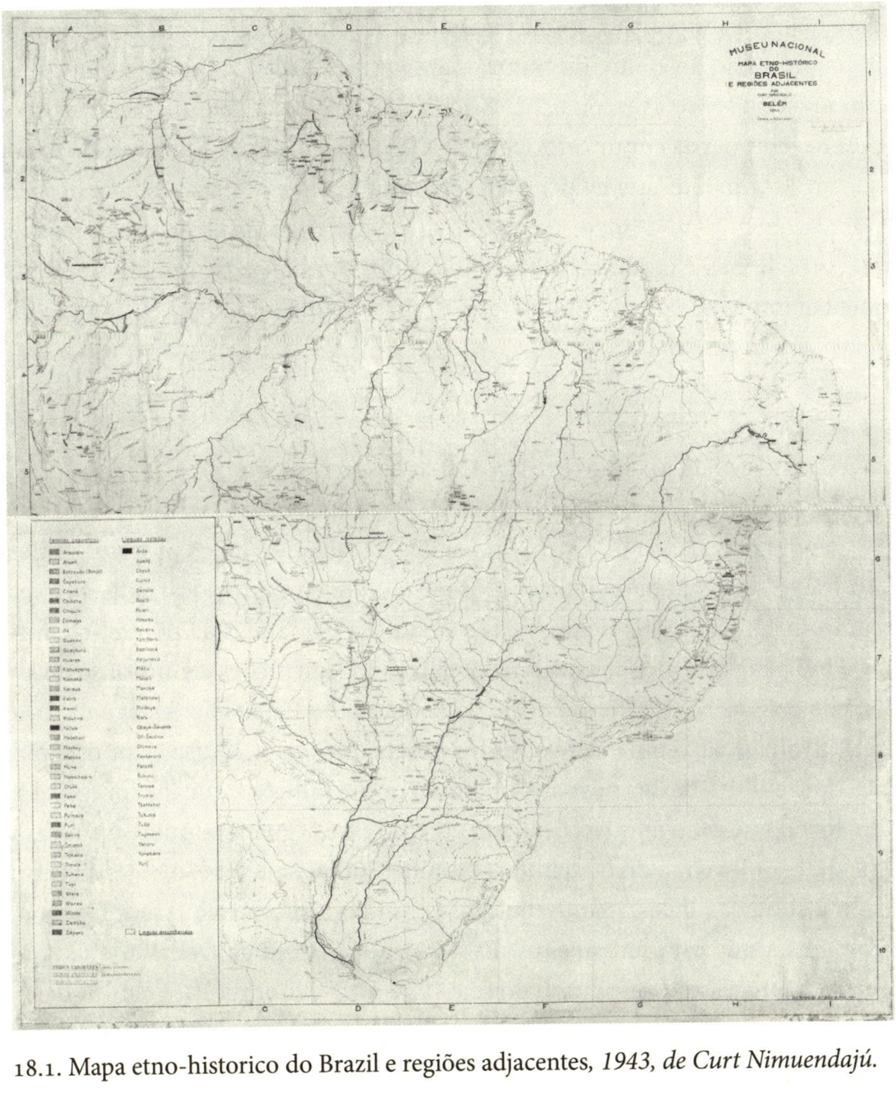

18.1. Mapa etno-historico do Brazil e regiões adjacentes, *1943, de Curt Nimuendajú.*

O *Mapa etno-historico do Brazil e regiões adjacentes*, produzido em 1943 pelo teuto-brasileiro-indígena Curt Nimuendajú, é uma síntese visual da história dos povos indígenas do Brasil, da sua distribuição e diversidade, e uma experiência carto-etnográfica ímpar na história da etnografia e da antropologia brasileira.

No Brasil, as narrativas históricas e a cultura política produziram e educaram gerações sob a estética de um índio genérico e polarizado no binômio tupi-tapuia e na narrativa histórica da existência de "índios num país sem índios".[1] Essa imagem simplificada é consequência imediata da hipertrofia do dado inegável, mas não absoluto, da fratura demográfica provocada pelos etnocídios promovidos sobre as populações originárias desde o início da colonização e pela hegemonia da cultura europeia. O *Mapa etno-historico* é, no sentido oposto, um documento que evidencia a territorialidade e a sobrevivência de uma população cultural e linguisticamente diversificada, através de uma profusão de cores, linhas e etnônimos distribuídos em uma carta de dimensão monumental, impressa em duas folhas, que atinge a medida de 1,80 × 2,10 m, sendo considerado um mapa mural.

O AUTOR E SUA EXPERIÊNCIA INDIGENISTA

A vida do seu autor, Curt Nimuendajú, se mistura à dos próprios índios. Ao longo de 38 anos percorrendo centenas de comunidades indígenas, ele cumpriu ampla agenda de pesquisa e atendeu a demandas da política científica e indigenista regional e nacional, realizando expedições científicas e de coleta de objetos etnográficos em aldeias situadas do Paraná ao Amazonas. Mas seu envolvimento com os povos indígenas foi além da pesquisa científica, pois aderiu à cultura desses povos — adotou o nome indígena que lhe foi concedido, tornou-se filho adotivo de um casal apapokuva-guarani, uniu-se em casamento com Jovelina do Nascimento, mulher indígena tembé, e se sensibilizou com a condição deles, manifestando-se como opositor às violações físicas ou culturais a que estavam sujeitos. Essa longa trajetória de trabalho e vida foi parte do processo de produção do seu *Mapa etno-historico*. Para ele, "os dados bibliográficos, as informações particulares e os estudos e observações pessoais minhas [...] foram acumulados durante alguns [decênios] de anos".[2]

Nascido Curt Unkel, em 1883, em Jena, situado no estado da Turíngia, Alemanha, Nimuendajú emigrou para o Brasil em 1903, e em 1905 foi contratado pela Comissão Geográfica e Geológica de São Paulo para trabalhar como ajudante de cozinheiro. Simultaneamente, realizou levantamentos etnográficos para o Museu Paulista entre os índios kaingangs, ofaié-xavantes, terenas e guaranis, ainda presentes no estado. Desse convívio recebeu dos apapokuva-guaranis o nome Nimuendajú, que significa "o ser que cria ou faz o seu próprio lar".[3] Iniciava-se uma saga em busca de conhecimento etnográfico, mas também de engajamento em defesa da cultura indígena, que terminaria a 10 de dezembro de 1945, quando morreu numa aldeia tukuna, no alto Solimões. Em 1913, dirigiu-se para o Amazonas, pois encontrou apoio institucional para ali desenvolver suas pesquisas. Essa experiência transparece, no mapa, no adensamento de cores, linhas e escritos que se multiplicam na Região Norte do Brasil.

Diferentemente de seus parceiros de trabalho e interlocutores, tais como Erland Nordenskiöld, Herbert Baldus, Robert H. Lowie ou Alfred Métraux, Nimuendajú não frequentou os bancos escolares, tendo sido autodidata. Mesmo sem formação erudita, seus trabalhos se tornaram referência obrigatória entre etnólogos, antropólogos e etno-historiadores, ainda que não tragam conceitos ou uma linha teórica original. Sua produção se destacou pelo volume da pesquisa de campo realizada e pela elaboração de mapas para a comunicação visual de sua etno-história, explorando assim outras funções da cartografia.

O MAPA

Desde o primeiro olhar sobre o *Mapa etno-historico do Brazil*, o observador se impressiona por suas dimensões. Por ser um mapa mural, sugere que foi produzido para ser exibido, e essa hipótese é reforçada pelo fato de ter sido uma encomenda do Museu Paraense Emílio Goeldi. Fundada na época do Império (1866), a instituição foi, principalmente a partir de 1893, um polo de atração de pesquisadores estrangeiros, gerador de pesquisas em ciências naturais e antropologia da Amazônia e, no século XX, uma voz ativa da Região Norte nos debates científicos em defesa de uma política indigenista.[4] Vários etnólogos, entre eles Curt Nimuendajú, tiveram suas pesquisas de campo e produções científicas editadas na forma de livros, artigos, monografias por meio de patrocínio do Museu, como o próprio mapa em questão.

Também chama a atenção do observador a variada paleta de cores, explicada na legenda (Fig. 18.2) e usada nos traços que sublinham os etnônimos das tribos ou nações indígenas distribuídas por todo o território. Esses traços coloridos estão adensados principalmente no Amazonas, mas também no Oeste do Brasil. A legenda, inserida na margem inferior esquerda do mapa, correlaciona determinada cor com as famílias linguísticas conhecidas e isoladas. São indicadas quarenta famílias linguísticas, listadas em ordem alfabética; uma língua isolada, a arda, assinalada pela cor preta, e outras 32 sem associação de cor; mas também aponta a existência de línguas desconhecidas, identificadas por um quadrado vazio, sem cor preenchida. Na parte de baixo da legenda, é indicado, pelo tipo de letra empregada e utilizada nos topônimos no mapa, o estado de existência dos diversos grupos: as faixas e a grafia escritas em letras cheias e com serifa são empregadas para identificar as "tribos existentes e sedes atuais", que exprime o caráter nômade ainda vigente; a linha e as letras vazadas com serifa para as "tribos existentes e sedes abandonadas"; e o pontilhado e as letras preenchidas e sem serifa para as "tribos extintas", revelando uma parte da história da dizimação das populações originárias ainda em curso.[5]

Como mapas não são peças solitárias, para facilitar sua leitura e interpretação Nimuendajú produziu, a partir de pesquisa bibliográfica ou de campo, um "Índice das Tribos", organizado em ordem alfabética. Cada nome constante nesse índice é acompanhado de sua localização no mapa, cuja identificação é feita por uma combinação de letras e números. O tamanho das letras, utilizadas para escrever os etnônimos, é maior ou menor dependendo da "importância e [d]a extensão do território de cada tribo", mas também do conhecimento que reuniu sobre cada um.[6] Assim, os tukúna, com os quais Nimuendajú conviveu nas suas três últimas expedições, na década de 1940, foram posicionados entre os dois quadrados A3 e B3, grafados em letras de tamanho maior, mais espaçadas e sublinhadas em preto, por ser a cor que na legenda foi escolhida para representar os falantes das línguas isoladas. Mas, por trás desses aspectos técnicos, de conteúdo e estéticos do *Mapa etno-historico do Brazil*, vários propósitos e histórias se misturam, como os da etnologia e da antropologia americana, os da política indigenista e os da ciência, produzida no Brasil no século XX, e a própria "situação etnográfica" vivida por todo etnógrafo.[7]

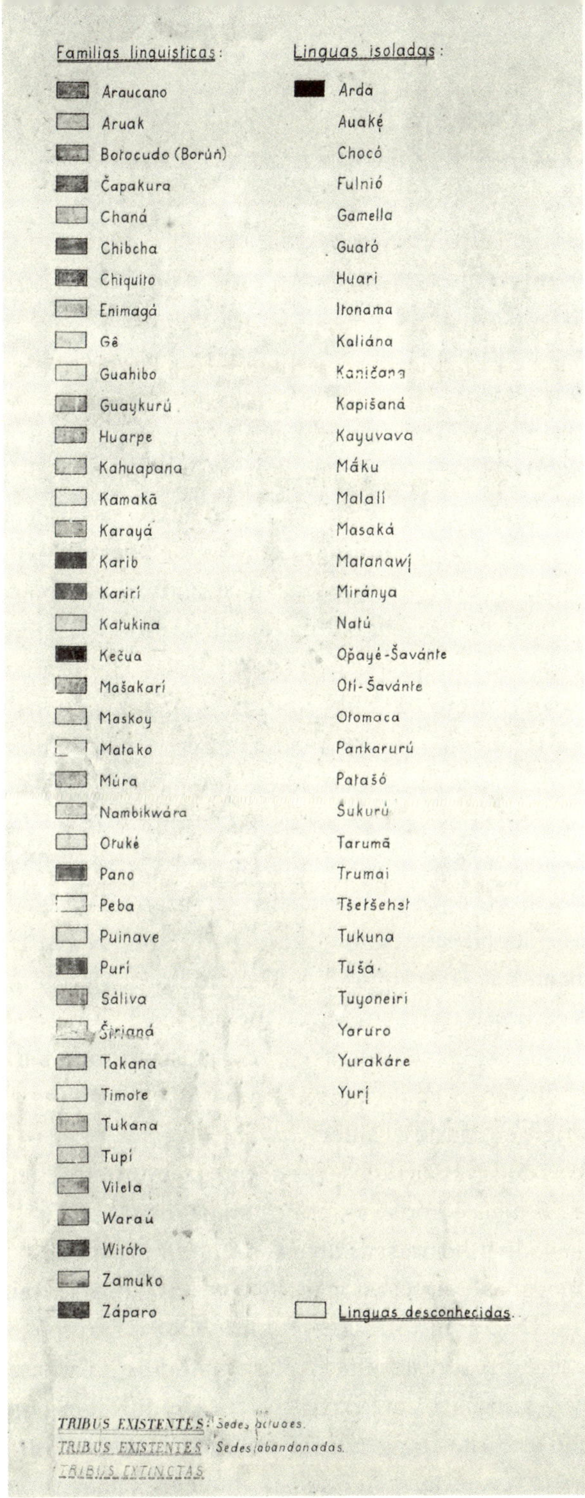

18.2. *Detalhe da legenda do* Mapa etno-historico do Brazil e regiões adjacentes.

Esse gênero de carto-etnografia não foi propriamente uma invenção de Nimuendajú, mas certamente seu mapa alcançou o nível mais completo e bem explicado da distribuição dos povos indígenas pelo Brasil, tendo em vista o volume de dados coligidos até aquele momento pela pesquisa etnográfica praticada no país. No século XIX, os antropólogos alemães Carl Friedrich Philipp von Martius e Paul Max Alexander Ehrenreich foram pioneiros na publicação de mapas indicativos da distribuição territorial dos índios do Brasil, porém restritos à família linguística tupi ou aos kaingangs, de São Paulo.[8] Entre 1907 e 1911, o diretor do Museu Paulista, o etnólogo e antropólogo alemão Hermann von Ihering, produziu dois mapas mostrando a distribuição dos índios do Brasil Meridional, empregando uma cartela de três cores. O primeiro apareceu no seu artigo "A antropologia do estado de São Paulo", publicado na *Revista do Museu Paulista*, em 1907, e se intitula *Mappa da actual distribuição dos índios no Brasil Meridional* (Fig. 18.3). O segundo, o *Mappa ethnographico do Brazil Meridional*,[9] figura no seu artigo "A questão dos índios do Brasil", na mesma revista, em 1911. Na sua classificação dos povos indígenas, Ihering fez uso do binômio tupi-tapuia, aplicando-lhes a cor azul e vermelha e "a cor amarela [para] todos aqueles que povos que não [eram] nem tupis nem tapuias".[10]

Alguns anos depois, entretanto, Ihering admitiu que seu mapa continha equívocos na localização de grupos indígenas do Brasil Meridional e convidou Curt Nimuendajú para fazer uma versão melhorada. Sobre essa contribuição, afirmou que "da sua expedição em serviço do Museu no ano passado, e para o sudoeste do estado de São Paulo, provieram novas e importantes informações, que vieram corrigir em parte as anteriores".[11]

Cotejando as duas versões, observa-se que as informações etnográficas de Nimuendajú eram mais complexas, pois o mapa fornecia a origem histórico-mítico da etnia e identificava seus diversos etnônimos, o que expressava seus processos de etnogênese, ou seja, a maneira como as etnias se transformam em virtude de circunstâncias históricas específicas. Como exemplo, os kaingangs, indicados em cor-de-rosa, estavam divididos em dois grupos, um deles chamado kamé; os ingaings e os aweikomas eram identificados como os antigos botocudos. Enquanto Ihering situou os notobotocudos no rio Uruguai, Nimuendajú, por sua vez, os apagou e substituiu pelos kaingangs. Ele via as populações nativas como entidades sociais vivas e em constante mudança.

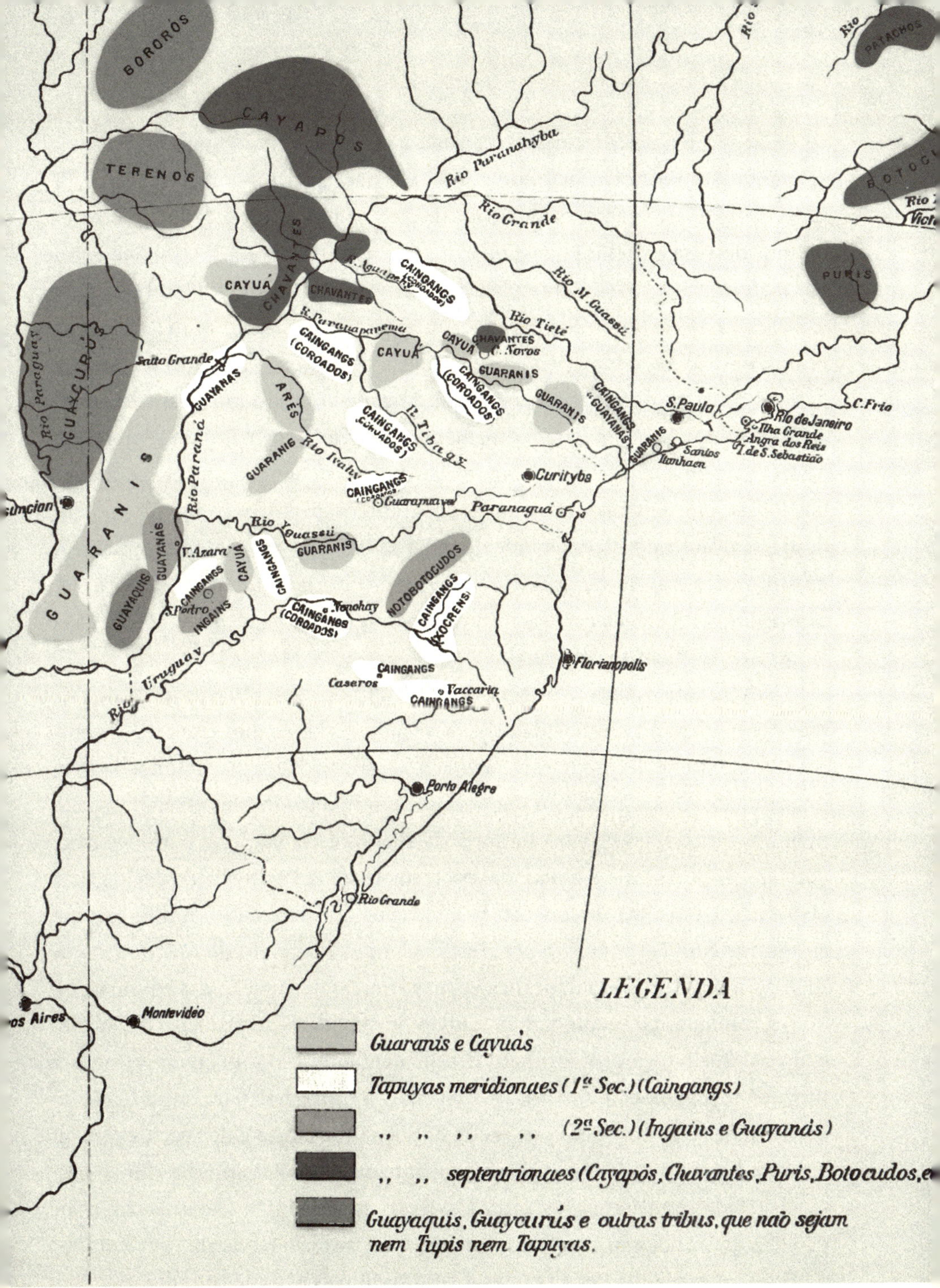

18.3. Mappa da actual distribuição dos índios no Brasil Meridional, *Hermann von Ihering (org.)*.

Em termos de comunicação visual, a de Nimuendajú também era mais aprimorada, com a cartela de cores ampliada para quatro — amarelo, verde, laranja e rosa. Certamente, como forma de driblar a impossibilidade de obter sobretons do rosa e do laranja na edição gráfica da revista do Museu, ele optou por inserir rasuras nessas cores. Na legenda explicativa, embora também tenha trabalhado com o binômio guarani-tapuia, inseriu um maior número de etnônimos, devido à sua experiência de pesquisa de campo. A estreia de Nimuendajú na carto-etnografia se deu corrigindo e melhorando um mapa do prestigioso etnólogo Ihering. Para tanto, manuseou cores e formas para representar, numa carta de apenas 23 × 15 cm, a distribuição detalhada dos povos indígenas locais, que abarcava um espaço geográfico específico do Brasil — o Sul, desde São Paulo até o Rio Grande do Sul. Experiência marcante, certamente, o inspirou anos mais tarde quando, em 1943, produziu o *Mapa etno-historico do Brazil* (Fig. 18.1), peça cartográfica exuberante de informações etnográficas e eloquente na organização visual.

Nos debates sobre a origem da sociedade paulista,[12] enquanto os tupi eram associados à grandiosidade de São Paulo, os kaingangs eram tidos como ameaça à marcha do progresso e à vida e às propriedades dos colonos, devendo ser civilizados. Como um mapa produzido dentro de uma instituição alinhada aos interesses modernizadores da elite cafeeira paulista, o *Mappa etnographico do Brazil Meridional*, de 1911, forneceu subsídios para essa agenda civilizadora, pois identificou, com a cor vermelha rasurada, os "índios bravios, em guerra com a população neobrasileira". Mais completo do que o mapa de Ihering, o de Nimuendajú localiza apenas as áreas de atuação das colônias militares, fundadas no século XIX, no Sul do Brasil, partes do processo de controle do território e da promoção do desenvolvimento econômico da região por meio da incorporação dos povos indígenas, ferramentas para subsidiar, com informações etnográficas, as ações da política indigenista e dos agentes envolvidos na expansão modernizadora da Primeira República, em direção ao oeste dos estados do Paraná e de Santa Catarina, permitindo traçar seus planos de penetração. Etnologia e política indigenista terminavam, assim, por confluir no Brasil, mesmo que seus agentes divergissem sobre os povos indígenas.

cabo de sã Jorge
san miquel
Reo de sã fran
porto seguro
Cabo de sãta marta
Pollus antarticus

Circulus articus:
Oceanus occidentalis
Terra del Rey de portuguall
Has antilhas del Rey de castella:
Os montes claros em africa
Castello damina
Mar oceanus:

CAPÍTULO 1:
Planisfério de Cantino, 1502.

P. 1
Detalhe.

CAPÍTULO 2:
Descrição de todo o Estado do Brasil, *c.* 1626, de João Teixeira Albernaz I.

CAPÍTULO 3:
America, 1606,
de Jodocus Hondius.

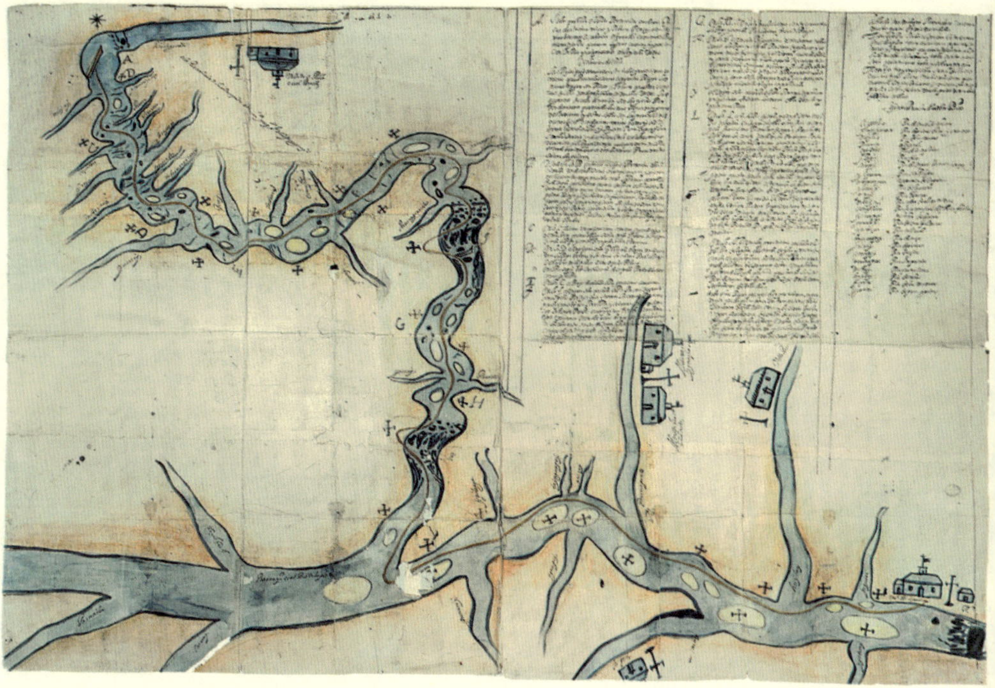

CAPÍTULO 4:
Mapa del río Ayembí (actual Tieté) y del Paraná, con sus afluentes, que recorrió Luis de Céspedes Jeria, gobernador del Paraguay, al entrar en su jurisdiccíon desde Brasil, 1628, de Luis de Céspedes Xeria.

PÁGINA AO LADO
CAPÍTULO 5:
BRASILIA qua parte paret BELGIS, Brasiliae geographica & hydrographica tabula nova... delineabat Georgius Marggraphius Germanus anno Christi 1643, 1647, de Georg Marcgraf.
ABAIXO
Detalhe mostrando um engenho.

BRASILIA
qua parte paret
BELGIS

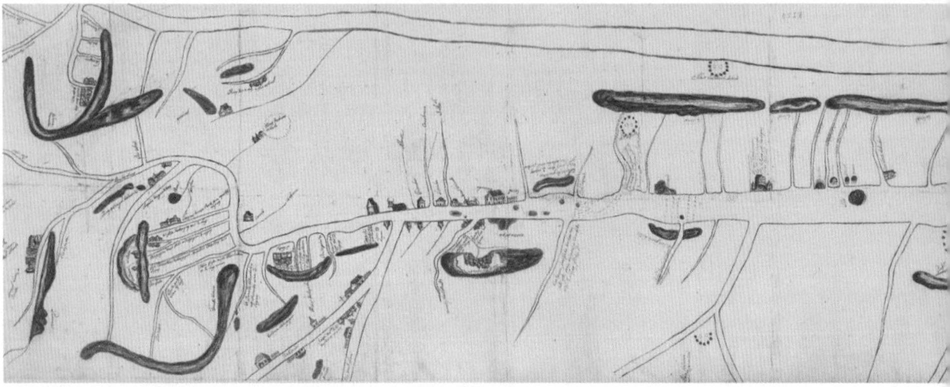

CAPÍTULO 6:

El gran rio Marañon, o Amazonas con la Mission de la Compañia de Jesus geograficamente delineado por el Pe. Samuel Fritz missionero continuo en este Rio, 1707, de Samuel Fritz.

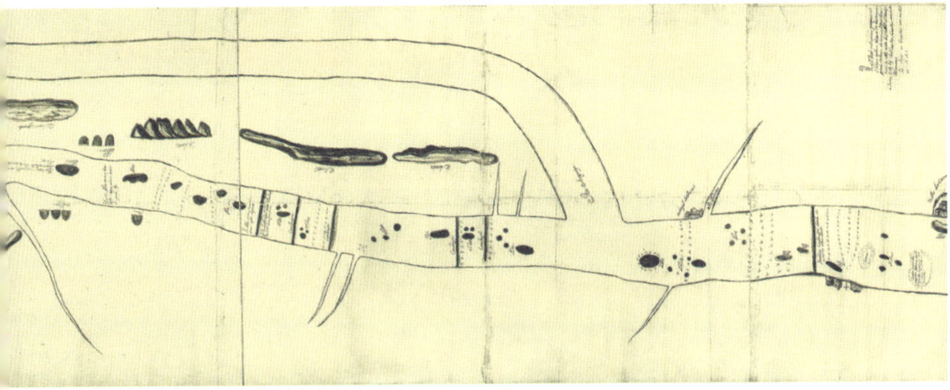

NO ALTO

CAPÍTULO 8:
Carte manuscrite de la navigation de la rivière des Tocantins, c. 1742-3.

ABAIXO

CAPÍTULO 7:
Planta da cidade de São Sebastião do Rio de Janeiro, com suas fortificações, c. 1714 [João Massé].

CAPÍTULO 9:
Mapa del pueblo de Nuestra Señora de la Concepción de La Cruz, 1784.

CAPÍTULO 10:

Mapa dos confins do Brazil com as terras da Coroa de Espanha na America Meridional..., 1749.

CAPÍTULO 11:
Carta geografica dos rios das Amazonas, e Solimoes; Negro, e Branco; rios da Madeira, Mamoré, e Guaporé, Jauru, e Paraguai, com os confluentes, c. 1783-93 [José Joaquim Freire].

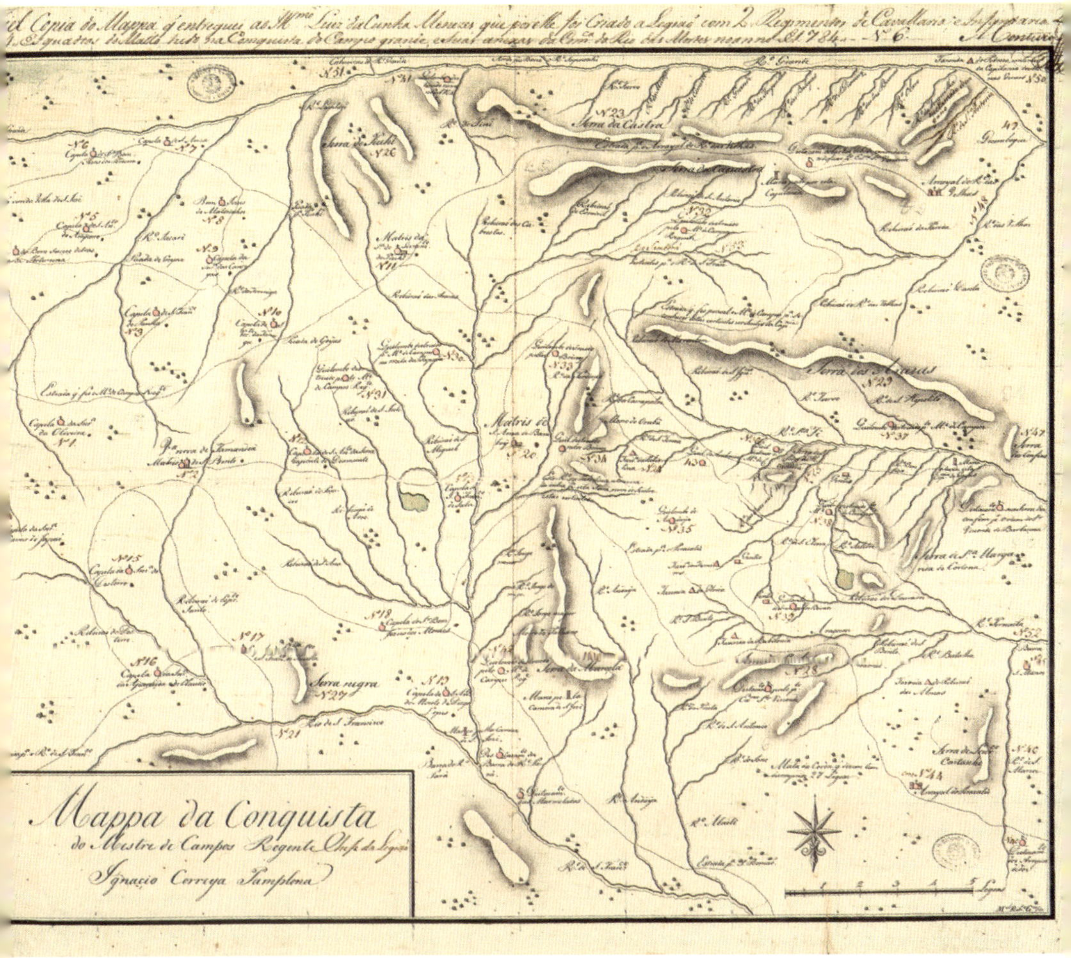

CAPÍTULO 12:
Mappa da conquista do mestre de campos regente [chefe da legião] Ignacio Correya Pamplona, 1784/ *c.* 1790 [Manuel Ribeiro Guimarães e Monteiro].

CAPÍTULO 13:
Carta corographica do Imperio do Brazil, 1846, de Conrado Jacob de Niemeyer.

CAPÍTULO 14:
Tabula geographica Brasiliae, 1858, de Carl von Martius.

Retrato de Carl Friedrich Philipp von Martius por E. Correns, 1850.

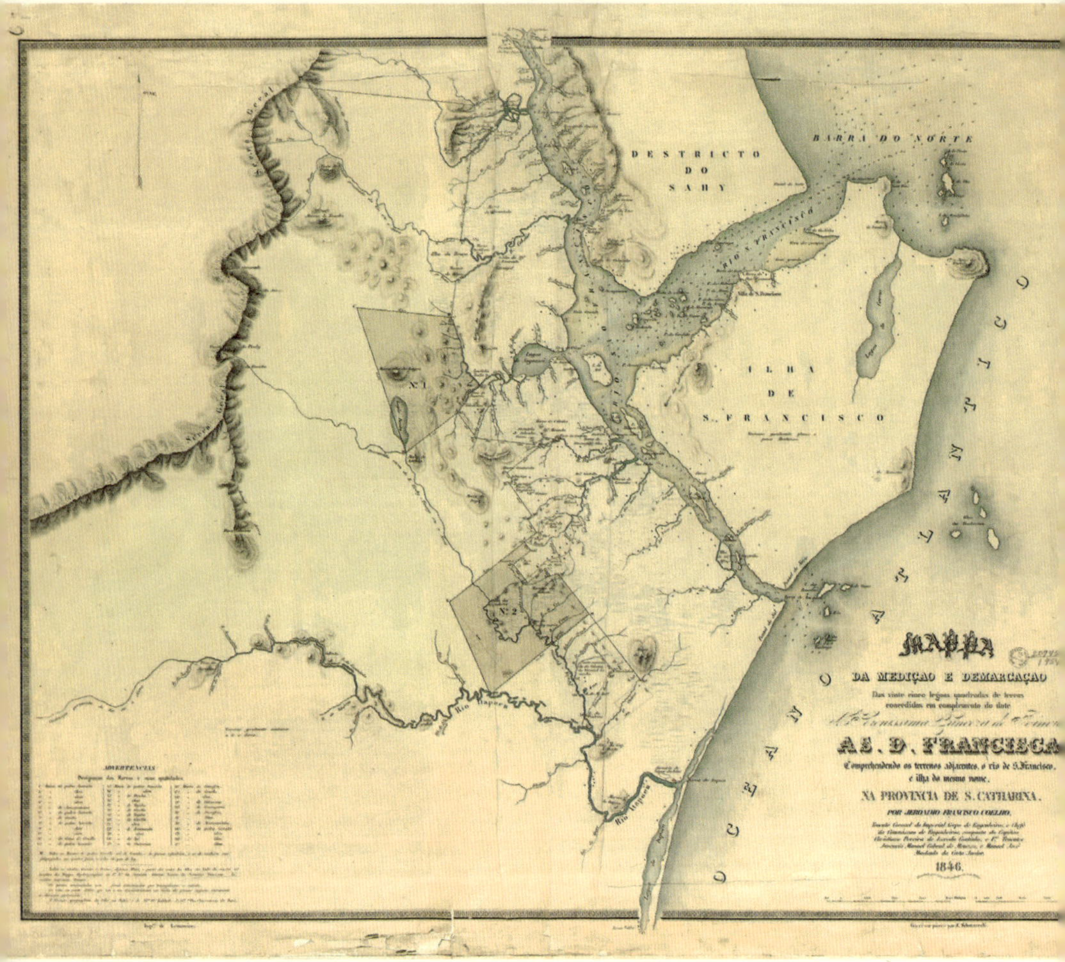

CAPÍTULO 15:
Mappa da medição e demarcação das vinte cinco legoas quadradas das terras concedidas em complemento do dote da serenissima princeza de Joinville […], Paris, 1846, de Jerônimo Francisco Coelho.

CAPÍTULO 16:
Arraial dos Canudos. Visto pela estrada do Rosário, a escolhida pela expedição Moreira César, Ministério da Guerra. Bahia: Wilcke, Edgard & C., 1897.

CAPÍTULO 17:
On the Map, de Maurice Ketten.

PÁGINA AO LADO
CAPÍTULO 18:
Mapa etno-historico do Brazil e regiões adjacentes, 1943, de Curt Nimuendajú.

MUSEU NACIONAL
MAPA ETNO-HISTÓRICO
DO
BRASIL
E REGIÕES ADJACENTES
BELÉM
Línguas isoladas
Fulnió
Guató
Máku
Natú
Ofayé-Xavante
Tukuna
Yaruro
Yurakáre
Yuri
Línguas desconhecidas

CAPÍTULO 19:
Revista *O Immigrante*, anno I, n. 1, jan. 1908.

CAPÍTULO 21:
Mapa das áreas alimentares do Brasil, 1946, de Josué de Castro.

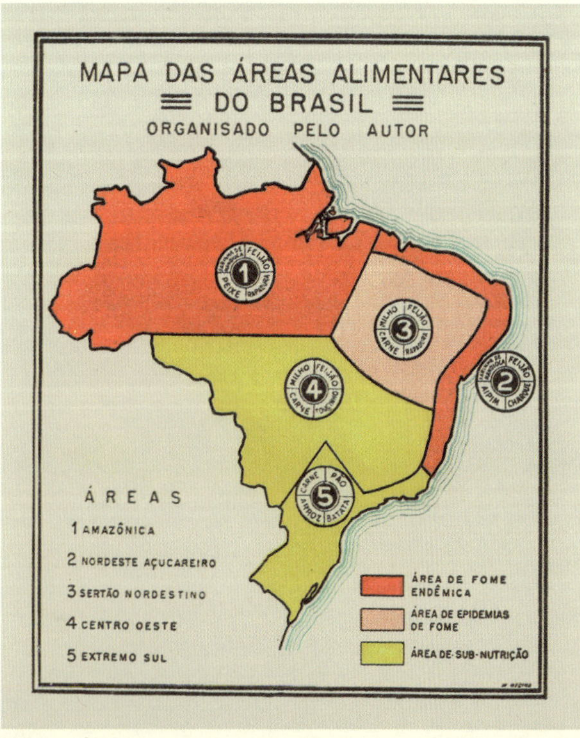

PÁGINA AO LADO
CAPÍTULO 20:
Coronel Ponce (Capim Branco), 1943, Fundação Rockefeller.

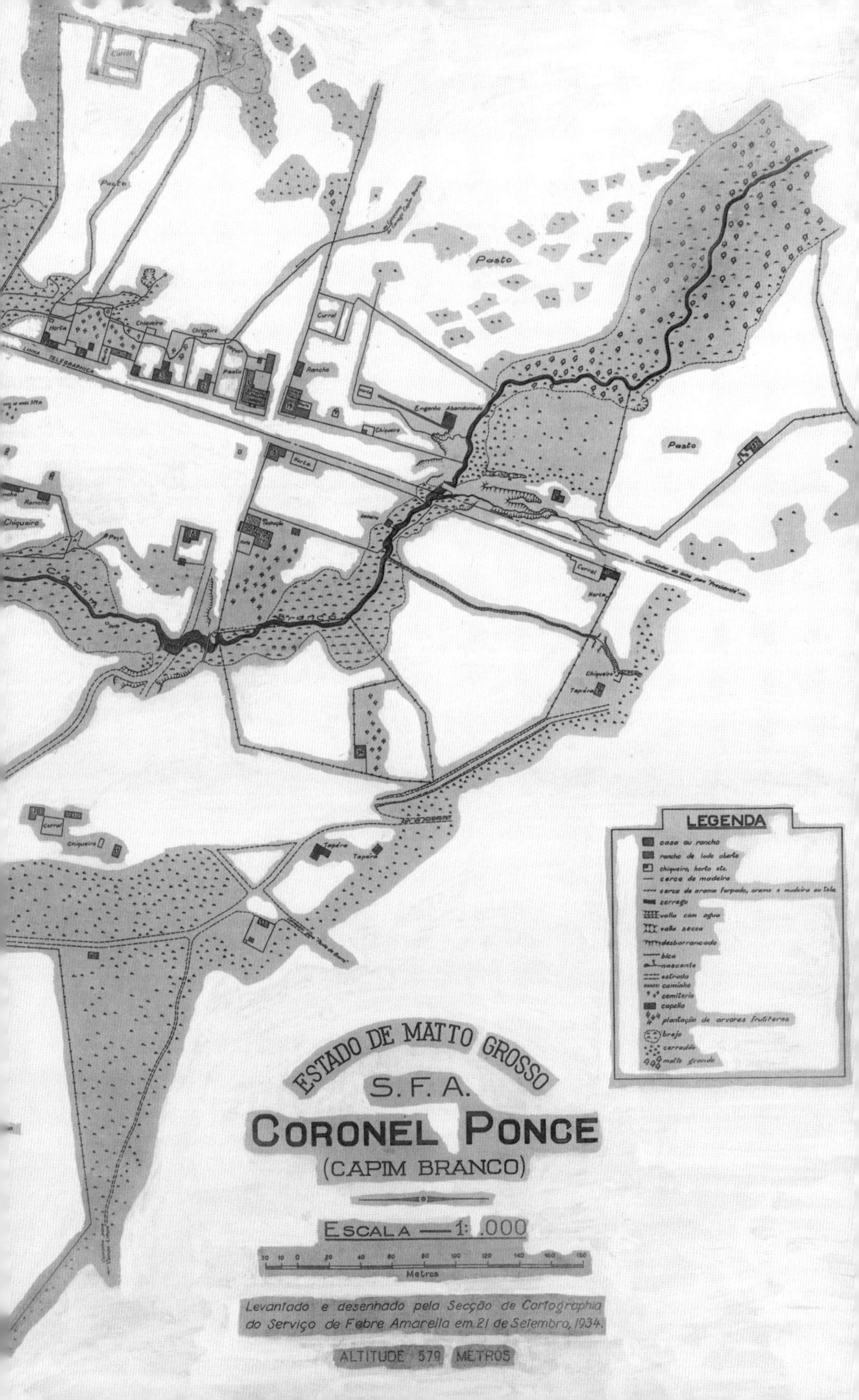

ESTADO DE MATTO GROSSO
S. F. A.
CORONEL PONCE
(CAPIM BRANCO)
ESCALA — 1: .000
20 10 0 20 40 60 80 100 120 140 160 180
Metros
Levantado e desenhado pela Secção de Cartographia do Serviço de Febre Amarella em 21 de Setembro, 1934.
ALTITUDE 579 METROS
LEGENDA
casa ou rancho
rancho de lado aberto
chiqueiro, horta etc.
cerca de madeira
cerca de arame farpado, arame e madeira ou tela
corrego
valla com agua
valla secca
desbarrancado
bica
nascente
estrada
caminho
cemiterio
capella
plantação de arvores fructiferas
brejo
cerradão
matto grande
Pasto
Pasto
Pasto
Horta
Chiqueiro
Chiqueiro
Curral
Rancho
Engenho Abandonado
Chiqueiro
Horta
LINHA TELEGRAPHICA
Rancho
Chiqueiro
Poço
Capim
Branco
Curral
Horta
Chiqueiro
Tapéra
Curral
Chiqueiro
Tapéra
Tapéra

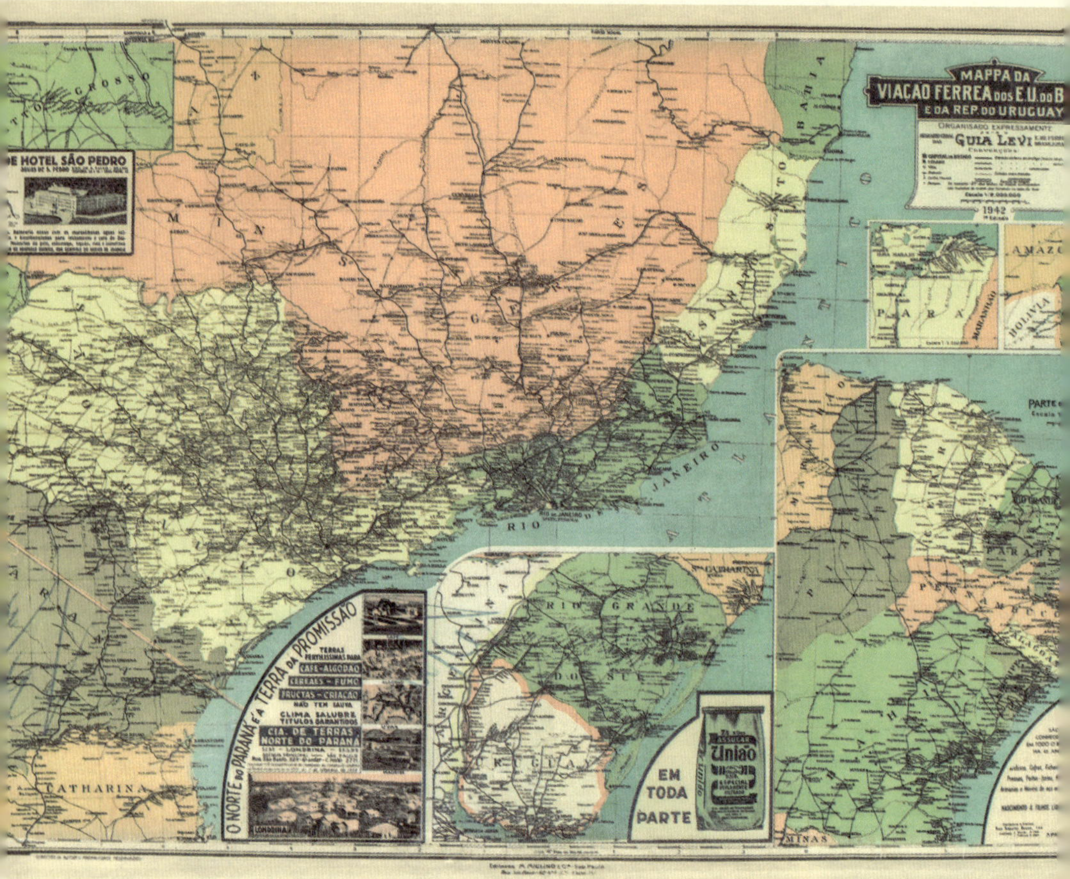

CAPÍTULO 22:
Mappa da viação ferrea dos Estados Unidos do Brasil e da República do Uruguay, 1954.

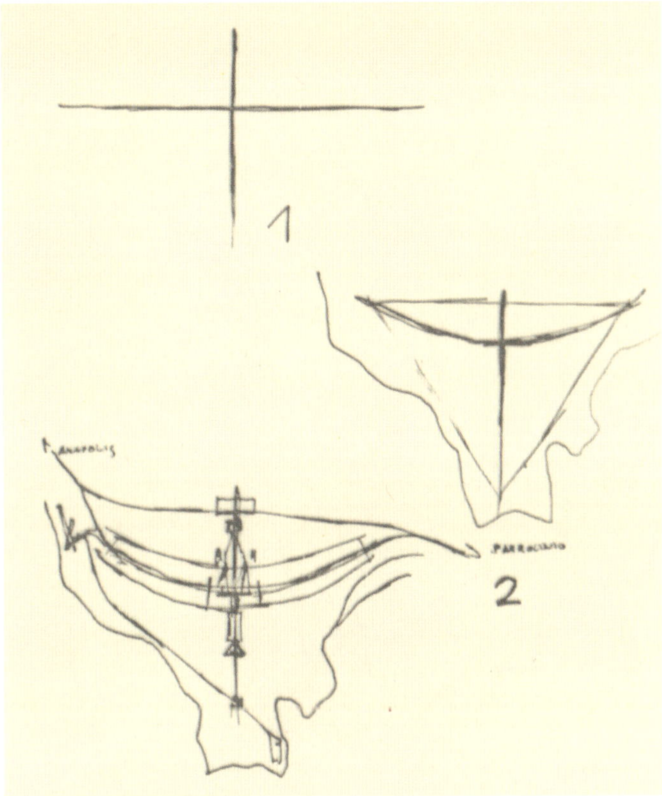

CAPÍTULO 23:
Croqui nº 1 do Plano Piloto de Brasília, 1957, de Lucio Costa.

CAPÍTULO 24:
Mapa mental: Ditadura militar, *c.* 2020, de Daniel Neves.

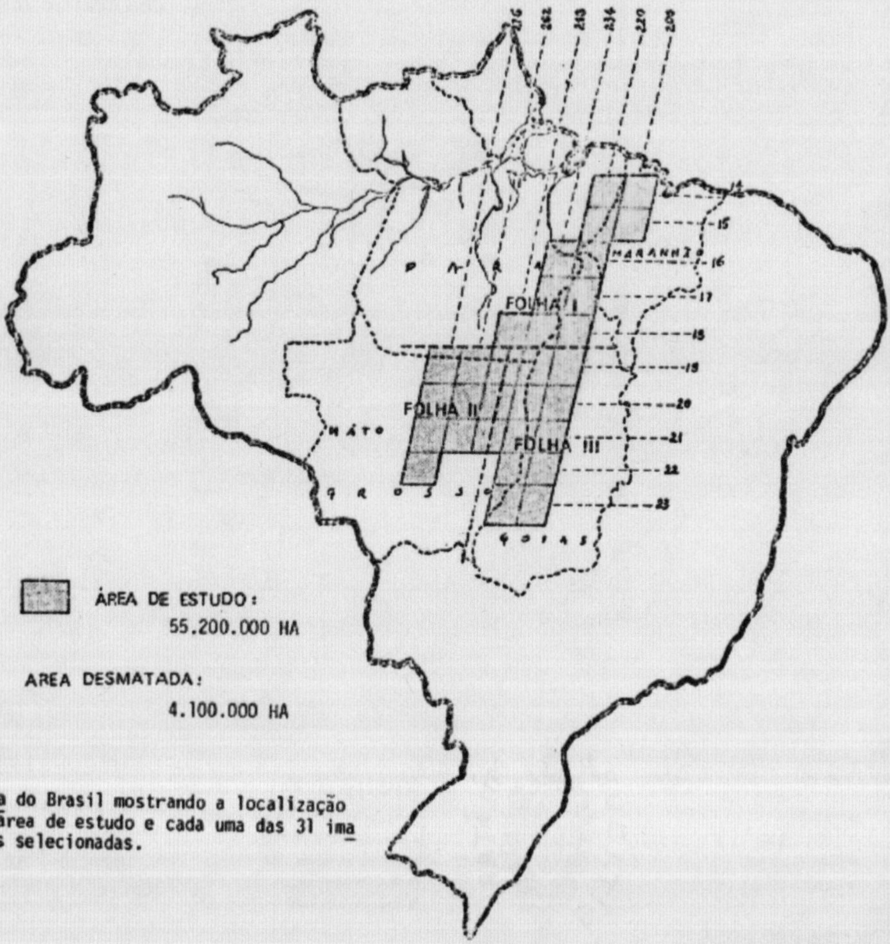

Fig. 1 - Mapa do Brasil mostrando a localização da área de estudo e cada uma das 31 imagens selecionadas.

CAPÍTULO 25:
Levantamento de áreas de desmatamento na Amazônia Legal através de imagens do satélite Landsat. Antônio Tardin et al.

Depois da experiência carto-etnográfica pioneira de 1911, Nimuendajú se envolveu em outras três na década de 1940: respectivamente, em 1942, 1943 — a que serviu como ponto de partida deste capítulo — e 1944. Das três experiências nasceram três versões diferentes do *Mapa etno-historico do Brazil*, complementares entre si, que evidenciam o processo de desenvolvimento de sua cartografia, pois ele concebia seu trabalho como inacabado, já que as informações sobre os povos indígenas do Brasil deveriam ser constantemente atualizadas "de acordo com os dados que vão chegando". Em 1943, reconhecia que para muitas zonas do interior do país havia sido "impossível obter informações recentes", lamentando ter sido obrigado a se basear em dados coletados vinte a trinta anos antes.[13]

Em 1944, outra versão do *Mapa etno-historico do Brazil*[14] foi produzida para o Museu Nacional, sendo considerada a mais completa, algo "que não tem par nem terá sucedâneo" na história dos povos indígenas do Brasil e da antropologia brasileira.[15] Em relação à versão do Museu Paraense, do ano anterior, foi conservada a monumentalidade, porém dividida em duas folhas, medindo 1,80 × 1,00 m cada. Diferenças entre elas foram apontadas por alguns autores, como a supressão ou adição de etnônimos e de famílias linguísticas inteiras.[16] Essas mudanças demonstram, mais uma vez, o caráter dinâmico do documento e a concepção de Nimuendajú sobre os povos indígenas como entes vivos, cuja organização era dinâmica, e sua compreensão exigia incessante trabalho de busca pela precisão e constante atualização dos dados. Seus deslocamentos no território podiam ser visualizados pelo movimento das sedes, que se encontravam em diferentes estágios de ocupação, e pelas setas indicadoras do sentido das migrações.

Uma quarta versão do mapa, publicada em três partes, entre 1946 e 1948, foi feita para o Bureau of American Ethnology do Smithsonian Institution, incluída no *Handbook of South American Indians*, iniciativa editorial sob sua responsabilidade e a cargo do etnólogo americano Julian Haynes Steward.[17] Era um empreendimento intelectual pioneiro nos campos da etnologia e da antropologia americanas, que buscava construir uma síntese exaustiva da etnobiologia, cultura material, tecnologias, línguas e etno-história dos povos indígenas da América do Sul.[18] A nova versão do *Mapa etno-historico do Brazil* se alinhava a essa proposta.

No tabuleiro da política internacional do final da Segunda Guerra Mundial, o interesse pela história dos povos indígenas sul-americanos também era repercussão tardia da política da boa vizinhança, prevista no plano de governo de Franklin Delano Roosevelt (1933-45) para os países da América Latina, que resultou da política do Big Stick e que repercutia o lema "A América para os americanos". A predisposição para o colaboracionismo dos intelectuais do cone sul-americano, caso de Nimuendajú, foi expressa nas palavras do próprio editor do *Handbook* ao destacar que a obra serviria como "um símbolo de amizade científica entre os Estados Unidos e as Repúblicas da América do Sul e Central".[19]

O editor, entretanto, considerou a versão do mapa demasiada grande e excessivamente rica em cores e nos detalhes para ser publicada.[20] Para a publicação, o monumental mapa foi reduzido em tamanho e dividido em três partes, cada qual impresso como um mapa separado, encartado, em uma folha dobrada, em meio aos volumes da publicação. O primeiro saiu no volume 1, em 1946, que versa sobre as populações nativas da costa leste do Brasil, com o título *The Tribes of Eastern Brazil*; e os outros dois no volume 3, em 1948, representando, respectivamente, as tribos (conceito então vigente, usado para designar seus agrupamentos étnicos) do Brasil Central, intitulado *The Tribes of Central Brazil*, e as do Norte, que inclui as Guianas, por isso denominado *The Tribes of the Guianas* (Fig. 18.4), revelando que a organização desses povos transcendia as fronteiras nacionais. Várias das indicações sobre o campo linguístico feitas pelo autor nas versões anteriores foram suprimidas.[21] O movimento e a história das tribos no território do Brasil são evidenciados pelo emprego das linhas que sublinham os etnônimos. As sólidas identificam as tribos modernas; e as sublinhadas, as tribos extintas. Também é informada a data de registro da tribo no local onde aparecem.

Em relação às diferenças entre a versão do *Mapa etno-historico do Brazil* produzida para o Museu Emílio Goeldi, em 1943, e as subdivisões encartadas no *Handbook*, observa-se que o primeiro conserva os aspectos estéticos do mapa original de Nimuendajú, que, no entanto, são subtraídos nos últimos, mas que acrescentam novas informações sobre os grupos indígenas. As mudanças restauram a abordagem institucional vigente no contexto brasileiro em relação à maneira como os povos indígenas deveriam ser vistos e tratados, ou seja, co-

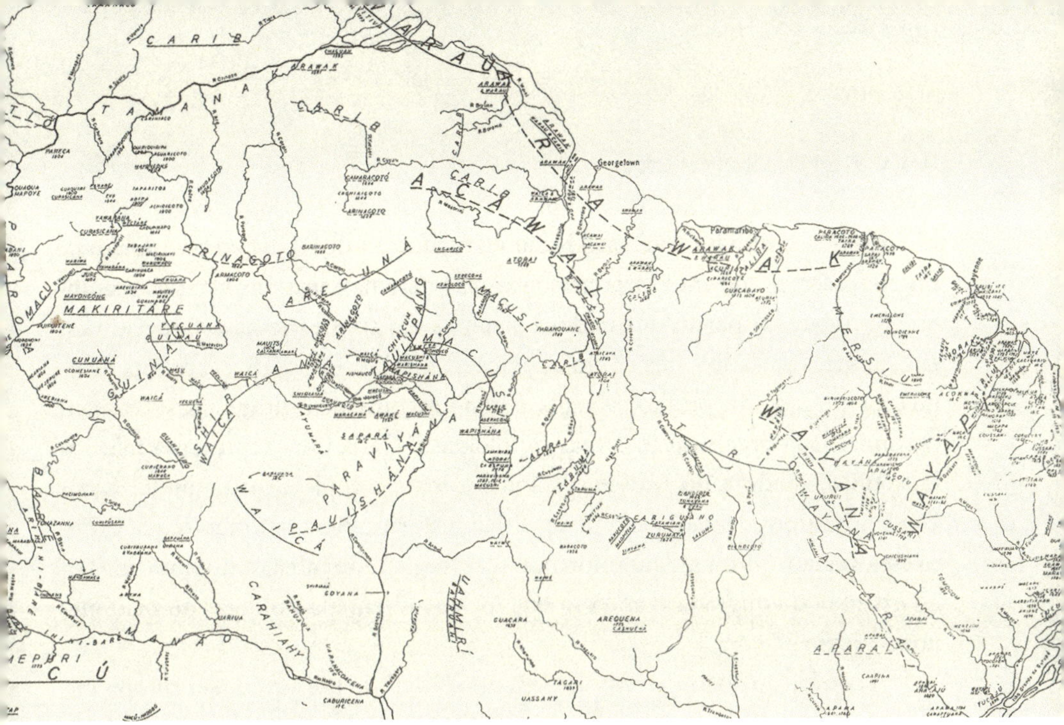

18.4. The Tribes of the Guianas, *de Curt Nimuendajú.*

mo o passado deveria ser memorizado. Mas, considerando a "situação etnográfica" do autor, sensível às diversas violações sofridas pelos índios e por ele presenciadas ao longo de suas repetidas pesquisas de campo, pode-se inferir que a confecção de um objeto visual para expor seus achados etnográficos expressava também suas opiniões sobre o tempo presente, sempre em transformação.

Se a primeira versão para o Smithsonian Institution sofreu recortes e supressões para se adequar a um projeto gráfico, a um objetivo e a um público-alvo específicos, a do Museu Nacional ardeu em chamas e foi vertida em cinzas, em segundos, no incêndio que destruiu o prédio da instituição em 2 de setembro de 2018. A despeito das tentativas de localizar o mapa nos destroços, tudo indica que foi um dos objetos perdidos. Entretanto suas informações não estão de todo perdidas, já que, em 2017, o Instituto do Patrimônio Histórico e Artístico Nacional (Iphan), o Instituto Brasileiro de Geografia e Estatística (IBGE) e a Universidade Federal do Pará realizaram uma edição, por meio dos recursos da tecnologia digital, que preserva seus aspectos estéticos fundamentais e permite a compreensão de seu conteúdo, como a variada paleta de cores e os tipos das fontes empregados.

Os procedimentos utilizados para a confecção do *Mapa etno-historico do Brazil* foram os mesmos, seja na sua versão original, seja nas versões seguintes. Nimuendajú partiu dos dados coletados em suas expedições, registrados em suportes variados, tais como anotações, diários, fotografias, croquis desenhados de próprio punho, objetos e depoimentos dos indígenas sobre seus costumes, sua organização e suas mitologias.[22] Cada uma representa mais de mil etnias, sendo a do Museu Nacional a mais completa, ostentando exatos 1400 etnônimos, tratados em perspectiva histórica. No documento que explica essa versão, Nimuendajú informou ter "[registrado] abaixo do nome da tribo extinta ou emigrada o ano em que foi documentada no lugar ou pelo menos o século".[23]

A confecção do *Mapa etno-historico do Brazil*, de 1943, pode ser compreendida como um documento-síntese da história, da existência e dos movimentos dos povos indígenas por todo o território do Brasil, expressando a posição do Museu Paraense e da região do Amazonas em defesa da institucionalização da política científica e indigenista nacional durante o Estado Novo (1937-45). A política indigenista, desde a colônia até o século XX, foi campo de disputa de forças complexas e variadas, que opôs vários agentes, agências e posições. De um lado, estavam etnógrafos, jornalistas, propagandistas, engenheiros militares, juristas, políticos, que, em defesa uníssona dos índios, apregoavam a convivência pacífica, a filantropia leiga, a civilização evolutiva, a catequese e a civilização e a proteção fraternal. Consideradas as nuanças ou as inter-relações que podem ter existido nessas tendências, subjacente a todas elas havia a ênfase acentuada na relação de tutela e de proteção dos índios. Do lado oposto estavam os que defendiam o avanço sobre suas terras em nome do progresso e do desenvolvimento do país e de suas regiões interiores, que não hesitavam em contribuir para sua extinção.[24]

Em nome da proteção ao patrimônio histórico e artístico brasileiro, nos anos 1930, o Estado brasileiro passou a controlar a atividade científica, o que interferiu diretamente no trabalho de antropólogos e etnólogos nacionais ou estrangeiros envolvidos em pesquisas de campo nas comunidades indígenas. Eles foram obrigados a se submeter às diretrizes e às autorizações do Conselho de Fiscalização das Expedições Artísticas e Científicas no Brasil, órgão implantado em 1933, que envolveu várias instituições, entre elas o Museu Nacional,[25] mas do qual esteve ausente o Museu Paraense.

Em 1939, pelo decreto-lei nº 1794, foi criado o Conselho Nacional de Proteção aos Índios (CNPI). Seguindo a tradição da política indigenista, sua direção foi entregue a um militar, o marechal Cândido Mariano da Silva Rondon. Ele possuía ampla experiência institucional em órgãos estatais, anteriormente criados para a formulação de políticas que defendiam o que era entendido como a pacificação dos povos indígenas, que significava sua integração forçada à sociedade brasileira, mas sem o emprego da violência explícita ou da política de extermínio. O intuito era a promoção do progresso e a expansão das regiões interiores e fronteiriças do Brasil; o objetivo, a transformação dos índios em trabalhadores rurais ou urbanos. A escolha de Rondon resultava dos êxitos que havia alcançado no projeto de instalação das linhas de comunicação telegráfica, entre o Mato Grosso e o Amazonas, e na direção do Serviço de Proteção aos Índios e Localização de Trabalhadores Nacionais (SPILTN), implantado, em 1910, pelo decreto nº 8072. Em 1918, pelo decreto nº 3454, o Serviço de Proteção aos Índios foi separado do da Localização dos Trabalhadores Nacionais, mas o princípio da integração pacífica e o alvo no progresso e no desenvolvimento nacional permaneceram.

A criação do CNPI, entretanto, representou uma inflexão na política indigenista porque incluiu, entre suas diretrizes, o incentivo ao "estudo de todas as questões que se relacionam com a assistência e proteção aos silvícolas, seus costumes e línguas", prevendo também a cooperação com a pesquisa etnográfica.[26] Política científica e indigenista nacional se entrelaçaram e passaram a demarcar um novo tipo de abordagem na relação com os povos indígenas. Em vez de potenciais trabalhadores assalariados, no campo ou na cidade, eles se tornavam parte do patrimônio nacional a ser preservado pelas instituições científicas, como os museus. Um mapa com características como as do *Mapa etno-historico do Brazil*, de 1943, cumpria essa função e ainda marcava o lugar de uma instituição do Norte do país na arena científico-indigenista da época. Se, para as instituições político-científicas, o índio era considerado patrimônio, o *Mapa etno-historico*, de 1943, por suas dimensões, como um duplo espelho, funcionaria como um objeto a ser exibido em um museu. Mas o etnógrafo-cartógrafo, dupla condição encarnada por Curt Nimuendajú, vivia também uma "situação etnográfica" e, nessa "rede de relações de força e de sentido",[27] pôde imprimir seus próprios propósitos no mapa.

Ao longo de toda a sua vida, passada junto aos povos indígenas, Nimuendajú presenciou e se posicionou contrariamente às várias violações físicas e culturais impostas a essas populações. Exibi-las em um mapa com dimensão monumental poderia garantir-lhes um campo de visão ampliado junto à sociedade e ao Estado. Estampar os seus etnônimos e suas famílias linguísticas, em uma cartela de cores variadas, poderia dar visualidade à dimensão da sua diversidade. Empregar tipos de letras, linhas e setas para contar a sua história, em um objeto concebido como inacabado, era a maneira de mostrar o quanto os povos indígenas eram agentes vivos, ocupando o território e por ele se movimentando.

O *Mapa etno-historico*, de Curt Nimuendajú, em suas muitas versões, constitui objetos visuais que confrontavam a política indigenista do Brasil do século XX, que via o índio como passado e seu legado extinto, devendo ser preservado e observado apenas em um museu, para que a sociedade não esquecesse as suas raízes. Ao proporcionar uma síntese visual da diversidade, da história e do movimento dos povos indígenas pelo território, mostra-se como ferramenta para o ativismo, quando instrumentalizado nas mãos de todos aqueles engajados não apenas com a mera recordação, mas com a defesa da visibilidade, dos direitos e da territorialidade dos povos indígenas no Brasil, que no alvorecer da década de 2020 voltaram a ser seriamente ameaçados de extermínio.

NOTAS

1. José Basini, *Índios num país sem índios. A estética do desaparecimento: Um estudo sobre imagens índias e versões étnicas*. Manaus: Travessia/ Fapeam, 2015.

2. Curt Nimuendajú, "Observações". In: *Mapa etno-histórico do Brasil e regiões adjacentes*. 2. ed. São Paulo: Instituto do Patrimônio Histórico e Artístico Nacional, 2017, p. 51.

3. Expedito Arnaud, "Curt Nimuendajú: Aspectos de sua vida e de sua obra". *Revista do Museu Paulista*, Nova Série, São Paulo, v. XXIX, pp. 55-72, 1983; Roque de Barros Laraia, "A morte e as mortes de Curt Nimuendajú". *Série Antropologia*, Brasília, n. 64, pp. 1-10, 1988; Neldson Marcolim, "Cartografia indígena: Há 62 anos Curt Nimuendajú completava seu Mapa Etno-Histórico". *Pesquisa FAPESP*, São Paulo, n. 130, 2006. Disponível em: <https://revistapesquisa.fapesp.br/cartografia-indigena/>. Acesso em: 31 maio 2022.

4. Lilia Moritz Schwarcz, *O espetáculo das raças: Cientistas, instituições e questão racial no Brasil, 1870-1930*. São Paulo: Companhia das Letras, 1993, pp. 84-90.

5. Marcus Vinicius Carvalho Garcia e Jorge Domingues Lopes, "Apontamentos sobre a nova edição do Mapa". In: *Mapa etno-histórico do Brasil*..., p. 16.

6. Rodolpho Pinto Barbosa, "A cartografia do Mapa Etno-Histórico de Curt Nimuendajú". In: *Mapa etno-histórico do Brasil...*, p. 32.

7. João Pacheco de Oliveira, "Curt Nimuendajú e a história Ticuna: Elementos para uma reflexão crítica sobre a etnografia e o estatuto de etnologia". *Tellus*, Campo Grande, n. 24, pp. 227-59, 2013.

8. Hermann von Ihering, "A antropologia do estado de São Paulo". *Revista do Museu Paulista*, São Paulo, v. VII, p. 248, 1907.

9. Disponível em: <http://etnolinguistica.wdfiles.com/local--files/biblio%3Aihering-1911-questao/ihering_1911_questao.pdf>. Acesso em: 20 jun. 2022.

10. Hermann von Ihering, op. cit., p. 248.

11. Hermann von Ihering, "A questão dos índios do Brasil". *Revista do Museu Paulista,* São Paulo, v. VIII, p. 139, 1911.

12. John M. Monteiro, "Tupis, tapuias e a história de São Paulo: Revisitando a velha questão Guaianá". In: ______. *Tupis, tapuias e historiadores: Estudos de história indígena e do indigenismo.* Campinas: Departamento de Antropologia/ Unicamp, 2001, pp. 180-93. Tese (Livre-Docência).

13. Curt Nimuendajú, "Observações". In: *Mapa etno-histórico do Brasil...*, p. 52.

14. Disponível em: <http://portal.iphan.gov.br/indl/pagina/detalhes/1567>. Acesso em: 20 jun. 2022.

15. Luiz de Castro Faria, "Curt Nimuendajú". In: *Mapa etno-histórico do Brasil...*, p. 28.

16. Rodolpho Pinto Barbosa, "A cartografia do Mapa Etno-Histórico de Curt Nimuendajú". In: *Mapa etno-histórico do Brasil...*, p. 31.

17. Julian H. Steward, *Handbook of South American Indians, the Marginal Tribes.* Washington: Smithsonian Institution Bureau of American Ethnology, 1946, v. 1; Julian H. Steward, *Handbook of South American Indians, the Tropical Forest Tribes.* Washington: Smithsonian Institution Bureau of American Ethnology, 1948, v. 3.

18. Julian H. Steward, "Handbook of South American Indians". *Boletín Bibliográfico de Antropología Americana,* Cidade do México, v. 4, n. 3, pp. 227-31, 1940; Paul Radin, "The *Handbook of South American Indians*". *The Hispanic American Historical Review,* Durham, v. 28, n. 4, pp. 537-40, 1948; Darcy Ribeiro e Berta G. Ribeiro, *Suma etnológica brasileira.* Petrópolis: Vozes, 1987.

19. Julian H. Steward, "Handbook of South American Indians", op. cit., p. 228.

20. Christiano Key Tambascia, "'Não sei como hei de viver': Os bastidores da etnografia de Curt Nimuendajú". In: *Bérose: Encyclopédie Internationale des histoires de l'anthopologie.* Paris, 2020. Disponível em: <https://www.berose.fr/article2033.html?lang=fr>. Acesso em: 31 maio 2022.

21. Luís Donisete Benzi Grupione, *Coleções e expedições vigiadas: Os etnólogos no Conselho de Fiscalização das Expedições Artísticas e Científicas no Brasil.* São Paulo: Hucitec, 1998, p. 227.

22. João Martinho de Mendonça, "O fotógrafo Curt Nimuendajú: Apontamentos de antropologia visual no Brasil". *Revista Anthropológicas,* Recife, v. 20, n. 1+2, pp. 121-52, 2009; Peter Schroder, "Curt Nimuendajú e os museus etnológicos na Alemanha". *Revista Anthropológicas,* Recife, v. 22, n. 1, pp. 141-60, 2011.

23. Curt Nimuendajú, "Observações", op. cit., p. 51.

24. Luís Donisete Benzi Grupione, op. cit., pp. 32-5.

25. Ibid., p. 45.

26. Ibid., p. 41.

27. João Pacheco de Oliveira, op. cit., pp. 229-30.

LEITURAS COMPLEMENTARES

ADONIAS, Isa. *O acervo de documentos do barão da Ponte Ribeiro: Livros, manuscritos, mapas.* Rio de Janeiro: Instituto Histórico e Geográfico Brasileiro, 1984.

CORTESÃO, Armando; MOTA, Avelino Teixeira da. *Portugaliae monumenta cartographica.* Lisboa: Imprensa Nacional/ Casa da Moeda, 1987, 7 vols. Reprodução fac-similada da edição de 1960.

CUNHA, Manuela Carneiro da (org.). *História dos índios no Brasil.* São Paulo: Companhia das Letras, 1992.

SCHWARCZ, Lilia Moritz. *O espetáculo das raças: Cientistas, instituições e questão racial no Brasil, 1870-1930.* São Paulo: Companhia das Letras, 1993.

19. Povos que vêm de fora

O Immigrante, *janeiro de 1908*

Edilene Toledo

19.1. *Revista* O Immigrante, *anno I, n. 1, jan. 1908.*

Na imagem apresentada na capa do número 1 da revista *O Immigrante* (Fig. 19.1), publicada em janeiro de 1908 pela Secretaria da Agricultura do Estado de São Paulo, observa-se em destaque um mapa estilizado no qual estão delineadas as rotas emigratórias da Europa para o Brasil, com destaque para o estado de São Paulo. A partir de diversos portos europeus, situados no Mediterrâneo e no Atlântico Norte, os emigrantes se dirigem ao porto de Santos. O uso da cartografia no primeiro número de uma revista dedicada a estimular a imigração europeia para São Paulo, naquele momento em relativo declínio, se comparado com o enorme afluxo da década anterior, denota a importância atribuída por seus elaboradores à força persuasiva da linguagem cartográfica. Mesmo um mapa aparentemente tão esquemático como esse pode ser um ponto de partida e fonte de reflexão relevantes para pensarmos o tema da imigração para o Brasil, se fizermos as interrogações necessárias para decifrá-lo: Quem fez o mapa? Como foi feito? Com quais objetivos? A quem era endereçado? Qual o contexto de sua produção? O que ele mostra e como o faz? O que esconde? Apresenta distorções intencionais? Que mensagens transmitem as decorações e imagens que acompanham o mapa? É um mapa de propaganda, que visa atingir um efeito psicológico sobre seu observador? Até detalhes aparentemente insignificantes podem revelar muito sobre as intenções dos elaboradores e as tramas que compõem um mapa.

CONTEXTO E AUTORIA

Acompanhando o mapa, os textos da revista foram escritos em várias línguas além do português, como o italiano, o alemão e o francês, e eram destinados aos próprios emigrantes europeus, aos imigrantes recém-chegados ao Brasil e aos seus agenciadores de vários países europeus onde a publicação circulou. Com claro conteúdo de propaganda, enfatizava as experiências das colônias de imigrantes, pequenas propriedades rurais de produção de alimentos do estado de São Paulo, e explicava ao potencial emigrante como obter o reembolso das despesas de viagem e outras facilidades. As colônias paulistas, na verdade, acolheram apenas uma pequena minoria de imigrantes, mas funcionavam como chamariz. Era o que prometia um dos textos da revista: "Hoje imigrante, amanhã proprietário".[1]

A impressão desse número d'*O Immigrante* e dos mapas que continha ficou a cargo do estabelecimento gráfico dos irmãos Otto e Alfried Weiszflog, eles também imigrantes, alemães provenientes de Hamburgo, que haviam vindo para o Brasil nos anos 1890 e se inserido inicialmente nos ramos da papelaria, encadernação e importação de papel.[2] Entre fins do século XIX e o primeiro quarto do século XX, imigrantes ocupavam todos os degraus da escala social, e muitos foram os industriais estrangeiros que atingiram em solo brasileiro boas condições econômicas. Estes, porém, quase sempre já chegavam com capital ou conhecimento que lhes garantiam melhor inserção na sociedade.

Um dos primeiros aspectos que saltam aos olhos ao observar o mapa d'*O Immigrante* é a representação da distância entre a Europa e o Brasil, que foi encurtada para acentuar uma falsa proximidade e facilidade de deslocamento.[3] O órgão público que encomendou e definiu os objetivos do mapa foi a Secretaria da Agricultura, Comércio e Obras Públicas, criada no início do período republicano para o gerenciamento da mão de obra imigrante recém-chegada, que era destinada às fazendas de café e, em menor escala, à formação de núcleos ou colônias.[4] Sendo o objetivo central do mapa atrair emigrantes da Europa para o Brasil, apresentá-los como territórios não tão distantes poderia ser um fator de persuasão importante, até mesmo porque muitos dos trabalhadores que atravessavam o oceano consideravam a possibilidade de um posterior retorno definitivo ou temporário ao país de origem. Calcula-se que metade dos imigrantes que se estabeleceram no Brasil deixou o país em seguida,[5] retornando ao local de origem ou reemigrando para a Argentina e os Estados Unidos, os países da América que mais receberam imigrantes.

Mapas buscam atrair a atenção do observador para o seu centro. No caso do mapa d'*O Immigrante*, são apresentadas em seu cerne as rotas marítimas que cruzam o oceano Atlântico, com a indicação de algumas das companhias de navegação que operavam as viagens. Os serviços de recrutamento e de transporte dos imigrantes se constituíram em negócio altamente lucrativo para pessoas e empresas, sobretudo no período da Grande Emigração (1880-1914).[6] Ao sobrepor o mapa a uma fotografia do porto de Santos, destino final da viagem atlântica, seu autor não representa exatamente o oceano, o que dá a impressão de que os continentes estão pairando sobre o céu que se estende acima da cidade. Um mar sereno e tranquilizador, uma baía amena onde estão ancorados vários navios são representados no fundo da foto. O intuito é diminuir o medo da travessia atlântica, que poderia ser um desestímulo à emigração, já que a viagem era frequentemente marcada por tempestades, doenças, mortes, escassez de alimentos e água, tendo sido em muitos casos uma experiência tão dramática que permaneceu na memória de famílias imigrantes por gerações.

OS MIGRANTES

As travessias do Atlântico estimulam a reflexão sobre o "entrelaçamento, frequentemente dramático, entre os projetos migratórios de setores subalternos e as dinâmicas de [sua] exploração",[7] ocorridas tanto nos países de origem quanto nos de destino. A historiografia das últimas décadas tem destacado a agência e a vontade dos migrantes. Afinal, foi apenas uma parte da população que, mesmo vivendo em circunstâncias similares, emigrou. No entanto, não há como desconsiderar os elementos estruturais que limitaram e moldaram essa vontade.[8]

A imensa maioria dos emigrantes europeus que se dirigiu ao Brasil era composta de camponeses que viram na emigração subsidiada uma possibilidade de escapar da miséria. Em países como a Itália e a Espanha, a emigração foi vista como uma oportunidade em um período de grande agitação social, quando as transformações capitalistas no campo tinham lançado uma multidão de trabalhadores ao desemprego e à fome, uma vez que a industrialização incipiente não conseguia absorvê-los. No início da emigração de massa, muitos trabalhadores partiram sem ter clareza do lugar para onde estavam se dirigindo e da distância que os separava da terra natal. Com o passar do tempo, criou-se uma rede de informações, com as trocas de cartas entre parentes e amigos, nas quais se depositava mais confiança do que as fornecidas por agenciadores e pelo Estado brasileiro.[9]

As rotas migratórias centralizadas no mapa indicam conexões diretas ou indiretas de importantes cidades portuárias da Europa com Santos, porto que recebeu a grande maioria dos emigrantes que vieram para o Brasil. São indicados os portos de Gênova e Nápoles, na Itália; o de Lisboa, em Portugal; os de Barcelona e Vigo, na Espanha; os de Marselha, Bordeaux, Cherbourg e Le Havre, na França; o de Hamburgo, na Alemanha; o de Trieste, cidade hoje na Itália, e o de Fiume, atual Rijeka, na Croácia, ambas na época cidades portuárias do Império Austro-Húngaro, além do porto de Libau, na Letônia, e do de Southampton, no Sul da Inglaterra. Essas tantas linhas que se conectam e se cruzam no mapa, indicando as travessias possíveis da Europa para São Paulo, procuram destacar o dinamismo de uma época marcada por enormes deslocamentos populacionais, facilitados pela progressiva modernização dos meios de transporte.

No século XIX, o deslocamento de pessoas, sobretudo egressas da Europa, foi responsável pela mudança mais drástica que a população mundial já viveu, tendo as Américas passado de 30 milhões a quase 160 milhões de habitantes.[10] A imigração em massa no Brasil se configurou num dos fenômenos mais importantes da sua história pós-Independência, entre o fim do Império e as primeiras décadas da República. Essas migrações internacionais contribuíram para um aumento significativo da população do país entre o final do século XIX e o início do XX, respondendo por cerca de 10% do crescimento populacional do período,[11] e deixaram profundas marcas sociais, econômicas, políticas e culturais. Um aspecto importante foi a enorme circulação de trabalhadores e militantes, o que favoreceu a formação de um sindicalismo transnacional, com intensa difusão de ideias e formas de luta de diversos matizes políticos. Os imigrantes se juntaram, então, à longa história de lutas dos trabalhadores no Brasil em busca de melhores condições de vida e de trabalho, participando de um complexo processo de politização.

A história da imigração no Brasil começou bem antes da confecção do mapa. Até meados do século XIX, a emigração europeia foi muito restrita e era majoritariamente formada por portugueses, mas foi a partir da constituição de uma política imigrantista oficial, fortemente pressionada pelos fazendeiros de café, que se iniciou a imigração em massa. Os diferentes interesses em jogo se confrontavam na imprensa e no parlamento, e os debates sobre a imigração alimentavam discussões sobre a nação e o povo brasileiro: se o imigrante estava destinado a trabalhar para os fazendeiros de café, ele poderia ser de qualquer "raça", mas se, ao contrário, chegava para trabalhar em pequenas propriedades nas colônias, tinha que preencher as características étnico-culturais que a burocracia do Império e a intelectualidade desejavam.[12] Estes últimos pensavam a imigração como um instrumento de "civilização", entendida como correspondente ao embranquecimento do país. Por isso, europeus foram estimulados a vir para o Brasil, com a doação de terras para alguns considerados culturalmente superiores, como os alemães, ou, ao menos, foi-lhes facilitada a compra de terras, com o início do pagamento ocorrendo somente após as primeiras colheitas, auxílio que o Estado nunca ofereceu aos brasileiros pobres nem aos trabalhadores oriundos da escravidão. Na década de 1880, o embate entre os dois projetos opostos de imigração se acirrou, e os fazendeiros de café saíram vitoriosos, tendo a maioria esmagadora dos imigrantes se dirigido para trabalhar nas suas lavouras.[13]

Estima-se que, entre 1887 e 1957, 5 milhões de estrangeiros ingressaram no Brasil, sobretudo em São Paulo,[14] sendo 32% deles italianos, 31% portugueses, 14% espanhóis, 4% alemães e 4% japoneses.[15] Outros grupos étnicos e de diferentes nacionalidades vieram, mas em número menor, como suíços, poloneses, austríacos, ucranianos, sírios, libaneses, armênios, húngaros, letos, lituanos e judeus da Europa Oriental. Todos os grupos europeus foram representados, mas italianos, portugueses e espanhóis constituíram a grande maioria no período.[16] Ingressaram também muitos sírios e libaneses, a partir das últimas décadas do século XIX, por meio de uma imigração espontânea e marcadamente urbana. Japoneses só chegaram a partir de 1908, ano do mapa d'*O Immigrante*, quando a proibição da imigração subsidiada para o Brasil por vários países europeus, como Itália e Espanha, levou o país a aceitá-los, apesar da resistência de políticos e intelectuais ao ingresso de asiáticos, considerados racialmente inferiores.[17]

O PAPEL DE SÃO PAULO E OUTROS DESTINOS DA IMIGRAÇÃO NO BRASIL

Mapas muitas vezes também revelam um sentimento de superioridade ou um esforço de convencimento sobre essa pretensa superioridade. No mapa d'*O Immigrante*, o olhar é atraído para o estado de São Paulo, cuja extensão foi, intencionalmente, superdimensionada. Além de São Paulo, foram representados apenas o rio Amazonas e seus afluentes. São Paulo se apresenta como sendo grande e dominante em relação ao restante do país, encontrando-se naquele momento à frente do pacto oligárquico de poder que era a marca da jovem República. Centralizando a expansão e os negócios do café, cujos interesses eram apresentados como sendo de todo o Brasil, juntamente com os mineiros, os cafeicultores de São Paulo tinham ampliado seu poder já dominante na província, transformada em estado, para todo o país, no que se constituiu a chamada República do café com leite, sobrepondo-se a outros projetos de poder. O conteúdo do interior da revista, no entanto, apagava Minas Gerais e reforçava a primazia e o destaque de São Paulo, referindo-se, entre outras formas de exaltação, ao "extraordinário desenvolvimento" do estado, "em todos os ramos da atividade humana".[18]

Uma estrela na cor preta assinala a cidade de São Paulo, então uma das maiores urbes de imigração do mundo e uma das mais diversificadas em termos étnicos. Já em 1893, os estrangeiros eram a maioria da sua população, predomínio que se acentuou nos anos seguintes. Na década de 1890, sua população já tinha crescido, passando de cerca de 50 mil para 250 mil habitantes, sendo grande parte formada pelos recém-chegados imigrantes, sobretudo italianos, que fugiam das péssimas condições de vida e trabalho nas fazendas de café e iam procurar trabalho e moradia nos bairros industriais próximos às linhas férreas. Mesmo com essa configuração populacional heterogênea em São Paulo, nunca houve guetos étnicos tão fechados quanto ocorreu em várias cidades dos Estados Unidos. As maiores concentrações foram de japoneses, no bairro da Liberdade; de judeus, no Bom Retiro; e de sírios, na Sé e em Santa Ifigênia. As experiências dos vários grupos étnicos, como também aconteceu em muitas regiões do país, foram diversificadas, e a sua integração foi gradual, sendo que na fase inicial de inserção as organizações das comunidades étnicas foram "espaços importantes de socialização, de ajuda mútua e de expressão coletiva".[19]

A retórica de naturalização do poder de São Paulo sobre o restante do país mobilizava também, entre outros elementos, a enorme presença de imigrantes europeus, associando São Paulo ao progresso econômico e à modernização. A identidade paulista passou a significar branqueamento da população e exaltação de seus supostos atributos de superioridade cultural e racial, muitas vezes presentes nas referências ao progresso e à modernização que caracterizariam o estado.[20]

A Região Sudeste foi a principal receptora de imigrantes e, de fato, como o mapa d'*O Immigrante* e os textos da revista queriam transparecer, o estado de São Paulo ocupou o primeiro lugar, sendo o destino de 57% do total dos ingressados no país. Essa imigração forneceu, diretamente, a mão de obra para as fazendas de café, que se encontravam em franca expansão e, indiretamente, para a incipiente industrialização paulista. Bem distante numericamente, o estado do Rio de Janeiro recebeu, sobretudo, uma imigração urbana, que se estabeleceu na capital, com o predomínio de portugueses. Minas Gerais recebeu imigrantes, particularmente na sua região sul, como extensão da imigração para São Paulo, e o Espírito Santo teve uma imigração menor, mas que ocorreu sobretudo a partir de uma política de colonização rural, com a chegada de pequenos proprietários alemães e italianos. Uma região de atração importante, embora numericamente bem menor, foi a Sul, com uma imigração subsidiada aos seus três estados que levou à formação de núcleos coloniais de pequenos proprietários, inicialmente com imigrantes alemães e italianos, tema que é também discutido no capítulo 15. Colônias baseadas na pequena propriedade familiar deram origem a importantes cidades, como se vê no mapa *Das Rio Grande do Sul der Kolonisten* [O Rio Grande do Sul dos colonos], 1924 (Fig. 19.2).

Como o público-alvo eram os imigrantes e as autoridades de onde eram originários, o *Das Rio Grande do Sul der Kolonisten* foi escrito em alemão, com as regiões de assentamentos alemães, italianos e mistos indicadas com cores distintas, explicadas na legenda, que também assinala as regiões de matas e de campos e outras informações geográficas. As paróquias do estado foram listadas, indicando quantas eram católicas (K) e quantas eram protestantes (P). Bolinhas de cor preta encimadas por uma cruz indicam as localidades com sedes paroquiais, sendo a questão religiosa a principal temática do mapa. Muitos dos alemães que para ali emigraram eram protestantes, e essa fé foi elemento importante de sociabilidade e de integração das suas comunidades. Os imigrantes alemães, cuja chegada começara cem anos antes da elaboração desse mapa, em 1824, sendo os pioneiros no estado, instalaram-se na chamada Campanha, áreas de planície, indicadas em cor laranja, situadas no pé da serra Geral, mais férteis e mais próximas da capital, o que lhes garantiu maior prosperidade. Os italianos, que chegaram a partir de 1875, tiveram que se instalar em lotes na encosta da serra, indicados em verde-claro, e se dedicaram predominantemente a uma agricultura de subsistência. Só com o passar do tempo, nos centros urbanos e nas colônias, ocorreu uma diversificação das atividades econômicas que propiciou a formação de uma camada média.[21]

Já nas regiões Norte e Nordeste, houve uma inserção urbana de imigrantes, que chegaram em muito menor número, estabelecendo-se particularmen-

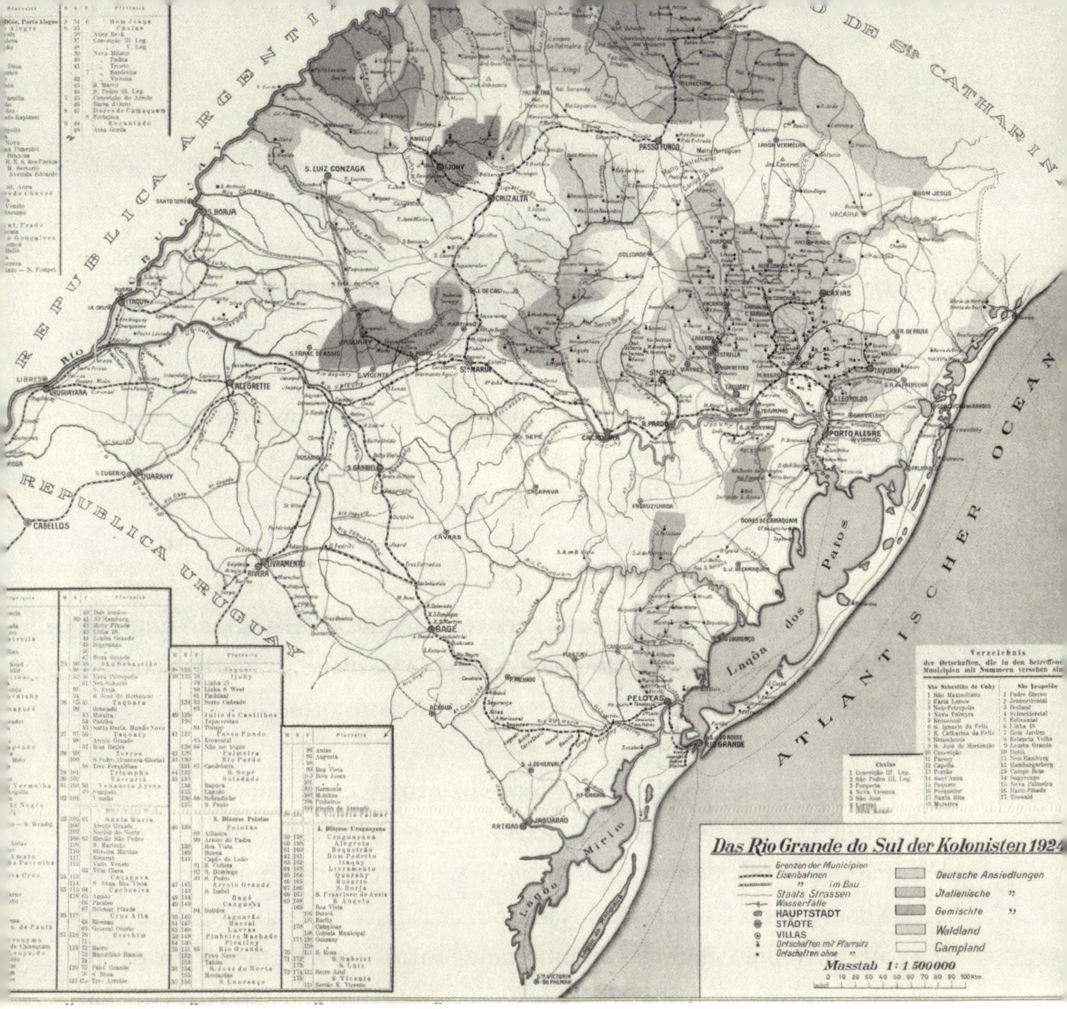

19.2. Das Rio Grande do Sul der Kolonisten [*O Rio Grande do Sul dos colonos*], *1924.*

te nas capitais.[22] O mapa d'*O Immigrante* omite esses e os demais destinos dos imigrantes no Brasil, destacando apenas São Paulo, para onde se pretendia, com a publicação, atrair outros candidatos.

A MARGINÁLIA

Títulos e molduras também podem contribuir para reforçar a significação política dos mapas. No caso do mapa d'*O Immigrante,* escrever "Estado de São Paulo" em letras garrafais acentua o efeito visual da mensagem que se pretende veicular. Na parte inferior, a bela imagem da cidade e do porto de Santos veicula e reforça a ideia de ser um lugar acolhedor, aprazível e com oportunidades de trabalho, atestada pelo intenso movimento de navios no porto. No entanto, a grande maioria dos imigrantes não ficou na cidade, sendo encaminhada para fazendas de café isoladas e distantes de centros urbanos, e outros tantos, em menor número, se dirigiram para os núcleos coloniais rurais. Em ambos os casos, se depararam com uma realidade muito distante da estampada na imagem.

Intencionalmente, foram escolhidas no mapa duas cores contrastantes, ambas representativas do Brasil, o amarelo para o país e o verde para a Europa e os esboços indistintos da "Africa" e da "Sulamerica". Já um esquema sequencial de tonalidades foi empregado para representar São Paulo, do amarelo-claro, dentro do Brasil, até o amarelo-escuro. Observa-se, então, que contraste e sequência deram sentido e destaque para as informações cartográficas supostamente objetivas.

Outro aspecto a se considerar é que os mapas, conforme o discurso que pretendem veicular, favorecem a noção de espaços socialmente vazios. Nos discursos em defesa da imigração brasileira, a imagem de um país com muita terra e pouca gente é recorrente. Não é por acaso que no mapa d'*O Immigrante* o país seja representado como um grande vazio. Representações cartográficas com propósitos semelhantes já apareciam no século XIX, como o mapa *Provincia de S. Paulo*, de 1868,[23] que, para justificar a expansão do café no território da então província de São Paulo, trazia, numa grande parte situada na porção oeste, um texto onde se lê: "Terrenos ocupados pelos indígenas ferozes [sic.]". O avanço sobre as terras das populações nativas é justificado como sendo uma luta da civilização contra a barbárie, e elas passam a ser consideradas obstáculos, devendo ser integradas à lógica do projeto econômico do café ou eliminadas,[24] o que aconteceu recorrentemente. O mapa, organizado por Cândido Mendes de Almeida, advogado, jornalista e político, depois deputado e senador, foi publicado em seu *Atlas do Império do Brasil*, obra concebida para a instrução pública, em especial a dos alunos do Colégio Pedro II. Nele é destacada, no canto superior direito, a planta da cidade de São Paulo e, no canto inferior esquerdo, o porto de Santos.

Na década de 1880, os debates em torno da imigração deram novo impulso para a produção de mapas, e São Paulo se inseriu nessa onda.[25] Um exemplo é o *Mappa da provincia de São Paulo, mandado organizar pela Sociedade Promotora de Immigração de S. Paulo*, de 1886 (Fig. 19.3).

Nele, os termos "sertão" e "índios ferozes", que eram recorrentes nos mapas do período colonial e ainda no *Provincia de S. Paulo*, de 1868, foram substituídos por "terrenos despovoados", acentuando que as novas áreas, supostamente vazias, poderiam ser facilmente ocupadas.[26] Fundada por uma elite de produtores de café, em 1886, mesmo ano em que o mapa foi publicado, a Sociedade tinha como objetivo promover a imigração massiva de estrangeiros para a província de São Paulo, o que era financiado pelo Estado. Sua intenção

19.3. Mappa da provincia de São Paulo, mandado organizar pela Sociedade Promotora de Immigração de S. Paulo.

era inundar o mercado de trabalhadores e, assim, diminuir o preço da mão de obra e o poder de negociação dos trabalhadores, que, no contexto da dissolução do sistema escravista, buscavam obter melhores condições de vida e de trabalho.[27] São acentuadas as vias de comunicação, destacando as ferrovias (existentes e em construção) e os canais fluviais, de forma a apresentar a província como um todo integrado, no qual o deslocamento da população era ágil e moderno. Também indica as colônias de imigrantes existentes e aquelas em construção e suas distâncias em relação ao porto, para despertar nos potenciais imigrantes a sensação de que não estariam sós, mas faziam parte de uma ampla comunidade. Na última página da revista *O Immigrante*, outra carta, intitulada *Mappa do estado de S. Paulo indicando a posição das colonias existentes e em projecto*,[28] destaca, já no título, a mesma informação. Basta uma simples mirada para perceber que sua configuração geográfica é muito parecida com a do mapa de 1886, tendo sido provavelmente nele baseado, já que este é de 1907.

Grandes estrelas, em vermelho-vivo, destacam as colônias de imigrantes existentes. Nos anos seguintes, até 1911, outras sete foram criadas e algumas das 29 representadas originaram vários municípios paulistas. Na legenda, também se lê "Colonias em projecto", no plural, mas apenas uma é indicada por uma enorme estrela vermelha, situada próxima ao litoral, que, no entanto, não chegou a ser construída. O mapa também apresenta as linhas férreas, em construção e em estudo, além das divisas do estado e informações sobre navegação, reforçando a imagem de São Paulo como centro dinâmico, cuja economia estava em constante expansão. A novidade são os quadrados laterais, que apresentam a população de São Paulo e do país e compara suas áreas territoriais com as de Portugal, Suíça, Holanda, Bélgica, Rússia, Áustria-Hungria, Alemanha, França, Espanha e Itália. O objetivo dessa inserção é claramente propagandístico e visa apresentar o Brasil, e particularmente o estado paulista, como um lugar de enorme extensão fundiária, com população ainda pequena para suas dimensões, o que acarretaria uma oferta quase ilimitada de terras e onde seria fácil ao imigrante se tornar proprietário.

Não por acaso, a revista *O Immigrante* é aberta e encerrada por dois mapas, o da capa, de aparência mais estilizada, e o do final, mais informativo. Ambos revelam de que forma a linguagem cartográfica foi instrumentalizada como importante elemento de persuasão para apresentar o Brasil, com destaque para São Paulo, como lugar atrativo para a emigração europeia. Nesses mapas, o estado, sempre necessitado de braços para o trabalho, sobretudo na cultura cafeeira, se apresenta como dispondo de terras devolutas e de todos os elementos inerentes à modernidade que poderiam facilitar a vida do imigrante, especialmente no que diz respeito às vias de comunicação internas e com a Europa. As novas colônias de imigrantes buscam dar sentido de coesão e pertencimento, de forma a atrair europeus para o país. Essas premissas se revelaram para a maioria dos que emigraram uma propaganda enganosa e, nessa perspectiva, os mapas, longe de ser uma representação isenta, projetavam construções que, embora fossem elaboradas a partir de dados da realidade, eram resultado de seleções, omissões, distorções ou superdimensionamentos, de acordo com as visões de mundo e as intenções de seus elaboradores.

NOTAS

1. *O Immigrante*, Secretaria da Agricultura, São Paulo, anno I, n. 1, p. 2, jan. 1908.

2. Laurence Hallewell, *O livro no Brasil: Sua história*. São Paulo: Edusp, 2005.

3. Agradeço a Stefano Toledo Biondi a colaboração na análise do mapa.

4. Paloma Minke, "Secretaria de Agricultura e Abastecimento completa 127 anos. Conheça um pouco de sua história". Secretaria de Agricultura e Abastecimento do Estado de São Paulo, 15 nov. 2018. Disponível em: <https://revistadeagronegocios.com.br/secretaria-de-agricultura-e-abastecimento-de-sp-completa-127-anos//>. Acesso em: 17 jun. 2022.

5. Luigi Biondi, "Imigração". In: Alzira Alves de Abreu (coord.), *Dicionário histórico-biográfico da Primeira República 1889-1930*. Rio de Janeiro: Editora FGV-CPDOC, 2015. Disponível em: <http://cpdoc.fgv.br/sites/default/files/verbetes/primeira-republica/IMIGRAÇÃO.pdf>. Acesso em: 31 maio 2022.

6. Paulo Cesar Gonçalves, *Mercadores de braços: Riqueza e acumulação na organização da emigração europeia para o Novo Mundo*. São Paulo: Alameda, 2012.

7. Augusta Molinari, "Le traversate delle migrazioni storiche italiane tra evento e racconto". *História*, São Paulo, n. 36, e112, p. 1, 2017.

8. José Carlos Moya, *Primos y extranjeros: La inmigración española en Buenos Aires, 1850-1930*. Buenos Aires: Emecé, 2004.

9. Emilio Franzina, *Merica! Merica!: Emigrazione e colonizzazione nelle lettere dei contadini veneti e friulani in America Latina (1876-1902)*. Verona: Cierre, 1994.

10. Eric J. Hobsbawm, *A era dos impérios (1875-1914)*. Rio de Janeiro: Paz e Terra, 1988, p. 31.

11. Nelson do Valle Silva e Maria Ligia de Oliveira Barbosa, "População e estatísticas vitais". In: *Estatísticas do século*. Rio de Janeiro: IBGE, 2006, p. 34.

12. Luiz Felipe de Alencastro e Maria Luiza Renaux, "Caras e modos migrantes e imigrantes". In: Luiz Felipe de Alencastro (org.), *História da vida privada no Brasil: Império*. São Paulo: Companhia das Letras, 1997, pp. 202-335.

13. Ibid.

14. Entre 1892 e 1920, a população de São Paulo passou de 1,4 milhão para 4,6 milhões de habitantes; ver José Rogério Beier e Daniel Marhtin, "Aspectos da representação do território paulista em sua cartografia impressa: uma análise cartobibliográfica (1833-1932)". *Confins: Revista Franco-Brasileira de Geografia*, Paris, n. 34, 2018. Grande parte desse crescimento deveu-se ao ingresso de estrangeiros empregados na enorme expansão cafeeira.

15. Nelson do Valle Silva e Maria Ligia de Oliveira Barbosa, op. cit., p. 34.

16. Luigi Biondi, op. cit.

17. Marcia Yumi Takeuchi, *Imigração japonesa nas Revistas Ilustradas: Preconceito e imaginário social (1897-1945)*. São Paulo: Edusp, 2016.

18. *O Immigrante*, Secretaria de Agricultura, São Paulo, anno I, n. 1, p. 2, jan. 1907.

19. Michael M. Hall, "Imigrantes na cidade de São Paulo". In: Paula Porta (org.), *História da cidade de São Paulo*. São Paulo: Paz e Terra, 2004, p. 123. Sobre a sociabilidade imigrante de alemães, ingleses, japoneses e poloneses, ver Andréa Doré e Luiz Carlos Ribeiro (orgs.), *O que é sociabilidade?*. São Paulo: Intermeios, 2019.

20. Barbara Weinstein, "Racializando as diferenças regionais: São Paulo × Brasil, 1932". *Esboços*, Florianópolis, UFSC, v. 13, n. 16, p. 283, 2006.

21. Angelo Trento, *Do outro lado do Atlântico: Um século de imigração italiana no Brasil*. São Paulo: Nobel/ Istituto Italiano di Cultura/ Instituto Cultural Ítalo-Brasileiro, 1988, pp. 85 e 98.

22. Luigi Biondi, op. cit.

23. Disponível em: <https://journals.openedition.org/confins/docannexe/image/12809/img-4-small480.jpg>. Acesso em: 17 jun. 2022.

24. José Rogério Beier e Daniel Marhtin, op. cit.

25. Ibid.

26. Ibid.

27. Robert Conrad, *Os últimos anos da escravatura no Brasil, 1850-1888*. Rio de Janeiro: Civilização Brasileira, 1978.

28. O mapa pode ser visualizado na página final do número 1 da revista *O Immigrante*. Disponível em: <https://facebook.com/arquivoestadosp/posts/2573251896046970/?refsrc=deprecated&_rdr>. Acesso em: 17 jun. 2022.

LEITURAS COMPLEMENTARES

ALVIM, Zuleika. "Imigrantes: A vida privada dos pobres do campo". In: SEVCENKO, Nicolau (org.). *História da vida privada no Brasil: Da belle époque à era do rádio*. São Paulo: Companhia das Letras, 1998, pp. 215-87.

BESSANEZI, Maria Silvia C. Beozzo; SCOTT, Ana Silvia Volpi; BACELLAR, Carlos de Almeida Prado; TRUZZI, Oswaldo Mário Serra. *Atlas da Imigração Internacional de São Paulo: 1850-1950*. São Paulo: Ed. Unesp, 2008.

CARNEIRO, Maria Luiza Tucci; CROCI, Federico; FRANZINA, Emilio (orgs.). *História do trabalho e histórias da imigração: Trabalhadores italianos e sindicatos no Brasil (Séculos XIX e XX)*. São Paulo: Edusp, 2010.

OLIVEIRA, Lucia Lippi. *O Brasil dos imigrantes*. Rio de Janeiro: Zahar, 2000.

PAIVA, Odair da Cruz. *Histórias da (i)migração: Imigrantes e migrantes em São Paulo entre o final do século XIX e o início do século XX*. São Paulo: Arquivo Público do Estado, 2013.

TOLEDO, Edilene; CANO, Jefferson. *Imigrantes no Brasil do século XIX*. São Paulo: Atual, 2003.

20. Mapeando as pestes

Coronel Ponce, *Fundação Rockefeller, fevereiro de 1943*

Carmem M. Rodrigues

Em 1934, o braço brasileiro da Fundação Rockefeller intensificou o emprego da cartografia para instrumentalizar o combate à febre amarela. O mapa do município de Coronel Ponce (Capim Branco), no Mato Grosso (Fig. 20.1), se destaca no conjunto da cartografia produzida pela instituição naquele ano e revela as conexões que se estabelecem entre medicina e cartografia para a identificação, o combate e a erradicação de pestes. Ao analisar esse e outros mapas que, em sua maioria, integravam os relatórios dos médicos da Fundação, busca-se evidenciar seus aspectos processuais, ou seja, não considerá-los meras ilustrações objetivas e estáticas, mas documentos históricos baseados em escolhas e técnicas determinadas.

MAPAS, MEDICINA E PESTE

A medicina cartográfica foi uma das ferramentas fundamentais que a Fundação Rockefeller utilizou para acompanhar, controlar e planejar o projeto de erradicação da febre amarela no Brasil. Os mapas produzidos nesse período são um exemplo da sofisticação alcançada pelos cartógrafos da Fundação, que, combinando dados laboratoriais e estatísticos, foram capazes de

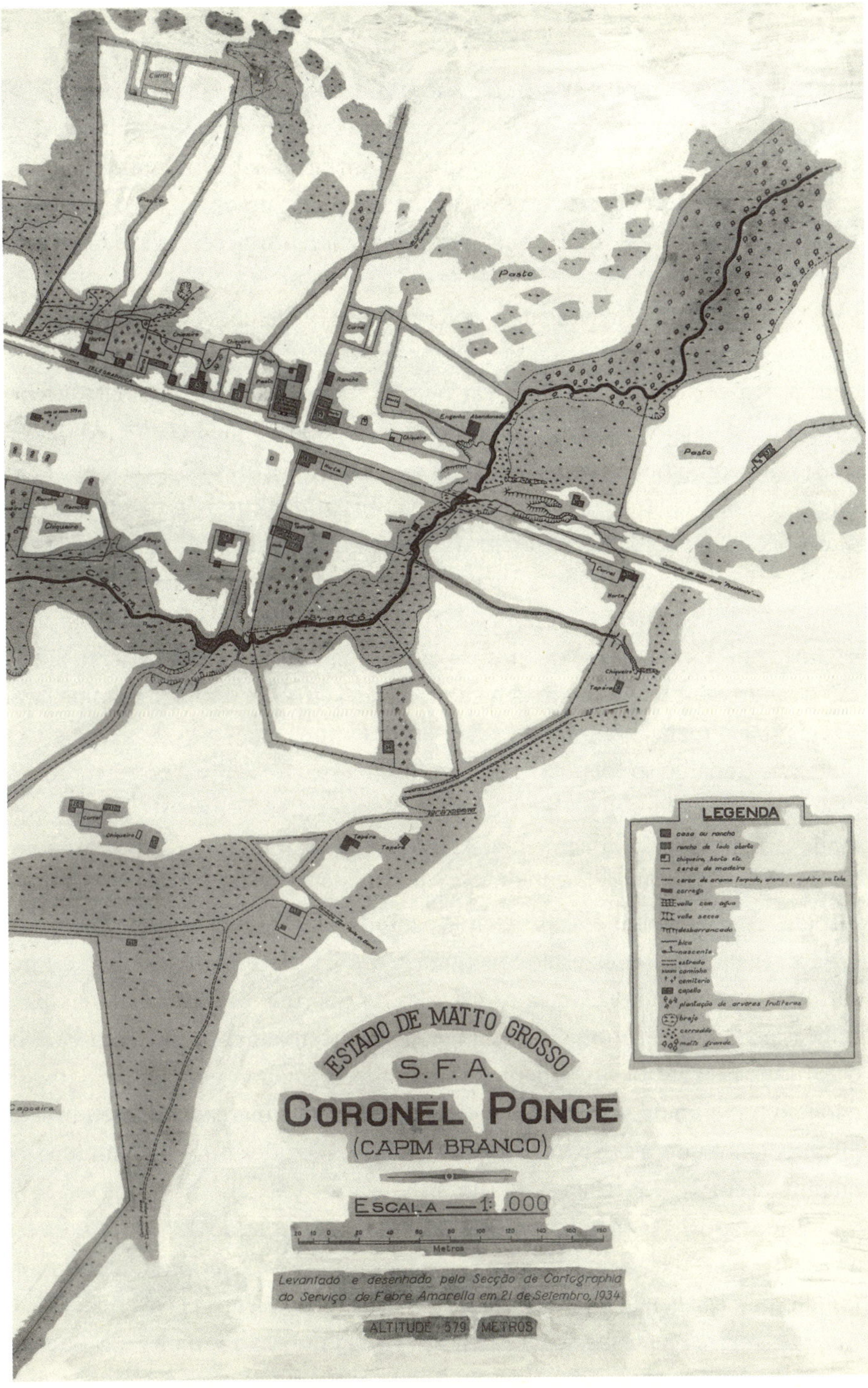

20.1. Coronel Ponce (Capim Branco), *1943, Fundação Rockefeller.*

dinamizar as suas representações, mesmo antes do surgimento das tecnologias cartográficas computacionais. Eles carregam técnicas, escolhas, práticas retóricas, silenciamentos, informações que são fornecidos historicamente. Cabe, então, ao historiador desvelar esses aspectos, olhar para os mapas de um ponto de vista processual, que "considera o mapeamento necessariamente como algo ativo e dinâmico".[1]

O depoimento do médico baiano Fausto de Magalhães da Silveira, que integrou a equipe de sanitaristas da Fundação Rockefeller entre 1936 e 1940, evidencia o papel fundamental da cartografia na estrutura de combate à febre amarela, então coordenada pela Fundação.[2] Segundo o médico, à medida que o Serviço Cooperativo de Febre Amarela (SCFA), organizado pela Fundação, interiorizava sua atuação, adentrando para as zonas rurais do Brasil, a produção e o uso dos mapas se mostravam mais necessários. Muitas vezes, era a primeira vez que um médico chegava a determinadas localidades e, em sua maioria, o deslocamento era possível somente no lombo de jumento. Daí a necessidade de aumentar, ao máximo, a eficácia das visitas. Como afirma Silveira, "quando o indivíduo entrava na zona rural, já tinha a dupla função de fazer o registro e o mapeamento, para não perder tempo".[3]

Esse trabalho só foi possível porque o "Serviço de Febre Amarela treinava quem fizesse cartografia".[4] No início do século XX, a cartografia profissional ainda era um saber praticamente restrito às escolas militares e às poucas escolas de engenharia civil brasileiras, por isso era escasso o número de técnicos disponíveis. Para sanar esse problema, a Fundação Rockefeller estabeleceu, em cada uma de suas sedes estaduais, uma seção de cartografia, nomeando um cartógrafo-chefe, que treinava os guardas do Serviço de Febre Amarela para utilizar os mapas disponíveis da região, caso fossem atualizados, ou para produzir seus próprios levantamentos topográficos, quando necessário. A qualidade do trabalho desses guardas ficou positivamente marcada na memória de Silveira, tanto que, ao se recordar dos mapas produzidos por esses homens, os qualificou como "verdadeiros artistas".[5]

Todo esse investimento era necessário porque a "Seção de Cartografia era a base da organização do serviço",[6] e era a partir dela que a rígida estrutura de trabalho da Rockefeller era montada. O médico canadense David Bruce Wilson, que atuava na Divisão de Saúde Pública da Fundação, em memorando endereçado a Frederick F. Russell (1870-1960), em julho de 1931, expôs a importância do mapeamento para a eficiência do combate à febre amarela:

> Se um mapa da área a ser controlada não estiver disponível, deve-se então confeccionar um. Se houver muitas municipalidades, convém treinar um cartógrafo e incorporá-lo ao serviço. Os mapas devem ser confeccionados numa escala que permita marcar os focos com relativa precisão. Para cada quarteirão da cidade, deve ser feito um censo de todos os prédios, classificando-os conforme os tipos [...]. A área a ser controlada será dividida em zonas, entendendo-se por zona aquela seção da cidade em que um inspetor seja capaz de examinar todos os depósitos de água em uma semana de trabalho.[7]

Quando a área do SCFA se localizava na faixa litorânea ou nos estados do Sudeste, os médicos recorriam às cartas já disponíveis, como os mapas produzidos pelo Clube de Engenharia, entre 1916 e 1922, e partes da *Carta geral do Brasil ao milionésimo*.[8] Mas, na maioria dos casos, era necessário fazer seus próprios mapas, não só porque determinados lugares nunca tinham sido mapeados, mas também por questões de escala. Foi por isso que a Fundação investiu no envio de seu próprio cartógrafo, Claude George Inman, para coordenar os trabalhos das seções de cartografia da febre amarela e da malária, a última criada em 1939.

Quando a febre amarela silvestre foi descoberta, em 1932, a necessidade de interiorizar a presença do SCFA se intensificou. Para solucionar o problema da falta de mapas dos sertões mais longínquos do Brasil, a Fundação recorreu à aerofotogrametria. George Inman também era fotógrafo, e seus conhecimentos foram valiosos para a produção de mapas a partir de fotos aéreas. A Rockefeller foi a pioneira na introdução dessa técnica cartográfica no Brasil, e a utilização da aerofotogrametria só aconteceria novamente durante a Segunda Guerra Mundial, para o mapeamento da faixa litorânea do protuberante nordestino, área importante para as forças militares brasileiras e dos Estados Unidos, que utilizavam as bases aéreas de Natal e de Fernando de Noronha.[9] Essa técnica tornaria a ser utilizada de forma sistemática somente na década de 1960, no período da ditadura militar.

As fotos aéreas foram as principais fontes para o mapeamento das áreas interioranas que apresentavam surtos de febre amarela silvestre, e os mapas foram importantes para a visualização dos dados epidemiológicos. Esse foi o caso da pequena cidade de Coronel Ponce, no Mato Grosso, localizada a mais de 1800 quilômetros de distância do Rio de Janeiro, que apresentou um dos primeiros focos de febre amarela silvestre rastreados pelo SCFA. O primeiro levantamento topográfico foi realizado entre julho e novembro de 1934 e serviu para a seção de cartografia produzir uma planta geral do estado do Mato Grosso, na escala de 1:25 000, e uma planta específica da cidade, feita com base na visita realizada a 21 de setembro de 1934, que recebeu o título de *Coronel Ponce (Capim Branco)*. Jaime Benchimol chama a atenção para a riqueza de informações do mapa da pequena cidade, cuja legenda (Fig. 20.2) identifica as casas ou ranchos, os ranchos abertos, chiqueiros, hortas, cercas de madeira e de arame, córregos, valas, bicas, nascentes, estradas, os caminhos, o cemitério, a capela, plantações, brejos, o cerradão e o mato grande:

> O detalhe da legenda fornece o nível de detalhamento das informações levantadas por esses mapeamentos, que cumpriam com generosidade a função de controle, em cada ambiente focalizado, de sua topografia, ocupação e intervenção humana, vegetação, entre outros elementos relevantes às pesquisas epidemiológicas.[10]

Uma sequência de três estudos preliminares, que resultou no mapa final da cidade de Coronel Ponce, revela como foi realizada a conjugação das informações contidas nas fotos aéreas e nos levantamentos topográficos que a Seção de Cartografia produziu. Como num jogo de escalas, a sequência se aproxima da cidade. Na primeira, aparecem a cidade e seu entorno, com destaque para a rede hidrográfica do rio São Lourenço. A segunda se concentra na região da cabeceira desse rio, demarcando as principais fazendas existentes na área. Finalmente, a terceira é um levantamento topográfico da parte oeste da cidade.

A carta geral do estado do Mato Grosso, intitulada *Estado de Matto Grosso, planta geral da região em estudo*, também levantada e desenhada pela seção de cartografia da Fundação, da mesma forma foi desenhada com inúmeros detalhes, ainda que se trate de um estado de grandes dimensões. Na legenda, é possível ver que os cartógrafos se preocuparam em apontar habitações, taperas, cemitérios, estradas, caminhos, trilhos, cercas, linhas telegráficas, rios, córregos, quedas-d'água, lagoas, nascentes, pontes, pinguelas, passagens, desbarrancados, terrenos cultivados, alagadiços, capoeiras e ainda identificar os trechos não levantados.

As escolhas específicas, no que diz respeito à medicina cartográfica produzida pela Fundação Rockefeller no Brasil, não foram aleatórias, mas funda-

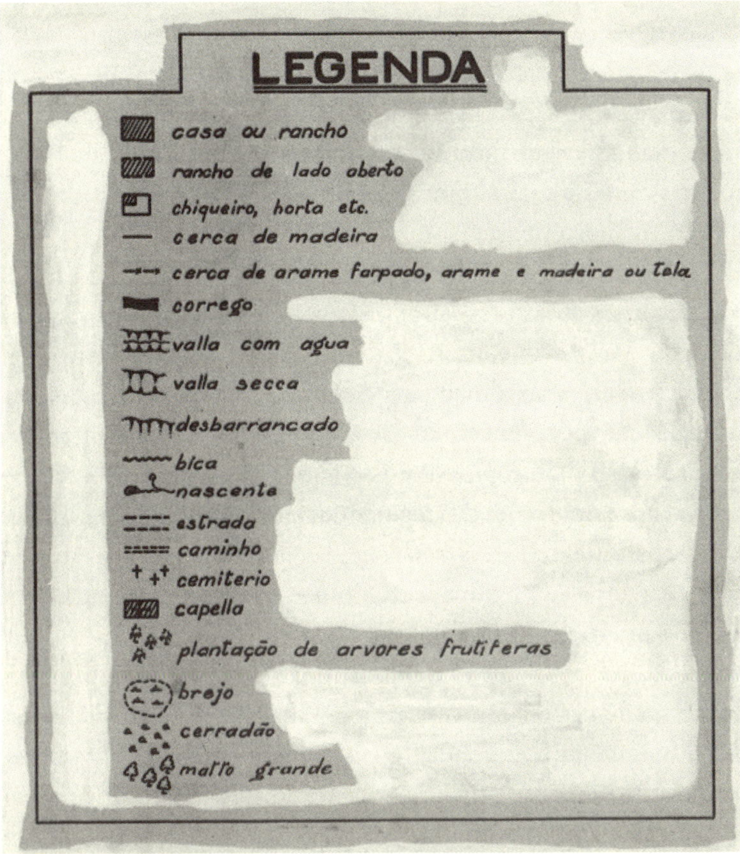

20.2. *Detalhe da legenda de* Coronel Ponce (Capim Branco).

mentadas com o intuito de ilustrar relatórios, evidenciar determinadas situações e, acima de tudo, como elemento de prova para embasar os argumentos que defendia.[11]

A MEDICINA CARTOGRÁFICA DA FUNDAÇÃO ROCKEFELLER

No início do século XX, a ancilostomíase afetava cerca de 40% da população do Sul dos Estados Unidos. Essa infecção ou verminose causada por nematódeos, como o *Ancylostoma duodenale* ou o *Necator americanus*, era popularmente conhecida no Brasil como amarelão, sendo uma doença bastante comum nas zonas rurais e nas cidades pobres, pois se disseminava principalmente pela falta de saneamento básico, mas raras vezes causava complicações que levavam à morte. O seu maior problema era o enfraquecimento que provocava nos doentes, reduzindo sua capacidade de trabalho. Em 1909, com o objetivo de eliminar o mal, surgiu a Comissão Sanitária Rockefeller para a Erradicação da Ancilostomíase.

A primeira experiência filantrópica da família Rockefeller pretendia demonstrar que a promoção da saúde e da educação eram as principais ferramentas para o desenvolvimento civilizacional, com as quais estavam comprometidos. O objetivo era aliar a medicina científica ao ideal de progresso, agindo sobre doenças que serviriam como casos exemplares para a demonstração do sucesso da sua ação filantrópica. Por isso a escolha da ancilostomíase. A "preguiça natural das populações das regiões quentes, sua falta de entusiasmo para o trabalho, especialmente nas plantações", tinham "uma explicação científica e a esperança de um tratamento eficaz",[12] o que iria inserir aquelas populações no mundo do progresso capitalista.

Inspirados na organização administrativa das empresas, a estrutura do trabalho de saúde pública da Comissão Sanitária Rockefeller foi desenhada com tarefas muito bem delimitadas, que se baseavam em três atividades: o mapeamento da área de prevalência da doença, o tratamento dos pacientes e a promoção de campanhas educativas de prevenção. Ou seja, o pilar estrutural que modelava e guiava todas as outras ações da Comissão era a construção de mapas. A área de atuação da campanha chegou a abranger onze estados do Sul dos Estados Unidos e, para tanto, construir ferramentas para a localização dos doentes era essencial. Os mapas eram os principais mecanismos de planejamento das equipes de saúde pública, pois era com eles em mãos que os times técnicos eram distribuídos. Portanto, para erradicar a doença, o primeiro passo necessário era controlar o espaço onde a doença surgia, o que requeria a criação de mapas com base nos dados levantados em campo.

Visando expandir e sistematizar sua presença filantrópica, a família Rockefeller fundou, em 1913, a Fundação Rockefeller, com o objetivo de coordenar e financiar ações de cunho social nos Estados Unidos e no restante do mundo. As aspirações globais da Fundação estiveram presentes desde a sua criação, explicitadas em sua logomarca, composta de um globo terrestre, centralizado na parte ocidental da Terra, com destaque para as Américas, a África, o Oriente

Médio e a Europa, envolto nos dizeres: "A Fundação Rockefeller 1913. O bem-estar da humanidade em todo o mundo".

O primeiro projeto internacional foi um desdobramento da experiência sulista e, para organizá-lo, a Fundação criou uma divisão específica, a Comissão Internacional de Saúde, em 1914. No início de 1916, o Brasil recebeu a primeira missão da Comissão, porém a falta de infraestrutura sanitária e a vastidão do território mostraram que a missão nos trópicos seria muito mais difícil de ser concretizada. A solução foi trocar a doença a ser combatida, e a febre amarela se mostrou como a opção perfeita. Segundo Löwy,

> a convicção dos especialistas norte-americanos de que a febre amarela poderia facilmente ser erradicada pela eliminação de mosquitos de um número relativamente limitado de "focos-chave" aumentou o interesse que a ação sanitária da Fundação Rockefeller dedicava à doença. A febre amarela já estava classificada, com a ancilostomíase e a malária, na categoria das "doenças demonstrativas", ou seja, apropriadas para demonstrar a superioridade do saber norte-americano na área da saúde.[13]

A doença era tão atrativa para os objetivos da Rockefeller que a Fundação decidiu criar uma missão para a erradicação mundial da doença, e o Brasil foi um dos alvos do projeto. Em 1923, a Fundação assinou um acordo com o governo brasileiro com o objetivo de erradicar a febre amarela da Bahia ao Amazonas, por meio da eliminação dos mosquitos. A execução dos trabalhos ficaria a cargo do SCFA, órgão formado por representantes da Fundação Rockefeller e do Departamento Nacional de Saúde Pública (DNSP). Essa era a oportunidade perfeita para a iniciativa norte-americana mostrar sua superioridade científica e administrativa, colocando em prática a teoria dos focos-chave.

Desenvolvida por Henry Carter (1852-1925), um dos principais epidemiologistas da Rockefeller, essa teoria defendia que a febre amarela era uma doença concentrada em grandes centros urbanos, transmitida pelo mosquito *Aedes aegypti*, uma espécie doméstica de pernilongo, que se reproduz em reservatórios de água artificiais. Por suas características, as pequenas localidades não seriam o hábitat ideal da doença.[14]

Assim, os médicos da Rockefeller acreditavam que, controlando a população de mosquitos nos locais considerados focos-chave, a febre amarela seria erradicada. Todavia os especialistas brasileiros jamais concordaram com essa teoria, pois afirmavam que a doença não era urbana, mas sim endêmica das áreas rurais. O país já possuía uma geração de sanitaristas que conheciam bem os problemas de saúde do Brasil. Pertencentes ao chamado "movimento sanitarista", eram homens formados e liderados por Oswaldo Cruz (1872-1917), como Carlos Chagas (1879-1934), Belisário Pena (1868-1939) e Artur Neiva (1880-1943).

O MAPEAMENTO DA FEBRE AMARELA NO BRASIL

Apesar da resistência e da desconfiança da comunidade sanitarista brasileira, a missão da Rockefeller acreditava estar no caminho certo. Concentrando sua ação nas cidades, as equipes mistas da Fundação tiveram como objetivo central eliminar o mosquito, atacando suas áreas de reprodução. Para tanto, precisavam examinar as residências em busca de reservatórios, onde as larvas do mosquito poderiam se reproduzir. Nesse trabalho, escrutinar a cidade era imprescindível, e o mapeamento era fundamental. Nos mapas topográficos, os funcionários "estabeleciam um zoneamento das áreas nas quais as ações contra a febre amarela seriam implementadas. Depois de contabilizado o número total de residências de determinada cidade, ela era dividida em zonas" e,[15] em seguida, as equipes eram distribuídas.

A estratégia produziu resultados rápidos, e o número de casos de febre amarela caiu vertiginosamente, já em 1925. Confiante de que o resultado era definitivo, o presidente Artur Bernardes (1875-1955) chegou a afirmar no Congresso Nacional, no final de 1926, que a doença estava erradicada e que a cooperação com os norte-americanos não era mais necessária. Contudo, muitos médicos brasileiros contestavam a vitória da Rockefeller sobre a febre amarela. Eram médicos do Serviço de Saúde Pública da Bahia, como Sebastião Barroso e Otto Schmidt, além do mineiro Maurício de Medeiros, que passaram a denunciar a ocorrência de surtos epidêmicos de febre amarela no interior do Nordeste e no vale do rio São Francisco, chamando novamente a atenção para a presença da doença no interior do país.

A situação só alarmou as autoridades e a Fundação Rockefeller quando uma forte epidemia de febre amarela eclodiu no Rio de Janeiro, entre 1928 e

1929. A volta violenta da doença em um grande centro urbano, que teoricamente não estava conectado a nenhum foco-chave, indicou que a teoria defendida pela Rockefeller estava incorreta. De fato, aquele foi o golpe fatal na teoria de Carter, já que novas descobertas laboratoriais — que indicaram que o agente da doença era um vírus, e não o mosquito — e os estudos que a Fundação estava desenvolvendo na costa africana também contestaram os pressupostos da teoria dos focos-chave.[16]

Os altos custos econômicos e sociais da epidemia levaram o governo brasileiro a pensar em medidas que controlariam de forma definitiva o problema. Ainda em 1929, um novo acordo foi firmado, e a Fundação passou a controlar o combate à febre amarela em praticamente todo o território nacional, com exceção do Rio de Janeiro. No ano seguinte, já sob o governo de Getúlio Vargas (1882-1954), "o convênio com a Fundação Rockefeller foi revisto, passando a prever a transferência de grande parte dos custos da campanha para o governo federal (80%), [...] e ampla liberdade para os funcionários da Fundação Rockefeller gerenciarem e coordenarem as atividades".[17] A grande questão, como lembra Löwy, era que os norte-americanos assumiram o controle total de uma agência governamental sem ter que dar satisfações ao país sobre suas decisões.[18]

A reestruturação do combate à febre amarela ficou a cargo de Fred Soper (1893-1977), o novo sanitarista-chefe do Escritório Regional da Fundação Rockefeller (1927-42), no Rio de Janeiro, e inspetor-geral do SCFA. Soper tinha confiança nos métodos eficazes de trabalho da Fundação, mas sabia que os preceitos epidemiológicos precisavam ser revistos, por isso remodelou a estrutura de trabalho nos moldes da teoria administrativa de Frederick Taylor (1856-1915), inserindo novos métodos laboratoriais. As tarefas básicas eram três: o mapeamento da área, o trabalho de campo (visitação das residências) e o trabalho laboratorial (viscerotomia),[19] e todas as etapas deveriam ser feitas tanto no interior como nas grandes cidades do país.

O inspetor-chefe mudou o foco para a "elaboração de mapas sobre a extensão e a endemicidade da febre amarela em vastas regiões do interior do país" e o levantamento de "censos populacionais e representações cartográficas detalhadas das áreas onde casos da enfermidade haviam sido notificados, além de relatórios sobre as condições e o modo de vida das populações rurais".[20] Essas informações eram essenciais para a estruturação estratégica das equipes de campo e de laboratório, por isso a necessidade de instituir uma seção de cartografia no Serviço de Febre Amarela.

A atuação direta da Fundação Rockefeller no combate à febre amarela no Brasil terminou em 1939, quando seus esforços foram redirecionados para o incentivo ao ensino da medicina e às pesquisas laboratoriais, principalmente no desenvolvimento e no aprimoramento da vacina antiamarílica. Já o combate ao vetor da malária, encontrado no Nordeste pela primeira vez em 1930, perdurou até 1942.

Apesar dos inúmeros desafios, da implosão da teoria dos focos-chave, da descoberta da febre amarela silvestre, os trabalhos desenvolvidos pela Fundação conseguiram erradicar o *Aedes aegypti* das grandes cidades do Brasil, afastando, pelo menos por um tempo considerável, os riscos de epidemias. No campo, o controle da febre amarela silvestre foi alcançado com o desenvolvimento da vacina. A eficiência dessas duas ações — o trabalho de campo e o trabalho laboratorial — foi a responsável pelo controle da doença no país.

A necessidade de planejar, organizar e controlar o sistema administrativo da Rockefeller impulsionou o processo de mapeamento de todas as fases do trabalho de campo e de laboratório. "Mapas, gráficos ou diagramas permitiam visualizar o que havia sido feito, o que faltava fazer, e também aquilo que estava falhando no desenvolvimento do trabalho."[21] Por isso, nos relatórios e em outros registros produzidos pela Fundação Rockefeller no Brasil, é frequente a presença de mapas — documentos dos mais variados tipos que ainda carecem de um estudo sistemático, em sua maioria pertencentes à tradição da medicina cartográfica, ou seja, representações geográficas que carregam informações epidemiológicas. São mapas que trazem informações geolocalizadas, utilizando diversos recursos estatísticos. Também consistem em mapas persuasivos, criados para reforçar argumentos, como o cartaz feito para a Exposição do Serviço Nacional de Febre Amarela, realizada durante a IX Conferência Sanitária Panamericana, sediada no Rio de Janeiro em 1942, no qual se destacava a eficácia da aplicação da vacina produzida no Brasil a partir de 1937 (Fig. 20.3).

AS DOENÇAS NO ESPAÇO

O espaço é uma categoria central para a epidemiologia. Afinal, foi "estudando a propagação das doenças pelo mundo, mapeando suas coordenadas, identificando sua origem e definindo seu comportamento, que os médicos de-

20.3. *Cartaz do Serviço Nacional de Febre Amarela. XI Conferência Sanitária Pan-Americana no Rio de Janeiro, em 1942.*

senvolveram os principais métodos da epidemiologia".[22] Também foi nesse processo que surgiu a medicina cartográfica. Tom Koch, um dos maiores especialistas da atualidade em história da cartografia das doenças, afirma que a história da saúde pública não deve abordar somente os números e as estatísticas, mas deve também analisar os aspectos geográficos e o uso dos mapas. Afinal, desde o final do século XVIII, as informações matemáticas levantadas sobre as epidemias começaram a ser analisadas cartograficamente. Essa abordagem ganhou força nos séculos seguintes, em especial quando os burocratas perceberam que poderiam utilizar os mapas para fundamentar as ações estatais de combate às epidemias.[23]

A pandemia da covid-19 (Sars-cov-2),[24] que começou no início de 2020, e cujos efeitos ainda são sentidos, intensificou a relação entre espaços e epidemias. São inúmeros os mapas construídos com dados da pandemia disponíveis na internet.[25] Todavia, "por causa da perspectiva do 'olho de Deus', os mapas mais do que os gráficos ou textos podem fazer com que os leitores pensem que estão recebendo o conhecimento completo, mas isso é uma ilusão".[26] Praticamente todos os órgãos governamentais, agências de saúde e jornais criaram seus próprios mapas. Todos se baseiam na mesma fonte de dados objetivos — número de contaminados, recuperados, mortos, hospitalizados, quantidade de testes aplicados —, porém os apresentam de formas completamente diferentes. Isso acontece porque, por trás do uso de dados e softwares objetivos, há as escolhas subjetivas dos cartógrafos.

O mapa *Coronel Ponce* (*Capim Branco*) e outros produzidos pela Fundação Rockefeller carregam o dinamismo inerente das epidemias. Os dados epidemiológicos, por exemplo, que são a base fundamental da medicina cartográfica, são temporalmente dispersos, ou seja, são coletados em momentos diferentes da evolução da epidemia. Ao longo da história, os cartógrafos desenvolveram métodos e técnicas para transmitir esse dinamismo nos mapas.

Os mapas relacionados ao Serviço de Febre Amarela, no Brasil, da Fundação Rockefeller, são apenas um pequeno exemplo de uma centena de mapas que a instituição produziu sobre a erradicação de doenças e que ainda se encontram inexplorados. Quase todos os relatórios dos seus pesquisadores eram acompanhados de mapas, tendo sido criada uma seção específica para produzi-los no laboratório central no Rio de Janeiro. Os mapas não eram meras ilustrações, já que a cartografia era vista como uma ferramenta essencial para os virologistas e epidemiologistas. Fruto de um processo acumulado de desenvolvimento da medicina cartográfica, os mapas da Fundação Rockefeller são produto de uma cartografia dinâmica, que permite acompanhar o desenvolvimento da febre amarela no Brasil de forma diacrônica.

NOTAS

1. Tradução livre do original. Matthew H. Edney, *Cartography — the Ideal and Its History*. Chicago e Londres: The University of Chicago Press, 2019, p. 48.

2. Cristina M. Oliveira Fonseca, "Trabalhando em saúde pública pelo interior do Brasil: Lembranças de uma geração de sanitaristas (1930-1970)". *Ciência & Saúde Coletiva*, Rio de Janeiro, n. 5, v. 2, pp. 393-411, 2000.

3. Ibid., p. 397.

4. Ibid., p. 398.

5. Ibid.

6. Ibid.

7. Apud Ilana Löwy, "Representação e intervenção em saúde pública: Vírus, mosquitos e especialistas da Fundação Rockefeller no Brasil". *História, Ciências, Saúde*, Manguinhos, n. 5, v. 3, p. 657, nov. 1998-fev. 1999.

8. O processo de construção da *Carta geral* foi objeto da tese de Rildo Borges Duarte, *Cartografias capitais: Os projetos do Mapa internacional do mundo e da Carta do Brasil ao milionésimo (1891-1930)*. São Paulo: FFLCH-USP, 2018. Tese (Doutorado em Geografia).

9. Mauro Pereira de Mello, Claudio João Barreto dos Santos e Marcelo Maranhão, "Uma abordagem diacrônica sobre a influência da relação Brasil-Estados Unidos no mapeamento do território brasileiro nas escalas topográficas 1:50.000 e 1:100.000". *Terra Brasilis* (Nova Série), Niterói, n. 10, pp. 10-2, 2018.

10. Jaime Larry Benchimol (org.), *Febre amarela: A doença e a vacina, uma história inacabada*. Rio de Janeiro: Ed. Fiocruz, 2001, p. 165.

11. Tom Koch, "Mapping the Miasma: Air, Health, and Place in Early Medical Mapping". *Cartographic Perspectives*, University Park, n. 52, p. 4, outono 2005.

12. Ilana Löwy, *Vírus, mosquitos e modernidade: A febre amarela no Brasil entre ciência e política*. Rio de Janeiro: Ed. Fiocruz, 2006, p. 154.

13. Ibid., p. 160.

14. Rodrigo C. S. Magalhães, *A erradicação do Aedes aegypti: Febre amarela, Fred Soper e saúde pública nas Américas (1918-1968)*. Rio de Janeiro: Ed. Fiocruz, 2016, p. 59.

15. Ibid., p. 72.

16. Ibid., pp. 77-85.

17. Ibid., p. 89.

18. Ilana Löwy, "Representação e intervenção em saúde pública: Vírus, mosquitos e especialistas da Fundação Rockefeller no Brasil". *História, Ciências, Saúde*, Manguinhos, v. 5, n. 3, p. 667, nov. 1998-fev. 1999.

19. Viscerotomia é uma técnica médica que consiste na retirada de pedaços de órgãos internos logo após a morte para exames e diagnósticos. Largamente utilizado pela Fundação Rockefeller para exames de comprovação de mortes por febre amarela.

20. Rodrigo C. S. Magalhães, op. cit., p. 92.

21. Ilana Löwy, op. cit., pp. 341-2.

22. Tradução livre do original. Jim Downs, *Maladies of Empire: How Colonialism, Slavery, and War Transformed Medicine*. Cambridge/ Londres: Harvard University Press, 2021, p. 35.

23. Tradução livre do original. Tom Koch, "Social Epidemiology as Medical Geography: Back to the Future". *GeoJournal*, Berlim, v. 74, n. 2, p. 100, 2009.

24. O Sars-COV-2 é um *B-coronavirus* (subgênero *Sarbecovírus*, subfamília *Orthocoronavirinae*), possuindo como material genético RNA de sentido positivo não segmentado. Phelipe Magalhães Duarte, "COVID-19: Origem do novo coronavírus". *Brazilian Journal of Health Review*, Curitiba, v. 3, n. 2, p. 3586, mar.-abr. 2020. Esse nome foi escolhido para diferenciá-lo do Sars-COV, epidemia que ficou conhecida como Sars ocorrida em 2003.

25. Carmem Rodrigues, "Colocando o coronavírus no mapa: A cartografia a serviço das ciências da saúde". *Café História*, 18 maio 2020. Disponível em: <https://www.cafehistoria.com.br/cartografica-do-covid19/>. Acesso em: 31 maio 2022.

26. Tradução livre do original. Jordan Branch, "Be Careful what You're Learning from Those Coronavírus Maps. There's an Argument Embedded in Every Map. Here's what You Need to Know". *The Washington Post*, 11 mar. 2020. Disponível em: <https://www.washingtonpost.com/politics/2020/03/11/be-careful-what-youre-learning-those-coronavirus-maps/>. Acesso em: 31 maio 2022.

LEITURAS COMPLEMENTARES

BENCHIMOL, Jaime Larry (coord.). *Febre amarela: A doença e a vacina, uma história inacabada*. Rio de Janeiro: Ed. Fiocruz, 2001.

FOSDICK, Raymond Blaine. *The Story of the Rockefeller Foundation*. New Brunswick: Transaction Publishers, 1989.

LÖWY, Ilana. *Vírus, mosquitos e modernidade: A febre amarela no Brasil entre ciência e política*. Rio de Janeiro: Ed. Fiocruz, 2006.

21. Um Brasil desigual

Mapa das áreas alimentares do Brasil, *Josué de Castro, 1946*

Federico Ferretti

Em 1946, Josué de Castro publicou um livro muito celebrado internacionalmente, a *Geografia da fome.*[1] Logo na sua introdução, veiculou um *Mapa das áreas alimentares do Brasil* (Fig. 21.1), seguido do *Mapa das principais carências existentes nas diferentes áreas alimentares do Brasil* (Fig. 21.2), que ficaram conhecidos como os *Mapas da fome.* Os dois foram citados e até reproduzidos em numerosas publicações, mas não foram analisados sob a óptica da história da cartografia, como se fará a seguir, utilizando alguns conceitos da história crítica da cartografia e focalizando, ao mesmo tempo, o contexto dos mapas e as suas estratégias de comunicação visual.

O AUTOR

No Brasil, a figura de Josué de Castro (Recife, 1908-Paris, 1973) é bem conhecida, e amiúde citada nos debates políticos. Sua *Geografia da fome* foi fonte de inspiração para movimentos populares, como o Movimento dos Trabalhadores Rurais Sem Terra (MST), e mais comumente para a esquerda brasileira. Contudo, só recentemente surgiram trabalhos acadêmicos brasileiros substanciais explorando sua obra[2] e, de forma mais significativa, uma literatura angló-

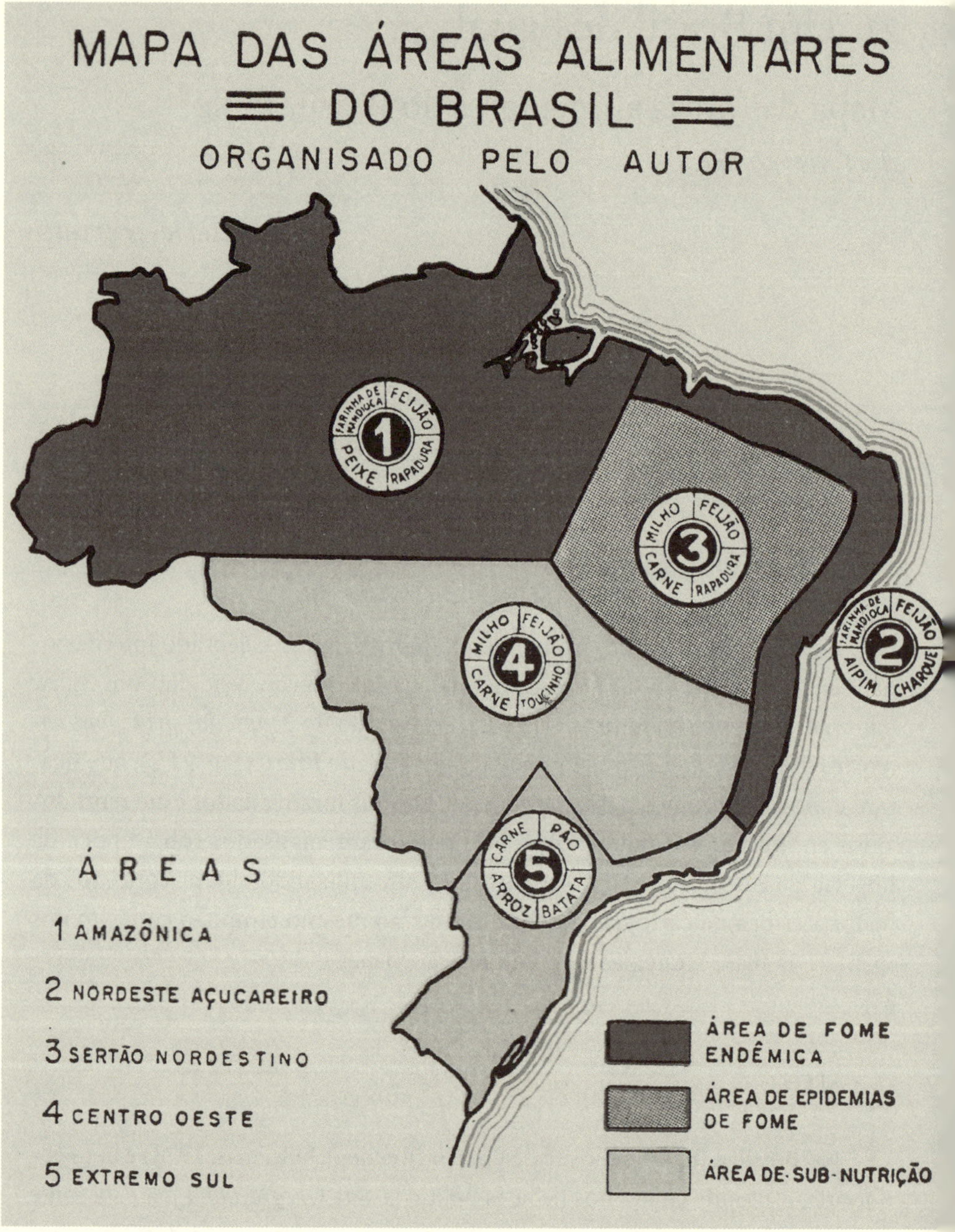

21.1. Mapa das áreas alimentares do Brasil, *1946, de Josué de Castro.*

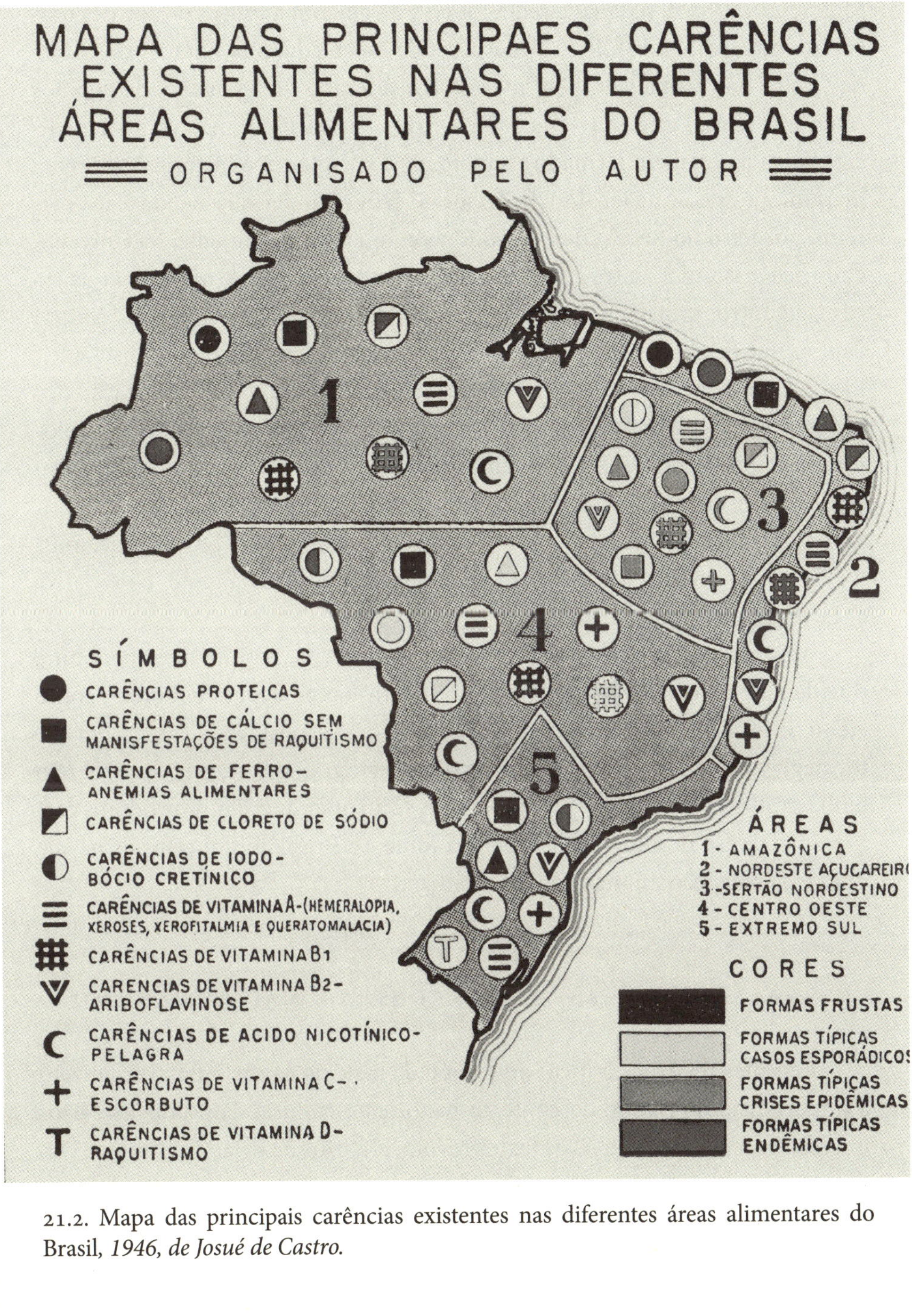

21.2. Mapa das principais carências existentes nas diferentes áreas alimentares do Brasil, *1946, de Josué de Castro.*

fona internacional, na qual a redescoberta da geografia crítica de autores brasileiros está ganhando fôlego.[3] É surpreendente que durante muitos anos Josué de Castro não tenha sido nem mesmo considerado um geógrafo, devido aos interesses plurais que atravessam sua obra em várias disciplinas, como a medicina (área na qual era formado), a biologia, a sociologia, a história e mesmo a literatura, e apesar de ter sido professor de geografia por quase toda a sua carreira, primeiro no Recife, depois no Rio de Janeiro e, finalmente, na Universidade de Paris VIII. Contra a injustiça do não reconhecimento disciplinar de Josué de Castro, protestou o mais respeitado dos geógrafos brasileiros, Milton Santos, que foi seu amigo e correspondente e que se proclamou seu discípulo.[4] Ele defendeu que as obras de Castro foram capitais para a conscientização dos geógrafos críticos brasileiros que se insurgiram contra os aspectos neocoloniais das teorias do desenvolvimento.[5] Em carta, Santos também pediu a seu amigo Florestan Fernandes que considerasse Castro para redigir uma monografia da coleção editorial Grandes Cientistas Sociais, pois: "De sua vida, muitos de nossos colegas insistiam em não considerá-lo um geógrafo. Grave erro, a ser resgatado a nosso benefício".[6]

Mesmo não tendo sido essa monografia escrita, não há mais nenhuma dúvida hoje da consagração de Josué de Castro como geógrafo. Porém, como efeito do atraso na literatura dessa ciência, pode-se considerá-lo ainda um autor negligenciado no campo da história da cartografia. E, mesmo que ele não tenha produzido numerosos mapas, pode-se afirmar que alguns produtos cartográficos, caso dos dois mapas sobre a fome no Brasil, foram centrais na sua obra e na recepção pública que ela alcançou.

CONTRACARTOGRAFIAS E MAPAS CONTRA O MALTHUSIANISMO

Recentes reflexões críticas no campo da história da cartografia enfatizam a importância do estudo do contexto histórico e cultural da produção cartográfica,[7] especialmente após os textos revolucionários de Brian Harley e de David Woodward, que, nas últimas décadas, tiraram o campo do âmbito da mera erudição para transformá-lo numa disciplina crítica, capaz de compreender as expressões do poder (e da sua colonialidade) na produção dos mapas.[8] Mais recentemente, cartógrafos e estudiosos afirmaram, com ênfase, que os mapas não são necessariamente e apenas instrumentos dos Estados, dos exércitos e do imperialismo, mas podem também ser poderosos instrumentos de contestação e mobilização social. Um recente livro publicado na França — *Cartographie radicale: Explorations* — sintetiza décadas de empenho cartográfico crítico dos autores.[9] Na obra, Nepthys Zwer e Philippe Rekacewicz partem da ideia da cartografia temática como sendo um instrumento de democratização dos mapas, que permite a todos desenhar mapas ao exprimir uma visão do mundo, apenas ilustrando ideias qualitativas que não exigem técnicas topográficas ou trigonométricas. Esse tipo de produção cartográfica pode ser participativo e envolver crianças, migrantes, militantes, pessoas sem formação universitária, além de dispensar instrumentos técnicos e informáticos sofisticados.[10]

Esses dois autores radicais se inspiraram no conceito de semiologia gráfica de Jacques Bertin (1918-2010), segundo o qual a linguagem cartográfica deve ser o mais simples e imediata possível, de forma a expressar a ideia-chave de cada mapa no "instante mínimo de visão".[11] Bertin acrescenta, ironicamente, que "as linhas que [os cartógrafos] traçam nos seus mapas não devem evocar um prato de spaghetti".[12] Então, o que serve à cartografia temática são, primeiramente, capacidades expressivas, e não isolinhas incompreensíveis para públicos sem nenhuma preparação técnica. Alguns dos geógrafos radicais que também inspiram Zwer e Rekacewicz adotam as mesmas perspectivas, como William Bunge e Gwendolyn Warren, nas suas famosas "expedições urbanas" nos bairros afro-americanos de Detroit,[13] quando produziram atlas temáticos das injustiças sociais, inaugurando cartografias militantes e empenhadas, que Bunge chamou de "cartografias críticas"; David Harvey, de "cartografias radicais"; e Zwer e Rekacewicz, de "contracartografia".[14] Essa contracartografia coloca os mapas "a serviço da justiça social e espacial, e a serviço da sociedade civil quando ela trata de defender seus espaços de vida da predação capitalista".[15] Os mapas da fome de Josué de Castro podem ser lidos através dos óculos conceituais dessa cartografia temática e radical, e possuem eminentes antecedentes, como os mapas dos geógrafos anarquistas Charles Perron e Élisée Reclus.

Em 1889, Perron desenhou um mapa (Fig. 21.3) sobre o qual Reclus escreveu um artigo de poucas páginas.[16] É um precedente e um elemento de contexto fundamental para compreendermos os mapas de Josué de Castro por duas razões: primeiro, a introdução da *Geografia da fome* está estruturada da mesma maneira, isto é, poucas páginas de texto dispostas ao redor dos dois mapas; segundo, porque todos são mapas antimalthusianos. O reverendo Thomas Malthus (1766-1834) elaborou o conhecido modelo que pressupõe uma relação desigual entre a população e os recursos alimentares, criando uma justificativa natural e moral da pobreza, que forneceu ao capitalismo os pretextos para naturalizar as desigualdades sociais dele decorrentes. A retórica neoco-

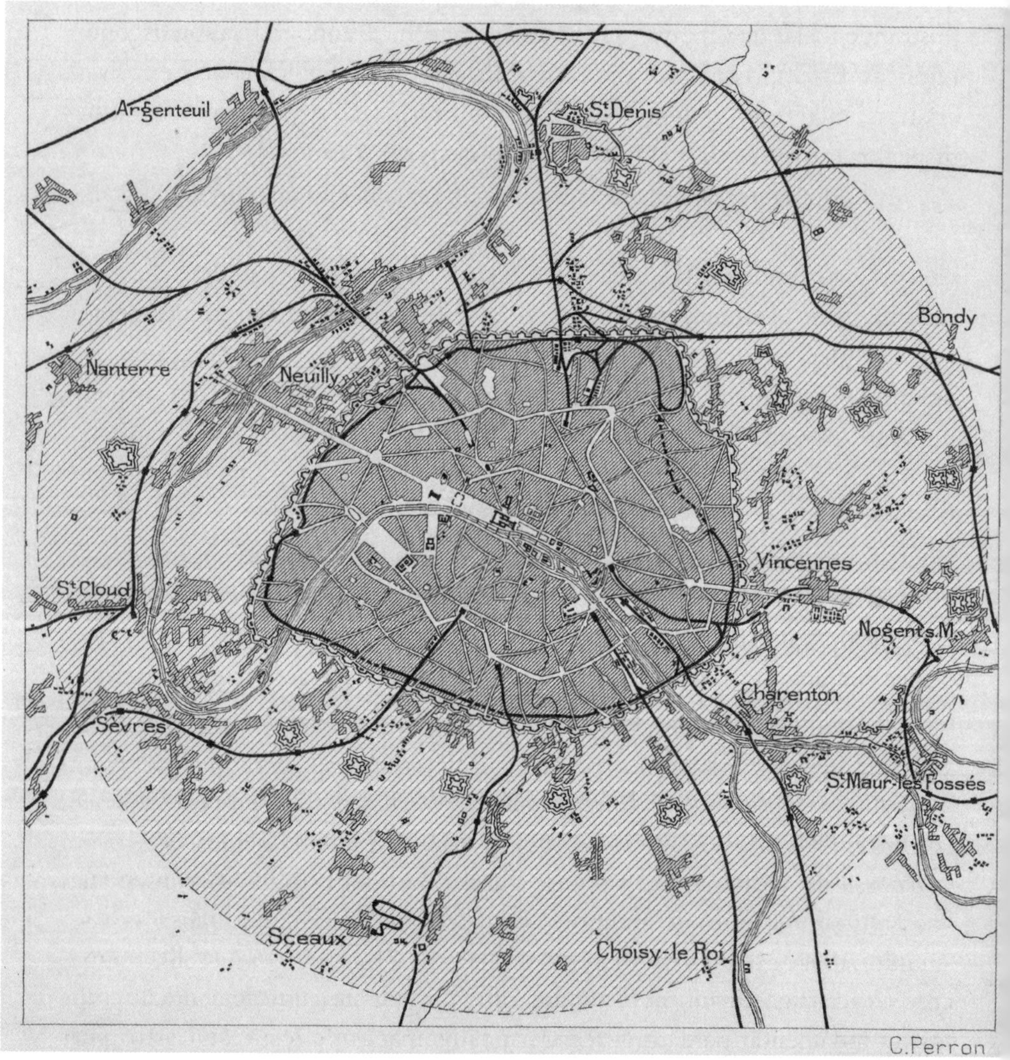

21.3. Paris et sa banlieue: Espace où tiendrait le genre humain, à 4 habitants par mètre carré, *1889-90, de Charles Perron.*

lonial do "desenvolvimento" se inspirou igualmente no malthusianismo para forjar seus argumentos, que livram os países colonialistas das responsabilidades perante o chamado "Terceiro Mundo" e, no século XX, Josué de Castro foi um dos seus mais poderosos críticos.[17]

Da mesma maneira que mais tarde ocorreria com os mapas da fome, o de Charles Perron, *Paris et sa banlieue* [Paris e sua periferia], foi utilizado pelos geógrafos anarquistas como argumento na polêmica antimalthusiana. O mapa representa a cidade de Paris, naquela época um símbolo da revolução depois da experiência da Comuna de 1871, inserida num círculo imaginário de 375 quilômetros quadrados de superfície (Fig. 21.3). Esse círculo conteria toda a população mundial, calculada na época em torno de 1,5 bilhão de indivíduos, ficando quatro pessoas por metro quadrado, sendo que todos estariam de pé, como numa ágora grega, ou assembleia fraternal de toda a humanidade. O argumento antimalthusiano foi desenvolvido por Reclus, que explicou que o mapa de Perron mostrava, concretamente, o princípio da unidade e da solidariedade do gênero humano e que os problemas globais podiam ser solucionados por meio de uma visão internacionalista e solidária. Em breve, afirmava, o problema não seria a densidade da população, mas a maneira injusta pela qual os recursos seriam distribuídos no sistema capitalista. Nos seus mapas da fome, Josué desenvolveu os mesmos argumentos de Reclus, inclusive citando sua *Geografia universal* como fonte de inspiração.

O CONTEXTO DOS MAPAS DA FOME

Para ressaltar as intenções políticas, além de científicas, da *Geografia da fome*, de Josué de Castro, temas destacados sobretudo pela literatura, dois arquivos pouco explorados de correspondência inédita podem proporcionar elementos novos sobre o contexto em que os mapas foram produzidos. O primeiro é o dossiê das cartas enviadas por ele a Roger Bastide (1898-1974), conservadas no Institut Mémoires de l'Édition Contemporaine (Imec), na França, e, o segundo, as cartas endereçadas a Luís da Câmara Cascudo (1898-1986), guardadas no acervo deste último, em Natal (RN). Os dois amigos e colaboradores lhe forneceram ajuda fundamental para seu ingresso nos circuitos internacionais de pesquisadores (Bastide) e na busca de documentos e de informações sobre o Nordeste (Cascudo) para embasar seus escritos.

Como professor no Recife, e depois no Rio de Janeiro, Castro não dispunha de instrumentos para realizar trabalhos de campo de abrangência nacional sobre a fome. No entanto, a pesquisa empírica era fundamental para subsidiar suas hipóteses. Em 1939, ele pediu a Bastide um conselho sobre a proposta que acabara de receber: "O governo federal resolveu criar um serviço central de alimentação, encarregando-me da sua direção central. Deverei ficar à frente desse novo serviço, no qual poderei realizar pesquisas em todo o âmbito nacional. Breve lhe mandarei notícias mais detalhadas, dos planos e trabalhos futuros do novo instituto".[18] Ele se referia ao futuro Instituto de Nutrição, que dirigiu no Rio de Janeiro e que foi essencial para embasar as pesquisas regionais empíricas sobre a alimentação no Brasil, possibilitando a construção de seus mapas da fome.[19] Bastide apoiou o projeto do amigo, sendo agradecido na *Geografia da fome* com palavras lisonjeiras: "[...] poucos brasileiros se identificaram tanto e se penetraram tanto do espírito de brasilidade como Roger Bastide [que era francês]".[20]

Câmara Cascudo, folclorista e estudioso do Nordeste, foi autor de geografias brasileiras dos mitos e de suas histórias da cozinha, que muito devem às abordagens regionais de Josué de Castro, sendo que os dois correspondentes tinham um projeto comum, que, nas palavras do autor, "os acasos da vida não nos permitiram realizar, o de escrevermos em colaboração uma história da cozinha brasileira".[21] Castro continuou a lhe escrever, mesmo depois da publicação de *Geografia da fome*, expondo a importância do sucesso de público do livro para a continuidade de seu projeto: de que a fome no Brasil tinha que passar a lidar com a fome mundial. "A Geografia da Fome continua fazendo seu furorzinho literário, me dando lisonjeiros empurrãozinhos para prosseguir com os outros volumes. Vou pôr mãos à obra."[22] Pode-se considerar que a presença dos dois mapas em cor e de dezesseis imagens gravadas especialmente com cenas do Nordeste ajudaram no sucesso editorial do livro.

REGIONALIZAÇÃO DA FOME E HERANÇA COLONIAL

O primeiro mapa, intitulado *Mapa das áreas alimentares do Brasil*, divide o país em cinco zonas que não correspondem à regionalização oficial (Fig. 21.1). Numeradas na legenda de 1 a 5, as áreas eram a Amazônica, o Nordeste açucareiro, o sertão nordestino, o Centro-Oeste e o Extremo Sul. Círculos destacam os principais alimentos consumidos em cada uma delas. Mas, apesar do título do mapa, uma segunda legenda imprime-lhe novo significado, pois, em vez de destacar as áreas alimentares do Brasil, fornece as modulações que a fome adquire em cada uma delas, o que permite identificá-lo como um mapa da fome.

Seu objetivo foi o de exemplificar a regionalização da fome no Brasil, que era o resultado dos "inquéritos sociais [...] nas diferentes regiões do país", os quais Josué de Castro organizou desde o Rio de Janeiro e que resultaram na ideia de que "o país abrange pelo menos cinco diferentes áreas alimentares".[23] Seguindo os critérios do inquérito, ao considerar áreas da fome aquelas onde mais da metade dos indivíduos apresentava carências alimentares, o resultado era bastante espantoso, pois três das cinco áreas (as três primeiras listadas) resultavam ser "nitidamente áreas da fome".[24] Significativamente, duas delas estavam localizadas no Nordeste, que adquire o triste primado nacional da fome no Brasil. Isso era coerente com a ideia de Castro da importância e da complexidade do problema colonial e pós-colonial na área, abrangendo colonialismo externo e colonialismo interno. "O Nordeste [...] é colônia do Sul, que, por sua vez, é colônia dos Estados Unidos. Como, no passado, o Brasil era colônia de Portugal, que era colônia da Inglaterra".[25]

A segunda carta, intitulada *Mapa das principais carências existentes nas diferentes áreas alimentares do Brasil* (Fig. 21.2), segue a mesma regionalização da primeira e é, sem dúvida, menos intuitiva, considerando o conceito de Jacques Bertin do "instante mínimo de visão", pois contém muito mais informações do que a anterior, o que demanda do leitor mais tempo e concentração para ler a lista das carências alimentares específicas (as "fomes qualitativas"), que são associadas a onze símbolos diferentes. Em tinta uniforme, esses símbolos são reproduzidos em quatro cores: preto, quando se trata de "formas frustas", isto é, mais benignas ou incompletas; amarelo, nos "casos esporádicos" de "formas típicas"; verde, para "crises epidêmicas" de "formas típicas"; e vermelho para as "formas típicas endêmicas". Apesar da relativa complexidade, uma vez mais, o que aparece no "instante mínimo de visão" é a centralidade do Nordeste no mapa da fome, onde se concentra uma inquietante maioria de símbolos vermelhos (nas áreas litorâneas) e verdes (no sertão). Mas o mapa desnuda como o problema da fome não era limitado ao Nordeste, pois, além das cores, a concentração de símbolos em todas as cinco áreas do país demonstrava como o problema, qualitativamente, estava presente também nas regiões consideradas menos pobres do país, como o Sul. Ademais, as formas desses símbolos, cruzes, quadriculados, linhas e polígonos, disparam o alarme e instigam a preocupação do leitor. Finalmente, os dois mapas ressignificam ironicamente a grafia típica dos atlas temáticos clássicos, que dispõem símbolos de produtos coloniais, como cacau, amendoim, banana ou coco, nos mapas dos países tropicais. Nesse caso, são os inquietantes símbolos da fome que preenchem o segundo mapa, que, nesse sentido, pode ser definido, juntamente com o precedente, como um mapa temático, mas cujo tema é anticolonial.

As fontes de ambos foram claramente os inquéritos nacionais lançados pelo Instituto de Nutrição, e a técnica utilizada foi o simples desenho dos temas sobre bases cartográficas que representam um contorno simplificado do Brasil, bem conhecido dos leitores. A autoria também deixa poucas dúvidas, considerando que os dois mapas são assinados e os autores gráficos do livro são citados no prefácio, onde o autor lhes agradece: "A Percy Lau e M. Medina somos gratos pelo interesse que puseram em ilustrar de maneira inteligente este livro, com desenhos e mapas que muito recomendam os seus méritos pessoais de desenhista e cartógrafo".[26] Foi M. Medina quem produziu os mapas, mas não há mais informações sobre ele. No entanto, cada um dos mapas apresenta abaixo do título a informação de que foi "organizado pelo autor". Pode-se, então, considerar que a idealização e os detalhes gráficos dos dois foram trabalho de Josué de Castro, que, apesar de não ser cartógrafo e mesmo não ter sido por algum tempo considerado geógrafo, teve contribuição fundamental na construção de uma imagem cartográfica do Brasil que não era colonial, nacionalista ou militarista, utilizando o grande poder comunicativo dos mapas para denunciar as desigualdades políticas e sociais vigentes.

MAPAS COMO DENÚNCIA DAS DESIGUALDADES

Comentando o primeiro mapa (Fig. 21.1), Tânia Magno da Silva escreve que Castro "apresenta pela primeira vez um mapa da fome do Brasil",[27] o que suscitou fortes impressões tanto na opinião pública quanto no espaço acadêmico. Sobre o segundo mapa (Fig. 21.2), Lucas Guedes Vilas Boas aponta que a imagem foi parte de uma campanha visando mostrar como "60 milhões de latino-americanos"[28] sofriam de carências alimentares. Efetivamente, um dos pontos fundamentais dos inquéritos de Josué de Castro sobre a fome no Brasil lidava exatamente com as "fomes qualitativas", resultantes das carências específicas de vitaminas, proteínas ou sais minerais. Francisco Vasconcelos defende que, através de uma análise dos dois mapas, é possível entender os conteúdos substanciais da *Geografia da fome*,[29] algo que foi também destacado por Manuel Correia de Andrade[30] e por Rui Ribeiro Campos.[31] Recentemente, Archie Davies comentou os dois mapas nos *Annals of the American Association of Geographers*, notando que a cartografia da fome de Josué de Castro servia para demonstrar que a fome não era um "flagelo" da natureza, mas um fenômeno voluntariamente "criado e mantido como ato de violência pelos poderosos, que se manifestava no metabolismo corpóreo não só como morte direta causada pela fome, mas também por formas crônicas e ocultas".[32] Esses autores confirmam como a estratégia comunicativa dos mapas, ao expor e popularizar os argumentos do livro, obteve êxito.

A primeira finalidade dos dois mapas foi subsidiar graficamente a tarefa principal do livro: quebrar o tabu da "conspiração do silêncio em torno da fome", que só alguns geógrafos corajosos, como Reclus, denunciavam desde o século XIX, pois, de um lado, como aponta Castro, "segundo nos conta Reclus nos últimos trinta anos do século passado morreram de inanição [na Índia] mais de 20 milhões de habitantes".[33] De outro lado, "os grandes importadores [...] faziam o possível para abafar na Europa os rumores longínquos desta fome longínqua, a qual [...] poderia atrapalhar os seus lucrativos negócios".[34] Isso antecipava argumentos de geógrafos como Mike Davis e David Nally, que definem essas carestias coloniais, desde a Índia até a Irlanda, como "holocaustos vitorianos", atribuídos a circunstâncias climáticas e a argumentos malthusianos, mas que, na realidade, eram cometidos voluntariamente em nome do lucro e por meio da dominação colonial.[35] Contra Malthus, Castro confirmou argumentos reclusianos sobre a possibilidade de que a terra produzisse alimentos para uma população muito maior do que a que habitava o mundo naquele momento, estimando-a em "11 bilhões",[36] conforme as expectativas mais otimistas. Uma vez mais, o problema da origem da fome e da miséria no Brasil não era a natureza, mas as "suas características econômicas de tipo colonial, [assentadas] na exclusiva dependência de uns poucos produtos primários de exportação".[37]

Na estratégia comunicativa que elaborou, a inserção de dois mapas nas poucas páginas da introdução foi a primeira expressão visual da necessidade afirmada pelo autor de "lançar mão do método geográfico" para expressar suas ideias sobre a fome no Brasil.[38] É muito importante considerar como, nessa parte, Josué começa questionando imagens que, na opinião pública mundial, e na do Brasil também, eram lugares-comuns que a "fome coletiva" era fenômeno exótico, de "desesperadas multidões comprimidas nas sinuosas ruelas das cidades orientais",[39] especialmente na China e na Índia. Tais estereótipos eurocêntricos foram questionados, primeiro, pelas imagens de pessoas morrendo de fome nos campos de concentração nazistas na Europa, que impressionaram muito a Josué, e depois pela realidade, que não se podia mais esconder, de que as fomes coletivas afetavam "mesmo nosso continente, chamado o da abundância e simbolizado até hoje nas lendas do Eldorado".[40] O primeiro mapa inclui poucos símbolos, e sua aparência relativamente "vazia" parece explicar o paradoxo malthusiano denunciado por Castro, do fato de que a densidade relativamente baixa da população não justificava que a natureza fosse uma causa da fome na América Latina e no Brasil.

Tecnicamente, o primeiro mapa é o que mais corresponde às ideias de síntese de Jacques Bertin, pois as cores explicam claramente o conceito da desigualdade pós-colonial do Brasil, distinguindo as regiões do Brasil e colocando, em vermelho, como se fosse um sinal de alarme, as "áreas de fome endêmica" que se estende da Amazônia à Zona da Mata, do Nordeste; em amarelo, as áreas de subnutrição que abarcam o Centro e o Sul do Brasil, onde o fenômeno era menos grave; e, numa cor intermediária, o sertão nordestino, definido como "área de epidemias de fome". Cabe destacar que um ponto fundamental da geografia da fome de Josué era que as periódicas epidemias de "fome aguda", apesar de serem impressionantes e causarem muitas mortes, como no caso das decorrentes das secas nordestinas, eram só aspectos mais espetaculares do problema, pois negligenciavam a fome endêmica e a existência das fomes qualitativas, que tinham efeitos igualmente devastadores na vida humana e na sociedade.

Pode-se concluir que, à diferença da maioria dos mapas que representam uma nação, os dois de Josué de Castro são do território nacional, mas não nacionalistas. Num comentário que fez, em 1960, sobre algumas resenhas críticas que saíram sobre seu livro, ele comparou certo nacionalismo ao racismo, ridicularizando um "exaltado patriota, indignado com a feia pecha, que com este livro eu lançava sobre o Brasil, de ser um país de famintos", mancha "talvez mais degradante aos olhos de certos patriotas do que as manchas da mestiçagem com o negro".[41] Ademais de ser anticolonial, a geografia da fome era também antirracista, pois o geógrafo agradeceu à influência das culturas africanas na cozinha baiana, de onde ele tirou estereótipos menosprezadores, e também incluiu, entre os exemplos de produção alimentar para autoconsumo, que era uma das suas propostas contra a fome, o latifúndio e a exploração neocolonial, "a agricultura dos negros fugidos dos engenhos do Nordeste e acantonados nos quilombos".[42]

Finalmente, enquanto Harley considerava a cartografia como politicamente unidirecional, servindo sempre ao poder e nunca para a contestação, a cartografia radical e temática demonstra que os mapas podem embasar discursos política e socialmente críticos, como afirmaram Zwer e Rekacewicz. "Se o mapa pode ser utilizado para a propaganda dos poderosos e dos soberanos para afirmar o poder deles, ele pode servir também a contestação e a resistência."[43] A relevância e as potencialidades políticas e sociais da geografia e da cartografia para o pensamento crítico confirmam-se, uma vez mais, nos mapas da fome de Josué de Castro.

NOTAS

1. Josué de Castro, *Geografia da fome: O dilema brasileiro, pão ou aço*. 9. ed. São Paulo: Brasiliense, 1965.

2. Helder Remigio de Amorim, "*Um pequeno pedaço do incomensurável*"*: A trajetória intelectual e política de Josué de Castro*. Recife: UFPE, 2016. Tese (Doutorado em História); Cleder Fontana, *Fome e questão ambiental: Uma leitura a partir da obra de Josué de Castro*. Porto Alegre: UFRGS, 2014. Tese (Doutorado em Geografia); Marina Gusmão de Mendonça, *O combatente da Fome: Josué de Castro: 1930-1973*. Bauru: Canal 6 Editora, 2021.

3. Archie Davies, *Militant Geography, Josué de Castro and the Geography of Hunger*. Minneapolis: Minnesota University Press, 2021; Federico Ferretti, "Decentring the Lettered City: Exile, Transnational Networks, and Josué de Castro's Centre International pour le Développement (1964-1973)". *Antipode, a Radical Journal of Geography*, Oxford, v. 54, n. 2, pp. 397-417, 2021. Disponível em: <https://onlinelibrary.wiley.com/doi/full/10.1111/anti.12759>. Acesso em: 8 jun. 2022.

4. Federico Ferretti, "Geographies of Internationalism: Radical Development and Critical Geopolitics from the Northeast of Brazil". *Political Geography*, Oxford, n. 63, pp. 10-9, 2018.

5. Milton Santos, "Apresentação: Josué de Castro e a geografia da fome. In: Josué de Castro, *Geografia da fome*. Rio de Janeiro: Civilização Brasileira, 2012, pp. 29-30.

6. São Paulo, Instituto de Estudos Brasileiros, MS-RS83-040, "Carta de Milton Santos a Florestan Fernandes", 21 maio 1983.

7. Peter Barber, "'Context is Everything...': Ruminations on Developments in the History of Cartography Since the 1970s and their Consequences". *Imago Mundi*, Berlim, v. 72, n. 2, pp. 131-47, 2020.

8. John Brian Harley, *The New Nature of Maps: Essays in the History of Cartography*. Baltimore e Londres: The Johns Hopkins University Press, 2001.

9. Nepthys Zwer e Philippe Rekacewicz, *Cartographie radicale: Explorations*. Paris: La Découverte, 2021.

10. Veja-se o blog dos autores, onde muitos mapas são desenhados com simples lápis de cor: <https://visionscarto.net/>.

11. Jacques Bertin, *Sémiologie graphique: Les Diagrammes, les réseaux, les cartes*. Paris: Mouton, 1967, p. 142.

12. Ibid., p. 315.

13. William W. Bunge, *Fitzgerald. Geography of a Revolution*. Cambridge/ MA: Schenkman Publishing Company, 1971.

14. Nepthys Zwer e Philippe Rekacewicz, op. cit., p. 9.

15. Ibid., p. 11.

16. Élisée Reclus, "À propos d'une Carte statistique". *Bulletin de la Société Neuchâteloise de Géographie*, Neuchâtel, v. 5, pp. 122-4, 1889-90.

17. Federico Ferretti, "A Coffin for Malthusianism: Josué de Castro's Subaltern Geopolitics". *Geopolitics*, Londres, v. 26, n. 2, pp. 589-614, 2021.

18. Caen (França), Institut Mémoires de l'Édition Contemporaine, Pasta BST2 C1.01, Carta de Josué de Castro a Roger Bastide, 11 jul. 1939.

19. Archie Davies, op. cit.

20. Josué de Castro, op. cit., p. 317.

21. Ibid., p. 31.

22. Natal (RN), Instituto Câmara Cascudo, Correspondência de Cascudo, "Carta de Josué de Castro a Câmara Cascudo", 7 jan. 1947.

23. Josué de Castro, op. cit., p. 38.

24. Ibid., p. 39.

25. Recife, Fundação Joaquim Nabuco, Coordenação-Geral de Estudos da História Brasileira (Cehibra), Pasta 5, *Jornal do Commercio*, 12 dez. 1960.

26. Josué de Castro, op. cit., p. 32.

27. Tânia Elias Magno da Silva, "Josué de Castro e os estudos sobre a fome no Brasil". *Cronos*, Natal, v. 10, n. 1, p. 60, 2009.

28. Lucas Guedes Vilas Boas, "Fome oculta e seus liames com a economia, a política e a sociedade". *GeoGraphos*, Alicante, v. 7, n. 90, p. 213, 2016.

29. Francisco de Assis Guedes de Vasconcelos, "Josué de Castro e a *Geografia da fome* no Brasil". *Cadernos de Saúde Pública*, Rio de Janeiro, v. 24, n. 11, pp. 2710-7, 2008.

30. Manuel Correia de Andrade, "Josué de Castro: O homem, o cientista e seu tempo". *Estudos Avançados,* São Paulo, v. 11, n. 29, pp. 169-94, 1997.

31. Rui Ribeiro Campos, *A dimensão populacional na obra de Josué de Castro.* Rio Claro: Unesp, 2004. Tese (Doutorado em Geografia).

32. Archie Davies, "Unwrapping the oxo Cube: Josué de Castro and the Intellectual History of Metabolism". *Annals of the American Association of Geographers,* Washington, v. 109, n. 3, p. 844, 2019.

33. Josué de Castro, op. cit., p. 11.

34. Ibid., p. 12.

35. Mike Davis, *Late Victorian Holocausts: El Niño Famines and the Making of the Third World.* Londres: Verso, 2001; David Nally, *Human Encumbrances. Political Violence and the Great Irish Famine.* Notre Dame: University of Notre Dame Press, 2011.

36. Josué de Castro, op. cit., p. 13.

37. Ibid., p. 27.

38. Ibid., p. 14.

39. Ibid., p. 35.

40. Ibid., p. 36.

41. Ibid., p. 305.

42. Ibid., p. 31. Informações fornecidas por Edson Carneiro, a quem Castro agradece.

43. Nepthys Zwer e Philippe Rekacewicz, op. cit., p. 15.

LEITURAS COMPLEMENTARES

ANDRADE, Manuel Correia de (org.). *Josué de Castro e o Brasil.* São Paulo: Fundação Perseu Abramo, 2003.

CASTRO, Josué de. *Ensaios de geografia humana.* Porto Alegre: Livraria do Globo, 1939.

______. *Geopolítica da fome.* Rio de Janeiro: Casa do Estudante do Brasil, 1951.

______. *Sete palmos de terra e um caixão.* São Paulo: Brasiliense, 1965.

______. *Homens e caranguejos.* São Paulo: Brasiliense, 1967.

22. Conectando e colonizando o Brasil

Mappa da viação ferrea dos Estados Unidos do Brasil e da República do Uruguay, *1954*

André Reyes Novaes

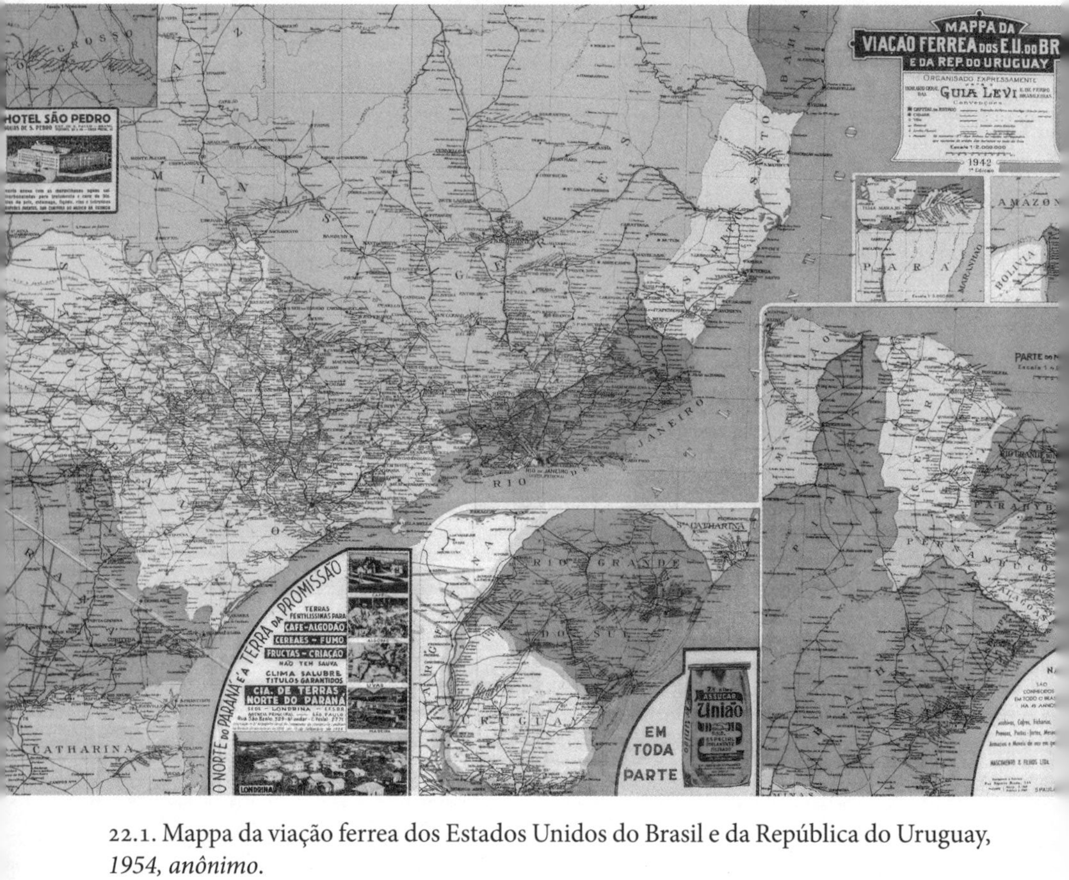

22.1. Mappa da viação ferrea dos Estados Unidos do Brasil e da República do Uruguay, *1954, anônimo.*

O *Mappa da viação ferrea dos Estados Unidos do Brasil e da República do Uruguay* (Fig. 22.1), publicado em 1954, é um documento que ajuda a revelar não apenas a produção da malha ferroviária brasileira, mas também os atores envolvidos no processo de colonização do país. A imagem foi estampada no famoso *Guia Levi*, uma publicação que, desde 1897, reunia os horários dos trens de passageiros nas ferrovias de todo o Brasil. Produzido em grande tiragem para circular de mão em mão nas estações de trem, era acompanhado de tabelas com os horários e destinos e, não por acaso, todos os seus intervalos eram preenchidos com propagandas. Artigos de caça e pesca, corretoras de seguro, artefatos de tecido, motores, artigos importados e até uma "casa especializada em mapas" eram oferecidos a leitores e leitoras nos anúncios.

Medindo 60 cm de largura por 91 de altura, o mapa utiliza a escala 1:2 000 000 para representar uma vasta área do Brasil, com enfoque prioritário nos estados do Rio de Janeiro, São Paulo e Minas Gerais. Por meio de cinco inserções são representadas todas as regiões brasileiras, mostrando um país com intensa circulação de passageiros. A inserção do Mato Grosso enfoca a linha de trem que levava até Corumbá. A do Pará mostra as linhas que atingiam a cidade de Belém; e a de Rondônia, chamado então de Território do Guaporé, as conexões entre Riberalta (Bolívia), Guajará-Mirim (Brasil) e a cidade de Porto Velho. A do Nordeste apresenta uma malha densa e consolidada, conectando as capitais com as zonas de produção econômica do interior. Por fim, a inserção do Rio Grande do Sul revela as conexões entre o Brasil, o Uruguai e a Argentina. Este capítulo busca explorar o *Mappa da viação ferrea*... tanto em sua dimensão factual — como um documento sobre a expansão ferroviária brasileira — quanto em sua dimensão simbólica — abordando as geografias imaginativas e os silêncios cartográficos que envolveram os processos de colonização do território nacional.

O MAPA COMO DOCUMENTO E A REDE FERROVIÁRIA BRASILEIRA

Como fonte suis generis de informação, o mapa documenta o crescimento das linhas férreas no Brasil resultante de um processo que se inicia em meados do século XIX, alcança considerável expansão no início do século XX e, em meados desse, entra em queda.[1] Ao ser publicado na década de 1950, momento, no Brasil, de transição do modelo ferroviário para o rodoviário, pode ser visto como um registro da circulação de trens no país antes do seu declínio. A lenta e progressiva perda de importância dos *Guias Levi,* nos anos subsequentes, é um sintoma do esvaziamento dos trens como modo prioritário de transporte. Embora tenha continuado a ser publicado mensalmente até 1979, sendo extinto apenas em 1984, sua importância como guia de trens foi progressivamente reduzida, passando também a funcionar como guia de ruas das cidades de São Paulo e do Rio de Janeiro.

A historiografia das ferrovias no Brasil geralmente aponta o decreto nº 641, de 26 de junho de 1852, como marco inicial para a instalação dos primeiros trens no país, criando uma nova ordem jurídica para a atração de capitais do exterior, principalmente inglês.[2] A relação entre Estado, capital nacional e estrangeiro foi fundamental para se compreender os complexos processos de construção e de concessão das linhas férreas. A primeira ferrovia brasileira foi inaugurada a 30 de abril de 1854, fruto da autorização dada, em 1852, a Irineu Evangelista de Sousa, o futuro barão de Mauá, para a construção de uma estrada de ferro que ligasse a baía da Guanabara à serra de Petrópolis. Para construir o ramal, foi fundada a Imperial Companhia de Navegação a Vapor e Estrada de Ferro de Petrópolis, que teria dez anos de concessão para exploração do transporte.[3] A intenção futura era transpor a serra e chegar à região das Minas Gerais, evidenciando o grande estímulo para a expansão ferroviária a partir de meados do século XIX: ligar zonas produtoras e frentes de povoamento às grandes cidades situadas mais próximas do litoral. Porém, em face das dificuldades técnicas, o governo imperial acabou privilegiando outro projeto, assinando contrato com o engenheiro inglês Edward Price, para construir a estrada de Ferro d. Pedro II, inaugurada a 29 de março de 1858.[4] Nove anos após a sua inauguração, essa estrada já se estendia por duzentos quilômetros, tornando-se um importante caminho de articulação entre várias cidades brasileiras.[5]

Ao longo da segunda metade do século XIX e início do XX, ocorreu considerável expansão do sistema ferroviário brasileiro em diferentes regiões. No Nordeste, por exemplo, Pernambuco recebeu capitais estrangeiros que instalaram a segunda ferrovia do país, inaugurada a 8 de fevereiro de 1858.[6] Mas, apesar de as novas linhas de trem transportarem pessoas e mercadorias em diferentes regiões, a criação da Companhia Paulista de Estradas de Ferro, em 1868, evidenciou o progressivo deslocamento do centro dinâmico da economia brasileira para a região Centro-Sul. Muitos autores delegam o expressivo crescimento econômico brasileiro no último quarto do Oitocentos à rede ferroviária que se construía no país, a qual alcançou seu maior desenvolvimento no estado de São Paulo, principalmente associada à expansão das plantações de café.[7] As ferrovias não só elevaram a produtividade do complexo cafeeiro do Sudeste, como promoveram sua integração territorial e o acúmulo de capital na região. Essa mesma produção cafeeira será o motor da imigração de europeus para o Brasil, como se analisa no capítulo 19.

Apesar de muito significativa, seria um equívoco pensar que a expansão da rede ferroviária paulista tenha sido planejada ou ordenada como um sistema integrado. Como evidenciado por pesquisas documentais, o desenvolvimento da malha de trens em São Paulo, no século XIX, foi capitaneado por companhias que competiam por áreas de plantio e "territórios ferroviários", gerando recorrentemente um crescimento desordenado e não articulado das vias de escoamento.[8] Muitas vezes, essas vias eram unificadas pela compra e pelo agrupamento de companhias competidoras, processo que ocorreu, por exemplo, quando a The Leopoldina Railway Company Ltd, fundada em Londres em 1897, comprou 22 empresas ferroviárias.[9] Por meio de uma política de concessões e de participação de capitais estrangeiros, as ferrovias se expandiram consideravelmente no período da República Velha (1889-1930), chegando a atingir 29 mil quilômetros. São Paulo seguiu tendo destaque, chegando a ter dezoito ferrovias, como a Sorocaba, a Mogiana e a Noroeste do Brasil, e a São Paulo Railway, que fazia a lucrativa conexão com o porto de Santos.[10]

O modelo de expansão das ferrovias brasileiras foi progressivamente alterado a partir dos governos de Getúlio Vargas, ambos marcados por uma maior presença do Estado na economia e pelo início da transição para um projeto rodoviário no país. O contexto de entreguerras e a eclosão da Segunda Guerra Mundial diminuíram os investimentos estrangeiros nas ferrovias brasileiras. Muitas delas foram nacionalizadas e o Estado assumiu o controle de vários modais para evitar uma falência completa do sistema nacional. A São Paulo Railway, por exemplo, foi estatizada em 1947, passando para a mão do governo estadual de São Paulo. A expansão das linhas férreas sofreu uma considerável desaceleração na década de 1940, mas novos empreendimentos ainda foram realizados em diferentes partes do país, fazendo com que o Brasil somasse 35 623 quilômetros de ferrovias, em 1948.

O mapa de 1954, publicado no *Guia Levi*, pode, portanto, ser compreendido como um artefato que documenta um ponto de chegada, após sucessivas fases de investimento nas ferrovias nacionais. Na legenda, as estradas de ferro são categorizadas entre "em tráfego" e "em construção", evidenciando que, mesmo com o declínio de investimentos, algumas ainda eram planejadas na década de 1950. A categorização inclui também a informação do tamanho das bitolas dos ramais em funcionamento e o planejamento de estradas futuras, formando um conjunto de informações de grande valia para o estudo da extensão e da espacialização da rede ferroviária brasileira. No entanto, como todo documento histórico, os mapas devem ser explorados para além de sua dimensão factual e entendidos também a partir de suas omissões, destaques e seletividades. A representação de estradas "em construção", por exemplo, foi uma prática comum nos mapas usados no planejamento territorial brasileiro. Mas grande parte dessas estradas nunca se efetivou no terreno, o que exige dos pesquisadores estudos pontuais sobre cada ramal representado.[11] Outra questão é relativa à deterioração das linhas, que ocasionava uma série de erros e informações desatualizadas nos mapas. Ramais fechados, como o de Água Vermelha em São Carlos (SP), por exemplo, seguiam representados nos mapas e nos quadros de horários durante a década de 1960.[12] Mas para além do levantamento de informações factuais, as propagandas, os textos e os símbolos do mapa do *Guia Levi* podem ser utilizados para explorar as geografias imaginativas e os silêncios cartográficos mobilizados no processo de colonização do território brasileiro.

O MAPA COMO MITO E AS GEOGRAFIAS IMAGINATIVAS DA COLONIZAÇÃO

Entre as várias propagandas que envolvem e invadem o mapa, uma ocupa lugar de destaque. A propaganda da Companhia de Terras Norte do Paraná é a maior de todas, e uma seta vermelha atrai, de imediato, os olhos do leitor para o canto inferior esquerdo da imagem. Ela aponta para o norte paranaense e o texto anuncia que a região seria a "Terra da Promissão", com "terras fertilíssimas" (Fig. 22.2). O mapa, as fotografias e o texto reforçam as possibilidades de lucro com a produção de café, algodão, madeira e uvas na região, que teria um "clima salubre", livre de "saúva". Ao participar de uma teia complexa de significados sobre a colonização do território brasileiro, o mapa pode ser estudado como um mito, um significante de um sistema de significados mais amplos que naturaliza os processos de colonização e apropriação territorial no Brasil.[13]

22.2. *Detalhe do* Mappa da viação ferrea dos Estados Unidos do Brasil e da República do Uruguay.

Como símbolo de uma geografia imaginativa que considera a colonização uma epopeia, comandada por exploradores e pioneiros, o *Mappa da viação ferrea...* evidencia como, mesmo em meados do século XX, o Brasil ainda possuía os seus "Eldorados tardios",[14] o que também apontam os mapas do capítulo 15. O norte do Paraná, localizado com destaque, é retratado como o grande eixo de colonização do país, endossando um discurso que atualizava uma série de mitos do colonialismo interno brasileiro.[15] Buscando realizar uma arqueologia do discurso sobre o norte paranaense, alguns autores desenvolveram uma historiografia crítica sobre as representações da região, evidenciando a construção de um discurso identitário colonizador, o que ocorreu principalmente entre os anos 1930 e 1950.[16] Desse discurso, que circulou de forma intertextual em trabalhos acadêmicos, romances, propagandas, poemas e muitos mapas, essa área é associada a uma série de geografias imaginativas vinculadas ao "progresso, civilização, modernidade, colonização racional, ocupação planejada e pacífica, riqueza, cafeicultura, terra roxa, pequena propriedade, onde se trabalha, pioneirismo, etc...".[17]

Essas imagens, que colocam o norte do Paraná como um "sertão despovoado" sob o qual avançaram "pioneiros", aparecem como verdades factuais na historiografia sobre a região, silenciando uma série de processos de sobreposições territoriais que, no movimento de colonização, geraram conflitos com índios e posseiros. Ao anunciar a "terra da promissão", ou a "Nova Canaã", onde se devia comprar terras para obter vastos lucros, o mapa do *Guia Levi* é mais um suporte para a circulação dessas mitologias e ideologias regionais, tão marcantes nos processos de colonização do país. Para compreender a circulação dessas mitologias e seus impactos materiais no território, é importante conhecer os agentes institucionais envolvidos. A Companhia de Terras Norte do Paraná, posterior Companhia Melhoramentos Norte do Paraná (CMNP), foi um agente institucional chave, e sua atuação é localizada no mapa exatamente no limite da expansão das linhas férreas (Fig. 22.3).

Mas como nasceu a Companhia de Terras Norte do Paraná e qual foi o seu papel no processo de colonização da área representada no mapa? Embora possa ser associada a acontecimentos anteriores, a história da Companhia remonta necessariamente à chamada missão Montagu, uma missão inglesa que, no início da década de 1920, veio ao Brasil para avaliar a situação econômica, financeira e comercial do país, após a solicitação de um empréstimo de 25 milhões de libras feita pelo presidente Arthur Bernardes à Casa Rothschild. A missão chegou ao Brasil a 30 de dezembro de 1923 e voltou à Inglaterra a 4 de março de 1924, deixando um extenso relatório com diretrizes financeiras para o país. A casa bancária condicionou o empréstimo para o governo brasileiro ao envio de um grupo de técnicos e investidores, que avaliariam as possibilidades de negócios e as condições monetárias do país.[18] Apesar de o empréstimo não

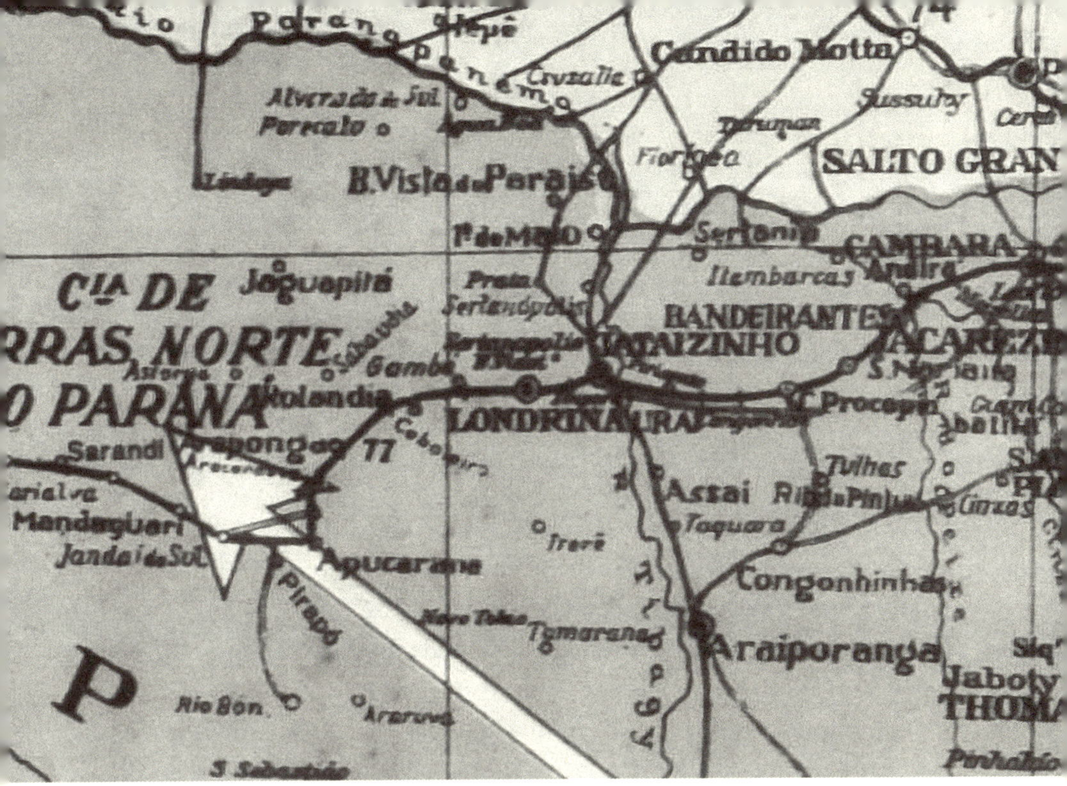

22.3. *Detalhe do* Mappa da viação ferrea dos Estados Unidos do Brasil e da Republica do Uruguay.

ter sido concedido, pois o governo inglês embargou o lançamento de títulos dos governos estrangeiros, o grupo de investidores fez uma série de recomendações para políticas financeiras. Algumas regiões foram destacadas no relatório, atraindo o interesse de empresas que estavam sendo criadas em Londres para promover investimentos no exterior.

A historiografia oficial, majoritariamente baseada em relatórios da Companhia, registra, como um dos principais investidores, Simon Joseph Frazer, mais conhecido como Lord Lovat, que visitou o interior de São Paulo e o norte do Paraná durante a missão inglesa. Como representante da Sudan Cotton Plantations Syndicate, procurava novas áreas para suprir a indústria de tecelagem na Inglaterra e, ao voltar a Londres, fundou a Brazil Plantations Syndicate Limited. Tendo como capital inicial 200 mil libras, a Companhia comprou uma série de fazendas no Paraná e uma usina de beneficiamento de algodão, em São Paulo, em 1924.[19] Diante dos resultados decepcionantes, atribuídos à queda dos preços no mercado internacional, à baixa qualidade das sementes e ao movimento paulista de 1924, a Companhia resolveu criar duas empresas com o intuito de promover um plano imobiliário de colonização das regiões adquiridas.[20] Assim nasciam a Paraná Plantations LTD, com sede em Londres, e a Companhia de Terras Norte do Paraná, com sede em São Paulo.

Por meio de uma série de ligações políticas e pessoais, a Companhia adquiriu, em outubro de 1925, 350 mil alqueires de terras junto ao governo do Paraná.[21] A Companhia também adquiriu a Ferrovia São Paulo-Paraná, firmando um contrato com o governo do Paraná, que promoveria a expansão das linhas, com o direito de exploração por noventa anos.[22] A complexidade das relações financeiras no processo de conexão e de colonização do território brasileiro fica evidente quando se sabe que, em maio de 1926, bancos ingleses concederam mais de 7 milhões de dólares para resgatar a dívida do estado do Paraná e construir o porto de Paranaguá. Após sua construção, em 1928, 2 mil apólices do porto foram vendidas para os ingleses.[23]

A chamada "fase inglesa" da Companhia de Terras Norte do Paraná, além de negociar terras e adquirir concessões, também foi responsável pelo planejamento e pela fundação de seis núcleos urbanos. Em 1930, foram fundadas Londrina e Cambé, seguidas de Rolândia, em 1932; Arapongas, em 1935; Mandaguari, em 1937; e Apucarana, em 1938 (Fig. 22.3). A expansão da linha férrea era fundamental para interligar os novos núcleos de colonização e garantir altas taxas de lucro para a Companhia. A simbiose era tal que, durante a década de 1930, Pierre Monbeig destacou que "a coordenação é perfeita entre a colonização e a via férrea que a segue de perto".[24]

Após a construção de uma ponte sobre o rio Tibagi, em 1934, o trem finalmente atingiu a cidade de Londrina e a localidade de Arapongas, chegando a Apucarana, em 1943. No *Mappa da viação ferrea...*, Apucarana aparece como o limite da linha férrea, pois a conexão com Maringá era feita ainda por "estrada de rodagem", o que só se alterou em 1954, com a inauguração de uma estação na localidade. Dispostas ao longo da via férrea, essas cidades foram se tornando símbolos do sucesso do processo de colonização e, mais de vinte anos após sua fundação, na fotografia que decora a propaganda da Companhia no mapa, Londrina é representada como uma cidade incipiente, porém promissora e organizada (Fig. 22.2). Essa fotografia de Londrina também era estampada em panfletos propagandísticos da Companhia, que circulavam desde a década de 1940. Anunciando uma série de vantagens da região, como a segurança dos títulos, a fertilidade dos solos, a presença de estradas de ferro e de boas estradas de rodagem e a disponibilidade de água "de uma pureza invulgar", os livretos da Companhia circulavam também nos jornais da região, como no *Paraná Norte*.[25]

O *Mappa da viação ferrea...* evidencia que a Companhia de Terras Norte do Paraná seguiria vendendo terras e promovendo processos de colonização na região durante as décadas após 1954. No entanto, ela sofreu mudanças consideráveis nos seus atores e nas formas de investimento. Após a chamada Revolução de 1930, e principalmente após a vigência do Estado Novo (1937-45), sob o governo de Getúlio Vargas, ocorreu uma alteração significativa nos regimes jurídicos para investimentos estrangeiros. Por meio de uma intervenção federal, o governo do estado do Paraná revogou uma série de contratos, como, por exemplo, o concedido à empresa inglesa Brazil Railway Company, que possuía uma enorme concessão que se estendia desde o rio Iguaçu até o rio Paranapanema.[26] Com a Segunda Guerra Mundial, deflagrada em 1939, os investidores ingleses se desfizeram de muitos de seus bens no exterior, e a Companhia de Terras Norte do Paraná foi adquirida por um grupo de empresários de São Paulo, em 1944.[27] No entanto, os novos proprietários não alteraram consideravelmente as diretrizes da Companhia, conservando o gerente anterior, Arthur Thomas, até a sua aposentadoria, em 1949. A fundação da cidade de Maringá, em 1947, já se deu nessa nova fase.

A continuidade nas políticas de colonização também segue acompanhada das propagandas e geografias imaginativas, que continuam mobilizando mitos sobre a "terra prometida" e seus "colonos pioneiros". Ao retratar as frentes de povoamento como espaços vazios, regiões em branco prontas para ser ocupadas no terreno e representadas nos mapas, os discursos justificavam e estimulavam os processos de colonização no território brasileiro.

O MAPA COMO SILÊNCIO E AS HISTÓRIAS ESCONDIDAS DA COLONIZAÇÃO

Ao se configurar como mais um veículo de propaganda da Companhia de Terras Norte do Paraná, o mapa também silencia uma série de atores e conflitos existentes nos processos de colonização efetivados pela empresa. Dois silêncios são proeminentes nessa narrativa celebratória.[28] O primeiro corresponde à ausência da população indígena, que esteve em contato e em conflito frequente com os colonizadores, pelo menos desde meados do século XIX.[29] Como evidenciado em muitos relatos, indígenas kaingangs e guaranis se espalhavam por toda a região paranaense e foram sendo colonizados e realocados em reduções e aldeamentos.

Os kaingangs foram os principais atores de resistência nesse processo, pois promoviam uma extensa ocupação na região e praticavam uma série de atividades produtivas, como a agricultura, o extrativismo e a pesca. Suas roças se espalhavam pelas bordas das matas, o que lhes garantia uma produção relativamente abundante de milho, feijão, abóbora e moranga. Os kaingangs ocupavam territórios complexos, formados por aldeias, ou acampamentos fixos (*emã*) e vários abrigos provisórios (*wäre*), que eram, sucessivamente, construídos e abandonados, dependendo das condições de caça e coleta.[30] O avanço das linhas férreas e da monocultura representou, progressivamente, um apagamento dessas práticas, evidenciando como o colonialismo interno não significou a ocupação racional de um espaço vazio, mas uma sobreposição de territorialidades em permanente contato e conflito.

Um segundo silêncio na narrativa propagada pelo mapa é a ausência dos caboclos, que também ocupavam a região antes da chegada das empresas e companhias. A ideia de que a colonização do norte do Paraná se deu pela formação de uma comunidade regional coesa, constituída por "pés vermelhos", que se estabeleceram em grandes propriedades de terras roxas férteis e homogêneas, é parte da criação de uma mitologia colonialista que oculta a pequena propriedade e a presença anterior desses caboclos na região. Ao focar na história de grandes fazendeiros voltados para a exportação de algodão e de café pelo porto de Santos, os relatos silenciaram de modo recorrente os pequenos agricultores, que viviam nas franjas da colonização, ou nas "zonas pioneiras" onde vigoraria "essencialmente o domínio da pequena propriedade e da valorização direta".[31]

Ao descrever os dados da circulação nas linhas férreas no Paraná, durante a década de 1930, Pierre Monbeig observou uma diversidade de pessoas e de produtos. Durante 1934, ano em que um ramal atingiu Londrina, o geógrafo aponta que os trens transportaram 111 707 passageiros e que, além das pessoas, escoavam produtos variados, como arroz, trigo, feijão, porcos, algodão, café e madeira.[32] A quantidade de toneladas transportadas de porcos, por exemplo, ultrapassava a soma de produtos como café, algodão e trigo, mais comuns para a exportação.[33] Esses porcos eram criados majoritariamente por caboclos, localizados ao sul do espigão de Londrina-Apucarana, na margem direita do rio Ivaí. Os vestígios dessa população podem ser encontrados nos relatos de viagem, nos documentos oficiais da Companhia de Terras Norte do Paraná e nos registros materiais da paisagem, como o Cemitério dos Caboclos. Localizado a cinco quilômetros da atual cidade de Maringá, ele ficou abandonado por muitos anos e teria sido até mesmo coberto com plantações de soja.[34] Atualmente, tombado como patrimônio, o local virou uma das poucas evidências materiais de uma população que foi excluída e silenciada no processo de colonização do norte paranaense.

Documento que testemunha a expansão das linhas férreas no Brasil e sintoma das geografias imaginativas sobre a colonização, o *Mappa da viação ferrea...* resulta de processos materiais e simbólicos complexos e contraditórios. A história da conexão do território brasileiro, tanto pelos meios de transporte, como por técnicas de comunicação, como os telégrafos, não pode ser entendida desconectada do contexto do colonialismo interno do território nacional. Nesse sentido, os silêncios e os destaques dos signos presentes no mapa podem estimular não apenas a apreensão crítica de narrativas celebratórias sobre a apropriação neocolonial do espaço, mas também sugerir reflexões sobre formas futuras de ocupação do território nacional.

NOTAS

1. A ideia de "fonte suis generis de informação" tem aqui como inspiração o debate crítico sobre uso das imagens enquanto documentos históricos produzido por Carlo Ginzburg. Ver Carlo Ginzburg, *Mitos, Emblemas e Sinais. Morfologia e História*. São Paulo: Companhia das Letras, 1989.

2. Hélio Suêvo Rodriguez, *A formação das estradas de ferro no Rio de Janeiro: O resgate de sua memória*. Rio de Janeiro: Memória do Trem, 2004; Marcelo Werner da Silva, *A formação de territórios ferroviários no oeste paulista, 1868-1892*. Rio de Janeiro: PPGG-UFRJ, 2008, p. 311. Tese (Doutorado em Geografia).

3. "Decreto Imperial nº 987 de 12 de junho de 1852", Arquivo da Câmara dos Deputados.

4. Almir Chaiban El-Kareh, *Filha branca de mãe preta: A Companhia da Estrada de Ferro D. Pedro II (1855-1865)*. Petrópolis: Vozes, 1982.

5. Marcelo Werner da Silva, "A implantação ferroviária no estado do Rio de Janeiro: 1854-1898". *Revista Geográfica de América Central*, número especial EGAL, San José, v. 2, n. 47E, pp. 1-10, II semestre 2011.

6. Renata Conceição Nóbrega Santos, *Aço e suor pelo açúcar e em nome do progresso: 1ª Seção da Recife São Francisco Railway (Pernambuco, 1852-1859)*. Recife: PGH-UFRP, 2017. Dissertação (Mestrado em História).

7. Nathaniel H. Leff, "Economic Development in Brazil, 1822-1913". In: Stephen Harber (org.), *How Latin America Fell Behind: Essays on Economic Histories of Brazil and Mexico, 1800-1914*. Redwood City: Standford University Press, 1997, pp. 34-64.

8. Marcelo Werner da Silva, op. cit., 2008.

9. Hélio Suêvo Rodriguez, op. cit., p. 127.

10. Marcelo Werner da Silva, op. cit., 2008.

11. André Reyes Novaes, "Amazônia 'em construção': Linguagens e circulação de mapas esquemáticos sobre projetos de ocupação territorial". In: Juliana Nunes Rodrigues e Licio Caetano do Rego Monteiro (orgs.). *Crise e reinvenção dos espaços da política*. Rio de Janeiro: Consequência, 2020, pp. 63-94.

12. Essa incoerência e desatualização nos guias *Levi* da década de 1960 é apontada por Ralph M. Giesbrecht em sua página digital sobre estações ferroviárias. Disponível em: <http://www.estacoesferroviarias.com.br/guiaslevi.htm>. Acesso em: 20 jun. 2022.

13. Para um debate teórico-metodológico sobre os mapas como mitos, ver Denis Wood e John Fels, "Designs on Signs: Myth and Meaning in Maps". *Cartographica*, v. 23, n. 3, pp. 54-103, 1986.

14. Márcia Siqueira de Carvalho, "O Eldorado tardio: ouro verde e mortes". IX Colóquio Internacional de Geocrítica, Porto Alegre, 2007.

15. Para uma visão pioneira sobre o conceito de colonialismo interno na América Latina, ver Pablo González Casanova, "Sociedad plural, colonialismo interno y desarrollo". *América Latina*, n. 3, pp. 15-32, 1963.

16. Nelson Dacio Tomazi, *"Norte do Paraná": História e fantasmagorias*. Curitiba: DH--SCHLA-UFPR, 1997. Tese (Doutorado em História); France Luz, *O fenômeno urbano numa zona pioneira: Maringá*. São Paulo: FFLCH-USP, 1980. Dissertação (Mestrado em História Social); José Henrique Rollo Gonçalves, *História regional e ideologia: Em torno de algumas corografias políticas do norte paranaense*. Curitiba: DH-SCHLA-UFPR, 1995. Dissertação (Mestrado em História Social).

17. Nelson Dacio Tomazi, op. cit., p. 12.

18. Ver Winston Fritsch, "1924". *Pesquisa e Planejamento Econômico*, Brasília, v. 10, n. 3, pp. 713-74, 1980.

19. As primeiras fazendas compradas foram Guatambu (em Birigui), Santa Emília e Caiuá (em Salto Grande). A usina era situada em Bernardino de Campos, no estado de São Paulo. Ver Nelson Dacio Tomazi, op. cit., p. 182.

20. A Revolta Paulista de 1924 consistiu em uma rebelião tenentista motivada pela insatisfação dos militares com a crise econômica e foi duramente reprimida pelo governo federal. Apesar de ter durado menos de um mês, o confronto teve impactos econômicos marcantes nos investimentos de capital em São Paulo. Ver Ilka Stern Cohen, *Bombas sobre São Paulo: A Revolução de 1924*. São Paulo: Ed. Unesp, 2007.

21. France Luz, op. cit., p. 115.

22. Ana Yara D. Paulino Lopes. *Pioneiros do capital: A colonização do Norte Novo do Paraná*. DCS-USP, 1982, p. 107. Dissertação (Mestrado em Ciências Sociais).

23. Sandino Hoff, "A ocupação do Norte". In: Francisco Moraes Paz (org.), *Cenários de economia e política: Paraná*. Curitiba: Prephacio, 1991, p. 33.

24. Pierre Monbeig, *Pionniers et planteurs de São Paulo*. Paris: Armand Colin, 1952, p. 209.

25. Bruna Garcia Catarino, "As representações de progresso presente no livreto de propaganda da CTNP (1930-1940): Encarte de propaganda como fonte de interpretação do passado norte-paranaense". VIII Congresso Internacional de História, Maringá, pp. 264-72, 2017.

26. Nelson Dacio Tomazi, op. cit., p. 200.

27. Entre os empresários que adquiriram a Companhia estavam Gastão Vidigal (1889-1950) e Júlio de Mesquita Filho (1892-1969), proprietário do jornal *O Estado de S. Paulo*. Ver France Luz, op. cit., p. 122.

28. Para uma introdução à noção de silêncio cartográfico, ver John Brian Harley, "Silences and Secrecy: The Hidden Agenda of Cartography in Early Modern Europe". *Imago Mundi*, Berlim, v. 40, pp. 57-76, 1988.

29. De acordo com Kimiye Tommasino, "os primeiros contatos entre os Kaingáng com os brancos e Kayoá se deram a partir de dezembro de 1858. Dezenas de Kaingáng apareceram às margens do Tibagi, fato que deixou os Kayoá, os brancos e os escravos africanos apavorados". Ver Kimiye Tommasino, *A história dos Kaigáng da bacia do Tibagi: Uma sociedade Jê meridional em movimento*. São Paulo: DA-USP, 1995, p. 112. Tese (Doutorado em Antropologia).

30. Ibid., pp. 60-2.

31. Pierre Monbeig, *Ensaios de geografia humana brasileira*. São Paulo: Martins, 1940, p. 28.

32. Nelson Dacio Tomazi, op. cit., p. 215.

33. Segundo os dados levantados por Monbeig, em 1934 teriam circulado 15 435 toneladas de porcos, 14 548 de milho, 6899 de café, 1798 de algodão e 1352 de trigo. A quantidade de arroz e feijão também é bem significativa, 733 e 3236 toneladas, evidenciando a diversidade de produtos transportados pelas linhas férreas na região. Ver Nelson Dacio Tomazi, op. cit., p. 215.

34. Sandino Hoff, op. cit., p. 27.

LEITURAS COMPLEMENTARES

DRIVER, Felix. "Imaginative Geographies". In: CLOKE, Paul; CRANG, Phillip; GOODWIN, Mark. (orgs.). *Introducing Human Geographies*. Nova York: Routledge, 2005, pp. 234-48.

MOTA, Lúcio Tadeu. "As populações indígenas Kaiowá, Kaingang e as populações brasileiras na bacia dos rios Paranapanema/ Tibagi no século XIX: Conquista e relações interculturais". *Fronteiras: Revista de História*, Dourados, v. 9, n. 16, pp. 47-72, 2007.

SUMMERHILL, William R. *Trilhos do desenvolvimento: As ferrovias no crescimento da economia brasileira: 1854-1913*. São Paulo: Livros de Safra, 2018.

TOMAZI, Nelson Dacio. "Construções e silêncios sobre a (re)ocupação da Região Norte do Estado do Paraná". In: DIAS, Reginaldo Benedito; GONÇALVES, José Henrique Rollo (orgs.). *Maringá e o norte do Paraná: Estudos de história regional*. Maringá: Eduem, 1999, pp. 51-86.

TOPIK, Steven. "O sistema ferroviário". In: ______. *A presença do Estado na economia política do Brasil de 1889 a 1930*. Rio de Janeiro: Record, 1987, pp. 111-50.

23. Plantando cidades

Croqui nº 1 do Plano Piloto de Brasília, *Lucio Costa, 1957*

Daniela Marzola Fialho e Jacques Leenhardt

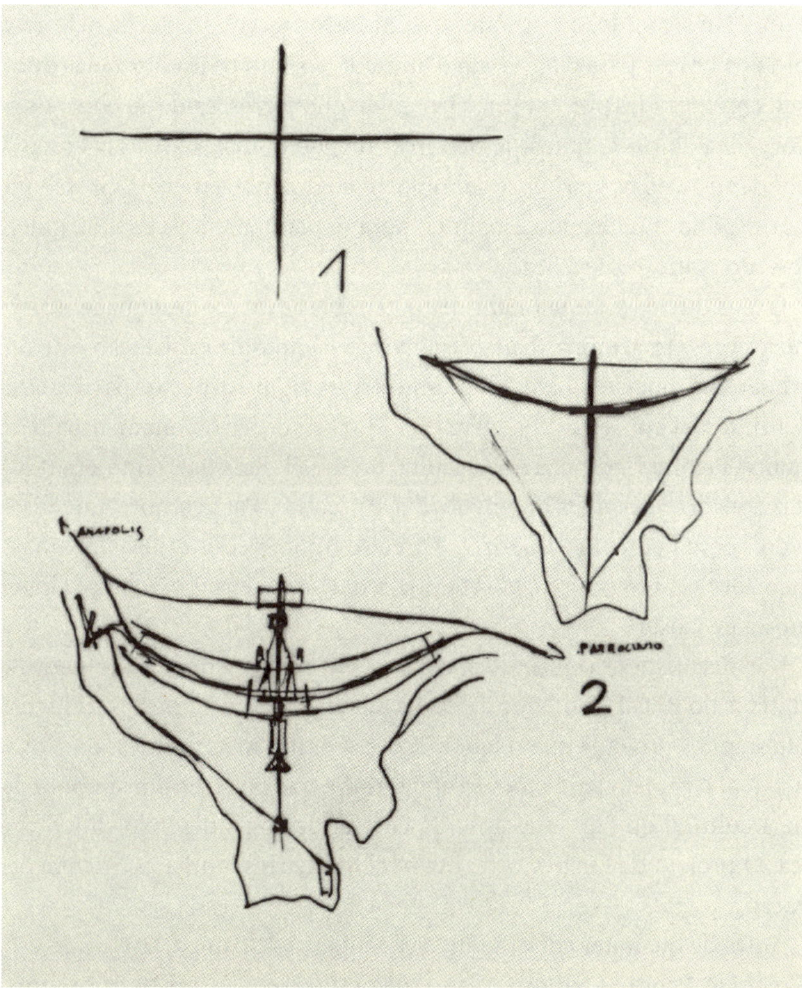

23.1. Croqui nº 1 do Plano Piloto de Brasília, *1957, de Lucio Costa.*

O *Croqui nº 1 do Plano Piloto de Brasília* (Fig. 23.1) faz parte do projeto apresentado pelo arquiteto Lucio Costa[1] (1902-98) ao Concurso Nacional do Plano Piloto da Nova Capital do Brasil. Promovido pela Comissão de Planejamento da Construção e da Mudança da Nova Capital Federal (Novacap), o concurso, realizado entre 1956 e 1957, recebeu a inscrição de 26 propostas, entre as quais a de Lucio Costa, inspirada nos princípios do modernismo, de Le Corbusier, saiu vencedora. O *Croqui* se resume a três desenhos (somente os dois primeiros estão numerados), que se complexificam à medida que foram inseridos, um abaixo do outro, na folha de papel. O primeiro é um simples cruzamento. No segundo, o cruzamento se transforma em uma cruz pelo arqueamento dos braços para o alto e ela é limitada por um triângulo, cujas duas bases são emolduradas por um traço irregular, que corresponde ao curso da bacia hidrográfica do rio Paranoá. Já no terceiro, mais complexo, várias linhas, correspondendo a eixos viários, se sobrepõem ao desenho anterior. Grosso modo, ele corresponde ao formato escolhido para implantar a nova capital, que ficou conhecido como Plano Piloto.

É sem dúvida excepcional que um simples esboço, desenhado aparentemente às pressas, acompanhado de algumas páginas de explicação e de outros seis desenhos (que detalham, no mesmo estilo, alguns aspectos particulares do projeto), tenha conseguido convencer o júri e vencer o concurso para construir, no Planalto Central, a nova capital do Brasil, Brasília, frente a tantas propostas concorrentes mais desenvolvidas e precisas. Para compreender esse resultado, aparentemente paradoxal, é preciso romper com a ideia preconcebida do que deve ser um projeto, mas também decifrar a enganosa simplicidade da proposta de Costa.

Nas discussões do júri, duas concepções se opuseram: a do Instituto de Arquitetos do Brasil (IAB), que defendia a prevalência de critérios técnicos, como atestam os projetos mais elaborados, e a outra, mais política, da Novacap, para a qual o projeto para a nova capital tinha que oferecer um símbolo da dinâmica cultural do país, em sintonia com a ideologia desenvolvimentista da época. O projeto de Lucio Costa, obviamente, correspondia às orientações da Novacap.

Antes de qualquer coisa, sente-se a tentação de comparar o triplo esboço do *Croqui nº 1* com os famosos planos de outras cidades projetadas e construídas, como o de Pierre Charles L'Enfant (Fig. 23.2) para Washington (1791);[2] ou do engenheiro positivista Aarão Reis para Belo Horizonte (1894). Essas imagens, por demais definitivas, não oferecem espaço para a imaginação. Sua perfeição é, em si mesma, como a negação da cidade que está por surgir. No entanto, sabe-se que projetar uma cidade absolutamente nova implica que a proposta que se formula abra espaço para o imprevisto: Roma não foi construída em um dia. O *Croqui nº 1 do Plano Piloto de Brasília*, de Lucio Costa, portanto, não deve ser tomado como uma imagem definitiva, mas uma ideia em desenvolvimento. O que ele apresentou foi, portanto, recebido pelo júri primeiramente como uma lógica aberta a posterior reflexão e ajustes, um projeto no nobre sentido do termo.

É o que o próprio autor explica nas notas que acompanham seus primeiros esboços:

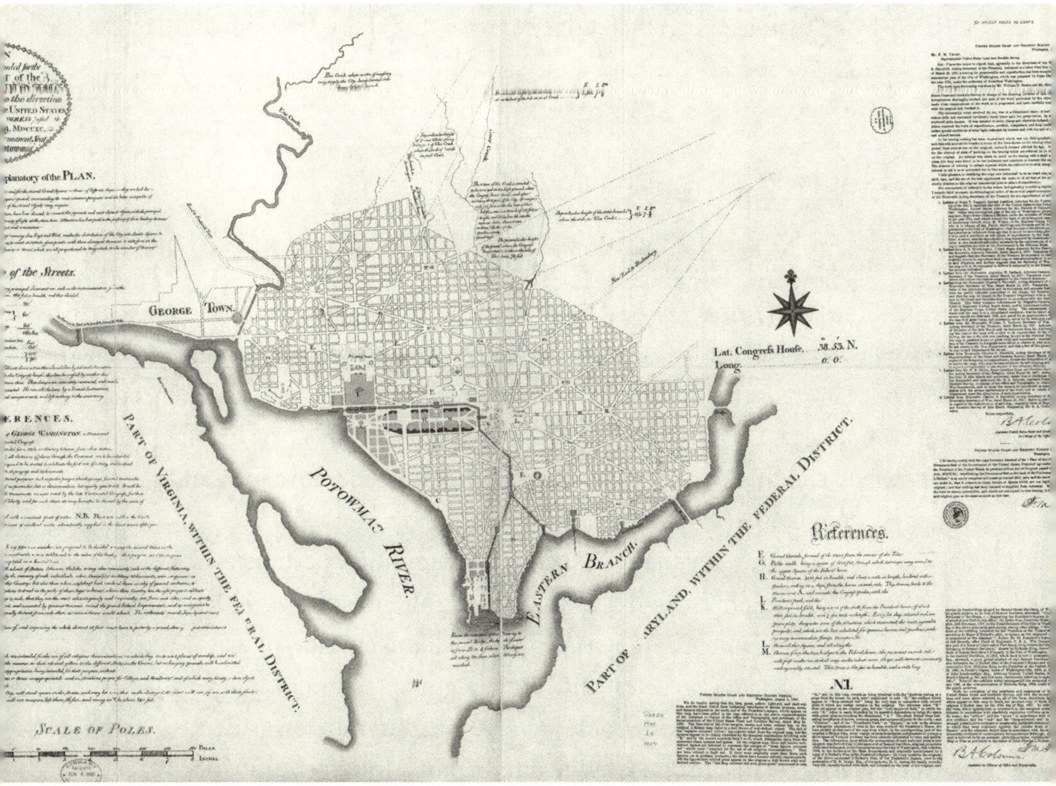

23.2. Plano da cidade de Washington DC, 1791, *de Pierre Charles L'Enfant.*

> Não pretendia competir e, na verdade, não concorro — apenas me desvencilho de uma solução possível, que não foi procurada, mas surgiu, por assim dizer, já pronta.
>
> Compareço, não como técnico devidamente aparelhado, pois nem sequer disponho de escritório, mas como simples MAQUIS do urbanismo, que não pretende prosseguir no desenvolvimento da ideia apresentada, senão eventualmente, na qualidade de mero consultor. E se procedo assim candidamente é porque me amparo num raciocínio igualmente simplório: se a sugestão é válida, estes dados, conquanto sumários na sua aparência, já serão suficientes, pois revelarão que, apesar da espontaneidade original, ela foi, depois, intensamente PENSADA e RESOLVIDA; se o não é, a exclusão se fará mais facilmente, e não terei perdido o meu tempo nem tomado o tempo de ninguém.[3]

O documento proposto à Comissão pelo urbanista exige, assim, um trabalho de decifração para entender como o candidato Costa pretendia orientar e ganhar a decisão do júri.

O PROJETO E A HISTÓRIA DO BRASIL

É possível compreender os três desenhos que aparecem no *Croqui nº 1 do Plano Piloto de Brasília*, de Lucio Costa, relacionando-os, numa perspectiva ampla, ao que constituía uma dada interpretação da história do Brasil, vigente à época entre os modernistas. Pode-se, então, situá-los numa sequência lógica e cronológica. Os três esboços parecem desdobrar a história brasileira em três fases, da Colônia portuguesa à atual República Federativa, passando pelo Império do século XIX.

O desenho 1, no qual se cruzam dois caminhos, permite evocar a epopeia do início da colonização das terras do interior, que os portugueses não penetraram profundamente até o século XVIII. Como em suas possessões na África e na Ásia, inicialmente, eles edificaram algumas raras cidades portuárias. Foram os paulistas, ou bandeirantes, que se aventuraram terra adentro, em busca de metais e pedras preciosas, que ampliaram a interiorização, por vezes apresando a população nativa que capturavam ou massacravam.

O cruzamento desenhado por Costa permite, assim, evocar a mobilidade conquistadora das bandeiras e a marca, no mapa, de quem se apoderou de um território considerado virgem pelos portugueses recém-chegados. Na sua brutalidade imperiosa, esse signo resume a história dessa colonização pouco inclinada a construir povoamentos. A produção aurífera chegava aos portos e à Lisboa por caravanas e barcos, sem necessidade de grandes polos urbanos intermediários.

O segundo desenho, que Costa inseriu no *Croqui nº 1*, faz com que o olhar do leitor parta do cerrado e dos rios, que levam às florestas impenetráveis, para se debruçar sobre o que constituiu o processo simbólico de civilização do Brasil. Ele retoma o signo matricial do cruzamento, ao qual se somariam as preocupações que surgiram com a Independência. Mais cidades nasceram longe dos portos, e o novo país, agora autônomo de Portugal, devia inventar a sua unidade, a partir de populações de origens diversas e fornecer, ao exterior, uma imagem de si mesmo, capaz de se sustentar no concerto das nações. Com uma mão leve, Costa transforma a encruzilhada em uma cruz cristã, dessa vez inscrevendo a nova capital na história religiosa do Brasil. Esse gesto criava a ponte com o tradicional tema iconográfico da "primeira missa", rezada pela expedição de Cabral, em 1500, e tantas vezes invocada e representada desde então. Vale recordar que esse marco cristão já caracterizava o projeto de nova capital, encomendado em 1955 pelo marechal José Pessoa, presidente da Comissão de Localização, tanto na forma do plano como no nome que pretendia dar à nova capital: Vera Cruz.[4] O plano elaborado por José de Oliveira Reis, Raul Penna Firme e Roberto Lacombe era também construído sobre o esquema da cruz.

Da superposição desses dois esquemas (o traço reto e o arqueado) emerge, afinal, uma figura inédita, que aparece ao olhar atento que se debruça sobre o segundo desenho que compõe o *Croqui nº 1*: o arco com sua flecha, lembrança de que a nação brasileira foi construída em território indígena. A partir daí, Costa pôde fazer evoluir ainda mais o seu esquema, para criar o espaço concreto onde implantar as formas urbanas. Esse esquema é, então, delineado por uma linha aberta que engloba os dois primeiros símbolos, sendo delimitada, na parte superior, pela corda do arco. Forma-se, assim, o território que receberá os edifícios simbólicos do poder, bem como as zonas residenciais em que ficarão os habitantes da capital. Deve-se notar, a esse respeito, que a terceira linha desse esboço, a que abraça a cruz e o triângulo, é mais aberta e sua forma relativamente indeterminada. Do que resulta que, se ela inscreve a fé e a razão em um território, essa linha, desenhada à mão livre, simboliza, por seu caráter cursivo, a indeterminação do futuro.

Costa pedia, portanto, ao júri que lesse, através do seu desenho, o entrelaçamento simbólico dos componentes de poder em que se baseava a nação, cujo coração é ocupado pela tradição cristã. Foi essa que teria transformado o ímpeto brutal dos bandeirantes numa obra de civilização, a qual iluminou as cidades barrocas do litoral e, mais tarde, o estado de Minas. Costa dedicaria ao barroco um museu construído em São Miguel das Missões, no Rio Grande do Sul.[5] A razão e a harmonia, simbolizadas pelo triângulo da tradição maçônica,[6] enquadram esse núcleo fideísta, enquanto o arco, que remete ao indígena, lembra a mestiçagem das populações. Há na leveza da mão que traçou esses contornos certa reflexão política sobre o território e as pessoas que o habitam. É como se Lucio Costa quisesse dizer ao júri que o planejamento sempre encontra seu limite na dinâmica poética da vida. Em última análise, são os homens que irão habitá-la que farão a capital.

No entanto, o terceiro desenho que Lucio Costa propõe no *Croqui nº 1* oferece, ao contrário dos dois primeiros, os contornos de um plano urbano. Olhando para a imagem do plano definitivo, que só será produzido após a escolha do projeto de Costa, percebe-se imediatamente como a forma geral do Eixo Monumental e das "asas", que caracterizam o projeto de Brasília desenvolvido a partir de seus croquis, se encaixam na estrutura hidrográfica do território escolhido para implantar a capital. A cidade está encurralada em relação ao lago artificial, que o famoso Relatório Cruls tinha imaginado, já em 1894, apoiando-se na configuração do rio Paranoá. O lago adota as formas que seguem as linhas das curvas de nível do terreno onde a cidade foi implantada. Costa, porém, não desenhou o lago, pois, na época, esse ainda estava por vir. O urbanista não se preocupou com ele, interessando-se nessa fase somente pelos eixos viários e pelo posicionamento relativo das habitações e dos edifícios oficiais. A partir daí, faria a distinção entre as áreas comerciais, as de lazer e as residenciais.

BRASÍLIA E O PLANO DE LUCIO COSTA

Fundamentalmente, Costa pensou em Brasília como uma capital, e sua preocupação era afirmar a independência espacial dos símbolos da nação e dos órgãos de poder em relação à cidade e aos seus habitantes. Dessa inflexão resulta a ideia absolutamente original de seu Plano Piloto, de organizar a cidade em dois eixos opostos. De leste a oeste, o Eixo Monumental (Fig. 23.3), que acolhe as instituições "sagradas" do poder, estendendo-se da praça dos Três Poderes até a estação ferroviária. O Eixo norte-sul, ou Eixo rodoviário, ou Eixão organiza a parte residencial da cidade, que poderia ser chamada de "profana", pois reúne seus habitantes, as lojas e áreas de lazer. Esses edifícios, dispostos no padrão chamado de superquadra, formam as duas asas do pássaro que muitos viram na forma geral do Plano Piloto.

23.3. *Lucio Costa e o presidente Juscelino Kubitschek, junto à placa que indica a avenida Monumental, em Brasília, 1957. Fotografia de Jean Manzon.*

O primeiro ponto do Eixo Monumental é a praça dos Três Poderes, onde foram instalados o Supremo Tribunal Federal, o Congresso (Câmara e Senado) e o Palácio do Planalto, sede da presidência da República. A Esplanada dos Ministérios, que se estende no entorno, congrega a maioria dos órgãos do Poder Executivo. Todas as edificações que compõem o Eixo Monumental foram projetadas pelo arquiteto Oscar Niemeyer, em colaboração com o engenheiro Joaquim Cardozo, que fez o cálculo estrutural. Outros edifícios ou monumentos, como o Conjunto Cultural da República, o Memorial JK e o Museu Nacional da República, instalados mais tarde, completam esse conjunto que ilustra o poder e a nação.

Costa focalizou sua proposta sobre a área central da cidade e, por isso, se descuidou do crescimento posterior (Fig. 23.4)[7] da área urbana, onde se configuraram as chamadas cidades-satélites, que não faziam parte do edital do concurso.

É importante destacar que, antes do concurso vencido por Costa, outros planos haviam sido apresentados para a construção da nova capital a ser situada, conforme sugestão de José Bonifácio de Andrada, no centro geométrico do Brasil, como a de *Vera Cruz*, de 1955, e a que já trazia o nome que seria escolhido, intitulada *Brasília, a cidade histórica da América*,[8] de Theodoro Figueira de Almeida, de 1929.[9]

Segundo Antonio Carlos Robert Moraes, após a Independência, a construção de uma identidade nacional toma corpo em "uma concepção que vai identificar o país não com sua sociedade mas com seu território"[10] e, portanto, "como um espaço a ser conquistado".[11] Para Moraes:

> A própria construção do país foi, assim, alçada à condição de projeto nacional básico, que teria no Estado territorial (não nacional) seu principal condutor. As ideias de CIVILIZAÇÃO, de MODERNIZAÇÃO [...] serviram para justificar em diferentes momentos o propósito enunciado.[12]

Pode-se dizer que essa formulação tem como primórdio o princípio do *uti possidetis*, ou seja, o território pertenceria à nação que o ocupasse de fato, empregado pela primeira vez para a demarcação das fronteiras na disputa territorial entre Portugal e Espanha, no Tratado de Madri, de 1750, conforme visto no capítulo 10 deste livro.

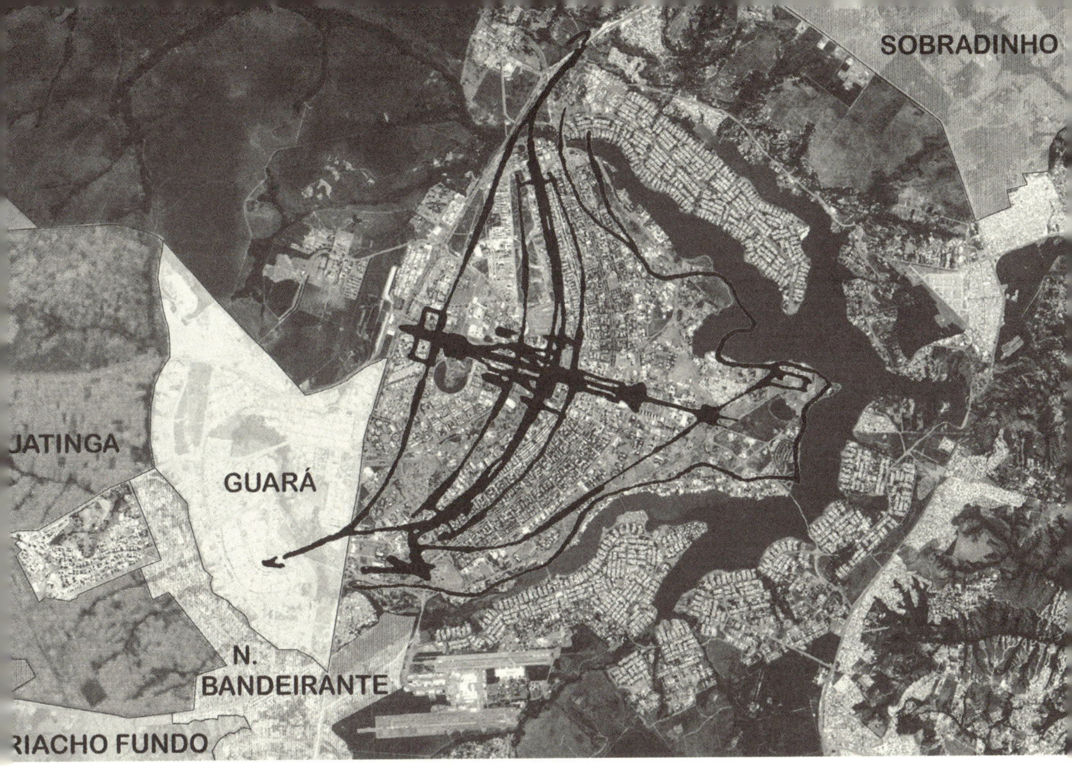

23.4 Brasília, sobre imagem de 31 de maio de 2018, do satélite brasileiro Cbers4 com justaposição do croqui de LC e algumas das cidades-satélites, *de Daniela Marzola Fialho e Jacques Leenhardt.*

PLANTANDO CIDADES

As ideias esboçadas por Moraes ajudam a compreender a forma como se deu no Brasil a criação de inúmeros povoados, vilas e cidades, partes integrantes do movimento de expansão e de ocupação territorial em um país que, até 1763, tinha Salvador como capital. A transferência para o Rio de Janeiro já apresentava um sentido de centralização, pois, naquela época, em relação ao território ocupado e à importância econômica que as produções aurífera e diamantífera adquiriram, ao longo do século XVIII, o Rio de Janeiro ficava mais próximo.

O Brasil foi construído, ao longo dos séculos, por meio da determinação das capitais regionais, segundo o poder das elites locais, enquanto as sucessivas capitais foram estabelecidas pelo poder metropolitano. Com a Independência, porém, surgiu a ideia de colocar a capital no centro do país. O coroamento desse projeto ocorreu quando, a partir das políticas instituídas por Getúlio Vargas e Juscelino Kubitschek, se afirma definitivamente o Estado-nação, do qual Brasília será a figura emblemática. Como disse o presidente JK, a construção de Brasília foi a forma com que "o brasileiro poderia tomar posse do seu imenso território".[13]

Essa missão aparece refletida nas três fases que se desdobram nos croquis de Costa. Eles remetem à progressiva "plantação de cidades", que ocorre por meio do planejamento de várias cidades capitais de províncias/estados criadas, em diferentes momentos históricos, em substituição às existentes. Antes de Brasília (1960), pode-se destacar os casos de Teresina (1852),[14] Belo Horizonte (1894-7),[15] Goiânia (1933)[16] e Palmas (1989).[17] Ainda no período imperial, Teresina substituiu Oeiras, como capital da província do Piauí, tendo sido a primeira capital planejada e construída nessa fase. Logo após a Proclamação da República, Belo Horizonte se tornou capital do estado de Minas Gerais, em substituição a Ouro Preto. Na era Vargas, e vinculada ao espírito da Revolução de 1930, Goiânia passou a ser a capital de Goiás, em detrimento da cidade de Goiás (hoje Goiás Velho, antiga Vila Boa). E, durante o processo de redemocratização do país, nos anos 1980, Palmas se tornou a última capital planejada do século XX, pensada para ser a capital do novo estado criado no Noroeste do Brasil, o Tocantins.

Todas essas capitais apresentam, nos discursos que fundamentaram suas criações, como premissa principal, a questão da modernização. No caso de Teresina, o local escolhido permitia uma melhor integração da província por meio de um rio navegável, o Parnaíba. Belo Horizonte foi construída para ser o símbolo de uma nova era. Sua construção esteve diretamente associada ao universo ideológico positivista e republicano, que inspirou sua criação, juntamente com a República que se fundava.[18] Em relação a Goiânia, o governador de Goiás nomeado por Getúlio Vargas, Pedro Ludovico Teixeira, trabalhou intensamente em favor da mudança da capital. Para ele e seu grupo político,

> a implantação de uma capital moderna em pleno sertão do Brasil Central poderia soar como uma loucura, mas para o governo federal constituído o significado era estratégico, pois apontava para a direção da fronteira a ser explorada, uma enorme porção do território pronta para ser incorporada ao sistema capitalista periférico que o grupo varguista tentava articular.[19]

Esse mesmo discurso foi utilizado tanto na criação de Brasília, em 1960, como na de Palmas. O primeiro governador eleito do estado do Tocantins, José Wilson Siqueira Campos, decidiu construir uma nova cidade para abrigar a capital, com o argumento da expansão da ocupação do espaço brasileiro, em direção ao Norte, à Amazônia.

Cada um dos contextos históricos que favoreceram a criação de novas capitais dialogou com o pensamento urbanístico de sua época. Projetada com um traçado xadrez, o planejamento de Teresina é fruto tardio do urbanismo pombalino.[20] Belo Horizonte, cujo traçado xadrez é cortado por avenidas diagonais, teve inspiração nos traçados de Washington (de Pierre Charles L'Enfant), Barcelona (de Ildefonso Cerdà) e La Plata (de Pedro Benoit). Segundo Vieira, o traçado de Goiânia teve influência do urbanismo francês, das ideias de zoneamento do plano de Prestes Maia para São Paulo e, em certas zonas, características do modelo cidade-jardim, de Ebenezer Howard.[21] Já a implantação de Palmas se deu "em meio à crítica ao urbanismo modernista e às crescentes preocupações ambientais. Contudo, seu traçado revela uma relação mista com o urbanismo de Brasília".[22] Teve, ainda, influência do projeto de Goiânia e das ideias da "cidade nova" inglesa, de Milton Keynes.

A UTOPIA MODERNISTA E SUAS CONTRADIÇÕES

O terceiro desenho do esboço de Costa já traz, em sua expressão, o traçado definitivo do que configura hoje o chamado Plano Piloto de Brasília. Sua implantação respeitou quase todos os aspectos pensados pelo urbanista, presentes em seu relatório entregue para o concurso. Como resultado, surge uma das poucas cidades no mundo que apresenta e mantém os preceitos urbanísticos do movimento modernista, com um zoneamento forte que divide a cidade em setores bem demarcados: institucional, residencial, comercial, bancário, hoteleiro etc. Em conjunto com esses princípios, o espaço deveria, contrariamente ao que ocorria na cidade tradicional, ser generosamente dispensado aos habitantes, de tal maneira que o sol e a vegetação fossem os elementos fundamentais do urbanismo.[23]

Essa amplitude do espaço, junto com a fascinação dos modernistas pelas máquinas e pela velocidade, acabou trazendo consigo um método supostamente racional de projetar. Brasília foi planejada como uma cidade para automóveis, de tal forma que não se cogitou, então, a implantação de um sistema de transporte de metrô ou mesmo de trem de superfície.

Como consequência desses princípios, os espaços públicos ficaram monumentais e como que desmedidos em relação aos pedestres, gerando certo desassossego em seus habitantes. Marshall Berman pontuou:

> Não caberia aqui uma descrição detalhada do projeto da cidade, mas a sensação geral que se tem — confirmada por todos os brasileiros que conheci — é a de enormes espaços vazios em que o indivíduo se sente perdido, tão sozinho quanto um homem na Lua. Há uma ausência deliberada de espaços públicos em que as pessoas possam se reunir e conversar, ou simplesmente olhar uma para a outra e passar o tempo. A grande tradição do urbanismo latino, em que a vida urbana se organiza em torno de uma grande praça, é rejeitada de modo explícito.[24]

Ciente das contradições que o urbanismo modernista pode produzir, Giulio Carlo Argan dizia, em 1984, que "as cidades fundadas e construídas por imposição não tiveram desenvolvimento, não são cidades". Para ele, "Brasília é um grande ministério", pois, no Plano Piloto, quase não habitam os trabalhadores: a população está mais restrita a funcionários de maior nível, políticos, ministros e embaixadores.[25]

A despeito das esperanças de Costa, Brasília é uma das cidades mais desiguais do mundo. A população mais pobre não vive no chamado Plano Piloto: ela está relegada às cidades-satélites, que não existiam no Plano. Ou seja, a realidade transbordou o plano imaginado no *Croqui nº 1*, suplantando-o, e isso não se deu sem contradições. Vale lembrar, porém, que, no texto da proposta, Costa conclamava que "cabe à Companhia Urbanizadora prover dentro do esquema proposto acomodações decentes e econômicas para a TOTALIDADE da população".[26] No entanto, a lógica econômica da incorporação imobiliária, que escapou ao controle da Companhia Urbanizadora, fez com que, como bem apontou Jorge Wilheim, já na inauguração da cidade, fosse estimada "em 100 mil habitantes a população de Brasília, a quase totalidade vivendo em habitações provisórias". E acentuou: "Nota-se a tendência imediatista de afastá-los da capital criando agrupamentos satélites; neste sentido, já existe a vila Taguatinga".[27] Em artigo publicado na efeméride dos dez anos de Brasília, Wilheim ainda destacou que apenas 7,1% da população que recebia até um salário mínimo vivia no Plano Piloto.[28] Segundo dados da Codeplan, essa mesma população correspondia em 2018 a 4,7%.[29]

Ao se defender, em 1970, contra vários ataques a seu Plano Piloto, Costa argumentou que

> uma das características do plano era, precisamente, a de reunir em cada um destes espaços de vizinhança, as diferentes classes sociais, que seriam assim integradas em todo o conjunto urbano, e não estratificadas em bairros "ricos" e bairros "pobres". Por falta de visão e por inépcia administrativa, este aspecto fundamental da concepção urbanística de Brasília ainda não foi realizado.[30]

A crítica à falta de vida pública, que pode ser atribuída ao tamanho das superquadras, às grandes distâncias entre os prédios, à falta de calçadas, na maior parte das vias, para a circulação de pedestres e, finalmente, ao zoneamento bastante estrito das atividades (sua segregação em setores urbanos isolados), constitui o cerne da oposição ao projeto de Costa.

A literatura sobre Brasília luta para se distanciar criticamente de um projeto urbano do qual são ressaltados seus aspectos desumanos, mesmo havendo um forte fascínio por sua novidade e abrangência. Muitas vezes, essas críticas deixam transparecer certa ambivalência, ao destacar a grandiosidade da cidade como sendo um orgulho nacional (atributo subjacente a iniciativas dessa dimensão), caracterizada também pela originalidade dos edifícios projetados e construídos por Oscar Niemeyer.

Não menos importante é a questão da velocidade de sua construção, que se deu em menos de quatro anos. Esse elogio à velocidade esconde o que aponta Gustavo Ribeiro sobre os bastidores da empreitada: a migração de trabalhadores para o "canteiro de obras do século", a precariedade do acolhimento e das condições de trabalho, os conflitos e as desilusões que acompanharam o entusiasmo dos primeiros tempos.[31]

O Plano Piloto foi tombado em 1990, ato que já fora demandado em 1960, por JK. Essa patrimonialização da utopia urbana, imaginada por Costa em seu projeto, traz consigo um efeito de "fechamento" da cidade, o que lembra o projeto de Theodoro Figueira de Almeida (cf. nota 8) pensado para o mesmo local. Com seu tombamento, preservou-se o plano modernista, mas se restringiu a perspectiva de desenvolvimento, tal como havia sido antevista na proposta de Costa.

A experiência adquirida com a capital Brasília, provavelmente, não permite que hoje se formule uma conclusão definitiva sobre o sucesso ou fracasso do Plano Piloto de Costa. Depois de mais de meio século de existência, a nova capital demonstrou o seu atrativo, criando no centro do país um conjunto urbano que nada deve ao passado do urbanismo e que produziu uma imagem forte da capacidade do Brasil de se projetar no futuro, conforme o projeto esboçado no *Croqui nº 1 do Plano Piloto de Brasília,* visto como um pássaro estrondoso, ou ainda como um avião, que constitui a sua forma dinâmica. Afirmar que se concretizaram as esperanças depositadas nos princípios do urbanismo modernista, definidos pela Carta de Atenas,[32] de 1933, seria ignorar o peso das tradições, do Estado e dos interesses particulares, sempre capazes de desviar as melhores intenções.

O desafio social representado pela nova capital, tanto em termos das condições da sua própria construção quanto da diversidade das camadas sociais que tiveram acesso à cidade planejada, revelou a ambivalência do processo e o fracasso de certos ideais de planejamento urbanístico. Brasília, tal como Costa a concebeu, continua sendo um projeto utópico. Em certos aspectos, um laboratório, onde a vida cotidiana se transforma, dia após dia, em crítica a um planejamento que se pretende racional. Nesse sentido, Brasília (gerada a partir do esboço de Lucio Costa) é, para a teoria do planejamento urbano, um laboratório ainda em aberto, capaz de estimular futuras reflexões sobre a prática contemporânea da cidade.

NOTAS

1. Lucio Costa nasceu em 1902, em Toulon, na França, tendo morado em diversos países devido ao trabalho de seu pai. Passou a viver no Brasil em 1916, e em 1917 se matriculou na Escola Nacional de Belas Artes (Enba), formando-se como arquiteto em 1924. Entre 1930 e 1931, assumiu a direção da Enba, com o intuito de renovar o curso de arquitetura. Oscar Niemeyer, com quem veio a trabalhar em diversos projetos, era aluno da escola nessa época. Tendo começado a fazer projetos no estilo eclético, em pouco tempo se voltou para as ideias modernistas de Le Corbusier, influenciado pelo arquiteto Gregori Warchavchik. Na confecção do projeto do Ministério da Educação e Saúde (atual Palácio Capanema, construído entre 1936 e 1945), no Rio de Janeiro, trouxe Le Corbusier para fazer algumas conferências, e esse colaborou com a equipe (que, além de Costa, era composta dos arquitetos Carlos Leão, Affonso Reidy, Jorge Moreira, Ernani Vasconcellos, Oscar Niemeyer e Roberto Burle Marx, que projetou os jardins). Faleceu no Rio de Janeiro, em 1998.

2. O nome completo do plano é: *Plan of the City Intended for the Permanent Seat of the Government of t[he] United States: Projected Agreeable to the Direction of the President of the United States, in Pursuance of an Act of Congress Passed the Sixteenth Day of July, MDCCXC, Establishing the Permanent Seat on the Bank of the Potowmac.*

3. Lucio Costa, "Relatório do Plano Piloto de Brasília", 1957. *Acropole*, São Paulo, n. 256/257, p. 51, fev.1960. Destaques de Lucio Costa.

4. Disponível em: <https://pt.wikipedia.org/wiki/Anteprojeto_de_Vera_Cruz_para_a_construção%C3%A7%C3%A3o_de_Bras%C3%ADlia#/media/Ficheiro:PlanoVeraCruz1.jpg>. Acesso em: 17 jun. 2022.

5. Em 1937, Lucio Costa se tornou diretor da Divisão de Estudos e Tombamento, do recém-criado Serviço do Patrimônio Histórico e Artístico Nacional (Sphan). Já no primeiro ano como diretor, tombou várias obras arquitetônicas. Dedicou especial atenção à preservação das missões jesuíticas no Rio Grande do Sul, tendo proposto e edificado um museu junto às ruínas de São Miguel. O museu é um dos primeiros realizado para impulsionar as questões de preservação do patrimônio cultural brasileiro.

6. Lucio Costa, no texto do seu projeto, se refere nomeadamente ao famoso José Bonifácio de Andrada, maçom convicto, que foi o primeiro a reclamar, em 1821, a transferência da capital para o interior do país. O desenho de L'Enfant para a cidade de Washington é frequentemente relacionado à maçonaria. Ver L. Arturo Espejo, "Le Sens caché du rationalisme moderne: La modernité européenne et la conception de Brasilia". In: Emile Poulat (dir.), *Actes du XIIIe Colloque Les Contrées secrètes*. Paris: L'Age d'Homme, 1998, Politica Hermetica, n. 12.

7. Disponível em: <https://www.flickr.com/photos/153282474@N02/42495688661>. Acesso em: 17 jun. 2022.

8. Disponível em: <https://www12.senado.leg.br/noticias/especiais/arquivo-s/brasilia-a-capital-que-precisou-de-150-anos-para-sair-do-papel#gallery-8>. Acesso em: 17 jun. 2022.

9. Jeferson Tavares, *Projetos para Brasília 1927-1957*. Rio de Janeiro: Iphan, 2014.

10. Antonio Carlos Robert Moraes, *Território e história no Brasil*. São Paulo: Hucitec, 2002, p. 115.

11. Ibid., quarta capa.

12. Ibid., quarta capa (destaques de Moraes).

13. Juscelino Kubitschek, *Por que construí Brasília*. Rio de Janeiro: Bloch, 1975, p. 9.

14. Plano de Teresina. Disponível em: <http://www.atlas.ufba.br/visoes_urbanas_2008/Cadernos_atlas_angelabraz.pdf>. Acesso em: 17 jun. 2022.

15. Plano de Belo Horizonte. Disponível em: <https://pt.m.wikipedia.org/wiki/Ficheiro:Planta_BH.jpg>. Acesso em: 17 jun. 2022.

16. Plano de Goiânia. Disponível em: <https://www.lib.berkeley.edu/EART/maps/goianix.gif>. Acesso em: 17 jun. 2022.

17. Plano de Palmas. Disponível em: <https://www.scielo.br/j/urbe/a/cGQ9xhGWHkXnFcyRJSGNpCd/?lang=en#ModalFiggf03>. Acesso em: 17 jun. 2022.

18. Cristiano Alencar Arrais, "Belo Horizonte, a La Plata brasileira: entre a política e o urbanismo moderno". *Revista UFG*, Goiás, v. 11, n. 6, ano XI, pp. 63-76, jun. 2009.

19. Patrick di Almeida Vieira, "Attilio Corrêa Lima e o planejamento de Goiânia: Um marco moderno na conquista do sertão brasileiro". *Urbana: Revista Eletrônica do Centro Interdisciplinar de Estudos sobre a Cidade*, Campinas, v. 4, n. 1, p. 56, 2012.

20. Angela Martins Napoleão Braz e Silva, "Planejamento e fundação da primeira cidade no Brasil Império". *Cadernos do Proarq*, UFRJ, Rio de Janeiro, n. 18, pp. 216-36, 2012.

21. Patrick di Almeida Vieira, op. cit.

22. Renato Leão Rego. "Palmas, the Last Capital City Planned in Twentieth-Century Brazil". *Urbe. Revista Brasileira de Gestão Urbana*, Curitiba, n. 12, p. 1, 2020.

23. Le Corbusier. *A Carta de Atenas*. São Paulo: Hucitec/ Edusp, 1993, § 12, p. 44.

24. Marshall Berman, *Tudo que é sólido desmancha no ar. A aventura da modernidade*. São Paulo: Companhia das Letras, 2007, p. 13.

25. Giulio Carlo Argan, *História da arte como história da cidade*. São Paulo: Martins Fontes, 1995, p. 234.

26. Lucio Costa, "Relatório do Plano Piloto de Brasília", 1957. *Acropole*, São Paulo, n. 256/257, p. 57, fev. 1960 (destaque de Lucio Costa).

27. Jorge Wilheim, "Brasília, 1960. Uma interpretação". *Acropole*, São Paulo, n. 256/257, p. 39, fev. 1960.

28. Id., "Brasília, ano 2000". *Acropole*, São Paulo, n. 375/376, p. 44, jul. 1970.

29. *Pesquisa Distrital por Amostra de Domicílios (PDAD) de 2018 do Plano Piloto*. Distrito Federal: Codeplan, 2019, p. 51.

30. Lucio Costa, "O urbanista defende sua capital". *Acropole*, São Paulo, n. 375, p. 7, jul. 1970.

31. Ver Gustavo Lins Ribeiro. *O capital da esperança*. Brasília: Editora UnB, 2008.

32. A Assembleia do IV Congresso Internacional de Arquitetura Moderna (Ciam), reunida em Atenas em 1933, elaborou os princípios de uma carta urbanística correspondente à "civilização da máquina" que então se desenvolvia, segundo Le Corbusier, na desordem. Esta foi publicada apenas em 1941, sem nome de autor, sob o título: *A Carta de Atenas*. O IV Ciam teve como tema a "Cidade funcional".

LEITURAS COMPLEMENTARES

"Brasília antes de Brasília. Exposição virtual". Disponível em: <https://artsandculture.google.com/story/PQXh-VpjUtuZNA>. Acesso em: 10 jan. 2022.

"Dossiê Capitais Sonhadas, Capitais Abandonadas: Considerações sobre a mobilidade das capitais nas Américas (séculos XVIII-XX)". *Revista de História*, São Paulo, v. 30, n. 1, pp. 3-36, 2011.

"Dossiê Cidades Planejadas na Hinterlândia". *Revista UFG*, Goiânia, v. 11, n. 6, 2009.

HOLSTON, James. *A cidade modernista: Uma crítica de Brasília e sua utopia*. São Paulo: Companhia das Letras, 1993.

WISNIK, Guilherme. *Lucio Costa*. São Paulo: Cosac Naify, 2001.

24. A ditadura militar

Mapa mental: Ditadura militar, *Daniel Neves, c. 2020*

Heloisa Murgel Starling

Para dar certo, é preciso agir rápido. Golpes de Estado são intervenções radicalmente ilegais para derrubar tudo: transgredir o ordenamento jurídico e político, romper a Constituição, invalidar a legislação em vigor. Seu objetivo é promover uma mudança institucional brusca com o propósito de alterar e redistribuir o poder para conseguir obter o controle do país — como está representado no croqui *Mapa mental: Ditadura militar* (Fig. 24.1), feito por Daniel Neves.

O *Mapa mental: Ditadura militar* está hospedado no site Brasil Escola, que se intitula "o maior portal de educação do Brasil", veiculando "mais de 100 mil conteúdos do ensino fundamental, médio e preparação para o Enem".[1] Ilustra o estudo específico sobre os governos militares, sem que, no entanto, seja diretamente explorado no texto apresentado, o qual é ordenado cronologicamente, destacando os principais acontecimentos ocorridos nos períodos dos presidentes que se sucederam no poder entre 1964 e 1985.[2]

Bem diferente do que usualmente se entende por mapa — uma representação gráfica de um território —, o *Mapa mental: Ditadura militar* revela como a cartografia pode servir a outros propósitos e expor, no caso, não o território em si, mas uma geografia dos acontecimentos que se desenrolam em um dado espaço.

24.1. Mapa mental: Ditadura militar, c. *2020, de Daniel Neves.*

Também são capazes de assumir diferentes formatos e empregar outras linguagens,[3] com o intuito de cumprir as funções a eles destinadas pelo autor. Por essa razão, não é fortuita a escolha da primeira parte do seu título, *Mapa mental*,[4] porque o objetivo é formar na cabeça do seu leitor uma geografia imaginária dos principais aspectos que os produtores do site acreditam que o estudante precisa rememorar sobre a ditadura militar.[5]

Golpes devem se resolver no espaço de poucas horas. Também não podem deixar subsistir a menor dúvida na população de que ocorreu um evento inequívoco e foi transposta a linha que separa a legalidade do arbítrio. Um golpe de Estado não visa travar uma batalha surda e permanente com as instituições democráticas. Ao contrário, seu sucesso depende de eficiência técnica, rapidez de execução, cálculo adequado de custo e benefício, além da capacidade estratégica e tática da liderança golpista. A ação é desfechada de fora para dentro do Estado para desalojar ilegitimamente o governo pela violência ou pela ameaça de seu uso. Suas alternativas são o fracasso ou uma guerra civil.[6]

O GOLPE DE 1964

O golpe que instaurou a ditadura militar no Brasil, em 1964, precisou de duas madrugadas para se concretizar. Em 31 de março, o general Olímpio Mourão Filho, comandante da 4ª Região Militar, sediada em Juiz de Fora, Minas Gerais, atropelou a linha de frente da conspiração que pretendia derrubar o governo de João Goulart. Decidiu descer sozinho com sua tropa em direção ao Rio de Janeiro para tomar de assalto o Ministério da Guerra e depor o presidente da República. Era uma típica quartelada, mas assustou os conspiradores e precipitou os acontecimentos. O general Mourão tinha pressa, estava próximo da compulsória e procurava um atalho capaz de potencializar seu papel na chefia da conspiração. Deu tudo errado. Mourão acabou neutralizado pelas lideranças empresariais e militares que, de fato, iriam ocupar o poder e rapidamente absorveram a quartelada em um golpe de Estado bem-sucedido — "em política, eu sou uma vaca fardada", concluiu desolado o general quando se deu conta do acontecido.[7]

Na segunda madrugada, 2 de abril, o presidente do Senado, Auro de Moura Andrade, promoveu uma sessão conjunta secreta do Congresso Nacional e declarou vaga a presidência da República. João Goulart permanecia em Porto Alegre, em território brasileiro — portanto, no pleno exercício de seus poderes —, e a declaração não tinha sustentação legal. Diante dos protestos veementes de diversos parlamentares, inclusive de Tancredo Neves, que avançou para a mesa aos gritos de "canalha!, canalha!" — e, ao que tudo indica, se ninguém segurasse, estava disposto a esbofetear o presidente do Senado —, Moura Andrade não titubeou: cortou o som, desligou as luzes do Congresso e consumou o golpe. Logo depois, um Tancredo esbaforido informou aos jornalistas: "Estão entregando o Brasil a vinte anos de governos militares".[8]

Os perpetradores de um golpe de Estado de alguma maneira participam do sistema político existente e são egressos do funcionalismo público permanente. Em 1964, a sublevação militar ficou a cargo das Forças Armadas; a tomada do poder, contudo, foi comandada por generais do Exército brasileiro, como se vê norteado pelo *Mapa mental: Ditadura militar*. Nele, a imagem central que organiza a descrição cartográfica do acontecimento histórico representa o símbolo da força terrestre e integra o conjunto de elementos simbólicos que compõem as platinas fixadas à altura do ombro na farda usada por um oficial-general. A imagem indica a patente e tem valor de culto. Em sua parte externa, dezenove lâminas circundam uma espada em posição vertical; no interior, três escudos formam uma única arma de defesa; ao centro, a reprodução da constelação do Cruzeiro do Sul está posicionada tal como teria surgido no céu do Rio de Janeiro às 8h30 do dia 15 de novembro de 1889, data da Proclamação da República.[9]

A fotografia *Tomada do Forte de Copacabana, madrugada de 1º de abril de 1964* (Fig. 24.2), de Evandro Teixeira, ilustra uma das principais ações militares ocorridas no Rio de Janeiro durante a ofensiva golpista.

Pouco mais de uma semana depois de consumado o golpe de Estado, na tarde de 11 de abril de 1964, o Congresso Nacional se reuniu novamente para eleger o presidente da República. Os principais parlamentares do campo das esquerdas já não estavam lá: seus direitos políticos foram extintos por um período de dez anos e, na véspera, havia sido publicada a primeira lista com os nomes dos deputados e senadores cujos mandatos haviam sido cassados — uma expressão pejorativa para nomear os atingidos. Outras listas viriam em sequência, perfazendo quatrocentas cassações até março de 1967. O que sobrara do Congresso participou de uma eleição indireta na qual só havia um candidato — o general Humberto de Alencar Castelo Branco. O voto era nominal e era preciso pronunciar de viva voz — apenas 72 deputados tiveram coragem de se abster. A experiência democrática da Segunda República (1946-64) foi desfeita em pedaços, e o Brasil acabava de ingressar numa longa ditadura. O governo dos militares iria durar 21 anos, e cinco generais do Exército ocuparam o comando do Executivo: Castelo Branco (1964-7); Costa e Silva (1967-9); Garrastazu Médici (1969-74); Ernesto Geisel (1974-9); João Figueiredo (1979-85) — além do curto período de mando de uma Junta Militar, não registrado pelo mapa da ditadura militar, composta dos ministros do Exército, Marinha e Aeronáutica, entre agosto e outubro de 1969.[10]

24.2. Tomada do Forte de Copacabana, madrugada de 1º de abril de 1964. *Fotografia de Evandro Teixeira.*

O objetivo do *Mapa mental: Ditadura militar* não é apenas a representação do acontecimento histórico. Ele apresenta uma proposta de compreensão de sentidos e organização de informações, conceitos e contextos que vão se desdobrando em um diagrama, sempre associados a um único tema central. Faz uso de cores, grafismo, palavras-chave e tópicos que se conectam de variadas maneiras para estabelecer determinado padrão visual. Na cartografia reta e plana, compreensível e lógica, o diagrama se apresenta de uma só vez e proporciona uma visão completa e simultânea de todas as suas conexões — oferece a narrativa de uma história se desenvolvendo no tempo, com início e fim. Os tópicos representados na cor verde capturam os principais enunciados capazes de alargar o conteúdo estabelecido pelo tema central. Já as setas tracejadas através da linha de estrutura de cada tópico, com risco grosso ou fino, definem os diversos recortes temáticos que norteiam o itinerário e compõem novo fluxo de informações. São as rotas traçadas sobre o mapa, por assim dizer.

Não é difícil identificar seu curso. Quem se debruçar sobre as setas irradiadas pelo primeiro tópico à esquerda da imagem central, intitulado "Antecedentes", percebe justamente que os generais não executaram sozinhos um golpe de Estado. Da gigantesca base de Norfolk, na Virgínia, sede do comando naval na zona do Atlântico e onde está estacionada a Frota Naval do Atlântico, uma força-tarefa começou a se movimentar em direção ao Brasil. Agrupava um porta-aviões de ataque pesado, o *Forrestal*, um porta-helicópteros, um posto de comando aerotransportado, seis contratorpedeiros — dois deles equipados com mísseis teleguiados —, 110 toneladas de armas e de munição, e quatro navios petroleiros bélicos carregados com 553 mil barris de combustível. A força-tarefa integrava a Operação Brother Sam, um amplo plano de ação preparado secretamente em Washington com a cumplicidade de militares brasileiros para providências de apoio aos golpistas. Zarpou a 1º de abril com a orientação de se dividir em três ao atingir águas brasileiras: uma parte dos navios devia chegar ao porto de Santos, em São Paulo, outra ao Rio de Janeiro e a terceira à praia de Carapebus, perto de Vitória, no Espírito Santo. Não havia opção de desembarque de tropas norte-americanas; a determinação era de apoio logístico, sobretudo caso houvesse resistência prolongada.[11]

O observador do mapa é também capaz de identificar o papel ativo assumido pelos diferentes setores da classe média brasileira em apoio ao golpe militar. Centenas de pessoas foram às ruas em diversas cidades do país para apoiar os militares. No dia 19 de março de 1964, em São Paulo, uma multidão saiu da praça da República e marchou compacta até a praça da Sé carregando faixas, bandeiras e uma profusão de rosários — para salvar o Brasil de Jango, de Brizola e do comunismo, gritavam em coro. A Marcha da Família com Deus pela Liberdade teve a concordância explícita do governador do estado, Ademar de Barros, e foi cuidadosamente preparada pela União Cívica Feminina, um dos muitos grupos de mulheres organizados em todo o país para fazer pressão política, ganhar aderência na sociedade e desestabilizar o governo reformista de Goulart. A marcha reuniu entre 500 mil e 800 mil pessoas e pretendia lançar um eloquente apelo da sociedade à intervenção das Forças Armadas. Não foi a única manifestação desse tipo. Entre 19 de março e 8 de junho de 1964, uma multidão marchou "com Deus" contra João Goulart — ou, após 31 de março, para comemorar a vitória do golpe que depôs seu governo — em pelo menos cinquenta municípios do país. E eram cidades muito diferentes, em tamanho ou relevância política: algumas, de porte médio, como Londrina, Niterói, Campos, Barbacena e São Carlos; outras eram cidades minúsculas, como Dois Córregos, Pains e Periquito; e outras importantes capitais de estados da federação, como Goiânia, Belo Horizonte, Maceió, Rio de Janeiro, Recife, Brasília e Teresina.[12]

Também foi determinante para o sucesso do golpe e posterior ocupação do Estado a existência de um núcleo civil e militar com papel decisivo em dois aspectos: na condução da articulação conspiratória desenvolvida no período imediatamente anterior a março de 1964; e na elaboração de um amplo projeto de reorganização do Estado. O Instituto de Pesquisas e Estudos Sociais (Ipes) reuniu a nata do empresariado brasileiro, além dos diretores de empresas multinacionais com atuação no país, dirigentes das principais associações de classe empresariais, militares, jornalistas, intelectuais e um grupo de jovens tecnocratas.

A *Ata de reunião do Comitê Executivo Pleno Rio/ São Paulo* (Fig. 24.3), ocorrida em 22 de janeiro de 1963, aponta para a estrutura nacional do Ipes, fundado, no final de 1961, por um grupo de empresários do Rio de Janeiro e de São Paulo e por um punhado de oficiais que orbitavam em torno da Escola Superior de Guerra (ESG).

De público, tratava-se de uma instituição de orientação política conservadora voltada para a realização de estudos e de debates sobre a realidade brasileira. Mas era um núcleo de conspiração golpista empenhado em orquestrar o esforço de desestabilização do governo Goulart, que incluía custear uma campanha de propaganda anticomunista, bancar diversos tipos de manifestação pública antigovernistas e escorar financeiramente grupos e associações de oposição ou de extrema direita. Em paralelo, o Ipes traçou estratégias de planejamento e diretrizes para subsidiar um novo projeto de governo e de desenvolvimento para o país, aberto ao fluxo do capital internacional e de vocação autoritária.

O Instituto Brasileiro de Ação Democrática (Ibad), por sua vez, funcionava no Rio de Janeiro desde 1959, articulado com a Agência Central de Informações (CIA) norte-americana.[13] O Ibad despejou uma avalanche de dinheiro nas eleições legislativas de 1962. Os recursos provinham de empresas multinacionais ou associadas ao capital estrangeiro e de fontes governamentais dos Estados Unidos, responsáveis por investir "um ou dois dólares americanos" na

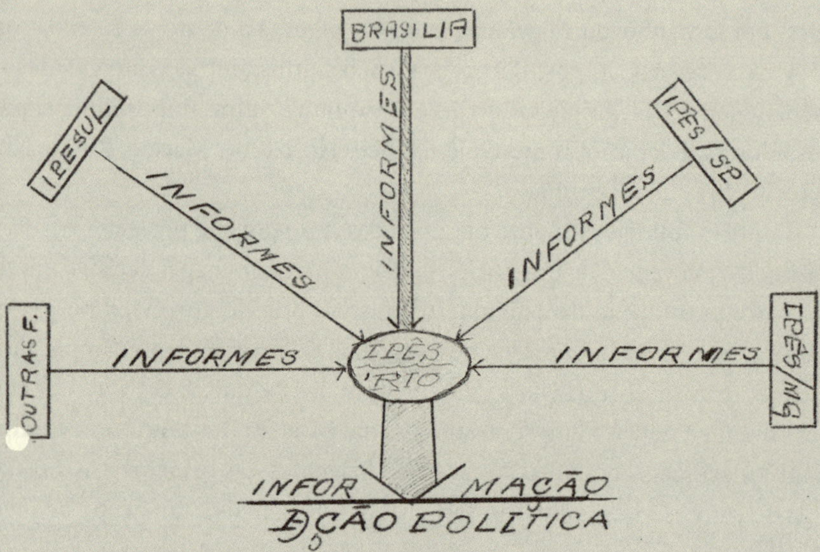

JOMF - Mais tarde, pretendemos dar assessoria também ao Executivo.

GRUPO EDITORIAL - Centralização no Rio

JRF - Expõe a situação e o estado dos trabalhos. Trata da questão das verbas.
São Paulo prosseguirá no seu programa de traduções. Quanto a novas publicações, São Paulo e Rio decidirão de comum acôrdo (ligação pessoal entre JRF e Werneck). Escôlha prioritária, dentro do orçamento (êste ainda não aprovado).

JBLF - Passa a outros Grupos de trabalho.
Inicialmente: Grupo Educacional.
Diz que, quando fôr conveniente, devem aproximar-se os responsáveis pelos Grupos Educacionais do Rio e de São Paulo.

BOLETIM DE INFORMAÇÃO

Discute-se a data limite para que São Paulo envie a matéria para o Rio, tendo ficado assentado o dia 10 (dez) de cada mês.
JRF ficou de mandar a Werneck um plano de distribuição das matérias, com as secções correspondentes.

Ainda "outros Grupos": INTEGRAÇÃO.

O Comitê do Rio toma conhecimento de uma fórmula felicíssima, encontrada em São Paulo, a das reuniões domiciliares, em que uma firma subscreveu 1 milhão e outra, que pretendia retirar sua contribuição, resolveu aumentá-la.

INTERRUPÇÃO PARA O ALMÔÇO

24.3. *Página da* Ata de reunião do Comitê Executivo Pleno Rio/ São Paulo. *Reunião de 22 jan. 1963.*

conspiração contra Goulart, como o embaixador norte-americano confirmou ter feito, anos depois. O objetivo do patrocínio em alta escala era estratégico: construir uma frente parlamentar oposicionista no Congresso, emperrar o governo de Jango e abrir caminho para o golpe.

A RESISTÊNCIA

Debruçar-se sobre os tópicos inscritos no *Mapa mental: Ditadura militar* e seguir as setas que se irradiam em cada um deles permite percorrer as rotas previstas pelo cartógrafo. Mas também é possível isolar partes do mapa para examinar marcações quase desconhecidas assinaladas pela cartografia — entre tantas entradas, algumas descrevem eventos praticamente esquecidos no tempo. Uma delas, "Frente Ampla", registrada em "Movimentos de resistência",[14] muitas vezes passa despercebida — virou um comentário breve na historiografia sobre o período. Vale a pena percorrer essa história. A Frente Ampla foi a mais improvável das alianças políticas brasileiras. Reuniu três inimigos históricos: Carlos Lacerda, Juscelino Kubitschek, João Goulart. Partidários de JK ou de Jango só se referiam a Lacerda como "Corvo" e "Golpista"; os lacerdistas retrucavam à altura: Jango era "Comunista"; Juscelino, "Corrupto máximo". Entre os meses de outubro de 1966 e abril de 1968, os três personagens que se abominavam decidiram conversar, encontraram uma linguagem comum e acertaram uma aliança, batizada de "Frente Ampla".

O resultado sacudiu o país. A Frente Ampla reuniu praticamente todas as correntes políticas — incluindo comunistas e trotskistas, com Mário Pedrosa à frente —, aglutinou grupos à direita inconformados com a ditadura, protagonizou os primeiros comícios oposicionistas desde o golpe militar, abriu a discussão política em reuniões públicas, debates e manifestações de rua.[15] Fabricou um programa mínimo, capaz de reunir os opostos em torno de causas comuns pelas quais valia a pena lutar: restauração do poder civil, soberania nacional, anistia, pluripartidarismo, direito de greve, constituinte, eleições diretas. Era um projeto perigoso demais e não podia durar: com uma portaria dura, o general Costa e Silva extinguiu a Frente Ampla em 5 de abril de 1968. Os militares jamais perdoaram Carlos Lacerda, a quem consideraram, desde então, um traidor: em dezembro de 1968, seu nome encabeçou a lista de cassações do AI-5 e ele foi preso. Nunca mais voltaria à vida política.

O itinerário traçado pela cartografia no *Mapa mental: Ditadura militar* está ordenado; só não é definitivo. Um pouco de imaginação alinhavada pelo conhecimento obtido a partir do esforço do cartógrafo para organizar e classificar o acontecimento histórico pode surpreender: afinal, frequentar um mapa também permite descobrir e montar associações e conexões imprevistas. Nem todos os pontos assinalados são conhecidos; pode-se ir adiante ou voltar no tempo, mas cada seta sugere novas ramificações ou indica marcações que possibilitam refazer o trajeto para perceber algo que escapou à observação direta. É fácil conferir. "Corrupção não investigada" assinala uma entrada no tópico "Consequências". Remete aos grandes escândalos de ladroagem da ditadura e, nesse caso, pode gerar um itinerário alternativo ao se conectar com "Movimentos de resistência". Afinal, essa foi a face mais exibida da corrupção que, graças aos jornalistas e aos seus dribles na censura, chegou às páginas dos jornais: o escândalo do Instituto Brasileiro do Café, o caso Hanna Mining Company, o caso Delfin, o projeto Jari, a construção da ponte Rio-Niterói e da Transamazônica, a Operação Capemi.[16]

Contudo, no *Mapa mental*, a seta "corrupção" também pode se conectar ao tópico "Aparato da repressão", indicando direção menos previsível. Em um sistema político regido pelo arbítrio, não cabia regra capaz de impedir a desmedida: havia privilégios, desigualdade, apropriação privada do que seria o bem público, impunidade, excessos. Dito de outra forma: a corrupção fazia parte da ditadura militar — degradou a lei em arbítrio, esvaziou o corpo político de seu significado público e espalhou o mal. A maneira pela qual a corrupção se inscreveu na ditadura militar fica visível a partir de sua associação com a tortura — a corrupção máxima de nossa natureza humana.

Ao se materializar sob a forma de política de Estado durante a ditadura, especialmente durante o período compreendido entre os anos de 1969 e 1977, a tortura se tornou inseparável dos mecanismos de corrupção. Uma se sustentava na outra. De um lado, a ditadura elevou o torturador à condição de intocável: recompensas funcionais por meio de promoções convencionais e gratificações salariais foram asseguradas aos membros do aparelho de repressão política. De outro, para a tortura funcionar, era necessário que na máquina judiciária houvesse aqueles que reconhecessem como legais e verossímeis processos absurdos, confissões renegadas, laudos periciais mentirosos; também era necessário, nos hospitais, contar com gente disposta a fraudar autópsias, autos de corpo de delito e a receber presos marcados pela violência física; era preciso, ainda, descobrir, na luz do dia, empresários dispostos a fornecer dotações extraorçamentárias para que a máquina de repressão política funcionasse com maior precisão e eficácia.[17]

Todo mapa é autoral. O *Mapa mental: Ditadura militar* não está assinado, contudo, segundo o portal Brasil Escola, foi projetado por Daniel Neves, que propõe um itinerário que, embora possa assumir formas variadas, tem um norte a ser entendido — o autor definiu quais entradas pretendia incluir e quais deixaria de fora. Sua cartografia reescreve o acontecimento histórico e, ao final, sempre se poderá indagar: onde traçar a sinalização capaz de indicar algo sobre o que foi omitido? No tópico "Movimentos de resistência", por exemplo, cabe localizar novas entradas para assinalar a potência da narrativa que se alastrou por diferentes campos da produção cultural brasileira, além da canção popular e do cinema — teatro, artes visuais, literatura, poesia, ensaio. Artistas utilizaram meios muito distintos de linguagem e expressão estética, mas compartilharam tanto da tentativa de definir formas particularmente inovadoras de expressão quanto do empenho em devassar o mundo do segredo, do censurado, do impublicável. Assinaram obras que insistiram em contestar, perturbar e comprometer a coerência e a veracidade da versão oficial dos fatos colocada em curso pelos militares.

Alguns artistas agiram à moda de um sabotador de versões, alguém capaz de extrair da realidade política do país um conjunto de informações e por meio delas proceder a uma ostentação de fatos que contestavam a versão dos acontecimentos apresentada pelas autoridades. Foi o caso de Cildo Meireles. Em 1970, ele subverteu os circuitos de consumo e criou algo próximo a uma arte de guerrilha. Imprimia com tinta branca vitrificada frases críticas em rótulos de garrafas de Coca-Cola — "Abaixo a ditadura!" — que seriam, em seguida, devolvidas à circulação — era a primeira fase da série *Inserções em circuitos ideológicos*. Achou pouco. Em novembro de 1975, poucas semanas após o assassinato do jornalista Vladimir Herzog, Cildo Meireles criou o Projeto Cédula: carimbou milhares de cédulas de um cruzeiro — a moeda corrente na época — com a pergunta "Quem matou Herzog?" e devolveu todas ao seu sistema original de circulação (Fig. 24.4). Em 2013, "Cadê Amarildo?" voltou à cena em cédulas de real para denunciar o desaparecimento do pedreiro Amarildo de Sousa, torturado e morto por policiais militares dentro da Unidade de Polícia Pacificadora (UPP) da Rocinha, no Rio de Janeiro.[18] "Existe algo no nosso passado que não passou", sublinha o artista.

24.4. Série Inserções em circuitos ideológicos, *1975, de Cildo Meireles.*

SILÊNCIOS

A representação gráfica fragmentada do mapa aberto e conectado em tantas direções certamente possibilita experimentação. E o torna suscetível de gerar rotas capazes de provocar reflexão sobre os silêncios que ainda cercam a cartografia do acontecimento histórico. Nada se compara ao silêncio sobre os crimes cometidos pela ditadura contra as populações indígenas. O mais importante documento de denúncia sobre esses crimes — o Relatório Figueiredo — foi produzido pelo próprio Estado brasileiro e ficou desaparecido por 44 anos — durante todo esse período, a informação oficial era a de que esse documento havia sido destruído em um incêndio. A alegação não procede. O relatório foi encontrado quase intacto, por pesquisadores independentes, em 2013, com 5 mil páginas e 29 tomos — das 7 mil páginas e trinta tomos que constavam da versão original. Para escrever seu relatório, o procurador-geral Jader de Figueiredo Correia percorreu com sua equipe mais de 16 mil quilômetros, visitando 130 postos indígenas em todo o país.

O resultado apresentado por Jader de Figueiredo no relatório é estarrecedor: matanças de tribos inteiras, torturas e toda sorte de crueldade foram cometidas contra indígenas no país, principalmente pelos grandes proprietários de terras e por agentes do Estado. Figueiredo fez um trabalho de apuração notável: incluiu relato de dezenas de testemunhas, apresentou centenas de documentos e identificou cada uma das violações que encontrou — assassinatos de índios, prostituição de índias, sevícias, trabalho escravo, apropriação e desvio de recursos do patrimônio indígena. Ele também apurou e comprovou a existência de caçadas humanas de indígenas feitas com metralhadoras e dinamite atiradas de aviões, inoculações propositais de varíola em populações indígenas isoladas e doações de açúcar misturado a estricnina. Os índios estavam posicionados entre os militares e a realização do maior projeto estratégico de ocupação do território brasileiro.[19] Pagaram um preço altíssimo em dor e quase foram completamente exterminados por isso.

Há uma narrativa comprida se desenrolando no *Mapa mental: Ditadura militar*. Sua cartografia é relato e percurso, aporte e orientação, localização e conexão. Talvez, então, um mapa como esse seja confeccionado também entre o que se vê e o que não se vê. Ele reapresenta os dados de uma história composta a partir de fragmentos, como em um quebra-cabeça no qual sempre cabe a pergunta: o que se encaixa ao lado? Um acontecimento histórico deixa rastros — toda sorte de sinais, nomes, indícios que podem vir a sustentar uma cartografia. Nada é tão bem apagado que algo da memória de sua existência não possa subsistir, nenhuma pessoa desaparece tão por inteiro que ninguém se recorde de seu nome. "Um dia vai dar no jornal", previu Chico Buarque em uma canção. Ou se transformar em um mapa composto para nortear o viajante no tempo.[20] É uma ferramenta eficaz de leitura e traz um alerta. Não prestar atenção ao que já aconteceu uma vez faz tudo ficar mais fácil para o retorno de formas autoritárias como as ditaduras, às quais nos prometemos nunca mais voltar.

NOTAS

1. Tales dos Santos Pinto, “O que é ditadura militar?”. Brasil Escola. Disponível em: <https://brasilescola.uol.com.br/o-que-e/historia/o-que-e-ditadura-militar.htm>. Acesso em: 10 jan. 2022.

2. Cláudio Fernandes, “Governos militares”. Brasil Escola. Disponível em: <https://brasilescola.uol.com.br/historiab/governos-militares.htm>. Acesso em: 10 jan. 2022.

3. Para exemplo de como a produção artística pode se apropriar da linguagem cartográfica com o intuito de veicular uma mensagem política, ver André Mesquita, *Mapas dissidentes: Contracartografia, poder e resistência*. São Paulo: Humanitas; Fapesp, 2019.

4. Sobre esse tipo de mapa, ver Tony Buzan, *Mapas mentais*. Rio de Janeiro: Sextante, 2009; Salete Kozel, “Mapas mentais — uma forma de linguagem: perspectivas metodológicas”. In: S. Kozel et al. (orgs.), *Da percepção e cognição à representação: Reconstruções teóricas da geografia cultural e humanista*. São Paulo: Terceira Margem; Curitiba: Neer, 2007, pp. 114-38.

5. Devo a Junia F. Furtado e Andréa Doré a localização do *Mapa mental: Ditadura militar* no site Brasil Escola, bem como das informações necessárias e bibliografia pertinente para definição e conceituação de “mapa mental”.

6. Para golpe de Estado, ver Eduardo González Calleja, *Los golpes de Estado*. Madri: Arco Libros, 2003; Edward Luttwak, *Golpe de Estado: Um manual prático*. Rio de Janeiro: Paz e Terra, 1991; Newton Bignotto, *Golpe de Estado: História de uma ideia*. Rio de Janeiro: Bazar do Tempo, 2021.

7. Para a quartelada, ver Olympio Mourão Filho, *Memórias: A verdade de um revolucionário*. Porto Alegre: L&PM, 1978. Para o golpe de 1964, ver Wanderley Guilherme dos Santos, *Sessenta e quatro: Anatomia da crise*. São Paulo: Vértice, 1986; Jorge Ferreira, *João Goulart: Uma biografia*. Rio de Janeiro: Civilização Brasileira, 2011, e Lilia M. Schwarcz e Heloisa M. Starling, *Brasil: Uma biografia*. São Paulo: Companhia das Letras, 2015, cap. 17.

8. Para Tancredo Neves e sessão do Congresso, ver Plínio Fraga, *Tancredo Neves, o príncipe civil*. Rio de Janeiro: Objetiva, 2017, pp. 237 ss.

9. Para a imagem, ver *Manual de uso da marca Exército brasileiro*. Brasília: Centro de Comunicação Social do Exército, 2008.

10. Para eleição de Castelo Branco, Lira Neto, *Castello: A marcha para a ditadura*. São Paulo: Companhia das Letras, 2019. Para o expurgo no Parlamento, Lúcia Klein e Marcus Figueiredo, *Legitimidade e coação no Brasil pós-64*. Rio de Janeiro: Forense-Universitária, 1978, e Maria Helena Moreira, *Estado e oposição no Brasil (1964-1984)*. Petrópolis: Vozes, 1984.

11. Para a Operação Brother Sam, ver Phyllis R. Parker, *1964: O papel dos Estados Unidos no golpe de Estado de 31 de março*. Rio de Janeiro: Civilização Brasileira, 1977; Carlos Fico, *O grande irmão: Da operação Brother Sam aos anos de chumbo. O governo dos Estados Unidos e a ditadura militar brasileira*. Rio de Janeiro: Civilização Brasileira, 2008.

12. Para as marchas, ver Solange de Deus Simões, *Deus, pátria e família: As mulheres no golpe de 1964*. Petrópolis: Vozes, 1985; Aline Presot, “Celebrando a ‘Revolução’: as Marchas da Família com Deus pela Liberdade e o golpe de 1964”. In: Denise Rollemberg e Samantha Viz Quadrat (orgs.), *A construção social dos regimes autoritários: Legitimidade, consenso e consentimento no século XX: Brasil e América Latina*. Rio de Janeiro: Civilização Brasileira, v. II, 2010, pp. 71-96.

13. Para Ipes-Ibad e a estratégia de desestabilização do governo Goulart, ver René Armand Dreifuss, *1964: A conquista do Estado*. Petrópolis: Vozes, 1981, e Lilia M. Schwarcz e Heloisa M. Starling, op. cit.

14. A grafia correta para a organização de oposição "Movimento Revolucionário 8 de Outubro" indicada nesse tópico: MR-8.

15. Para a Frente Ampla, ver Célia Maria Leite Costa, "A Frente Ampla de oposição ao regime militar". In: Marieta de Moraes Ferreira (org.), *João Goulart: Entre a memória e a história*. Rio de Janeiro: FGV, 2006, pp. 77-91; Jorge Ferreira, op. cit., cap. 12; John W. F. Dulles, *Carlos Lacerda: A vida de um lutador*. Rio de Janeiro: Nova Fronteira, v. 2, cap. IX e X, 2000.

16. Para corrupção e ditadura, ver Pedro Henrique Pedreira Campos, *Estranhas catedrais: As empreiteiras brasileiras e a ditadura civil-militar, 1964-1988*. Niterói: Eduff, 2014; Diego Knack, *Ditadura e corrupção:* A *Comissão Geral de Investigações e o confisco de bens de acusados de enriquecimento ilícito no Brasil 1968-1978*. Rio de Janeiro: Arquivo Nacional, 2018, e Fernando Molica (org.), *Dez reportagens que abalaram a ditadura*. Rio de Janeiro: Record, 2005.

17. Para corrupção e tortura, Elio Gaspari, "A praga". In: ______. *A ditadura escancarada*. São Paulo: Companhia das Letras, 2002, pp. 17-36; Heloisa Maria Murgel Starling, "Ditadura militar". In: Leonardo Avritzer et al., *Corrupção: Ensaios e críticas*. Belo Horizonte: Ed. UFMG, 2012, pp. 213-22; Marcelo Barros, *Polícia e tortura no Brasil: Conhecendo a caixa das maçãs podres*. Curitiba: Appris, 2015.

18. Para artes visuais na ditadura, ver Claudia Calirman, *Arte brasileira na ditadura militar: Antonio Manuel, Artur Barrio e Cildo Meireles*. Rio de Janeiro: Reptil, 2013, e Paulo Miyada (org.), *AI-5 50 anos: Ainda não terminou de acabar*. São Paulo: Instituto Tomie Ohtake, 2018.

19. Para as populações indígenas, Rubens Valente, *Os fuzis e as flechas: A história de sangue e resistência indígena na ditadura militar*. São Paulo: Companhia das Letras, 2017; Álvaro Ricardo de Souza Cruz, *Relatório Figueiredo: Genocídio brasileiro*. Rio de Janeiro: Lumen Juris, 2018.

20. Para o uso conceitual de mapa, ao longo do capítulo, ver Tuca Vieira, *Salto no escuro: Leituras do espaço contemporâneo*. São Paulo: Hedra, 2020. Para a canção de Chico, ver: Chico Buarque, "Hino da repressão". *Malandro*. Rio de Janeiro: Barclay, 1985, lado 2, faixa 4.

LEITURAS COMPLEMENTARES

BRANDÃO, Ignácio de Loyola. *Zero*. São Paulo: Global, 2010.

GASPARI, Elio. *Coleção Ditadura*. Rio de Janeiro: Intrínseca, 2016. 5 v.

LIRA NETO. *Castello: A marcha para a ditadura*. São Paulo: Companhia das Letras, 2019.

MIYADA, Paulo (org.). *AI-5 50 anos: Ainda não terminou de acabar*. São Paulo: Instituto Tomie Ohtake, 2018.

25. O desmatamento no Brasil

Levantamento de áreas de desmatamento na Amazônia Legal através de imagens do satélite Landsat, *Antônio Tardin et al.*, 1979

Regina Horta Duarte

O MAPA QUE VEIO DO CÉU

Nos anos 1970, o satélite *Landsat* realizava seu trajeto espacial quase circular em torno da Terra, a uma altitude de aproximadamente 920 quilômetros. Seus sensores perscrutavam faixas contínuas de cem milhas náuticas, tomando repetidas imagens, na mesma hora e local, a cada dezoito dias. Cada revolução se completava em 103 minutos, e eram necessárias 251 delas para cobrir toda a superfície terrestre. Em Cuiabá, a estação receptora do Instituto Nacional de Pesquisas Espaciais (Inpe) coletava os sinais referentes à América do Sul. Ali, as imagens eram gravadas em fitas magnéticas e remetidas para a sede do Inpe, em Cachoeira Paulista, para processamento eletrônico, fotográfico e análise. A partir dessas imagens e desses dados, o Inpe produziu um relatório sobre o desmatamento na área da Amazônia Legal entre 1975 e 1978. O relatório incluiu um mapa intitulado *Levantamento de áreas de desmatamento na Amazônia Legal através de imagens do satélite Landsat*, produzido por Antônio Tardin e equipe, em 1979 (Fig. 25.1).[1]

Os resultados do monitoramento coroavam os esforços iniciados em julho de 1972, quando o Inpe passou a apostar no uso de satélites para sensoriamento remoto no Brasil, conectando-se ao recém-lançado *ERTS-1* (*Earth*

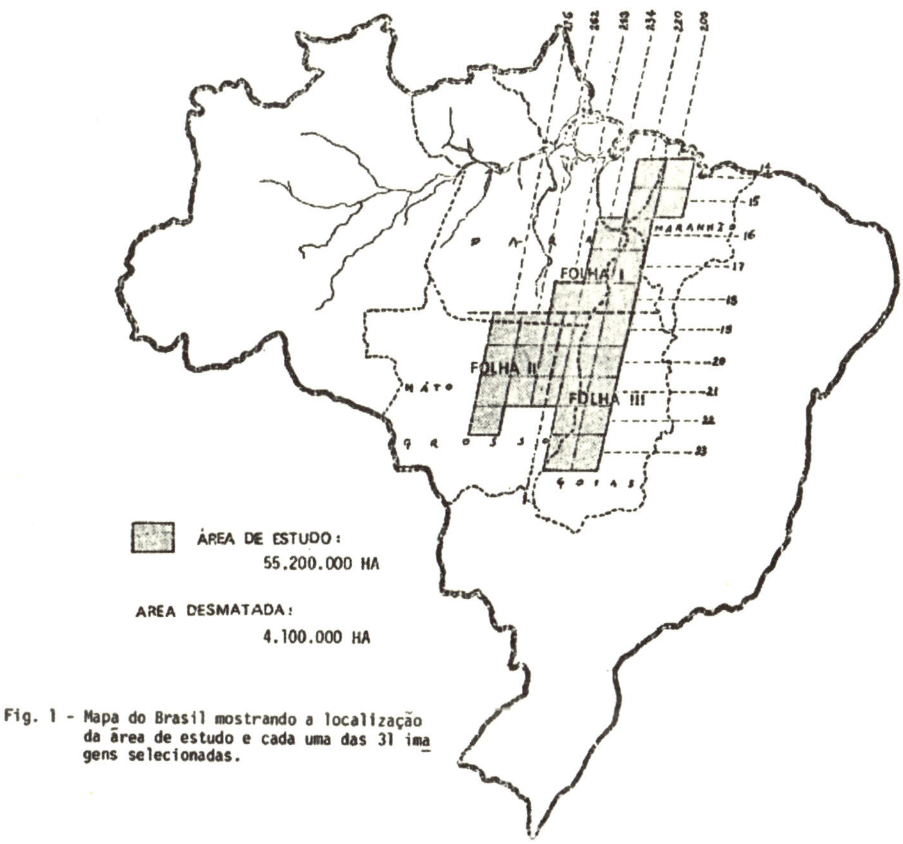

25.1. Levantamento de áreas de desmatamento na Amazônia Legal através de imagens do satélite Landsat, *Antônio Tardin et al.*

Resources Technology Satellite), depois denominado *Landsat*, construído pela Nasa. A receptora em Cuiabá, inaugurada em abril de 1973, foi a terceira estação terrestre do mundo, a primeira localizada nos Estados Unidos e, depois, no Canadá.

O mapa *Levantamento de áreas de desmatamento na Amazônia Legal através de imagens do satélite Landsat* (Fig. 25.1), produzido pelo Inpe, em 1979, de autoria, entre outros, de Antônio Tardin, foi elaborado a partir desse monitoramento e destaca, no território brasileiro, a área da Amazônia Legal. A definição dos limites da Amazônia pelo governo brasileiro remonta à lei nº 1806, de 1953, editada por Getúlio Vargas, que estabeleceu a Superintendência do Plano de

Valorização da Amazônia (SPVEA). Essa era "a região compreendida pelos estados do Pará e do Amazonas, pelos territórios federais do Acre, Amapá, Guaporé e Rio Branco e, ainda, a parte do estado de Mato Grosso a norte do paralelo de 16°, a do estado de Goiás a norte do paralelo de 13° e a do Maranhão a oeste do meridiano de 44°". Desde então, houve mudanças no nome de alguns territórios e alteração de limites de estados, com a criação do Tocantins. Segundo o Instituto Brasileiro de Geografia e Estatística (IBGE), a Amazônia Legal hoje se estende por 5 015 968,18 quilômetros quadrados, ou seja, abrange 58,9% do território nacional (que possui 8 510 295,914 quilômetros quadrados).

A DITADURA MILITAR E A AMAZÔNIA LEGAL

O governo militar substituiu a SPVEA pela Superintendência do Desenvolvimento da Amazônia (Sudam), pela lei nº 5173, de 27 de outubro de 1966. No projeto autoritário, capitalista e desenvolvimentista em curso, a Amazônia simbolizava o atraso a ser vencido pelo adensamento populacional e pelo progresso econômico. O ideal ufanista de país gigantesco e destinado ao futuro glorioso ressaltava a terra rica em recursos naturais até então adormecidos e prontos para ser explorados. No pensamento geopolítico e estratégico dos militares, a representação da Amazônia como um vazio também alimentou a obsessão pela urgência da integração nacional. Grandes empreendimentos rodoviários foram iniciados, como a Transamazônica, a Perimetral Norte, a Cuiabá-Santarém e a Manaus-Caracaraí. Em 1967, o governo decretou a criação da Zona Franca de Manaus. Em 1974, a Sudam implementou o Programa de Polos Agropecuários e Agrominerais da Amazônia (Polamazônia), com incentivos fiscais e estabelecimento de áreas prioritárias para integração ao projeto de desenvolvimento econômico conduzido pelo regime militar. Assim, em sucessivas ações centralizadas, o governo federal ampliou sua presença e interferência na região.[2]

Em 1974, a Sudam e o Inpe estabeleceram um convênio, visando desenvolver métodos de monitoramento da ocupação da Amazônia Legal com dados de Sensoriamento Remoto. A Sudam estabeleceu a meta de alocação de 5 milhões de cabeças de gado na região até o final daquela década.

Um primeiro trabalho verificou como o uso das imagens do *Landsat* poderia auxiliar na implantação, no controle e no acompanhamento de projetos agropecuários em áreas desmatadas. A região escolhida foi o nordeste do Mato Grosso, entre os rios Xingu e Araguaia (paralelos de 9° e 13:30° de latitude sul, meridianos 50° e 54° de longitude oeste), uma área de difícil acesso e fiscalização. Os objetivos da pesquisa eram levantar a cobertura vegetal, analisar as condições topográficas, aferir o desmatamento, avaliar a qualidade das pastagens e fornecer dados para projeções da rede rodoviária regional. Ali havia formações vegetais diversas, como floresta equatorial, floresta de transição, matas ciliares, cerradão, cerrado, campo, campo-cerrado e campos de várzea. Os pesquisadores apontaram desmatamentos em áreas contínuas superiores a 20 mil hectares, evidenciando as deficiências do Código Florestal de 1965, que estabelecia a preservação de 50% da propriedade, mas não regulamentava o desmatamento. O uso irracional do solo foi constatado: até junho de 1975, o desmatamento abrangia 174 974 hectares, dos quais 61 240 consistiam em pastagens subaproveitadas. A pesquisa dividia ainda as unidades de cobertura vegetal em três categorias quanto à potencial implantação de projetos agropecuários, dada a avaliação da fertilidade/ capacidade do uso do solo. O cerrado, campos-cerrado e campos deveriam ser priorizados, pois a topografia plana favorecia a mecanização agrícola, oferecendo melhores expectativas de aproveitamento a médio e longo prazos. Matas finas e cerradão vinham como segunda escolha. Projetos em matas densas, ciliares, campos de várzea, úmidos e campos-cerrado inundáveis receberam baixa recomendação.[3]

A continuidade dessas investigações e a sua extensão a outras áreas de desbravamento levaram ao trabalho que originou o mapa *Levantamento de áreas de desmatamento na Amazônia Legal...*, do Inpe, produzido em 1978 e publicado no ano seguinte (Fig. 25.1), em novo projeto financiado pela Sudam. Dentro dos limites do território nacional delineado no fundo branco, destacam-se, em linhas pontilhadas, apenas quatro unidades federativas, entre os cinco estados e quatro territórios que compunham a Amazônia Legal: Goiás,[4] Mato Grosso, Pará e Maranhão. A bacia hidrográfica amazônica surge em esboço incompleto, sem que suas linhas alcancem as fronteiras brasileiras ocidentais. O mapa convida o olhar do observador à área quadriculada em 31 pontos, objeto da análise das imagens obtidas pelo *Landsat*. O território surge como um grande vazio, ao qual só as tabelas explicativas que acompanham o mapa podem conferir sentido. Não se incluiu uma rosa dos ventos, talvez pelo fato de a mirada para a elaboração do mapa não vir da referência de horizontes avistados desde um observador na Terra, mas sim do espaço, a quase mil quilômetros de distância.

O que interessava nessa cartografia eram as órbitas pelas quais o satélite circulava, capturando imagens de pontos quadriculados na superfície terrestre. Assim, foram analisadas imagens das órbitas 206 (pontos 14 e 15), 220 (pontos 14, 15, 16, 17, 18, 19, 20, 21, 22 e 23); 234 (pontos 16, 17, 18, 19, 20, 21, 22 e 23), 248 (pontos 18, 19, 20 e 21); órbita 262 (pontos 19, 20 e 21), e 276 (pontos 19, 20, 21 e 22). Note-se que a numeração de pontos se repete em cada órbita e, portanto, cada imagem possui duas referências (por exemplo: órbita 220, ponto 14; órbita 206, ponto 14). O trabalho implicava uma estrutura tecnológica extremamente sofisticada: a tabela elaborada pelos autores do relatório apurou os dados de desmatamento, viabilizados pela análise das fotografias tomadas pelo imageador multiespectral (Multispectral Scanner System) do *Landsat*, nas quatro bandas do espectro eletromagnético, denominadas canais. Segundo a legenda do mapa, a área selecionada abrange 55 200 000 hectares, dos quais 4 100 000 hectares sofreram desmatamento, entre 1975 e 1978. Entretanto, se somamos todos os dados informados, o resultado é um pouco maior do que esse, perfazendo 4 195 472 hectares de cobertura vegetal nativa extinta (ver Tabela 25.1).

A OCUPAÇÃO DO CERRADO

A recomendação de exploração prioritária do Cerrado, pelo relatório, dava continuidade à colonização de terras para a agricultura promovida pelo governo brasileiro desde os anos 1930. A fundação da cidade de Goiânia (1933), a chegada da ferrovia a Anápolis (1935), o lançamento da Marcha para o Oeste (1938), e a fundação da Colônia Agrícola Nacional de Goiás (1941) determinaram o avanço agropecuário por vastas áreas de terras devolutas, que incluíam matas tropicais na área denominada Mato Grosso de Goiás, com cerca de 2 milhões de hectares de solos férteis no coração do estado de Goiás. Fluxos migratórios, formações urbanas e desmatamentos prosseguiram no seio de profundos e violentos conflitos sociais com populações indígenas e quilombolas, assim como entre posseiros e grileiros.[5]

TABELA 25.1 — ÁREA DESMATADA (HA)

Órbita Ponto	276	262	248	234	220	206
14					563 550	50 450
15					600 350	73 650
16				83 700	22 392	
17				92 900	510 875	
18			27 925	160 925	120 900	
19	65 605	11 225	53 200	77 675	23 800	
20	42 750	1675	152 250	55 525	22 800	
21	79 250	30 825	28 425	15 200	363 800	
22	34 825			10 475	447 850	
23				182 450	158 250	

FONTE: Antônio Tardin et al., op. cit., p. 7.

Sob a aparente unidade contida na denominação do bioma, o Cerrado é composto de um rico mosaico de fitofisionomias que sofreu modificações pelas sociedades humanas ao longo dos séculos, mesmo que o impacto em outros tempos fosse relativamente pouco significativo. A partir dos anos 1950, as ocupações agrícolas urbanísticas avançadas das áreas originais de matas tropicais, especialmente ao longo da extensão da Mata Atlântica, alimentaram expectativas de expansão das fronteiras em direção ao Cerrado. Tais planos esbarravam, entretanto, na baixa produtividade agrícola de solos ácidos.

Especialmente a partir dos anos 1970, um conjunto de fatores possibilitou forte aceleração, num processo bem-sucedido de ocupação do Cerrado por grandes empreendimentos agropecuários. A fundação da Empresa Brasileira de Pesquisa Agropecuária (Embrapa), em 1973, vinculada ao Ministério da Agricultura, significou um marco para o agronegócio de produção de grãos e carnes para mercados globais. Em 1975, surgiu o Centro de Pesquisa Agropecuária dos Cerrados, atual Embrapa Cerrados, investindo em soluções tecnológicas para os principais problemas enfrentados pela agricultura nesse bioma. A partir do desenvolvimento de pesquisas em torno da fertilização dos solos, da introdução de sementes e plantas adaptadas, bem como do incentivo à imigração de agricultores experientes na produção de soja da Região Sul, um novo patamar de ocupação foi delineado. A partir dos anos 1980, iniciativas agropecuárias no Cerrado ascenderam vertiginosamente. Políticas de crédito do governo facilitaram a aquisição de terras, maquinário e insumos por agricultores de perfil considerado moderno e empresarial, que atualmente constituem uma elite de vigoroso poder econômico e político. Nessa história, a agropecuária conquistou áreas não apenas da Amazônia Legal, como de início, mas se estendeu numa curva em direção Norte/ Nordeste, no chamado Matopiba, que abrange áreas de Cerrado no Maranhão, Tocantins, Piauí e Bahia.[6]

Da área original de 198,5 milhões de hectares — 23,3% do território nacional — restam 54,4% da cobertura original, num processo galopante de desmatamento. A agricultura de grãos avança ainda mais rapidamente que a pecuária, configurando a triste perspectiva de um futuro próximo em que o Cerrado estará praticamente extinto. A destruição atinge todo o bioma: apenas um terço da área antropizada, ou seja, que foi alterada pela ação humana, no território do Brasil, surgiu entre 1500 e 1984. Os outros dois terços surgiram de 1985 aos dias de hoje, configurando, portanto, um período de destruição galopante.

O GEOMONITORAMENTO E A PROTEÇÃO AMBIENTAL

Paralelamente ao processo de destruição, fatores como o avanço das preocupações ambientais pelo aquecimento global, a realização de encontros e a assinatura de tratados internacionais, o fortalecimento de movimentos ambientalistas no Brasil e a constatação pelos cientistas da assustadora aceleração da destruição ambiental contribuíram para o direcionamento dos programas de sensoriamento remoto rumo à vocação protecionista, ligando sua missão ao controle do desmatamento. Isso ocorreu no Inpe, como veremos adiante, mas surgiram também outras importantes iniciativas.

Esse é o caso do MapBiomas, idealizado num seminário organizado pelo Observatório do Clima, em 2015, em São Paulo. O encontro, que reuniu especialistas em sensoriamento remoto e mapeamento de uso de solo, lançou o desafio de produzir uma série histórica de mapas de maneira rápida, atualizada, precisa e barata. Com o apoio do Google, que disponibilizou a Google Earth Engine, iniciaram a construção de uma plataforma aberta a uma rede de colaboradores em todo o país e extremamente acessível ao público em geral. Os computadores são programados com uso de metodologias sofisticadas de inteligência artificial para a análise de imagens de satélites. Equipes descentralizadas processam imagens de satélite disponibilizadas na nuvem para elaborar mapas, produzindo conhecimento científico detalhado sobre as transformações da cobertura e do uso do solo no Brasil. Por meio da ampla transparência e divulgação de seus trabalhos, o MapBiomas se mostra uma poderosa ferramenta para o incremento da pesquisa, das ações de conservação, das estratégias de manejo e de mitigação das mudanças climáticas. Os mapas produzidos apresentam diagnósticos da ocupação ano a ano, com foco especial na dinâmica da área estudada ao longo do tempo, sempre cobrindo o período entre 1985 e o presente.

A iniciativa é formada por universidades, empresas de tecnologia e ONGs, com crescente expansão de membros envolvidos e solidamente ancorada em práticas científicas rigorosas, o que tem originado uma robusta produção de artigos científicos.

Em agosto de 2021, a plataforma publicou a Coleção 6, com novos recursos e detalhamentos. O mapeamento é feito com base em pixels de 30 × 30 m, num total de 9,5 bilhões de pixels. Cada pedaço do território teve seu histórico escrutinado nos últimos 36 anos. A Coleção 6 permite ao visitante desenhar uma área no mapa (que pode ser de apenas um pixel), e acionar a *timelapse on the fly*, obtendo a animação da dinâmica temporal da ocupação desde 1985. Num futuro próximo, o visitante poderá salvar essa animação. Por enquanto, ele pode baixar mapas, estatísticas, artigos científicos, infográficos e conhecer a história de cada pedacinho de terra do Brasil, de 30 × 30 m, desde 1985. A plataforma é extremamente provocativa e instiga o visitante em suas múltiplas possibilidades, sempre auxiliado pelos tutoriais disponíveis que o guiam pelos caminhos de navegação. Todo o conteúdo é público e gratuito, incluindo os códigos utilizados na produção dos mapas, o que permite seu uso e reprodução, mas também abre inúmeras formas de manejo aos usuários.[7]

O logotipo do MapBiomas (presente em todos os mapas) é um pequeno conjunto de pixels. O símbolo lembra como o conhecimento produzido se refere a cada uma das pequenas áreas que compõem o território estudado, mas também poderíamos pensar nas pessoas envolvidas na construção da plataforma e em cada um de seus usuários.

Entre os vários conteúdos disponíveis para download, há um mapa do Cerrado (Fig. 25.2). Um detalhe no canto esquerdo superior do conjunto mostra todos os biomas no Brasil (que são, por sua vez, privilegiados em outros mapas da mesma coleção). Do lado direito, há uma breve explicação sobre a plataforma e o caminho para acessá-la na internet. Seguem-se os logotipos de 42 instituições envolvidas, entre universidades, ONGs e empresas. À esquerda, há uma tabela de distribuição de área que especifica dezoito categorias de uso e cobertura do solo (como formação savânica, florestal, lavoura temporária, pastagens, mineração) e uma legenda que conceitua cada uma dessas classes.

Também constam do site vários infográficos para download. O infográfico sobre a evolução da cobertura e uso da terra no Brasil 1985-2020 (Fig. 25.3) informa a área de cada bioma no conjunto da área do território nacional (por exemplo, a caatinga tem 86,3 Mha, 10,1% do total de 851,1 Mha do Brasil). A dinâmica histórica da ocupação é apresentada de várias formas. À esquerda, há um gráfico de evolução (ganho/perda) de vegetação nativa, pastagem, agricultura e silvicultura. À direita, outro gráfico apresenta a evolução de floresta, agropecuária, formação vegetal não florestal, área não vegetada e corpo de água. O mapa central apresenta percentagens atuais dos tipos de ocupação, circulado por dois gráficos. Um primeiro mensura as categorias mais amplas, e o segundo, de espessura menor, quantifica as classes específicas. Um pequeno círculo no canto superior direito mostra a percentagem de vegetação nativa (63,3%), como se fosse um recipiente que se esvazia. Abaixo, a figura de um boi indica um crescimento proporcional de 39% de pastagens, e ramos de trigo sinalizam o crescimento de 2,9 vezes das áreas de agricultura, sempre em relação a 1985. Acima, o convite ao conhecimento aprofundado: "Para mais informações, acesse mapbiomas.org".

A divulgação da coleção alcançou impacto significativo na mídia, e os

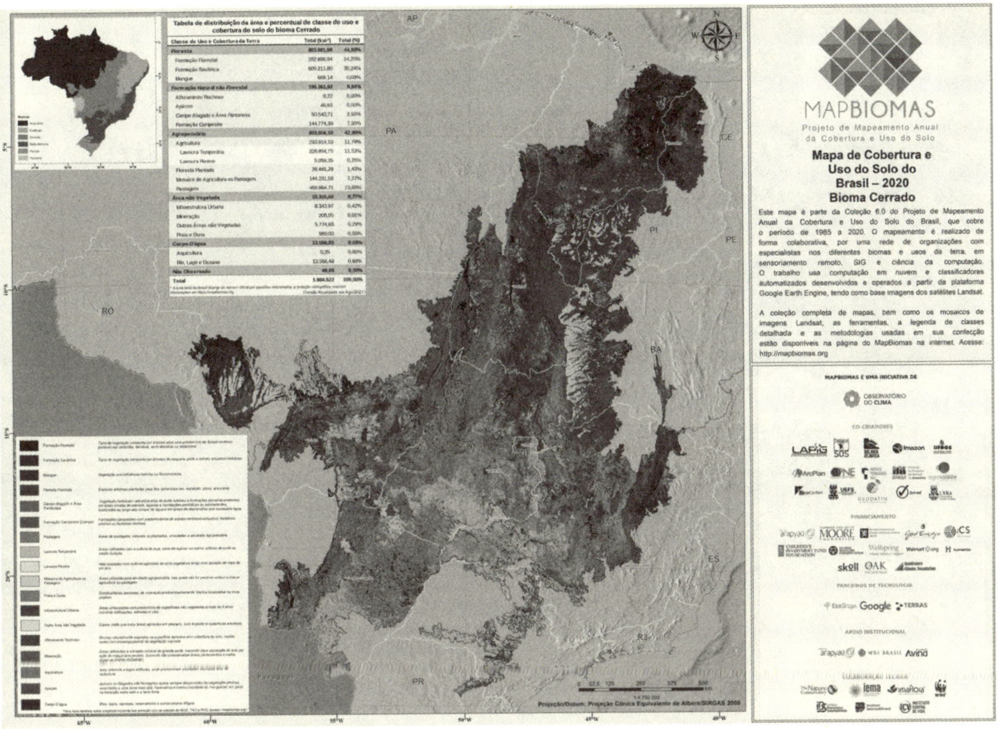

25.2. Mapa de cobertura e uso do solo do Brasil — 2020, Bioma Cerrado.

principais jornais do país divulgaram muitos de seus dados, alertando o público para o avanço da destruição ambiental no Brasil. Outro impacto importante da plataforma tem sido o emprego de seus dados para a produção de estudos científicos que, por sua vez, auxiliam decisões de políticas públicas. Desde 2018, o prêmio MapBiomas distingue trabalhos nas categorias "jovem", "geral", "aplicações para políticas públicas" e, a partir de sua quarta edição, lançada em 2021, "aplicações no setor privado".

A divulgação, o uso e mesmo a negação desses mapas se realizam num campo de batalha entre diferentes atores, projetos e interesses locais, nacionais e internacionais. O mapa passa a se constituir como artefato de luta e de ação transformativa, e assim certamente a plataforma tem sido concebida por seus idealizadores.

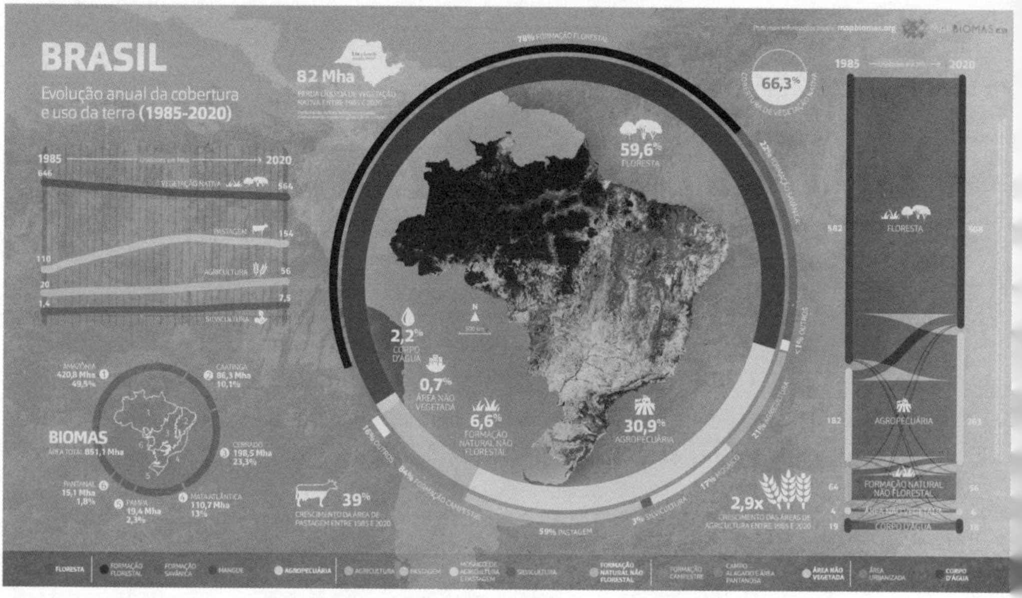

25.3. *Infográfico* Brasil: Evolução anual da cobertura e uso da terra (1985-2020).

MAPAS E PROTEÇÃO AMBIENTAL

O MapBiomas não foi o primeiro a utilizar sensoriamento remoto por imagens de satélite no país. O Inpe, como vimos, começou a receber imagens em 1975. No ano seguinte, surgiu a primeira dissertação de mestrado defendida sobre o tema, seguida de outros trabalhos acadêmicos.[8] O Inpe prosseguiu vigorosamente, desde então, em ações pioneiras. Em 1988, surgiu o Projeto de Monitoramento do Desflorestamento na Amazônia Legal por Satélite (Prodes), a partir de demanda do governo federal, que destinou recursos anuais de seu orçamento para a iniciativa, visando a informações rigorosas que guiassem políticas públicas. O satélite era capaz de detectar áreas de desmatamento superiores a 0,0625 quilômetro quadrado (6,25 ha), orbitando a cerca de 705 quilômetros de altitude. Inicialmente, as imagens eram trabalhadas em papel, impressas em largas folhas e analisadas manualmente. Desde então, o Inpe aprimorou suas tecnologias, com imagens de resolução de trinta metros, e produz dados anuais de desmatamento. Mapas e dados encontram-se acessíveis ao público desde 2004 na internet (Fig. 25.4).[9]

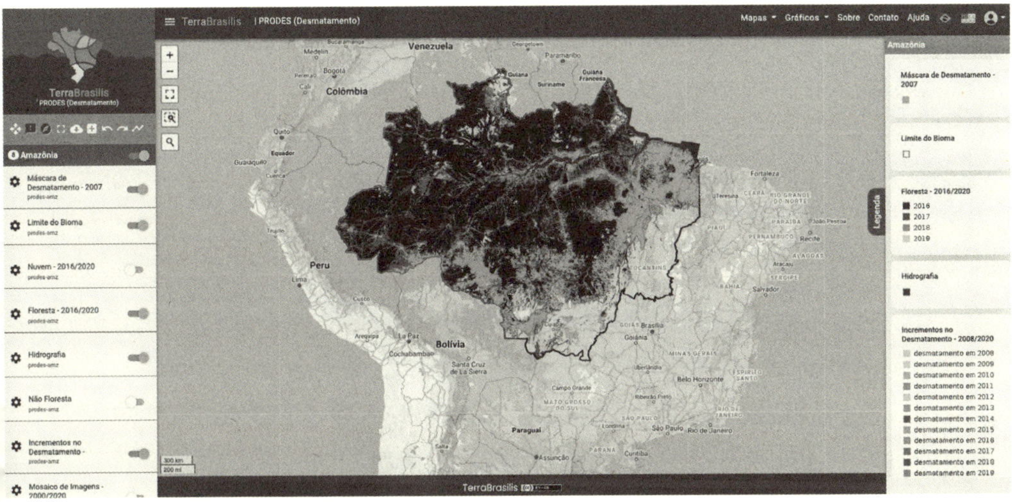

25.4. *PRODES* — Desmatamento, Amazônia. *TerraBrasilis.*

Entretanto, o Prodes era insuficiente para agilizar a fiscalização, e o Inpe passou a desenvolver o Deter, um levantamento de alertas de alteração da cobertura vegetal, em funcionamento desde 2004. O monitoramento passou a ser diário, viabilizando a intervenção imediata das autoridades competentes. Até 2015, o Deter utilizava dados do sensor Modis, a bordo do satélite Terra, que detectava desmatamentos superiores a 25 hectares. Entretanto, o atual aprimoramento de sensores permite mapear, em tempo quase real, desmatamentos e queimadas em áreas muito menores. O Deter se tornou um instrumento dinâmico para o Instituto Brasileiro do Meio Ambiente e dos Recursos Naturais Renováveis (Ibama), pois orienta com precisão para onde os fiscais devem se deslocar para conter crimes ambientais em execução (Fig. 25.5).

Coroando todos esses trabalhos, o Inpe oferece o portal TerraBrasilis, um projeto dinâmico e em constante atualização, que disponibiliza informações espaçotemporais na internet, oferecendo ao público mapas temáticos assim como dados quantitativos organizados em tabelas analíticas. Os mapas são interativos, compostos de várias camadas de detalhes, que podem ser ativadas pelos visitantes em busca de áreas de interesse, unidades da federação, municípios, áreas de conservação e reservas indígenas, assim como para explorar a evolução dos dados nas séries de comparação temporal, mostrando as varia-

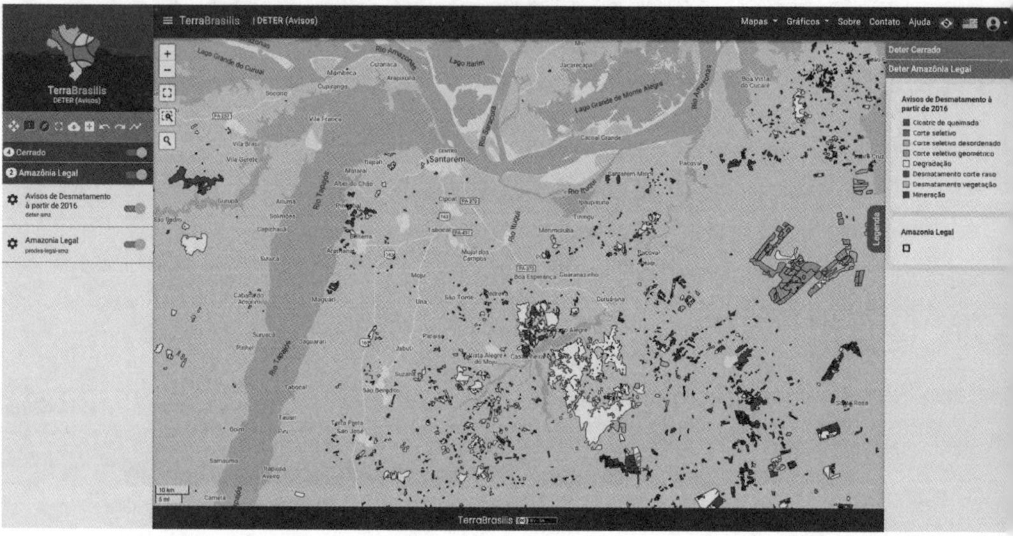

25.5. *Deter* — Avisos, Região de Santarém, e adjacentes (PA), *TerraBrasilis*.

ções ano a ano.[10] Há ainda acesso gratuito ao banco de imagens de dezoito satélites, que têm períodos de atividades diferentes desde 1973. Cada satélite tem diferentes sensores, e o usuário pode escolher a imagem por município, órbita ou região, assim como baixá-la, desde que se cadastre no sistema.

Os mapas realizados por instituições como o Inpe e o MapBiomas caracterizam-se pelo rigor metodológico, transparência e acesso público e gratuito. Eles são, na verdade, muito mais ricos e amplos do que pudemos explorar aqui, na curta extensão deste ensaio. Sua confecção é guiada pela intenção de fornecer informações para ações de órgãos governamentais, assim como para servir de base de dados para pesquisas de várias áreas do conhecimento sobre a evolução do território brasileiro. Os cientistas e técnicos envolvidos têm plena consciência do poder desses mapas na conservação do meio natural, assim como para o crescimento econômico sustentável, num país de forte matriz agropecuária e que precisa seguir tendências internacionais de produção para garantir a competitividade e a aceitação de seus produtos. Essa constatação não altera o rigor científico e as metodologias sofisticadas utilizadas, que permitem que os mapas sejam auditáveis e garantam um altíssimo nível de confiabilidade em seus resultados.

A divulgação contínua dos mapas e estatísticas gera significativos impactos. Entre 2004 e 2012, para citar um exemplo, o uso do Deter por órgãos públicos ambientais teve importante papel na queda de 70% do desmatamento ilegal na Amazônia. Entretanto, no período mais recente, quando todos os dados alcançam crescente acurácia e as informações sobre a ocupação e uso do solo abundam em tempo quase real, o desmatamento avançou em ritmo preocupante. Segundo dados do Inpe, a taxa consolidada de desmatamento para a Amazônia Legal entre 1º de agosto de 2019 e 31 de julho de 2020 foi de 10 851 quilômetros quadrados, concentrados no Pará, Mato Grosso, Amazonas e Rondônia. Somado a isso, 877 quilômetros quadrados de Floresta Amazônica estiveram sob alertas de desmatamento somente em outubro de 2021.

A GUERRA CONTRA O MEIO AMBIENTE

Para Marcio Astrini, secretário-executivo do Observatório do Clima, não falta informação, mas sim ação, num contexto em que uma média de duzentos alertas de desmatamento são acionados por dia, desde 2019. Há, em suas palavras, "uma guerra contra o meio ambiente", numa situação constrangedora.[11]

Esses diversos mapas se tornam instrumentos de ação ao serem produzidos, usados, divulgados e debatidos. Mas por que o aumento da qualidade das informações não gera um controle proporcionalmente eficaz da destruição ambiental? Bruno Latour oferece uma instigante interpretação para a negação da ciência e seus impactos no panorama contemporâneo. Os dados existem e são acessíveis, mas muitos os acusam de serem suspeitos, parciais, fruto das estratégias de forças ocultas contra a nação. Outros simplesmente os ignoram, fingindo não os ver e não sabê-los. Para Latour, tais atitudes não resultam de mera ignorância, mas seguem a decisão negacionista de deixar o mundo à sua própria sorte.[12]

Os mapas de sensoriamento por satélites são fruto de uma técnica apurada e resultam de grandes conquistas do conhecimento científico e tecnológico. Entretanto, o avanço do desmatamento no Brasil mostra como fatos científicos não se sustentam por si só. Eles funcionam em contextos e práticas políticas que criam ou não condições para o delineamento de valores e pressupostos pelos quais esses dados sejam validados pelos diferentes grupos sociais. Produzidas por satélites que circulam a centenas de quilômetros de altitude, as imagens vêm do céu à terra, e é na dimensão complexa e imprevisível das sociedades humanas que elas são transformadas em mapas e funcionam como artefato político da luta por uma nova relação com o meio natural.

NOTAS

1. Antônio Tardin et al., *Levantamento de áreas de desmatamento na Amazônia Legal através de imagens do satélite Landsat*. Cachoeira Paulista: Inpe, 1979. 12 p. (Relatório Inpe 1411-NTE/142. Biblioteca Inpe).

2. Ver Octavio Ianni, *Ditadura e agricultura: O desenvolvimento do capitalismo na Amazônia*. 2. ed. Rio de Janeiro: Civilização Brasileira, 1986; Amadeu Cavalcante, "Uma visão da Amazônia Legal durante a ditadura militar: Capitalismo e desenvolvimento dependente no contexto da Sudam". *Veredas do Direito*, Belo Horizonte, v. 18, n. 40, pp. 143-87, 2021.

3. Armando Santos e Evelyn Novo, *Uso de dados do Landsat-1 na implantação, controle e acompanhamento de projetos agropecuários no sudoeste da Amazônia Legal*. Cachoeira Paulista: Inpe, 1976, 207 p. (Relatório Inpe-1044-TPT/056. Biblioteca Inpe); Id., *Utilização de imagens Landsat no acompanhamento e controle dos projetos agropecuários na Amazônia*. Cachoeira Paulista: Inpe, 1977, 26 p. (Relatório Inpe-1075-NTE/101. Biblioteca Inpe).

4. O mapa é anterior à criação do estado do Tocantins, emancipado de Goiás em outubro de 1988.

5. Sandro Dutra e Silva, *No Oeste, a terra e o céu: A expansão da fronteira agrícola no Brasil Central*. Rio de Janeiro: Mauad X, 2017, pp. 35-57 e 101-44.

6. Claiton Márcio da Silva. "Entre Fênix e Ceres: A grande aceleração e a fronteira agrícola do Cerrado". *Varia Historia*, Belo Horizonte, v. 34, n. 65, pp. 409-44, 2018; Sandro Dutra e Silva, "Challenging the Environmental History of the Cerrado". *HALAC*, Anápolis, v. 10, n. 1, pp. 82-116, 2020.

7. Carlos M. Souza Jr. et al. "Reconstructing Three Decades of Land Use and Land Cover Changes in Brazilian Biomes with Landsat Archive and Earth Engine". *Remote Sensing*, Basel, v. 12, n. 17, pp. 1-27, 2020. Para a plataforma, acesse: <http://mapbiomas.org>. No canal do YouTube há vídeos de relatórios anuais, tutoriais, eventos de debates e outros conteúdos explicativos: <https://www.youtube.com/c/MapBiomasBrasil>.

8. Ver notas de rodapé 1 e 3 deste capítulo.

9. Inpe, *Avaliação da alteração da cobertura florestal na Amazônia Legal utilizando sensoriamento remoto orbital*. São José dos Campos: Inpe, 1989. Disponível em: <http://www.obt.inpe.br/OBT/assuntos/programas/amazonia/prodes/pdfs/Prodes1989.pdf>. Acesso em: 10 out. 2021.

10. Luiz Fernando F. G. Assis et al. "TerraBrasilis: A Spatial Data Analytics Infrastructure for Large-Scale Thematic Mapping". *International Journal of Geo-Information*, Hannover, v. 8, n. 513, pp. 1-27, 2019. Para o portal TerraBrasilis, acesse: <http://terrabrasilis.dpi.inpe.br>.

11. Consultar o vídeo de Lançamento do Relatório Anual de Desmatamento no Brasil — 2020. 11 jun. 2021. Disponível em: <https://youtu.be/uq04DamkmZM>. Acesso em: 15 nov. 2021.

12. Bruno Latour, *Onde aterrar?* São Paulo: Bazar do Tempo, 2020.

LEITURAS COMPLEMENTARES

DEAN, Warren. *A ferro e fogo: A história e a devastação da Mata Atlântica brasileira*. São Paulo: Companhia das Letras 1996.

FRANCO, José Luiz de Andrade et al. *Biodiversidade e ocupação humana do Pantanal mato-grossense: Conflitos e oportunidades*. Rio de Janeiro: Garamond, 2013.

ISSBERNER, Liz-Rejane; PHILIPPE, Léna (orgs.). *Brazil in the Anthropocene: Conflicts Between Predatory Development and Environmental Policies*. Nova York: Routledge, 2016.

NODARI, Eunice Sueli; CARVALHO, Miguel Mundstock Xavier de; ZARTH, Paulo Afonso (orgs.). *Fronteiras fluidas: Florestas com araucárias na América Meridional*. São Leopoldo: Oikos, 2018.

PÁDUA, José Augusto. "El dilema de la 'cuna espléndida': Naturaleza y territorio em la construcción de Brasil". In: LEAL, Claudia; SOLURI, John; PÁDUA, José Augusto (orgs.). *Un pasado vivo: Dos siglos de historia ambiental latino-americana*. Bogotá: FCE/ Universidad de los Andes, 2019, pp. 103-26.

Sobre os autores

ANDRÉ REYES NOVAES é professor no Departamento de Geografia Humana na Universidade do Estado do Rio de Janeiro (Uerj) e membro da Comissão de História da Geografia da União Geográfica Internacional e da Rede Brasileira de Geografia Histórica e História da Geografia. É autor de artigos, capítulos e livros sobre cartografia na imprensa, imaginação geográfica e metodologias visuais.

ANDRÉA DORÉ é professora de teoria da história e de história moderna na Universidade Federal do Paraná (UFPR). Dedica-se ao estudo da primeira modernidade e atualmente explora descrições geográficas e mapas. É membro fundadora da Rede Brasileira de Estudos em História Moderna (h_moderna) e autora de artigos e capítulos de livros sobre história da cartografia portuguesa e do livro *Cartografia da promessa* (2020).

ARTUR H. FRANCO BARCELOS é historiador e arqueólogo, docente da Universidade Federal do Rio Grande (Furg). Pesquisa a evangelização jesuítica na modernidade, com ênfase na ação missionária junto às sociedades indígenas americanas e na sua cartografia desenvolvida dos séculos XVII e XVII. É autor de *Espaço & arqueologia nas missões jesuíticas* (2000) e *O mergulho no seculum* (2013), além de artigos e capítulos de livros.

BEATRIZ PICCOLOTTO SIQUEIRA BUENO é historiadora e professora associada na Faculdade de Arquitetura e Urbanismo da Universidade de São Paulo (USP). Bolsista de Produtividade do CNPq, atua nos temas história da urbanização e do urbanismo no Brasil, cultura profissional dos arquitetos e engenheiros, e história da cartografia. Autora de diversos artigos e capítulos, com destaque para o livro *Desenho e desígnio: O Brasil dos engenheiros militares* (2011).

CAMILA LOUREIRO DIAS é professora do Departamento de História da Universidade Estadual de Campinas (Unicamp). Investiga as relações entre os povos indígenas e o Estado construído em seus territórios durante o período colonial e atualmente. É autora de artigos e capítulos de livro sobre trabalho e escravidão indígena, cartografia e história colonial da Amazônia, e co-organizadora do livro *Os índios na Constituição* (2019).

CARMEM M. RODRIGUES é historiadora, assistente de pesquisa na Fiocruz Minas e doutora em história pela Universidade Federal de Minas Gerais (UFMG). É membro dos grupos de pesquisa internacionais Geopolítica Americana de los Siglos XVI-XIX (Geopam) e International Society for the History of the Map (ISHMap). Concentra suas pesquisas em história da cartografia e história das doenças, áreas em que publicou vários artigos.

CAROLINA MARTÍNEZ é doutora em história pela Universidade de Buenos Aires (UBA) e pela Universidade de Paris 7. Atua na Universidad Nacional de San Martín (Argentina) e UBA, e é pesquisadora do Conicet. Dedica-se ao estudo da produção, recepção e circulação de relatos de viagens e das imagens cartográficas na modernidade, com o livro *Mundos perfectos y extraños en los confines del Orbis Terrarum* (2019).

DANIEL DE SOUZA LEÃO VIEIRA é doutor em humanidades pela Universiteit Leiden e professor adjunto da Universidade Federal de Pernambuco (UFPE), atuando no Departamento de Antropologia e Museologia e no Programa de Pós-Graduação em História. Suas áreas de interesse são paisagem política, cultura visual, estudos museais e Brasil holandês. É autor do livro *Frans Post e a paisagem da Nova Holanda* (2019).

DANIELA MARZOLA FIALHO é professora na Faculdade de Arquitetura e no Programa de Pós-Graduação em Planejamento Urbano e Regional (Propur) na Universidade Federal do Rio Grande do Sul (UFRGS) e também coordenadora da Mapoteca do IHGRGS. É autora de vários artigos e capítulos de livros nas áreas de história urbana, cartografia urbana, planejamento urbano, particularmente no contexto de Porto Alegre (RS).

DENISE MOURA é professora de história do Brasil Colônia na Universidade Estadual Paulista (Unesp). Atualmente, dedica-se à história da cartografia com projetos apoiados pela Fapesp. Seus artigos abordam a história dos mapas em interlocução com a antropologia e tem em fase de edição um livro sobre mapeamento e ficções imperiais no Brasil meridional, século XVIII, em que desenvolve um projeto sobre a cartografia colaborativa de jesuítas e sertanista na Província do Paraguai (século XVIII).

EDILENE TOLEDO é professora de história da Universidade Federal de São Paulo (Unifesp). Dedica-se ao estudo da Primeira República e da Era Vargas, sobretudo das migrações e das organizações de trabalhadores em perspectiva transnacional. É autora de artigos, capítulos e livros, entre os quais se destacam *Travessias revolucionárias: Ideias e militantes sindicalistas em São Paulo e na Itália* (2004), e *Uma revolta urbana: A greve geral de 1917 em São Paulo* (2018).

FEDERICO FERRETTI é professor de geografia na Universidade de Bologna (Itália), com experiências de ensino e pesquisa na França, na Suíça, na Irlanda e no Brasil. Dedica-se ao estudo da epistemologia e da história da cartografia com ênfase nas abordagens críticas, decoloniais e anarquistas. É autor de livros em inglês, francês e italiano e publica textos nas maiores revistas internacionais de geografia.

HELOISA MURGEL STARLING é professora titular livre de história do Brasil na Universidade Federal de Minas Gerais (UFMG), bem como coordenadora do Centro de Pesquisa "Projeto República UFMG". Publicou, entre outros, *Os senhores das Gerais: Os novos inconfidentes e o golpe militar de 1964* (1986); *Brasil, uma biografia* (em coautoria com Lilia M. Schwarcz, 2015); *Linguagem da destruição: A democracia brasileira em crise* (em coautoria com Miguel Lago e Newton Bignotto, 2022).

IRIS KANTOR é professora do Departamento de História da Universidade de São Paulo (USP), onde leciona, entre outros cursos, história ibérica e coordena o Laboratório de Estudos de Cartografia da Cátedra Jaime Cortesão. É membro correspondente do Instituto Histórico e Geográfico Brasileiro (IHGB) e autora de *Esquecidos e renascidos: A historiografia acadêmica luso-americana* (2009) e da coletânea *Produzindo fronteiras: Entrecruzando escalas, povos e império na América portuguesa* (2022).

JACQUELINE HERMANN é professora titular de história moderna da Universidade Federal do Rio de Janeiro (UFRJ). Estudiosa do sebastianismo e dos messianismos luso-brasileiros, é coordenadora do Laboratório Sacralidades – Estudos sobre poder, religião e religiosidades no mundo ibero-americano, séculos XVI-XIX. Autora de artigos e capítulos de livros sobre religião e política, organizou, com William de Souza Martins, *Poderes do sagrado* (2016).

JACQUES LEENHARDT é diretor de estudos da École des Hautes Études en Sciences Sociales (Paris, França) e presidente honorário da Associação Internacional de Críticos de Arte (Aica). É diretor da revista *Artelogie*, autor de vários livros, nos quais explora as funções imaginárias e sociais das artes e literaturas, arquiteturas e paisagens, particularmente em contextos latino-americanos.

JÖRN SEEMANN é professor no Departamento de Geografia e Meteorologia da Ball State University, nos Estados Unidos, onde ensina geografia cultural e cartografia. Publicou mais de cinquenta artigos e capítulos de livros sobre seus principais interesses de pesquisa: as relações entre mapas e a sociedade, a história da cartografia, educação cartográfica e narrativas visuais.

JUNIA FERREIRA FURTADO é historiadora, professora titular livre no PPGHIS da Universidade Federal de Minas Gerais (UFMG), professora sênior do PPGHIS da Universidade Federal de São Paulo (Unifesp) e pesquisadora A1 do CNPq. É autora de vários artigos, capítulos e livros publicados nas áreas de Brasil Colônia, história da cartografia, história da medicina, destacando-se *O mapa que inventou o Brasil*, prêmio Jabuti em Ciências Humanas de 2013, e *Quebra-cabeça africano* (2022).

LAURENT VIDAL é historiador, professor de história moderna e contemporânea na Universidade de La Rochelle, França. É autor de vários livros premiados na área da história do Brasil (urbanização, migrações francesas, circulações culturais atlânticas), destacando-se *Mazagão, a cidade que atravessou o Atlântico* (2008), *Eles sonharam um outro mundo* (2019) e *Os homens lentos: Resistir à modernidade* (2020).

LORELAI KURY é historiadora e pesquisadora da Casa de Oswaldo Cruz, onde ensina e orienta no Programa de História das Ciências e da Saúde. É também professora do Departamento de História da Universidade do Estado do Rio de Janeiro (Uerj). Publicou diversos trabalhos na área da história das ciências, especialmente sobre viagens científicas nos séculos XVIII e XIX. É bolsista de produtividade do CNPq.

MARIA DE FÁTIMA COSTA é historiadora, professora titular da Universidade Federal do Mato Grosso (UFMT), aposentada. Dedica-se a estudos sobre expedições científicas, cartografia histórica e história indígena. É autora de vários artigos, capítulos e livros, dentre estes, em parceria com Pablo Diener, *Rugendas e o Brasil* (2012) e *Martius* (2018).

MARIA DO CARMO ANDRADE GOMES é historiadora, doutora em história pela Universidade Federal de Minas Gerais (UFMG) e pesquisadora aposentada da Fundação João Pinheiro. É autora de diversos artigos e capítulos de livros sobre história da cartografia e da estatística, história das cidades e patrimônio documental, bem como do livro *Mapas e mapeamentos: Políticas cartográficas em Minas Gerais* (2015).

REGINA HORTA DUARTE é professora titular livre de história do Brasil, no PPGHIS da Universidade Federal de Minas Gerais (UFMG). Atua na área de história ambiental e história dos animais, e publicou capítulos, artigos e livros em revistas e editoras de excelência. É autora de *Activist Biology* (2016) e *Noites circenses* (2018). Produz o canal YouTube de divulgação científica "As 4 Estações UFMG".

TIAGO BONATO é historiador, professor de história da América na Universidade Federal da Integração Latino-Americana (Unila). Pesquisador vinculado à rede internacional Geopolítica Americana de los siglos XVI-XIX (Geopam) e à Rede Brasileira de Estudos em História Moderna (h_moderna), se dedica ao estudo dos impérios ibéricos nas Américas na primeira modernidade.

Créditos das imagens

Todos os esforços foram feitos para reconhecer os direitos autorais das imagens. A editora agradece qualquer informação relativa à autoria, titularidade e/ou outros dados, se comprometendo a incluí-los em edições futuras.

CADERNO DE IMAGENS

pp. 1-3: *Planisfério de Cantino*, 1502. Biblioteca Estense, Modena, Itália.

p. 4: *Descrição de todo o Estado do Brasil, c.* 1626, de João Teixeira Albernaz I. In: *Livro que dá razão do Estado do Brasil, c.* 1626. Instituto Histórico e Geográfico Brasileiro, Rio de Janeiro.

p. 5: *America*, 1606, de Jodocus Hondius. Amsterdam. Cortesia da John Carter Brown Library, C-8303.

p. 6: *Mapa del río Ayembí (actual Tieté) y del Paraná, con sus afluentes, que recorrió Luis de Céspedes Jeria, gobernador del Paraguay, al entrar en su jurisdiccíon desde Brasil*, 1628, de Luis de Céspedes Xeria. Archivo General de Indias, MP-BUENOS_AIRES, 17.

p. 7: *BRASILIA qua parte paret BELGIS, Brasiliae geographica & hydrographica tabula nova... delineabat Georgius Marggraphius Germanus anno Christi 1643*, de Georg Marcgraf. Acervo da Fundação Estudar, em comodato com a Pinacoteca do Estado de São Paulo. COM_FE_G0111.

pp. 8-9 (acima): *Carte manuscrite de la navigation de la rivière des Tocantins, c.* 1742-3. Biblioteca Nacional da França, Département des Cartes et plans, GE DD-2987 (9554B).

p. 8 (abaixo): *El gran rio Marañon, o Amazonas con la Mission de la Compañia de Jesus geograficamente delineado por el P^e^. Samuel Fritz missioneiro continuo en este Rio*, 1707, de Samuel Fritz. Biblioteca Nacional da França. Département des Cartes et plans, GED 7855.

p. 9 (abaixo): *Planta da cidade de São Sebastião do Rio de Janeiro, com suas fortificações, c.* 1714 [João Massé]. Arquivo Histórico Ultramarino, Lisboa.

p. 10: *Mapa del pueblo de Nuestra Señora de la Concepción de La Cruz*, 1784. In: *Inventario de los bienes comunes del Pueblo de indios Guaranies nombrado La Cruz.* Archivo General de la Nación, Buenos Aires, SALA IX 22-08-2(2).

p. 11: *Mapa dos confins do Brazil com as terras da Coroa de Espanha na America Meridional...*, 1749. Acervo Fundação Biblioteca Nacional — Brasil.

p. 12: *Carta geográfica dos rios...*, c. 1783-93 [José Joaquim Freire]. Museu Histórico e Diplomático do Itamaraty/ ERERIO/ MRE/ MAPOTECA.

p. 13: *Mappa da conquista do mestre de campos regente [chefe da legião] Ignacio Correya Pamplona*, 1784/ c. 1790 [Manuel Ribeiro Guimarães e Monteiro]. Arquivo Histórico Ultramarino, CARTM_011, D.1165.

p. 14: *Carta corographica do Imperio do Brazil*, 1846, de Conrado Jacob de Niemeyer. Rio de Janeiro: Heaton & Rensburg, 1846-75. Acervo Fundação Biblioteca Nacional — Brasil.

p. 15 (acima): *Tabula geographica Brasiliae*, 1858, de Carl von Martius. Setor de Obras Raras, Biblioteca Central, UFMG.

p. 15 (abaixo): Retrato de Carl Friedrich Philipp von Martius por E. Correns, 1850.

p. 16: *Mappa da medição e demarcação das vinte cinco legoas quadradas das terras concedidas em complemento do dote da serenissima princeza de Joinville* [...], Paris, 1846, de Jerônimo Francisco Coelho. Acervo Fundação Biblioteca Nacional — Brasil.

p. 17: *Arraial dos Canudos. Visto pela estrada do Rosário, a escolhida pela expedição Moreira César*, Ministério da Guerra. Bahia: Wilcke, Edgard & C., 1897. Acervo Fundação Biblioteca Nacional — Brasil.

p. 18: *On the Map*, de Maurice Ketten. In: *The Evening World*, Nova York, 28 maio 1914, p. 22. Theodore Roosevelt Political Cartoon Collection, MS AM 3056, 1823. Houghton Library, Harvard University.

p. 19: *Mapa etno-historico do Brazil e regiões adjacentes*, 1943, de Curt Nimuendajú. Museu Paraense Emílio Goeldi, Instituto do Patrimônio Histórico e Artístico Nacional.

p. 20 (acima): Revista *O Immigrante*, anno I, n. 1, jan. 1908. São Paulo: Secretaria da Agricultura. Arquivo Público do Estado de São Paulo.

p. 20 (abaixo): *Mapa das áreas alimentares do Brasil*, 1946, de Josué de Castro. In: *Geografia da fome*. Rio de Janeiro: Civilização Brasileira, 2001.

p. 21: *Coronel Ponce (Capim Branco)*, 1943, Fundação Rockefeller. Acervo Casa de Oswaldo Cruz/ Fiocruz.

p. 22: *Mappa da viação ferrea dos Estados Unidos do Brasil e da República do Uruguay*, 1954. In: *Guia Levi*. São Paulo: Impressão de Sarcinelli, 1954. Museu Paulista da Universidade de São Paulo, Coleção João Baptista de Campos Aguirra.

p. 23 (acima): *Croqui nº 1 do Plano Piloto de Brasília*, 1957, de Lucio Costa. Acervo Lucio Costa — Casa da Arquitectura.

p. 23 (abaixo): *Mapa mental: Ditadura militar*, c. 2020, de Daniel Neves. Acervo Brasil Escola.

p. 24: *Levantamento de áreas de desmatamento na Amazônia Legal através de imagens do satélite* Landsat. Antonio Tardin et al. In: *Relatório Inpe 1411-NTE/142*, Cachoeira Paulista: Inpe, 1979, p. 5. Biblioteca Inpe.

IMAGENS AO LONGO

I.1. *Grupo de homens diante de um mapa do Brasil*, 1822-5, de Johann Moritz Rugendas. Coleção da marquesa de Santos.

I.2. Tipologia do *Grupo de homens diante de um mapa do Brasil*, 1822-5. Coleção da marquesa de Santos.

1.1. *Planisfério de Cantino*, 1502. Biblioteca Estense, Modena, Itália.

1.2. *Carta do Brasil*, 1519, de Lopo Homem. In: *Atlas Miller*, folha 5, 1519. Biblioteca Nacional da França. Département des Cartes et plans, GE DD-683 (5 RES).

1.3. *Brasil*, *c.* 1556, de Giacomo Gastaldi. In: Giovanni Battista Ramusio, *Delle navigationi et viaggi*, 1556. IEB-USP.

1.4. *Mapa das capitanias hereditárias. Carta geral do Brasil*, *c.* 1586-90, de Luís Teixeira. In: *Roteiro de todos os sinais*, *c.* 1586. Biblioteca Nacional da Ajuda, Lisboa. Ms. 51-IV-38.

2.1. *Descrição de todo o Estado do Brasil*, *c.* 1626, de João Teixeira Albernaz I. In: *Livro que dá razão do Estado do Brasil*, *c.* 1626. Instituto Histórico e Geográfico Brasileiro, Rio de Janeiro.

2.2. *Atlas universal* (detalhe), 1565, Anônimo/ Diogo Homem. Biblioteca Nacional da Rússia, São Petersburgo.

2.3. *Orbis terrae compendiosa descriptio* (detalhe), de Arnold e Henricus Florent van Langren, feito a partir do *Planisfério* de Petrus Plancius, 1596. Cortesia da John Carter Brown Library.

2.4. *Universa ac navigabilis totius terrarum orbis descriptio*, 1559, de André Homem. Biblioteca Nacional da França. Département des Cartes et plans GE CC-2719 (RES).

2.5. *Primeira e segunda carta*, 1640, anônimo/ João Teixeira Albernaz I. Biblioteca da Marinha de Toulon, França.

3.1. *America*, 1606, de Jodocus Hondius. Amsterdam. Cortesia da John Carter Brown Library, C-8303.

3.2. *Nieuwe caerte van het Wonderbaer ende Goudrjcke Landt Guiana...*, 1598, de Jodocus Hondius. Amsterdam. Acervo Fundação Biblioteca Nacional — Brasil.

3.3. "Mulheres tupinambás preparando o cauim", na versão alemã do terceiro volume do *Americae*. Hans Staden e Jean de Léry, *Dritte Buch Americae, darinn Brasilia durch Johann Staden* [...]. Frankfurt: Viúva e filhos de Theodore de Bry, 1593. Cortesia da Universitätsbibliothek Heidelberg, VD16 S8451.

3.4. Detalhe do *Novus orbis sive America Meridionalis et Septentrionalis per sua regna, provincias et insulas iuxta observationes et descriptiones recentiss. divisa et adornata*, *c.* 1720, de Matthäus Seutter. Augsburgo, 1730. Cortesia da John Carter Brown Library, 08720-027.

4.1. *Mapa del río Ayembí (actual Tieté) y del Paraná, con sus afluentes, que recorrió Luis de Céspedes Jeria, gobernador del Paraguay, al entrar en su jurisdiccion desde Brasil*, 1628, de Luis de Céspedes Xeria. Archivo General de Indias, MP-BUENOS_AIRES, 17.

4.2. Cópia do *Mapa del río Ayembí...* AGI, MP-BUENOS_AIRES, 17BIS.

4.3. Detalhe do *Mapa del río Ayembí (actual Tieté) y del Paraná, con sus afluentes...* AGI, MP-BUENOS_AIRES, 17BIS.

5.1. *BRASILIA qua parte paret BELGIS, Brasiliae geographica & hydrographica tabula nova... delineabat Georgius Marggraphius Germanus anno Christi 1643*, de Georg Marcgraf. Acervo da Fundação Estudar, em comodato com a Pinacoteca do Estado de São Paulo, COM_FE_G0111.

5.2. *T Landt van Brasil met de aengelegene Provincien*, 1625, de Hessel Gerritsz. In: Johannes de Laet, *Nieuwe Wereldt ofte Beschrijvinghe van West-Indien* [Novo Mundo ou descrição das Índias Ocidentais]. Leiden, 1625, pp. 411-2. Universiteit Leiden Bibliotheek, Bibliotheca Thysiana THYSIA 858.

5.3. *Belgium, sive Inferior Germania*, de Abraham Goos. Publicado por Ian Iansen em Amsterdam, 1621.

5.4. *Itamaraca*, 1645, de Frans Post. In: Caspar Barlaeus, *Rerum per octennium in Brasilia*. Amsterdam, 1647. Acervo do Instituto Ricardo Brennand.

6.1. *El gran rio Marañon, o Amazonas con la Mission de la Compañia de Jesus geograficamente delineado por el Pe. Samuel Fritz missionero continuo en este Rio*, 1707, de Samuel Fritz. Biblioteca Nacional da França. DCP. GE D 7855.

6.2. Detalhe de *El gran rio Marañon, o Amazonas...*, de Samuel Fritz. BNF. DCP. GE D 7855.

6.3. *Cours du fleuve Maragnon autrement dit des Amazones par le P. Samuel Fritz missionaire de la Compagnie de Jesus*, 1717, de Samuel Fritz. In: *Lettres édifiantes et curieuses écrites des Missions étrangères...* Paris: Le Mercier & Bordelet, t. 12, 1717, p. 212.

6.4. *The Great River Marañon or of the Amazons*, 1712. In: Edward Cooke, *A Voyage to the South Sea, and Round the World*. Londres, 1712.

7.1. *Planta da cidade de São Sebastião do Rio de Janeiro, com suas fortificações, c.* 1714 [João Massé]. Arquivo Histórico Ultramarino, Lisboa.

7.2. *St. Sebastien/ Ville Episcopale du Brésil*, 1698, de François Froger. In: *Relation d'un voyage...*, 1698. Acervo Fundação Biblioteca Nacional — Brasil.

7.3. *Plan de la Baye et de la Ville de Riogènaire* [...] *pris par lescadre que comandoit M. Duguay Trouin/ em 7bre*, 1711, de capitão engenheiro Brulot. Biblioteca Nacional da França. DCP. GE SH 18 PF 166 DIV 9 P 4.

8.1. *Carte manuscrite de la navigation de la rivière des Tocantins, c.* 1742-3. Biblioteca Nacional da França. DCP. GE DD-2987 (9554 B).

8.2. Detalhe da *Carte manuscrite de la navigation de la rivière des Tocantins, c.* 1742-3. Biblioteca Nacional da França. DCP. GE DD-2987 (9554 B).

8.3. Detalhe da *Carte manuscrite de la navigation de la rivière des Tocantins, c.* 1742-3. Biblioteca Nacional da França. DCP. GE DD-2987 (9554 B).

8.4. Detalhe da região da Campanha dos Tocantins já povoada, na *Carte manuscrite de la navigation de la rivière des Tocantins, c.* 1742-3. Biblioteca Nacional da França. DCP. GE DD-2987 (9554 B).

8.5. *Amérique. Rivière des Tocantins*, de Jean-Baptiste Bourguignon d'Anville. Biblioteca Nacional da França. SCP. GE D 10688.

9.1. *Mapa del pueblo de Nuestra Señora de la Concepción de La Cruz*, 1784. In: *Inventario de los bienes comunes del pueblo de indios Guaranies nombrado La Cruz*. Archivo General de la Nación (AGN), Buenos Aires, Sala IX 22-08-2(2).

9.2. *Herbal del pueblo de Loreto*, de 1773. AGN, Sala IX 40-2-5.

9.3. *Mapas das duas vacarias*, 1784. In: *Inventario de los bienes omunes del pueblo de indios guaranies nombrado La Cruz*, 1784. AGN, Sala 9 22.08.02(1).

9.4. Verso de *Mapas das duas vacarias*. In: *Inventario de los bienes omunes del pueblo de indios guaranies nombrado La Cruz*, 1784. AGN, Sala 9 22.08.02(1).

10.1. *Mapa dos confins do Brazil com as terras da Coroa de Espanha na America Meridional...*, 1749. Acervo Fundação Biblioteca Nacional — Brasil. ARC.030,01,009 — Cartografia.

10.2. *Mapa de las Missiones de la Compañia de Jesus en los rios Paranà y Uruguay...*, 1749, de José Quiroga (ed. 1753). Cortesia da John Carter Brown Library.

10.3. Detalhe do *Mapa dos confins do Brazil*... Acervo Fundação Biblioteca Nacional — Brasil.

10.4. Detalhes do *Mapa dos confins do Brazil*... Acervo Fundação Biblioteca Nacional — Brasil.

10.5. Detalhes do verso do *Mapa dos confins do Brazil*... Acervo Fundação Biblioteca Nacional — Brasil.

11.1. *Carta geográfica dos rios*..., *c.* 1783-93 [José Joaquim Freire]. Museu Histórico e Diplomático do Itamaraty/ ERERIO/ MRE/ MAPOTECA.

11.2. *Mapa hidrográfico da Bacia Amazônica*..., s.d. [José Joaquim Freire]. Rio de Janeiro, Acervo Fundação Biblioteca Nacional — Brasil.

11.3. *Itinerário da Real Expedição Filosófica Botânica*, *c.* 1797, de José Joaquim Freire. Arquivo Histórico Militar, Lisboa/ CDU 912 (084 3).

11.4. *Carta geográfica dos rios*, detalhe da cartela [Joaquim José Freire]. Museu Histórico e Diplomático do Itamaraty/ ERERIO/ MRE/ MAPOTECA.

11.5. *Carta geográfica dos rios*..., detalhe superior da cartela, com título apagado [Joaquim José Freire]. Museu Histórico e Diplomático do Itamaraty/ ERERIO/ MRE/ MAPOTECA.

11.6. *Carta geográfica dos rios*..., detalhe inferior da cartela, com escala em léguas [Joaquim José Freire]. Museu Histórico e Diplomático do Itamaraty/ ERERIO/ MRE/ MAPOTECA.

12.1. *Mappa da conquista do mestre de campos regente* [*chefe da legião*] *Ignacio Correya Pamplona*, 1784/ *c.* 1790 [Manuel Ribeiro Guimarães e Monteiro]. Arquivo Histórico Ultramarino CARTM 011, D.1165.

12.2. *Mapa geral da expedição de Inácio Correia Pamplona*, 1769 [Julião da Costa Resende]. Acervo Fundação Biblioteca Nacional — Brasil.

12.3. *Quilombo de São Gonçalo*, 1769, de Julião da Costa Resende. Acervo Fundação Biblioteca Nacional — Brasil.

12.4. *Planta do quilombo chamado o Buraco do Tatu*[*m*] *para a costa da Itapoam*, *c.* 1764. AHU_ CART m_005, D.0982.

13.1. *Carta corographica do Imperio do Brazil*, 1846, de Conrado Jacob de Niemeyer. Rio de Janeiro: Heaton & Rensburg, 1846-75. Acervo Fundação Biblioteca Nacional — Brasil.

13.2. *Nova carta chorographica do Imperio do Brazil*, 1867, de Pedro Torquato Xavier de Brito. Acervo Fundação Biblioteca Nacional — Brasil.

13.3. *Carta do Imperio do Brazil*, 1873, de Duarte da Ponte Ribeiro. Acervo Fundação Biblioteca Nacional — Brasil.

13.4. *Carta do Imperio do Brasil*, 1875, Comissão da Carta Geral. Acervo Fundação Biblioteca Nacional — Brasil.

14.1. *Tabula geographica Brasiliae*, 1858, de Carl von Martius. Setor de Obras Raras, Biblioteca Central, UFMG.

14.2. *Vegetations-Karte*, de Johann Baptist von Spix e Carl Friedrich von Martius. In: *Atlas zur Reise in Brasilien*. Munique: M. Lindauer, 1823-31. Acervo Fundação Biblioteca Nacional — Brasil.

14.3. *Imperia florae in Orbe Novo*, de Carl Friedrich Philipp von Martius. In: *Historia naturalis palmarum*. Munique/ Leipzig: Fleischer, 1831-50, v. 1, tab. geographica III. BHL Collections, Missouri Botanical Garden's Rare Books Collection.

14.4. "Gramineae florae brasiliensis", de Carl Friedrich Philipp von Martius. In: Christian Nees von Esenbeck. *Agrostologia brasiliensis, seu, Descriptio graminum in Imperio Brasiliensi huc usque detectorum*. Stuttgart/Tübigen: J. G. Cotta, 1829, p. 553. BHL Collections. New York Botanical Garden.

14.5. *Silvulae in Provincia Minarum, caa-apoam s. capões incolis dictae,* de Carl Friedrich Philipp von Martius. In: Carl von Martius, August Wilhelm Eichler, Ignaz Urban (orgs.), *Flora brasiliensis, enumeratio plantarum in Brasilia hactenus detectarum*. Munique/ Leipzig: R. Oldenburg, 1840-1906, 15 v., v. 1, pt. 1, tab. Physiognom. II. BHL Collections. Color Our Collections, QK263.M47 1840-1906.

15.1. *Mappa da medição e demarcação das vinte cinco legoas quadradas das terras concedidas em complemento do dote da serenissima princeza de Joinville* [...], Paris, 1846, de Jerônimo Francisco Coelho. Acervo Fundação Biblioteca Nacional — Brasil.

15.2. Detalhe do *Mappa chorographica da provincia de St^a^. Catarina, c.* 1842, de Charles van Lede. Bruxelas, Bélgica: J. Collon. Acervo Fundação Biblioteca Nacional — Brasil.

15.3. *Plano dos rios de S. Francisco, Araquari, e Trez Barras,* levantado por Antônio Xavier de Noronha Torrezão, 1840. Acervo Fundação Biblioteca Nacional — Brasil.

16.1. *Arraial dos Canudos. Visto pela estrada do Rosário, a escolhida pela expedição Moreira César*, Ministério da Guerra. Bahia: Wilcke, Edgard & C., 1897. Acervo Fundação Biblioteca Nacional — Brasil.

16.2. *Canudos e suas cercanias, c.* outubro de 1897, Comissão de Engenharia do Exército. In: Frederico Pernambucano de Mello, *Que foi a guerra total de Canudos*. Recife: Stahli, 1997, p. 197.

16.3. *Plano de operações de guerra no estado da Bahia*, 1897. Acervo Fundação Biblioteca Nacional — Brasil.

16.4. *Carta do Theatro de Operações das Forças Federaes no Contestado.* W. Schmidi. Arquivo Nacional. Fundo Francisco Bhering. BR_RJANRIO_F4_0_MAP_668.

17.1. *On the Map*, de Maurice Ketten. In: *The Evening World*, Nova York, 28 maio 1914, p. 22. Theodore Roosevelt Political Cartoon Collection, MS Am 3056, 1823, Houghton Library, Harvard University.

17.2. Presidente Roosevelt apontando para um mapa da América do Sul em direção à área explorada durante a Expedição Científica Roosevelt-Rondon no Brasil. Biblioteca do Congresso dos Estados Unidos.

17.3. *O circuito telegráfico do Brasil.* In: Cândido Mariano da Silva Rondon, *Conferencias realizadas nos dias 5, 7 e 9 de outubro de 1915 no Theatro Phenix do Rio de Janeiro sobre trabalhos da Expedição Roosevelt e da Comissão Telegraphica.* Rio de Janeiro: Typographia do Jornal do Commercio, de Rodrigues e C., 1916, p. 129.

17.4. *Mapa da rota da viagem de Roosevelt na América Latina.* In: Theodore Roosevelt, *Through the Brazilian Wilderness*. Nova York: Charles Scribner's Sons, 1914, p. v. Biblioteca do Congresso dos Estados Unidos.

18.1. *Mapa etno-historico do Brazil e regiões adjacentes*, 1943, de Curt Nimuendajú. Museu Paraense Emílio Goeldi, Instituto do Patrimônio Histórico e Artístico Nacional (Iphan).

18.2. Detalhe da legenda do *Mapa etno-historico do Brazil e regiões adjacentes*, 1943. Museu Paraense Emílio Goeldi, Instituto do Patrimônio Histórico e Artístico Nacional (Iphan).

18.3. *Mappa da actual distribuição dos índios no Brasil Meridional*. Hermann von Ihering (org.). "A antropologia do estado de São Paulo". *Revista do Museu Paulista*, São Paulo, v. VII, p. 259, 1907.

18.4. *The Tribes of the Guianas*, de Curt Nimuendajú. In: *Handbook of South American Indians*, v. 1, 1946.

19.1. Revista *O Immigrante*, anno I, n. 1, jan. 1908. São Paulo: Secretaria da Agricultura. Arquivo Público do Estado de São Paulo.

19.2. *Das Rio Grande do Sul der Kolonisten* [O Rio Grande do Sul dos colonos], 1924. Arquivo Nacional. Fundo Franz Borborema. BR_RJANRIO_AAF_O_MAP_0001_0001.

19.3. *Mappa da provincia de São Paulo, mandado organizar pela Sociedade Promotora de Immigração de S. Paulo*. Rio de Janeiro: Lith. Paulo Robin & Cia, 1886. Arquivo Nacional, BR_RJANRIO_23_O_MAP_0001.

20.1. *Coronel Ponce* (*Capim Branco*), 1943, Fundação Rockefeller. Acervo Casa de Oswaldo Cruz/ Fiocruz.

20.2. Detalhe da legenda de *Coronel Ponce* (*Capim Branco*), 1943, Fundação Rockefeller. Acervo Casa de Oswaldo Cruz/ Fiocruz.

20.3. Cartaz do Serviço Nacional de Febre Amarela. XI Conferência Sanitária Pan-Americana no Rio de Janeiro, em 1942. Acervo Casa de Oswaldo Cruz/ Fiocruz.

21.1. *Mapa das áreas alimentares do Brasil*, 1946, de Josué de Castro. In: *Geografia da fome*. Rio de Janeiro: Civilização Brasileira, 2001.

21.2. *Mapa das principais carências existentes nas diferentes áreas alimentares do Brasil*, 1946, de Josué de Castro. In: *Geografia da fome*. Rio de Janeiro: Civilização Brasileira, 2001.

21.3. *Paris et sa banlieue: Espace où tiendrait le genre humain, à 4 habitants par mètre carré*, 1889-90, de Charles Perron. Bibliothèque de Genève, département des Cartes et Plans.

22.1. *Mappa da viação ferrea dos Estados Unidos do Brasil e da República do Uruguay*. In: *Guia Levi*. São Paulo: Impressão de Sarcinelli, 1954. Museu Paulista da Universidade de São Paulo, Coleção João Baptista de Campos Aguirra.

22.2. Detalhe do *Mappa da viação ferrea dos Estados Unidos do Brasil e da República do Uruguay*, 1954. In: *Guia Levi*. São Paulo: Impressão de Sarcinelli, 1954. Museu Paulista da Universidade de São Paulo, Coleção João Baptista de Campos Aguirra.

22.3. Detalhe do *Mappa da viação ferrea dos Estados Unidos do Brasil e da República do Uruguay*, 1954. In: *Guia Levi*. São Paulo: Impressão de Sarcinelli, 1954. Museu Paulista da Universidade de São Paulo, Coleção João Baptista de Campos Aguirra.

23.1. *Croqui nº 1 do Plano Piloto de Brasília*, 1957, de Lucio Costa. Acervo Lucio Costa — Casa da Arquitectura.

23.2. *Plano da cidade de Washington DC*, 1791, de Pierre Charles L'Enfant. Biblioteca do Congresso dos Estados Unidos, Divisão de Geografia e Mapas. G3850 1791. L4 1887.

23.3. Lucio Costa e o presidente Juscelino Kubitschek, junto à placa que indica a avenida Monumental, em Brasília, 1957. DR/Jean Manzon.

23.4. *Brasília, sobre imagem de 31 de maio de 2018, do satélite brasileiro* Cbers4 *com justaposição do croqui de LC e algumas das cidades-satélites*, de Daniela Marzola Fialho e Jacques Leenhardt. Imagem original disponível em: <https://www.flickr.com/photos/153282474@N02/42495688661/>. Acesso em: 19 jul. 2022.

24.1. *Mapa mental: Ditadura militar*, c. 2020, de Daniel Neves. Brasil Escola.

24.2. *Tomada do Forte de Copacabana, madrugada de 1º de abril de 1964*. Fotografia de Evandro Teixeira. Instituto Moreira Salles.

24.3. Página da *Ata de reunião do Comitê Executivo Pleno Rio/ São Paulo*. Reunião de 22 jan. 1963. Instituto de Pesquisas e Estudos Sociais. Arquivo Nacional.

24.4. (acima) *Inserções em circuitos ideológicos: Projeto cédulas*, 1970, de Cildo Meireles. Tinta sobre cédula. Apresentada pelo artista em 2006, adquirida em 2008. © Cildo Meireles/ Tate.

24.4. (abaixo) *Inserções em circuitos ideológicos 2: Projeto cédulas*, 1970, de Cildo Meireles. Tinta sobre cédula. Apresentada pelo artista em 2006, adquirida em 2008. © Cildo Meireles/ Tate.

25.1. *Levantamento de áreas de desmatamento na Amazônia Legal através de imagens do satélite* Landsat. Antônio Tardin et al. In: *Relatório Inpe 1411-NTE/142*, Cachoeira Paulista: Inpe, 1979, p. 5. Biblioteca Inpe.

25.2. *Mapa de cobertura e uso do solo do Brasil — 2020, Bioma Cerrado*. Projeto MapBiomas — Coleção 6 da Série Anual de Mapas de Uso e Cobertura da Terra do Brasil. Disponível em: <https://mapbiomas.org/mapa-mural>. Acesso em: 22 jun. 2022.

25.3. Infográfico *Brasil: Evolução anual da cobertura e uso da terra (1985-2020)*. Projeto MapBiomas — Coleção 6 da Série Anual de Mapas de Uso e Cobertura da Terra do Brasil. Disponível em: <https://mapbiomas.org/infograficos-1?cama_set_language=pt-BR>. Acesso em: 22 jun. 2022.

25.4. PRODES — *Desmatamento, Amazônia*. TerraBrasilis. Disponível em: <http://terrabrasilis.dpi.inpe.br/app/map/deforestation?hl=pt-br>. Acesso em: 22 jun. 2022.

25.5. Deter — *Avisos, Região de Santarém, e adjacentes (PA)*, Terra Brasilis. Disponível em: <http://terrabrasilis.dpi.inpe.br/app/map/alerts?hl=pt-br>. Acesso em: 22 jun. 2022.

Índice remissivo

Números de páginas em *itálico* referem-se a mapas e ilustrações.

ESTA OBRA FOI COMPOSTA EM MINION PELO ACQUA ESTÚDIO E IMPRESSA
PELA GRÁFICA SANTA MARTA EM OFSETE SOBRE PAPEL PÓLEN SOFT DA SUZANO S.A.
PARA A EDITORA SCHWARCZ EM SETEMBRO DE 2022